电子设计丛书

实用电路分析及应用

王加祥　王　星　　编著
曹闹昌　唐　红

西安电子科技大学出版社

内容简介

实用的电路为初学者设计电路提供了参考，可使其快速设计出需要的电路，并对电子设计产生兴趣；同样，实用的电路也为工程技术人员提供了参考。本书是作者在多年教学实践与科研设计的基础上搜集总结的一本关于常用电路的书籍。书中详细介绍了电子系统设计过程中各种常用的电路。第1章为基础知识，简要介绍了怎样将电路板转化为电路图和读懂电路的方法；第2～8章分类介绍了各种常用的模拟电路、数字电路、传感电路、电机驱动电路、电源电路、MCU外围电路、通信电路，分析了各种电路的工作原理，部分电路给出了仿真波形图和电路板参考设计图。

本书适用于从事电子系统应用研究的工程技术人员在进行电路设计时借鉴和参考，也可作为高等院校电子类专业学生学习电子系统设计时的入门参考书，同时也可作为其他职业学校或无线电短训班的培训教材，对于电子爱好者也不失为一本较好的参考读物。

图书在版编目(CIP)数据

实用电路分析及应用/王加祥等编著.

—西安：西安电子科技大学出版社，2015.5

电子设计丛书

ISBN 978-7-5606-3501-9

Ⅰ.①实…　Ⅱ.①王…　Ⅲ.①电路分析—基本知识　Ⅳ.①TM133

中国版本图书馆CIP数据核字(2015)第037702号

策　　划　戚文艳
责任编辑　阎　彬　董小兵
出版发行　西安电子科技大学出版社(西安市太白南路2号)
电　　话　(029)88242885　88201467　　邮　　编　710071
网　　址　www.xduph.com　　电子邮箱　xdupfxb001@163.com
经　　销　新华书店
印刷单位　陕西天意印务有限责任公司
版　　次　2015年5月第1版　2015年5月第1次印刷
开　　本　787毫米×1092毫米　1/16　印　张　14.5
字　　数　329千字
印　　数　1～3000册
定　　价　26.00元

ISBN 978-7-5606-3501-9/TM

XDUP 3793001-1

前　言

随着电子产品的广泛普及，对电子产品设计感兴趣的人越来越多，学习电子类专业的学生也随之增多。他们都梦想成为电子系统设计人员，而入门是他们必经的过程，许多学生多年来一直徘徊在门外，即使最后进入电子设计行业，也走了许多弯路。那怎样设计，怎么入门，有没有好的方法使初学者少走弯路呢？

本丛书将引领读者进入电子系统设计的门槛。《元器件识别与选用》一书将教会读者认识元器件，掌握元器件的特点、用途。《实用电路分析及应用》一书将教会读者参考别人成熟的设计电路，掌握别人的设计思路，设计出自己的电路系统。《基于 Altium Designer 的电路板设计》一书将教会读者设计出自己需要的电路板，掌握电路板设计的要点。《电路板焊接组装与调试》一书将教会读者焊接自己设计的电路板，调试出电路系统所拥有的性能。通过这四本书的学习，读者可以轻松跨入电子系统设计的门槛。

电子系统设计入门的第一步就是认识元器件，在认识元器件后，就需要利用元器件实现电路功能。不同的电路实现的性能可能相差较大，怎样设计出高性能的电子系统，对于缺少电子系统设计经验的学生来说，是一个较难逾越的障碍。设计电路不是一件简单的事情，不是靠凭空想象，需要大量知识的积累，最有效且快速的方法就是参考、借鉴别人设计的经典电路。

作者在多年从事电子系统设计和产品研发的过程中，搜集整理了大量的经典电路，编写了这本关于实用电路设计的书籍，作为电子设计入门的第二本参考书。

本书具有如下特点：

(1) 本书着重从应用领域角度出发，突出理论联系实际，面向广大工程技术人员，具有很强的工程性和实用性。书中有多种多样的实用电路，可以为读者提供有益的借鉴。

(2) 本书全面系统地讲述了电子系统设计中常用的电路系列，如模拟电路、数字电路、传感电路、电机驱动电路、电源电路、MCU 外围电路、通信电路等。有助于工程设计人员全面了解和掌握电子系统设计中常用的电路。

(3) 本书的每个电路系列下有多种类型的电路，如模拟电路就有信号发生电路、放大电路、滤波电路等，有助于工程设计人员按需求查找、选择，得到电子系统的最佳电路设计方案。

(4) 本书的实用电路全部由工程设计案例中来，有助于读者按模块学习设计电路，从而进一步深入理解电路的工作原理。

(5) 本书所提供的大部分电路图和电路板图都可以直接拷贝，应用于所设计的产品中。

(6) 本书的部分电路给出了仿真波形图，有助于读者在测试电路时对比参考，快速排除电路故障。

(7) 本书部分电路直接焊接即可实现其所需功能，有助于激发初学者的学习兴趣；部分电路需要 MCU 程序编程，有利于读者学习和提高。

全书共分为8章，其中第1章主要介绍怎样认识电路图；第2～8章介绍电子系统中常用的模拟电路、数字电路、传感电路、电机驱动电路、电源电路、MCU外围电路、通信电路等。在电路选取上，力求选择实用、典型、简单、可靠、易实现的经典电路，每个单元电路均有电路原理图、重要元器件型号和参数；部分电路详细说明了工作原理、性能指标、特点及可能的用途，便于读者掌握；部分电路给出仿真波形和电路板图，便于读者设计制作。全书的结构安排主要以各类型电路应用的广泛度为线索，由浅入深、由易到难，并按类别划分，有助于读者学习参考。

本书内容突出了工程性、实用性、全面性，知识点全面，内容翔实，案例丰富。

由于受学识水平所限，书中难免存在疏漏，敬请读者提出宝贵意见，以便于作者做进一步改进。

为了便于读者学习，作者提供网络辅导，有需要的读者可通过加作者的QQ号(2422115609)和电子信箱(2422115609@qq.com)进行咨询。

王加祥
2015年1月于空军工程大学

目　　录

第1章　概　　述

认识元器件是学习电子系统设计的第一步。在认识了元器件后就需要试着将日常生活中见到的电子产品中的经典电路读懂，只有在学会分析电路的基础上才能够学习设计电路，因此，学习电子设计的第二步就是学会分析电路。借鉴成熟电子产品中的电路，设计出自己需要的电路，这就是电路设计。

1.1　电路板到电路图

将一个成熟电子产品中的电路板转换为电路图，是每个想学习电子设计的人员所必须掌握的技能。图1-1-1是一款加湿器内部电源电路板，那怎样将其转换为电路图呢？

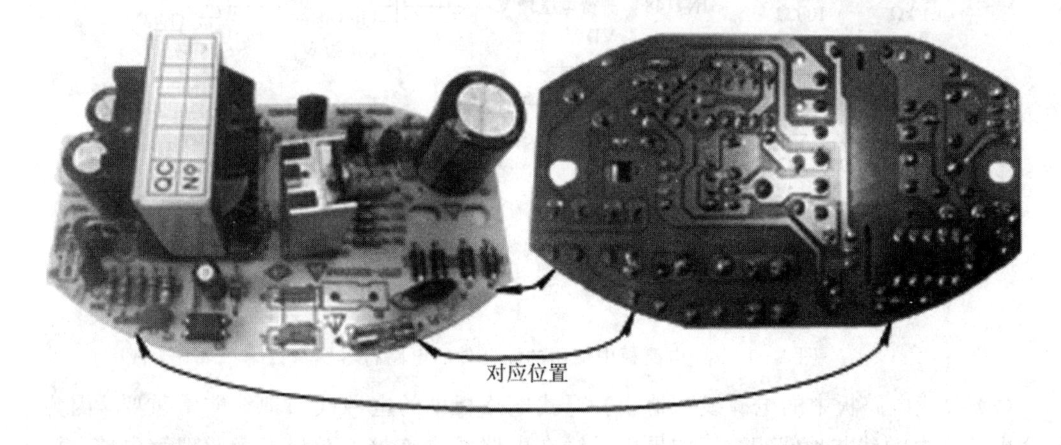

图1-1-1　加湿器内部电源板

一般可通过以下步骤实现：

(1) 放置电路图符号：打开 Altium Designer 软件，在元件库中找出所有电路板中出现的元件的电路图符号(元器件的电路图符号在《电子设计丛书》的《元器件识别与选用》一书中有详细讲解)，并读出该元器件的参数，如电阻的阻值、封装、功率，电容的容值、封装等，将其标注于原理图中。如果找不到相应电路符号或电路符号与实物不相符，如变压器符号，读者可以自己按照需求创建电路符号，具体方法请参考《电子设计丛书》的《基于 Altium Designer 的电路板设计》一书。图1-1-2给出了图1-1-1电路板中使用的元器件的电路符号，读出电路板上元器件的参数，将完整参数标注在电路图中。

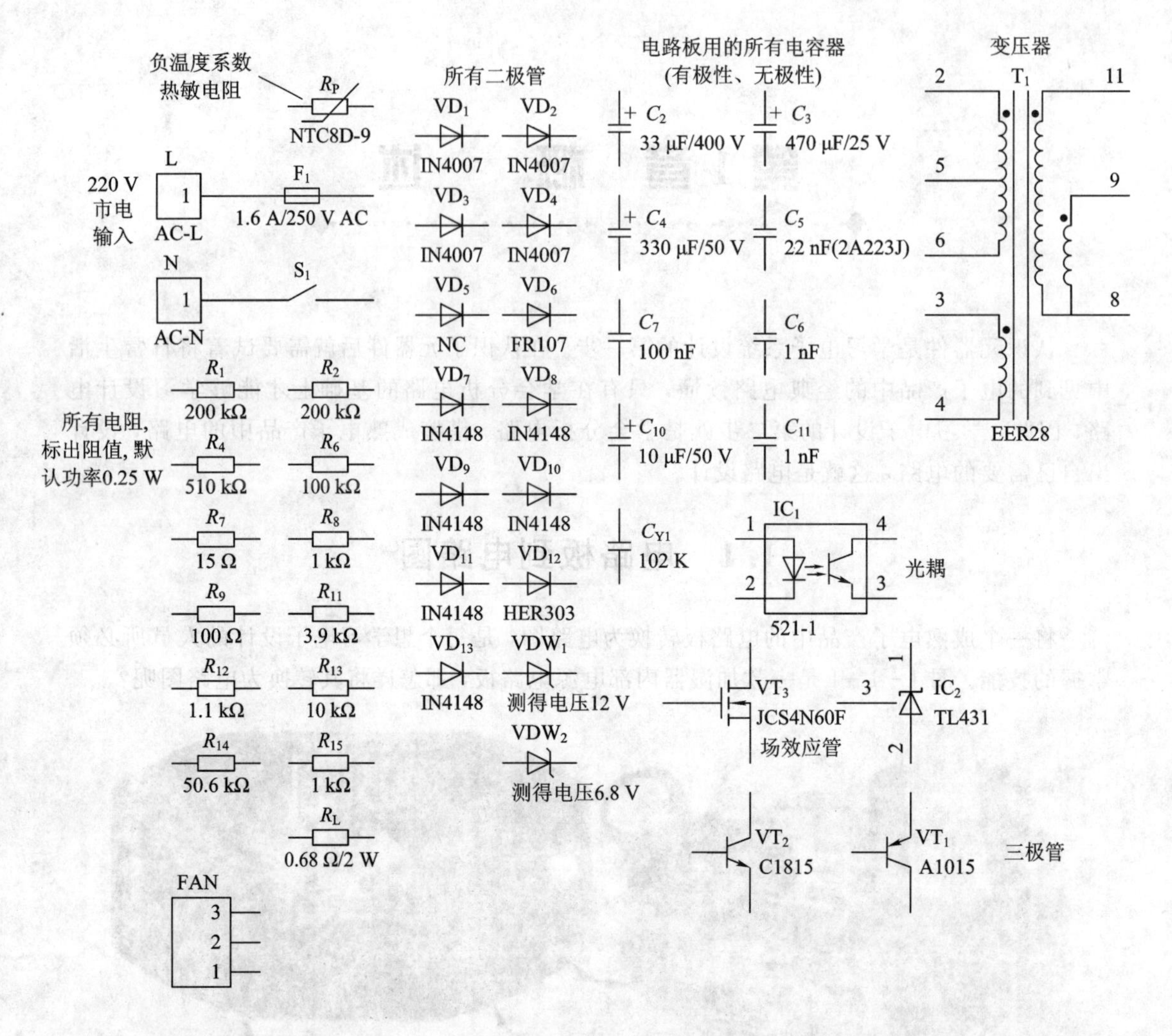

图 1-1-2　电路板中使用的元器件的电路符号及参数

(2) 寻找电路板中的电源线与地线。寻找电路板中的电源线与地线非常重要，因为在一个电路中电源线与地线很多，如果用导线在电路图中连接，不利于读者理解电路，故一般将电源线和地线通过符号“$\overset{U_{CC}}{\top}$”和“⏚”表示，使电路更加直观，电流的流向更容易看明白，以提高读图效率。寻找电路板中电源线与地线的方法有多种，以寻找地线为例，常见的几种方法如表 1-1-1 所示。

通过表 1-1-1 所示的查找地线的方法，可以方便地查出待测量电路板的参考地，由于待测量的电路板为开关电源，且通过变压器隔离，故该电路板中存在两个参考地，一个为低压地，一个为高压地，如图 1-1-3 所示。需注意的是，这里所讲的地是参考地，不是大地，它的电势可能很高，存在触电的危险。在通电的情况下，不能触摸高压地。

表1-1-1 常见的几种寻找电路板中地线的方法

方法	示图
查找标识：在电路板中，为了调试和检修方便，常留出接地孔，写上接地标识，以便于调试、检修	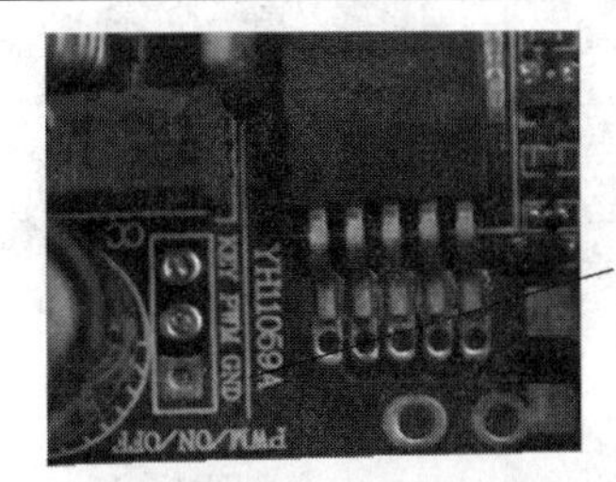
查找电路板中的大面积覆铜：一般为了减小电路板中的干扰，常将电路板大面积接地，即无导线的地方用铜覆盖，且将该覆铜接地	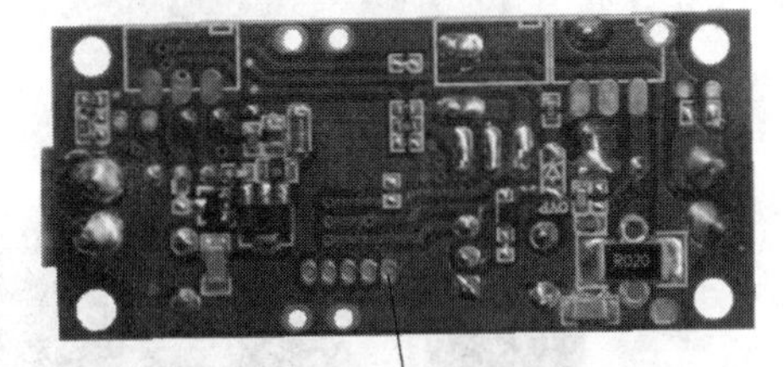
查找大容量滤波电容的负极：一般大容量滤波电容的负极与地相连。但需注意在特殊场合可能不是，如出现负电压的场合，电容负极与负电压相连	
查找元器件的接地引脚：通过查找元器件数据手册，可找出哪一引脚接地，则在电路板上与该引脚相连的导线即为地线	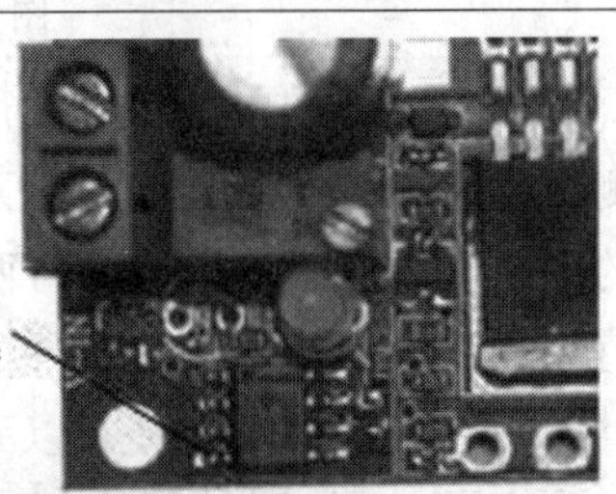
查找电路板中特定电路的参考地：有一些电路的特定点常接参考地，如全桥整流电路中桥的负极常接参考地	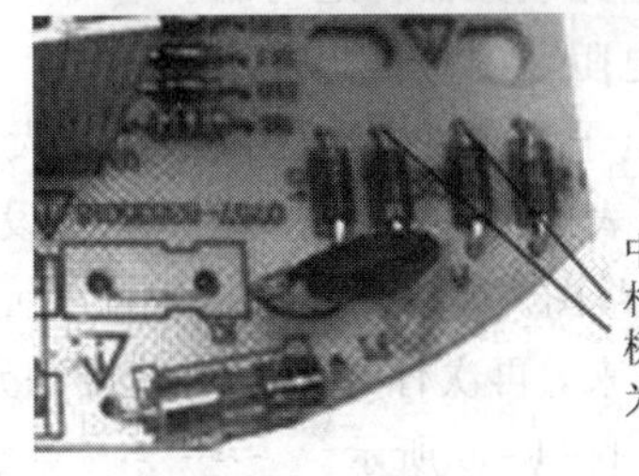

(3) 使用数字万用表测量电路板的连接关系。将数字万用表调到电阻挡，并打开蜂鸣器，将两表笔分别连接于不同元器件的引脚端，如果蜂鸣器响，则表示这两个元器件的两个引脚连接，如图1-1-4所示。无蜂鸣器的万用表，可观察显示值，显示值为0 Ω或零点几欧姆。

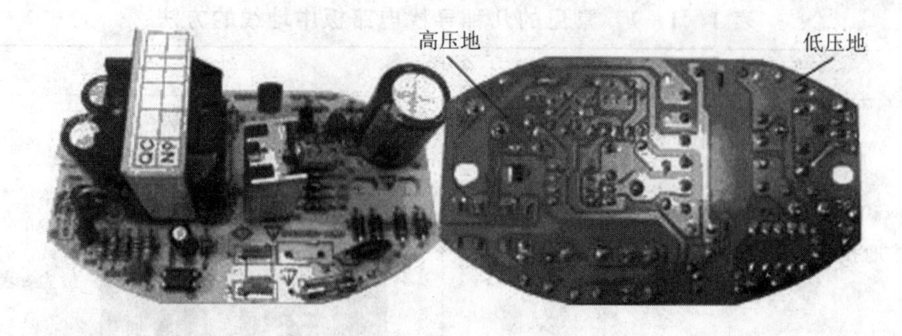

图 1-1-3　电路板中的参考地点

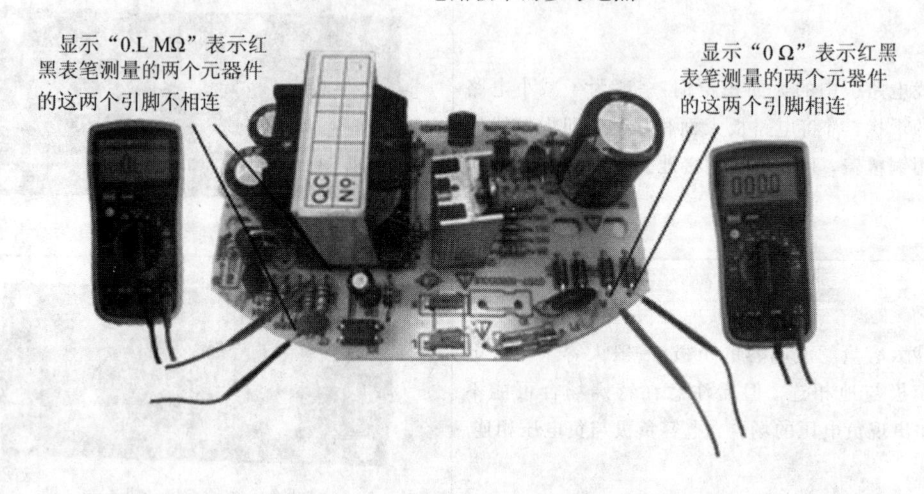

图 1-1-4　测量引脚连接关系示意图

万用表欧姆挡在测量中使用最频繁。这一测量功能就是要通过测量电阻值的大小来判断测量结果。一个电路或电子元器件存在着特定大小的电阻值，如开关在断开时两引脚之间的电阻为无穷大，在接通时两引脚之间的电阻为零。读者可用万用表欧姆挡测量这些电阻值来判断电路或电子元器件的质量。

万用表欧姆挡主要具有以下测量用途：

① 测量电路或元器件通与断。

② 测量电阻器的具体阻值大小。

③ 测量电子元器件引脚之间的阻值大小，从而判断元器件质量的好坏。

具体万用表的使用方法请参考《电子设计丛书》的《电路板焊接组装与调试》一书。

(4) 画电路图。观察两表笔接触处的元器件，将用 Altium Designer 软件画出的这两个元器件提取出来，再次仔细观察表笔接触元器件哪一引脚，将这两元器件上相应引脚用导线连接，如图 1-1-5 所示。

(5) 完善电路图。重复(3)、(4)，直至将所有连接关系都在电路图中画出为止。需注意的是，在测量时一般听见蜂鸣器响则可认为红黑表笔两端相连，但如果对测量结果有所怀疑，则还需观察一下万用表的显示值。一般在测量前需将万用表两表笔短路，观察万用表显示值。因为万用表在数值低于一定值时蜂鸣器就会鸣叫，所以在测量的电路中如果存在这样的小电阻或电感，蜂鸣器也会响，如不观察万用表的显示值，可能会误认为这两端相

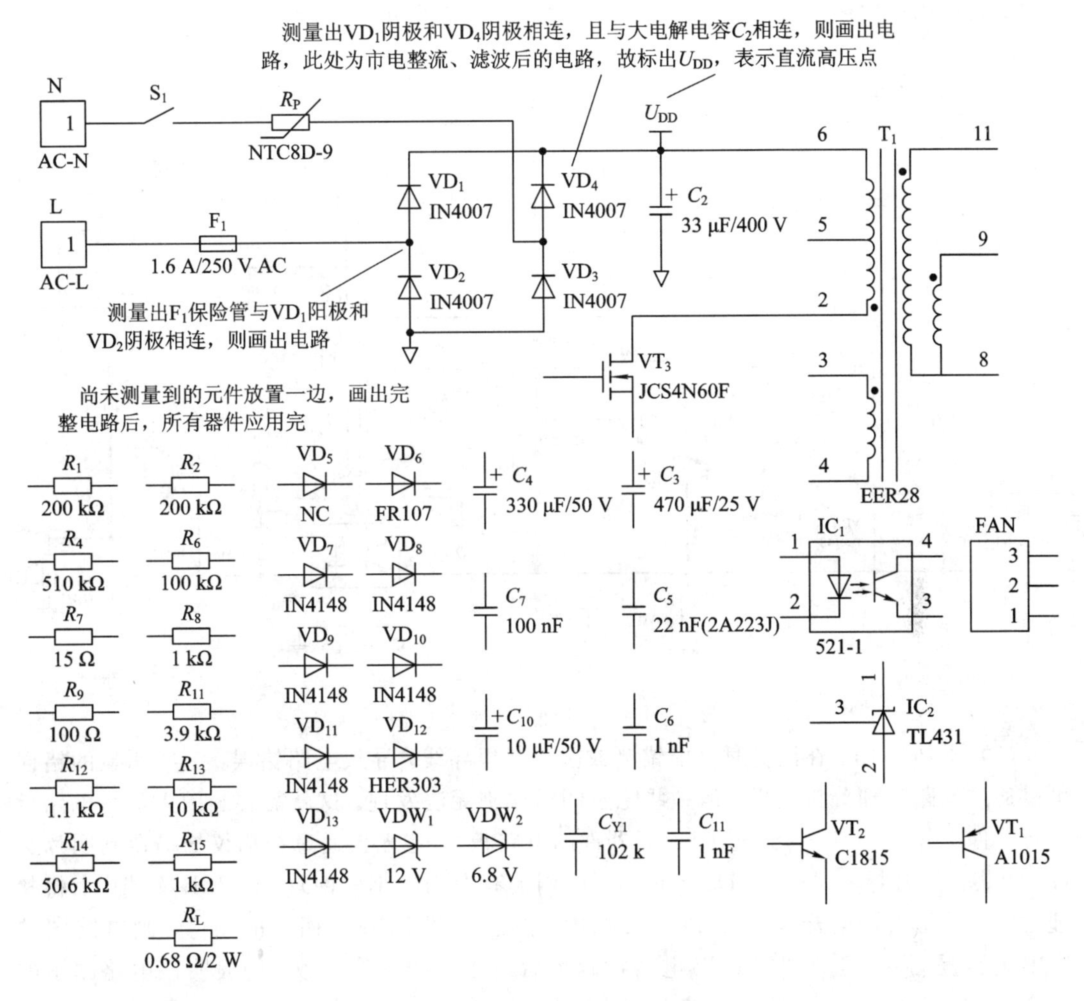

图 1-1-5　绘制过程中的电路图

连，但实际这之间还存在一个小电阻或电感。如果观察万用表的显示值，则会发现显示值大于两表笔短路时的显示值，示例如图 1-1-6 所示。

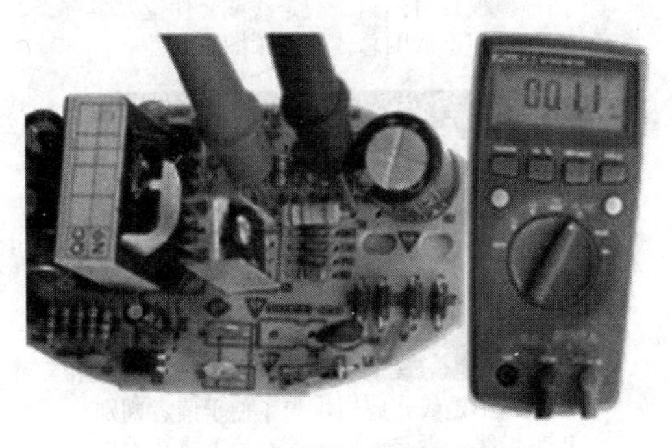

(a) 万用表测量小电阻显示值

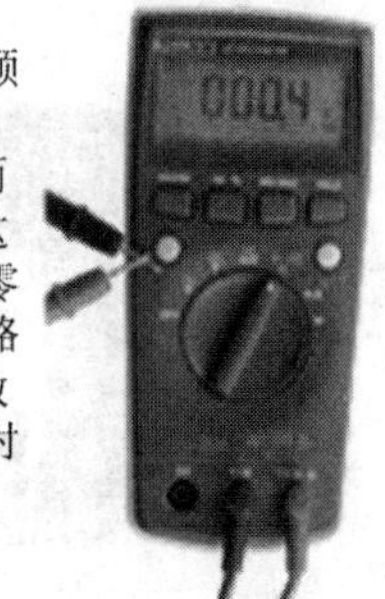

(b) 万用表表笔短路测量显示值

图 1-1-6　测量回路中存在小阻抗元件示意图

（6）整理电路图。将按照上面几个步骤画出的电路图，通过输入在图中左边、输出在图中右边(即信号从左至右)、电源正在图中上边、电源负在图中下边(即电流由上至下)的顺序，整理出电路图，以便于阅读分析，如图 1-1-7 所示。

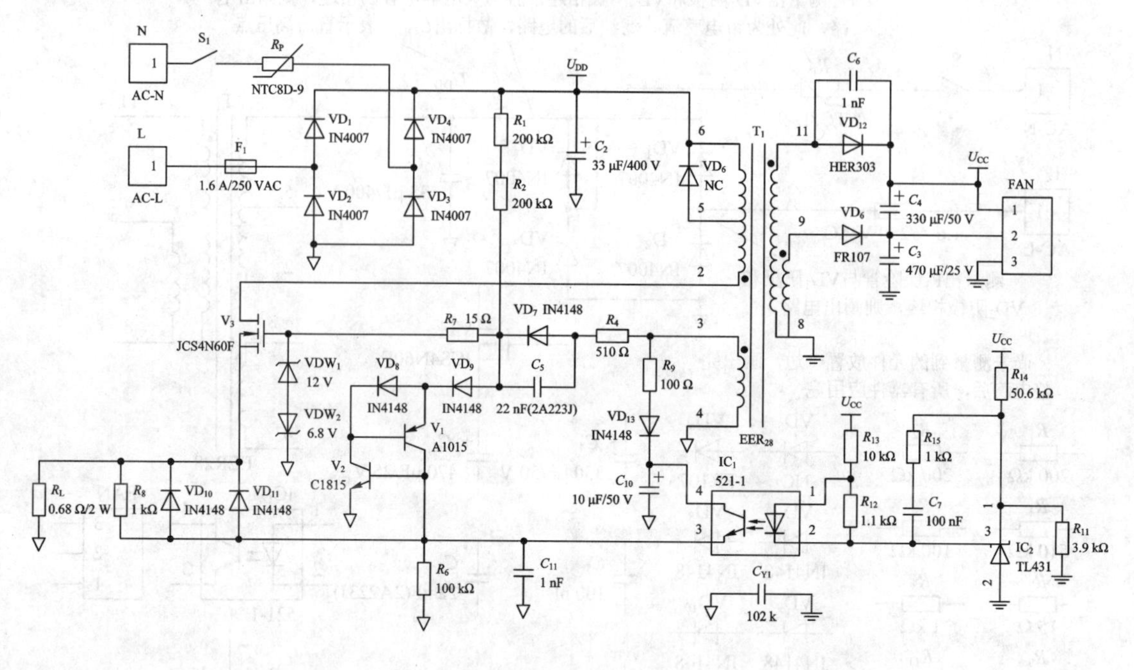

图 1-1-7　整理后的完整电路图

（7）画 PCB 图。在测量时可能错测或漏测某根导线，导致电路错误，一些明显的错误可以通过电路整理分析发现，但一些隐蔽的错误则无法发现。这就需要画图人员将电路板上元器件全部拆卸掉，得到光板(无元器件的电路板)，将光板通过扫描仪扫描得到图片文件，再将该图片导入 Altium Designer 软件(网上有专用的小软件)中的 PCB 文档中，将整理后的电路图文件同样导入该 PCB 文档中，然后按照 PCB 文档中的图像，画电路图的 PCB 电路板。如果电路图的 PCB 电路板画出后与导入的图像一致，则表明该电路图画的完全正确，如不一致，则更改电路图中的错误。图 1-1-8 给出了加湿器电源板的仿制电路板图，读者比较后会发现通过该方法可以 100％保证原理图的正确性。

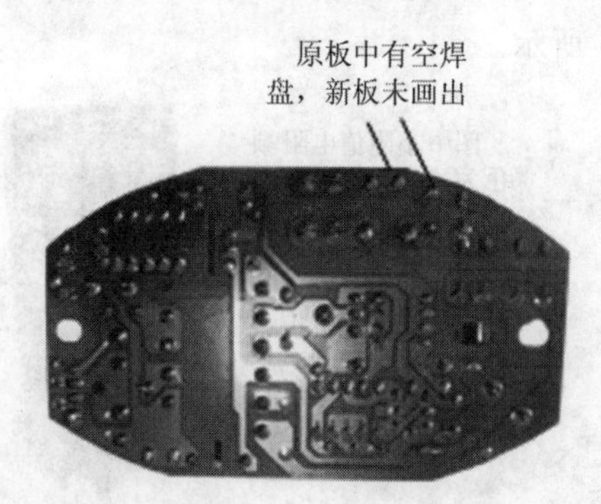

(a) 实物图

新板中的走线未覆铜处理，且未用扫描仪扫描原板1：1画出，故走线或元件位置略有差异，但不影响总体判断画图正确性

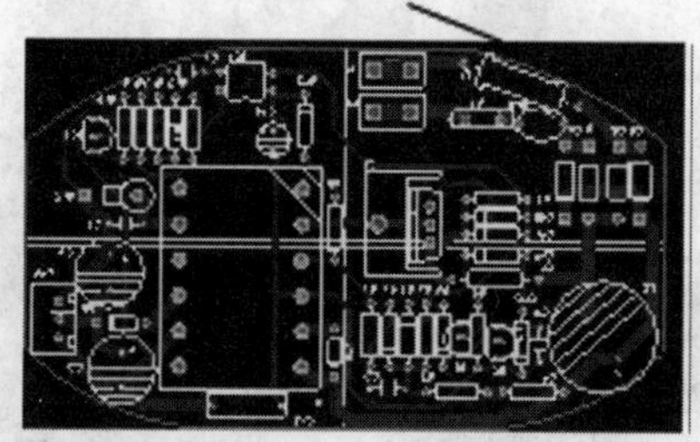

因PCB走线在底层，为了便于读者判别PCB走线是否与原板一致，笔者将新板反向放置，所以所有文字显示是反的

(b) PCB图

图 1-1-8　实物图与 PCB 图比较

1.2　电路图的认识

拿到一张电路图后，第一步就是要看懂它，即弄清电路由哪几部分组成及它们之间的联系和总的性能，如电路图有具体参数，还要能粗略估算性能指标。

电子电路的主要任务是对信号进行处理，只是处理的方式(如放大、滤波、变换等)及效果不同而已，因此读图时，应以所处理的信号流向为主线，沿信号的主要通路，以基本单元电路为依据，将整个电路分成若干具有独立功能的部分，并进行分析。具体步骤可归纳为：了解用途、找出通路、化整为零、模块分析、统观整体这五步。

1. 了解用途

了解所读的电子电路原理图用于何处、起什么作用，对于弄清电路工作原理、各部分的功能及性能指标都有指导意义。如图 1-1-7 所示为加湿器内部电源电路，用于将市电转换为超声波换能器驱动电路所需的电源。

2. 找出通路

找出通路是指找出信号流向的通路。通常，输入在左方、输出在右方，电源正端在上方、电源负端在下方(面向电路图)。信号传输的枢纽是有源器件，所以可按它们的连接关系来找。图 1-2-1 给出了图 1-1-7 的信号通路，由图可以看出，220 V 市电经 4 个二极管全波整流、滤波后供给变压器，经变压器耦合输出低压高频交流电压，再经整流、滤波后变成低压直流输出。

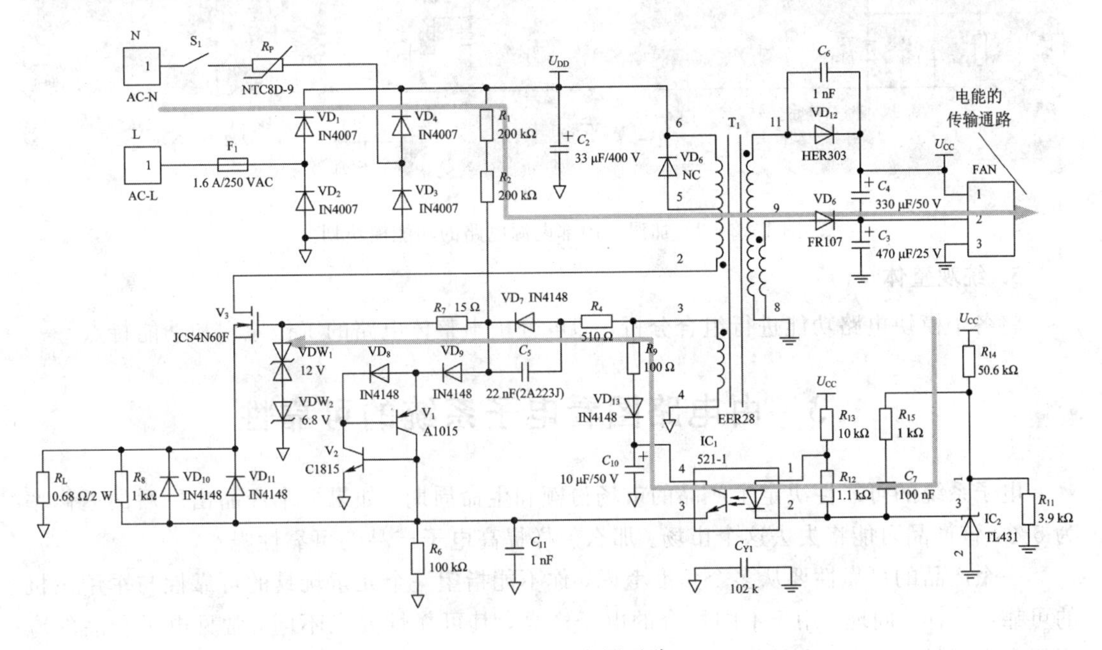

图 1-2-1　电源通路

3. 化整为零

找出信号通路后，就需要具体分析该信号通路中各元器件的用途，特别是特殊器件的用途，如放大电路中的运放特性、放大倍数、有无偏置等。由图 1-2-1 可以看出，T_1 变压器实现将高压高频电源转换为低压高频电源。二极管 VD_1～VD_4、VD_6、VD_{12} 实现整流功能，只是 VD_1～VD_4 实现低频整流，可以使用低频整流二极管，如 1N4007；而 VD_6、VD_{12} 实现高频整流功能，必须使用高频整流二极管，如肖特基二极管 FR107。C_2、C_3、C_4 电容实现滤波功能。V_3 场效应管驱动高频变压器等。

4. 模块分析

根据不同的信号回路，将电路划分成不同的单元电路(模块)，根据已有的知识，定性分析每个单元电路的工作原理和功能。图 1-2-2 给出了加湿器内部电源电路的功能模块划分，通过划分，可以更加直观地认识该电源电路。

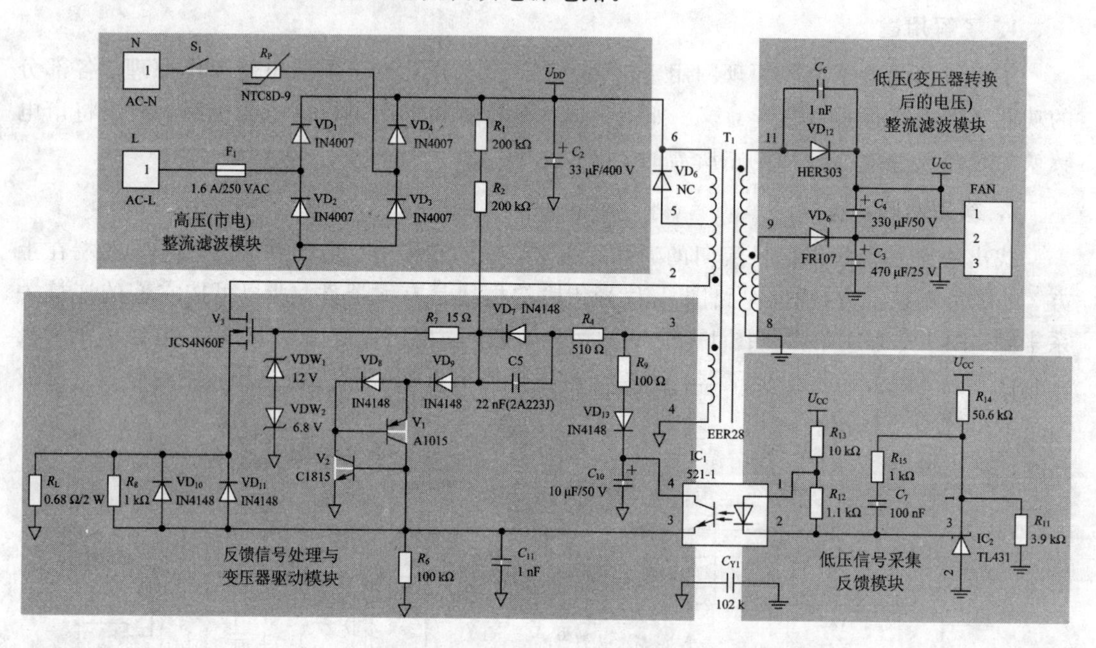

图 1-2-2　加湿器内部电源电路的功能模块划分

5. 统观整体

将各个模块电路功能进行组合分析，即可分析出整体电路的工作原理和功能特点。

1.3　由电路图看电子系统的可靠性

电子系统的可靠性决定了产品的市场份额和生命周期，如果一个产品出厂后的返修率为 5%，该产品可能将失去这个市场。那么怎样提高电子产品的可靠性呢？

一个产品的可靠性要从多个角度考虑，你不能指望一个儿童玩具的可靠性与军用飞机的可靠性一样。同理，用于不同场合的电子产品，其可靠性要求不同，常见电子产品的应用场合有玩具、民用、商用、医疗、汽车和军用等。不同场合应用的电子产品，除安全性必须首要考虑外，其成本和可靠性的考虑各不相同。对于低端儿童玩具，一般优先考虑成本，可靠性的考虑并不高；对于民用产品，一般需综合考虑成本和可靠性这两方面；而对于医疗和军用产品，首要考虑的是可靠性，成本反而考虑较少。

对于一个电子产品而言，可靠性涉及多个方面，如使用元器件的可靠性，程序设计的可靠性。电路板设计的可靠性，电路图设计的可靠性。本书讲解对电路图的认识，在此只讲电路设计的可靠性问题。对于电路的可靠性设计，在此通过一个实例进行讲解。

图1-3-1为一常见的市电(220 V/50 Hz)整流滤波电路，图中EMI滤波电路未画出，具体可参考本书第6章，市电经VD_2整流后，通过C_2、C_3两个高压大容量电容滤波后供给后级500 W负载(未画出)。因为后级为500 W的突变负载(如有启停要求的电机，常见于车床、缝纫机等)，故需要C_2、C_3两个大容量电容滤波，以保证U_{DD}的纹波小。该电路存在两个安全隐患：一是如果电路存在故障或后级短路，该电路无保护装置；二是C_2、C_3两个大容量电容在电路断电后，电容内部电荷还有残存，如这时修理电路，C_2、C_3电容内的电荷会通过人体放电，存在触电危险。

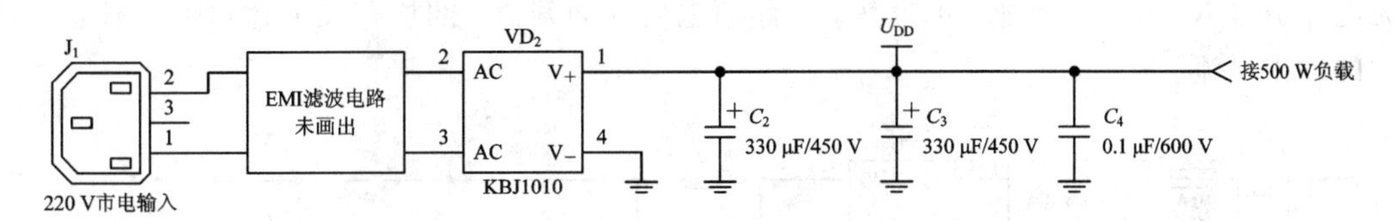

图1-3-1 电源输入电路1

为了消除如图1-3-1所示的两个安全隐患，将电路改为图1-3-2，图中增加F_1保险丝，用于后级短路时保护电路。增加R_2电阻，用于在电源断电后，泄放掉C_2、C_3中的电荷。那这个电路是不是一个合理的电路呢?

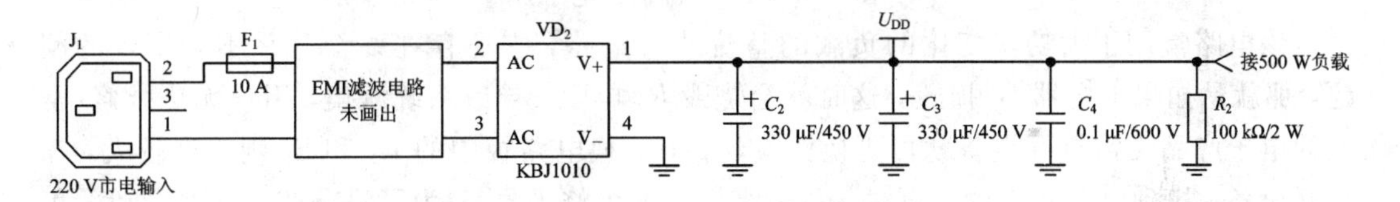

图1-3-2 电源输入电路2

这个电路还存在一个可靠性问题，当C_2、C_3在电路通电时，相当于短路，瞬间存在很大的充电电流，F_1保险丝容易损毁。用该电路设计的产品给用户的感觉是，时不时需要更换保险丝，如果你是用户，会选用该产品吗?

为了解决可靠性问题，将电路改为图1-3-3。由图1-3-3可以看出，图中增加了一个负温度系数热敏电阻R_{t1}(NTC10D—20)。在常温下该电阻为20 Ω，受热后电阻值下降。在电路长时间断电后再通电时，由于热敏电阻R_{t1}温度低(室温温度)，阻值大，对C_2、C_3充电电流进行限流，防止电流过大损毁F_1保险。当负载工作后，持续有电流流过热敏电阻R_{t1}，R_{t1}发热，温度升高，阻值下降，减小限流，使电路达到一个工作平衡状态。

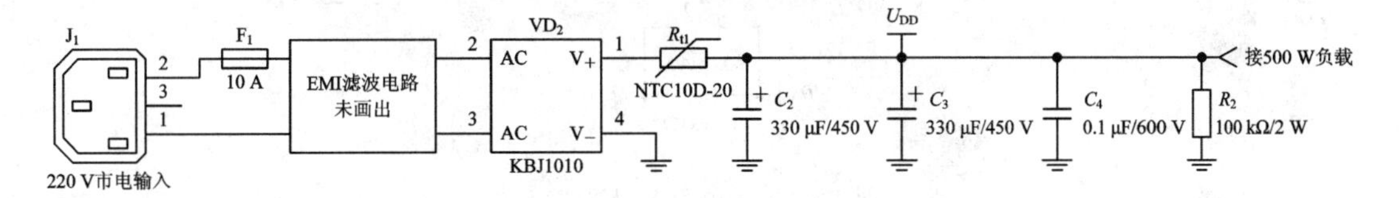

图1-3-3 电源输入电路3

然而，这个电路还存在两个缺陷：一是 R_{t1} 发热，会增加电路热噪声，且它会损耗一部分电能；二是当电路断电后，几十秒后再通电，此时 C_2、C_3 内的电荷被 R_2 放掉，相当于短路，而 R_{t1} 温度未降下来，阻值小，起不到较大的限流作用，F_1 保险丝还是容易损毁。用该电路设计的产品给用户的感觉是，长时间开机，没有问题，断电后一会儿再开机，就时不时需要换保险丝。如果你是用户，对该产品满意吗？

为了解决如图 1-3-3 所示的两个缺陷，将电路改为图 1-3-4 所示的形式，图中将热敏电阻换为电阻 R_1 和继电器 S_1。在该电路中还需一个驱动继电器的 U_{CC} 电源电压，该电压由 U_{DD} 通过 DC-DC 变换而来（电路未画出）。当电路通电时，C_2、C_3 无电荷，U_{DD} 为 0，则 U_{CC} 为 0，继电器 S_1 不工作，电流经 R_1 限流后对 C_2、C_3 充电，当 U_{DD} 电压升到一定幅度（DC-DC 开关电源一般为 200 V 左右），U_{CC} 电压出现，继电器 S_1 工作，将 R_1 电阻短路，无电流流过 R_1，R_1 不耗能、不发热。电路断电后立即开机，同样存在上述过程，不会出现大的冲击电流。

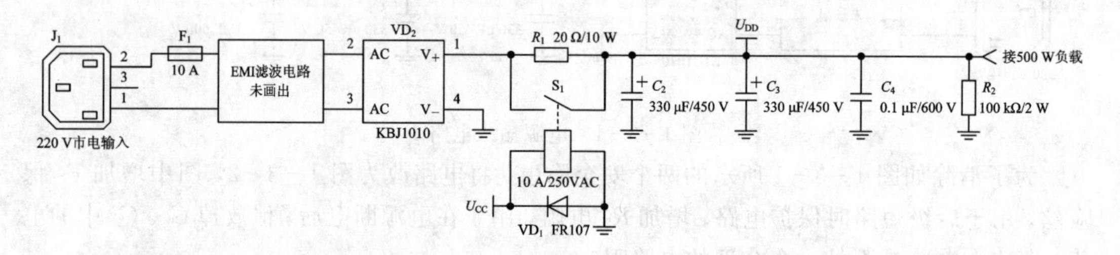

图 1-3-4　电源输入电路 4

该电路常用于大功率变化的负载的整流滤波电路，它还存在一个几乎不会出现的问题，那就是如果继电器 S_1 损毁，这时就会烧毁 R_1 电阻，导致系统瘫痪，用户无法维修（常见的电子产品无需打开设备就可更换保险丝。但更换电路板中的 R_1 和 S_1 则难度较大，需打开设备，找到电路板上的元器件，一般需用专业维修人员）。为了进一步提高可靠性，可将电路改为图 1-3-5。

图 1-3-5 中，将 R_1 电阻换为热敏电阻 R_{t1}，它的用意是在 S_1 损坏后，R_P 不会损毁，电路还可以继续工作，这个电路一般用于对可靠性要求很高的场合，一般用图 1-3-4 所示接法则可，因为继电器 S_1 损坏的概率极小。由笔者编著的《元器件识别与选择》一书讲解的继电器知识可知，元器件生产商保证 S_1 继电器吸合、断开不坏的次数在万次以上，与之相比，一个设备一般通断电次数不会达到万次。

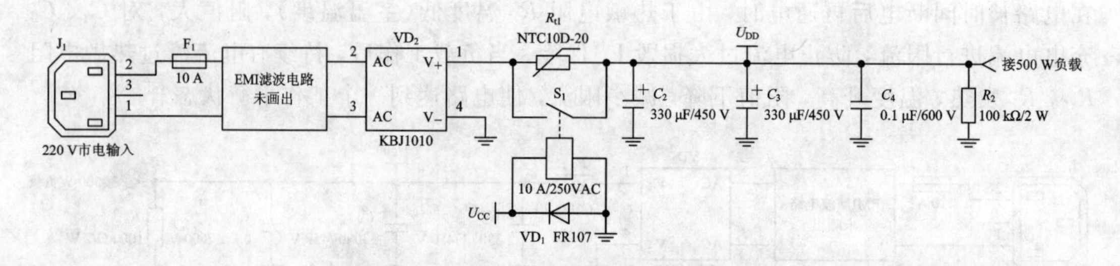

图 1-3-5　电源输入电路 5

由图 1-3-1～图 1-3-5 可以看出，电路考虑的全面性决定了系统的可靠性，随着可靠性的提高，电路成本不断增加，说明系统的可靠性是以成本为代价的，一个好的电子产品价格必然较贵。可见，在电子系统设计时，对于工程设计人员而言，必须考虑产品的定位，产品的定位决定了产品的价格，产品的价格又决定了产品的可靠性。怎样设计出性价比高的产品，是设计人员必须学会考虑的问题。什么样的电路才是一个合理的电路，最贵、最可靠的电路不一定是一个最合理的电路。对于初学者而言，必须多看看电路，多参考别人的设计，多思考，为后续自己设计电路打下基础。

第2章 模拟电路

模拟电路是电路系统中的重要组成部分，因其分析比较困难，要求理论基础扎实，很多初学者见到模拟电路就害怕，在需要使用时就从网上下载一些电路参考，可网上很多电路经过笔者仿真分析都得不到正确的结果，存在这样或那样的错误或缺陷。本章不过多分析各个电路的工作原理，而是力求给出各个电路的仿真结果或实验结果，使初学者在使用该电路时做到心里有底，在动手设计时，如果无法得到笔者给出的波形，就需要考虑电路是否连接正确，而不需要过多考虑电路原理是否正确。

2.1 信号发生电路

信号发生电路是基本模拟电路，也是许多电子电路前端的信号输入电路，下面给出一道2013年全国大学生电子设计竞赛综合测评题，该题考的就是学生对基本模拟电路的掌握。题目为波形发生器：使用题目指定的综合测试板上的555芯片和一片通用四运放324芯片，设计制作一个频率可变的同时输出脉冲波、锯齿波、正弦波I、正弦波II的波形产生电路。给出方案设计、详细电路图和现场自测数据波形(一律手写、3个同学签字、注明综合测试板编号)，与综合测试板一同上交。

设计制作要求如下：

(1) 同时四通道输出、每通道输出脉冲波、锯齿波、正弦波Ⅰ、正弦波Ⅱ的一种波形，每通道输出的负载电阻均为600 Ω。

(2) 四种波形的频率关系为1∶1∶1∶3(3次谐波)；脉冲波、锯齿波、正弦波I输出频率范围为8～10 kHz，输出电压幅度峰峰值为1 V；正弦波Ⅱ输出频率范围为24～30 kHz，输出电压幅度峰峰值为9 V。脉冲波、锯齿波、正弦波输出波形应无明显失真(使用示波器测量时)。

频率误差不大于10%；通带内输出电压幅度峰峰值误差不大于5%。脉冲波占空比可调整。

(3) 电源只能选用10 V单电源，由稳压电源供给，不得使用额外电源。

(4) 要求预留脉冲波、锯齿波、正弦波Ⅰ、正弦波Ⅱ和电源的测试端子。

(5) 每通道输出的负载电阻600 Ω应标示清楚，置于明显位置，以便于检查。

注意：不能外加555和324芯片，不能使用除综合测试板上的芯片以外的其他任何器件或芯片。

说明：综合测评应在模数实验室进行，实验室应能提供常规仪器仪表、常用工具和电阻、电容、电位器等。

2.1.1　运放 AD741 组成的脉冲波发生电路

图 2-1-1 为用运放 AD741 组成的脉冲波发生电路，该电路中输出电压 U_o 经 R_1 对 C_1 进行充电，当 C_1 电压高于 R_3、R_2 对 U_o 的分压后，U_o 输出反相，C_1 通过 R_1 放电；当 C_1 电压低于 R_3、R_2 对 U_o 的分压后，U_o 输出再次反相，产生振荡输出波形。如图 2-1-2 所示。

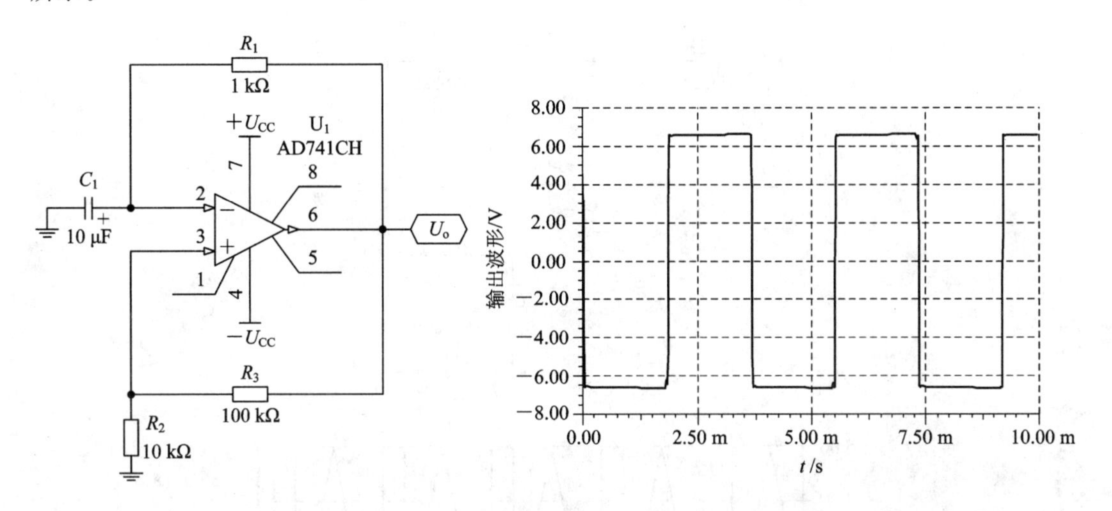

图 2-1-1　运放 AD741 组成的脉冲波发生电路

图 2-1-2　运放 AD741 组成的脉冲波发生电路仿真波形图

2.1.2　1 kHz 三角波、方波发生电路

如图 2-1-3 所示为一个简单的张弛振荡器，可同时输出方波和三角波，振荡器的频率是由 C_1 和 R_1 确定的(仿真波形见图 2-1-4)。该振荡器由单电源(+5 V)供电，由于使用轨至轨运算放大器 U_1，输出的方波振幅可达到电源电压。

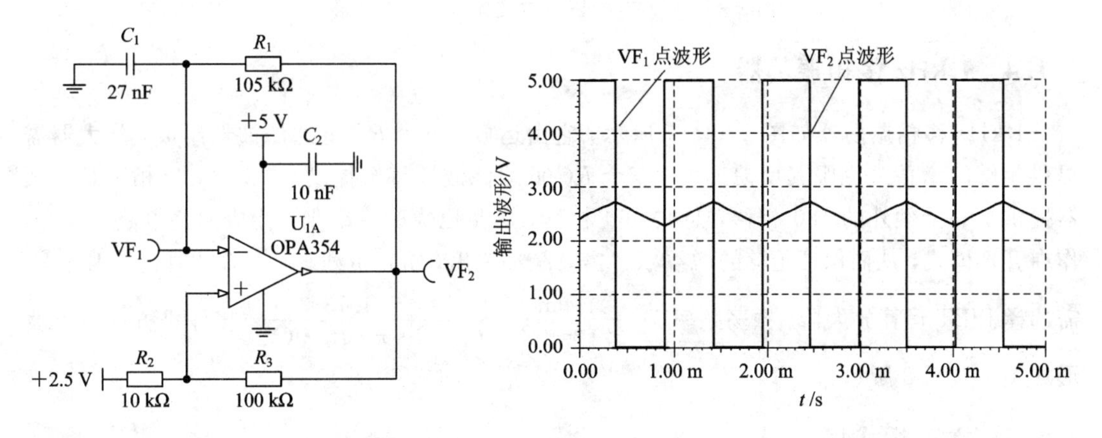

图 2-1-3　1 kHz 三角波、方波发生电路

图 2-1-4　1 kHz 三角波、方波发生电路仿真波形

2.1.3　三角波-方波变换电路

如图 2-1-5 所示为一个简单的三角波-方波变换电路，图中 VG_1 为三角波信号发生器，用于产生三角波信号，信号经 C_1 隔直后送入运放负输入端，经比较输出方波信号，仿真波形如图 2-1-6 所示。其中 V_{tri} 为三角波信号，V_{sqr} 为方波信号。

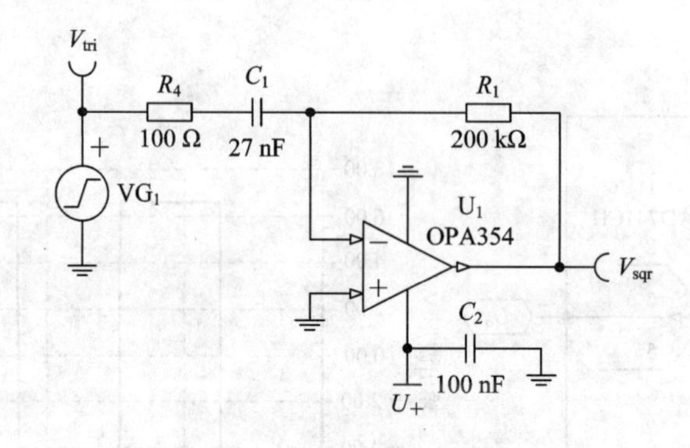

图 2-1-5　三角波-方波变换电路

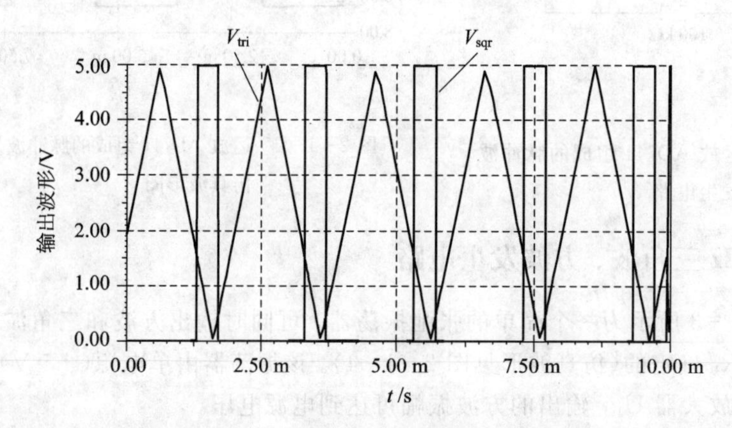

图 2-1-6　三角波-方波变换电路仿真波形

2.1.4　1 kHz 移相振荡器

1 kHz 移相振荡器如图 2-1-7 所示，它由运放、三个 RC 低通滤波器组成，放大器需提供足够的增益来克服其反馈损失。三个 RC 低通滤波器每个提供 60°相移，反相运算放大器提供了一个额外的 180°相移，总共 360°相移，满足巴克豪森准则，构成振荡电路。U_1 工作在开环模式，从而保证足够的增益。U_0 需要缓冲输出，防止负载影响其输出性能，因此 U_1 需选择 JFET 运算放大器。振荡频率 $F=\dfrac{\tan 60°}{2\cdot\pi\cdot R_1\cdot C_3}=\dfrac{1.73}{2\cdot\pi\cdot R_1\cdot C_3}$。电路的仿真输出波形如图 2-1-8 所示。

2.1.5　文氏桥式振荡器

文氏桥式振荡器如图 2-1-9 所示，需注意的是，图中 VG_1 为 0.5 ms 脉冲触发电路，用于启动桥式振荡器，振荡频率 $f=1/(R_1\cdot C_1)$。其输出波形如图 2-1-10 所示。

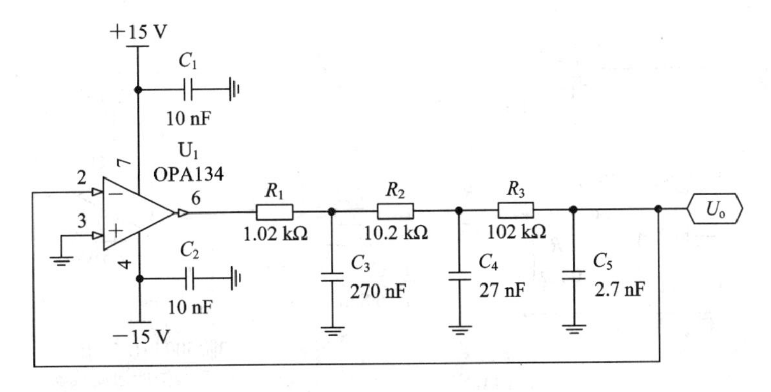

图 2-1-7 1 kHz 移相振荡器

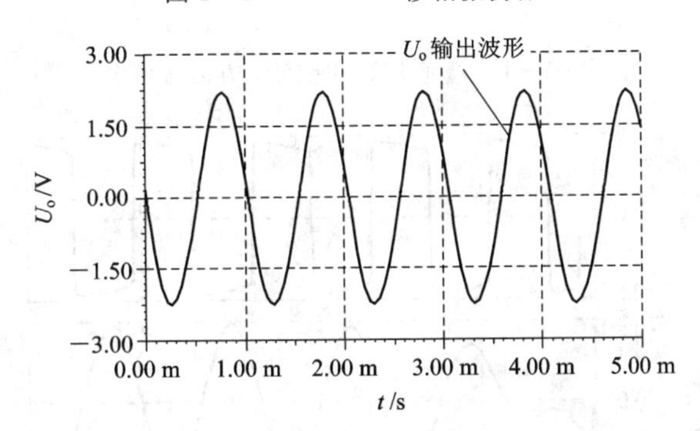

图 2-1-8 1 kHz 移相振荡器仿真波形

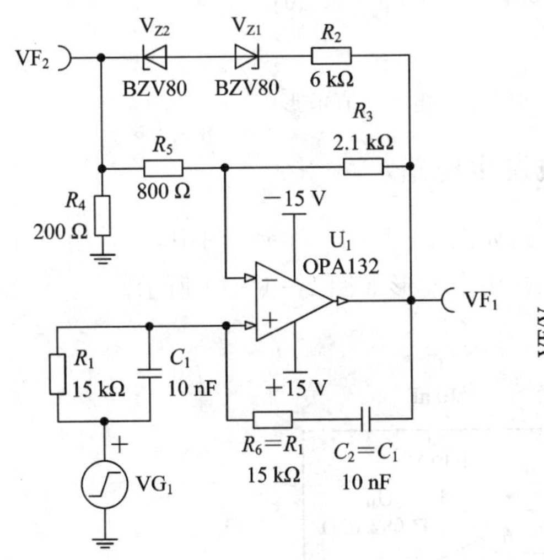

图 2-1-9 桥式 *RC* 振荡电路

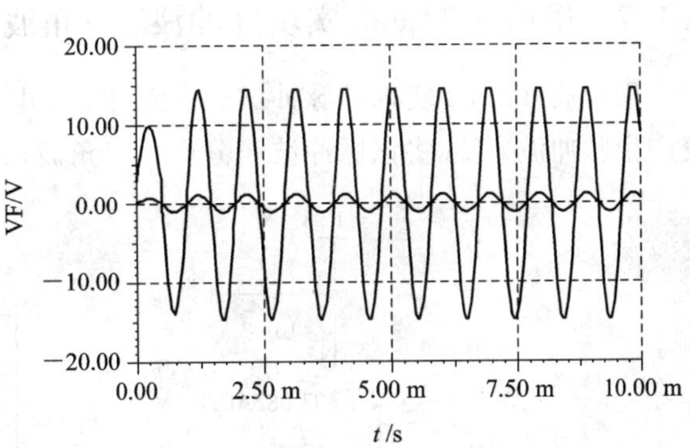

图 2-1-10 桥式 *RC* 振荡电路仿真波形

2.1.6 500 kHz 方波、正弦波振荡电路

图 2-1-11 为一 500 kHz 方波、正弦波振荡电路，U_1 和阻容元件组成 500 kHz 方波振荡器，其振荡频率由 C_1 和 R_1 决定，U_2 和阻容元件组成 3 阶 Sallen-key 切比雪夫型滤波器，滤除方波中的合成分量，输出标准正弦波形。如图 2-1-12 所示为其仿真波形图。

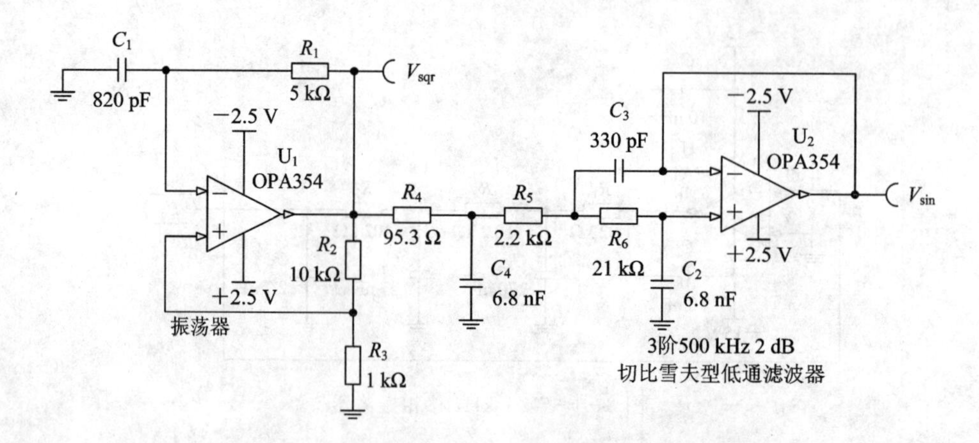

图 2-1-11　500 kHz 正弦波、方波振荡电路

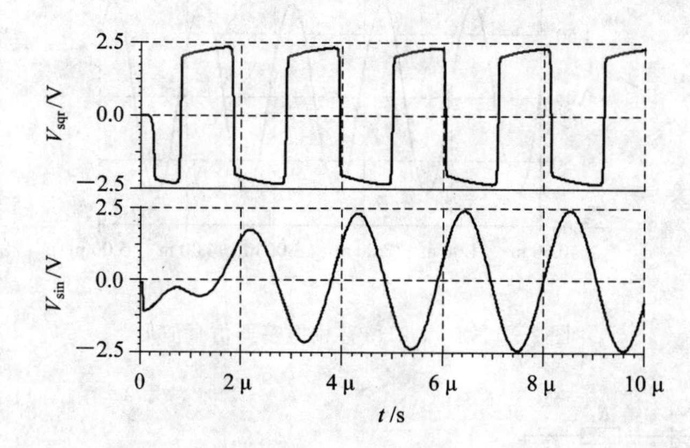

图 2-1-12　500 kHz 正弦波、方波振荡电路仿真波形

2.1.7　用运放 TL082 实现脉冲波、三角波发生电路

用运放 TL082 实现的脉冲波、三角波发生电路如图 2-1-13 所示。图中，U_{1A}用于比较产生脉冲波，U_{1B}将该脉冲波积分产生三角波。其仿真波形如图 2-1-14 所示。

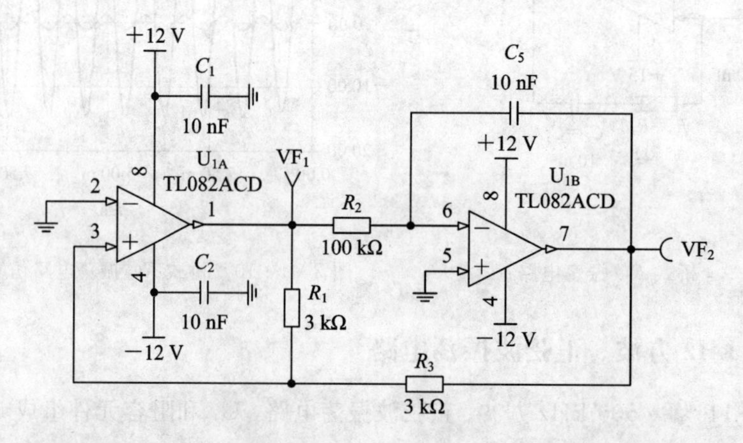

图 2-1-13　用运放 TL082 实现脉冲波、三角波发生电路

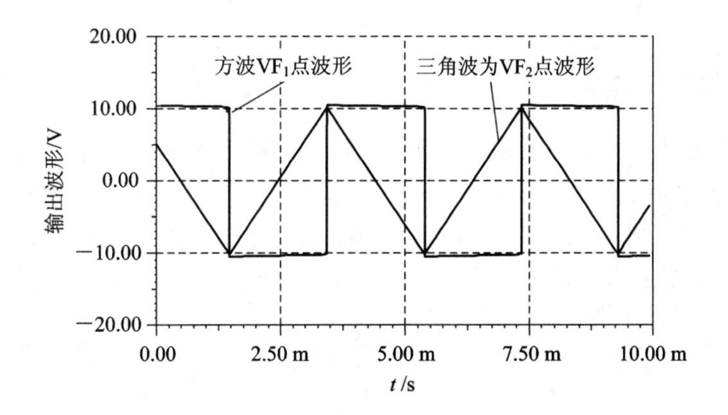

图 2-1-14　用运放 TL082 实现脉冲波、三角波发生电路仿真波形

2.1.8　用 ICL8038 实现的多波形发生电路

利用波形发生器集成电路 ICL8038 实现的多波形产生电路如图 2-1-15 所示，该电路可输出 20 Hz～20 kHz 的正弦波、三角波、脉冲波，具体输出频率由 10 kΩ 电位器决定，调节 15 MΩ 电位器，输出波形失真减小。

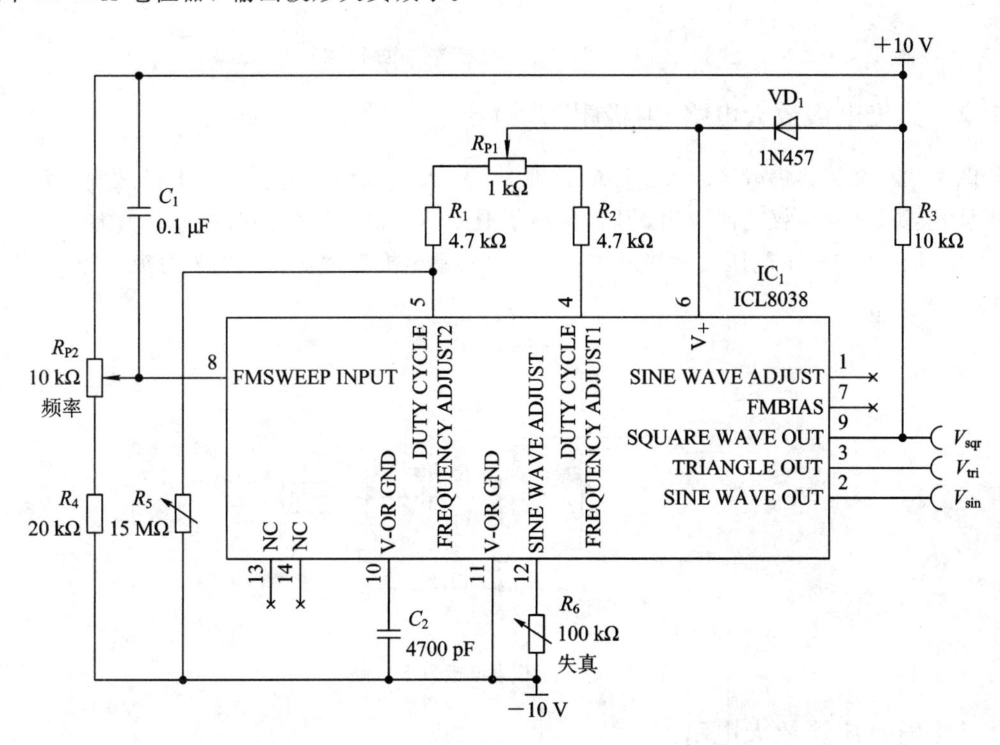

图 2-1-15　ICL8038 实现的多波形产生电路

2.2　分立元件放大电路

利用分立半导体器件可实现常见的放大电路，一般应用于小功率简单放大场合和大功

率输出驱动场合。

2.2.1 共射极放大电路

图 2-2-1 是共射极放大电路的原理图。其中三极管 VT_1 是核心元件，起放大作用。R_b 和 R_c 提供合适的偏置(发射结正偏，集电结反偏)。电阻 R_c 的作用是将集电极的电流的变化转换为电压的变化，再送到放大电路的输出端。发射极是输入回路与输出回路的公共端，所以称为共射极放大电路。

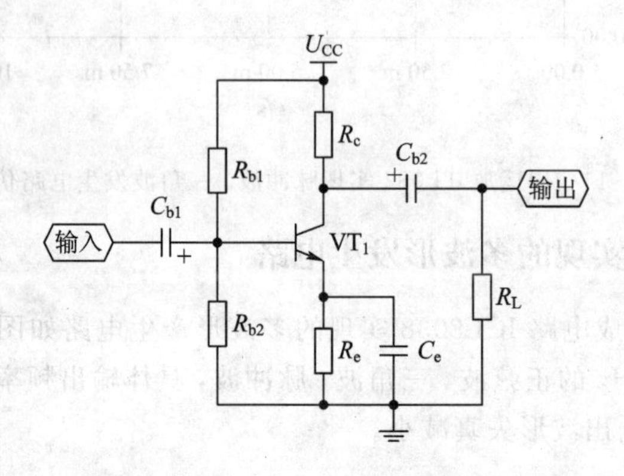

图 2-2-1　共射极放大电路

2.2.2 共集电极放大电路(射极跟随器)

图 2-2-2 是共集电极放大电路的原理图。输入电压加在基极和集电极之间，而输出电压从发射极和集电极之间取出，所以集电极是输入、输出回路的公共端。因为电压增益 $Av<1$，即输入与输出电压大小接近相等，因此共集电极放大电路又称为射极跟随器。

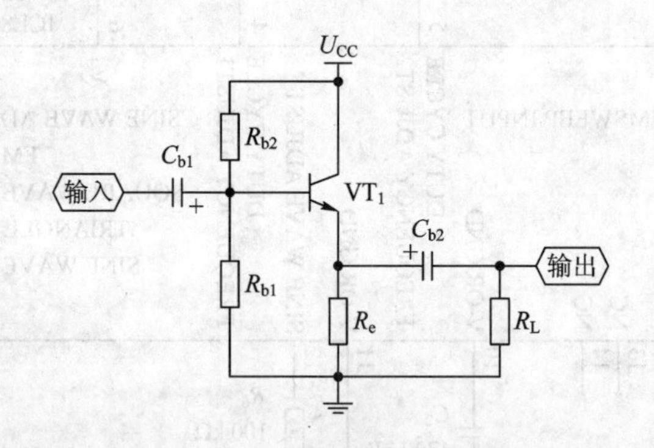

图 2-2-2　共集电极放大电路

2.2.3 场效应管放大电路

场效应管放大电路是一种利用电场效应控制其电流大小的电路。这种电路具有输入阻抗高、噪声低、热稳定性好、抗辐射能力强等特点，因而获得广泛得运用。图 2-2-3 是典型场效应管放大电路。

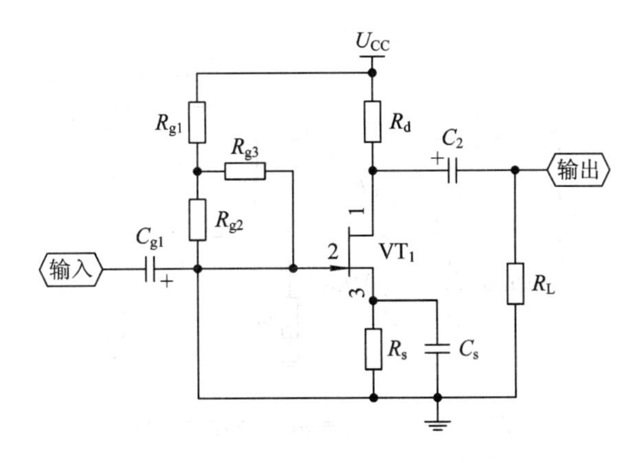

图 2-2-3　场效应管放大电路

2.2.4　差分放大电路

在要求较高的直接耦合放大电路的前置极，或者集成运放、集成功放的输入级，大多采用差分放大(differential amplifier)电路。这种电路具有较高的零点漂移抑制能力。图 2-2-4 是差分放大电路的基本电路。

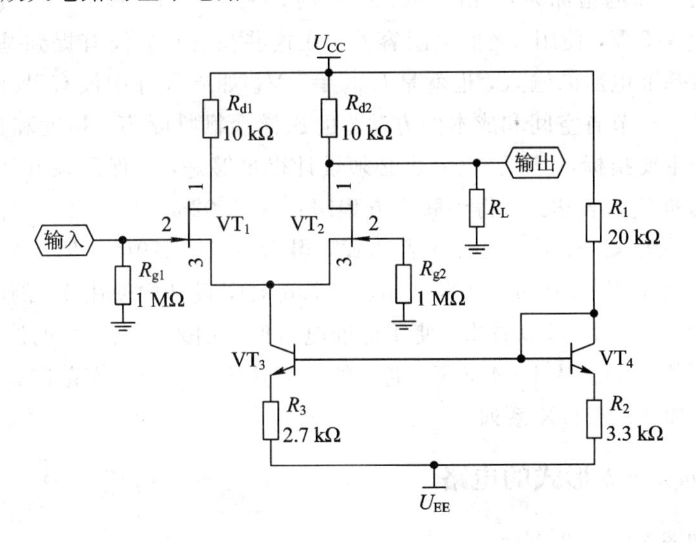

图 2-2-4　差分放大电路

2.3　运算放大电路

2.3.1　$U_o = mU_i + b$ 形式的电路

电路结构如图 2-3-1 所示。图中包含两个 0.01 μF 的电容。这两个电容叫去耦电容，用来降低噪声，可以提高电路的噪声抑制能力。需注意当把 U_{CC} 用做基准电压 U_{REF} 时，U_{CC} 中的噪声会被运放放大到输出端。

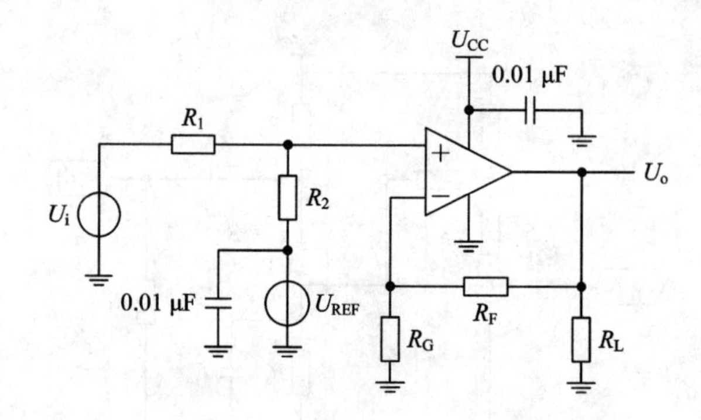

图 2-3-1　$U_o=mU_i+b$ 电路结构

图中，

$$U_o=U_i\left(\frac{R_2}{R_1+R_2}\right)\left(\frac{R_F+R_G}{R_G}\right)+U_{REF}\left(\frac{R_1}{R_1+R_2}\right)\left(\frac{R_F+R_G}{R_G}\right)$$

对比基本表达式，得：

$$m=\left(\frac{R_2}{R_1+R_2}\right)\left(\frac{R_F+R_G}{R_G}\right),\ b=U_{REF}\left(\frac{R_1}{R_1+R_2}\right)\left(\frac{R_F+R_G}{R_G}\right)$$

如果需设计电路的指标为：当 $U_i=0.02$ V 时，$U_o=1$ V；当 $U_i=1$ V 时，$U_o=4.5$ V；$R_L=10$ kΩ，$U_{CC}=5$ V，使用 5%的电阻容差。在这些指标中，没有提到基准电压的大小，所以将 U_{CC} 用做基准电压的输入，也就是 $U_{REF}=5$ V。如果设计中没有另外指定基准电压，利用 U_{CC} 通常是一种节省空间和成本的方法，但这样会牺牲噪声、精度和稳定性方面的性能，成本是一个主要指标，但 U_{CC} 电源也必须设计得足够好，以保证该电路设计的精确性。

现将设计数据代入表达式，得到联立方程组：$1=0.02m+b$ 和 $4.5=1.0m+b$，计算得出 $m=3.571$，$b=0.9286$；代入 m、b 表达式，得 $R_2=19.229R_1$、$R_F=2.76R_G$，取 $R_1=10$ kΩ、$R_G=10$ kΩ，得 $R_2=192.29$ kΩ、$R_F=27.6$ kΩ，设计中使用 5%的电阻容差，则 R_2 取 200 kΩ、R_F 取 27 kΩ。可以看出，使用标准电阻值会引入一点很小的误差。由于设计的电路的输出电压摆幅必须从 1～4.5 V，老式的运放达不到这个动态范围，所以应选择大动态范围的运放，如 TLV247X 系列。

2.3.2　$U_o=mU_i-b$ 形式的电路

电路结构如图 2-3-2 所示。

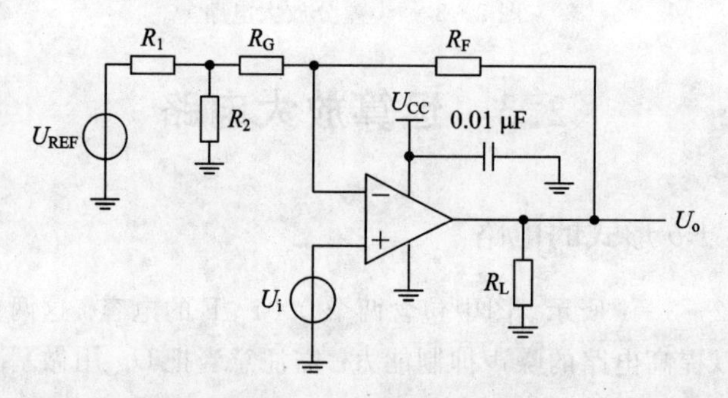

图 2-3-2　$U_o=mU_i-b$ 电路结构

图中，

$$U_o = U_i\left(\frac{R_F + R_G + R_1 /\!/ R_2}{R_G + R_1 /\!/ R_2}\right) - U_{REF}\left(\frac{R_2}{R_1 + R_2}\right)\left(\frac{R_F}{R_G + R_1 /\!/ R_2}\right)$$

对比基本表达式，得：

$$m = \frac{R_F + R_G + R_1 /\!/ R_2}{R_G + R_1 /\!/ R_2},\ |b| = U_{REF}\left(\frac{R_2}{R_1 + R_2}\right)\left(\frac{R_F}{R_G + R_1 /\!/ R_2}\right)$$

需设计电路的指标为：当 U_i=0.3 V 时，U_o=1.5 V；当 U_i=0.5 V 时，U_o=4.5 V；R_L=10 kΩ，$U_{REF}=U_{CC}$=5 V，使用 5%的电阻容差。

现将设计数据代入表达式，得到联立方程组：1.5=0.3m+b 和 4.5=0.5m+b，计算得出 m=15，b=−3，代入 m、b 表达式并假设 $R_G \gg (R_1 /\!/ R_2)$，得 $3R_1=67R_2$、$R_F=14R_G$，取 R_2=820 Ω、R_G=20 kΩ，得 R_F=280 kΩ、R_1=18.31 kΩ，设计中使用 5%的电阻容差，则 R_1 取 20 kΩ、R_F 取 270 kΩ。

2.3.3 $U_o=-mU_i+b$ 形式的电路

电路结构如图 2-3-3 所示。

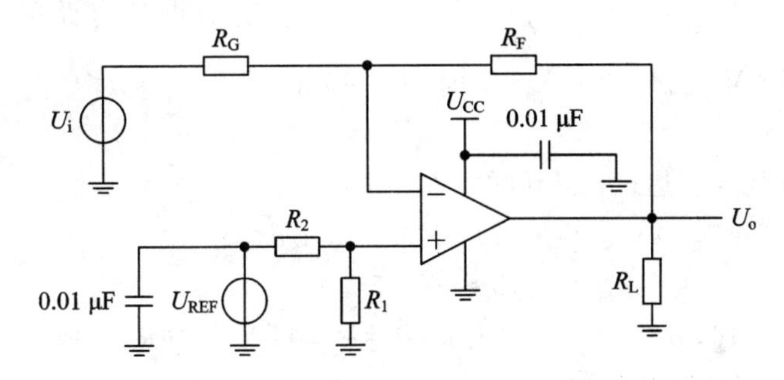

图 2-3-3 $U_o=-mU_i+b$ 电路结构

图中，

$$U_o = -U_i\left(\frac{R_F}{R_G}\right) + U_{REF}\left(\frac{R_2}{R_1 + R_2}\right)\left(\frac{R_F + R_G}{R_G}\right)$$

对比基本表达式，得：

$$|m| = \frac{R_F}{R_G}、b = U_{REF}\left(\frac{R_1}{R_1 + R_2}\right)\left(\frac{R_F + R_G}{R_G}\right)$$

需设计电路的指标为：当 U_i=−0.2 V 时，U_o=1 V；当 U_i=−1.8 V 时，U_o=6 V；R_L=100 Ω，$U_{REF}=U_{CC}$=10 V，使用 5%的电阻容差。这个电路的电源电压是 10 V，且负载为 100 Ω，运放的驱动能力必须达到 6 V/100 Ω=60 mA。故需选用供电电压范围宽、带载能力较强的运放，如 TLC07X 系列。

现将设计数据代入表达式，得到联立方程组：1=−0.2m+b 和 6=−1.8m+b，计算得出 m=−3.125，b=0.375，代入 m 表达式，得 $R_F=3.125R_G$，取 R_G=10 kΩ，得 R_F=31.25 kΩ，设计中使用 5%的电阻容差，则 R_F 取 30 kΩ。代入 b 表达式，得 $R_2=109R_1$，R_1 取 2 kΩ，则 R_2=218 kΩ，R_2 取 220 kΩ。

2.3.4 $U_o=-mU_i-b$ 形式的电路

电路结构如图 2-3-4 所示。

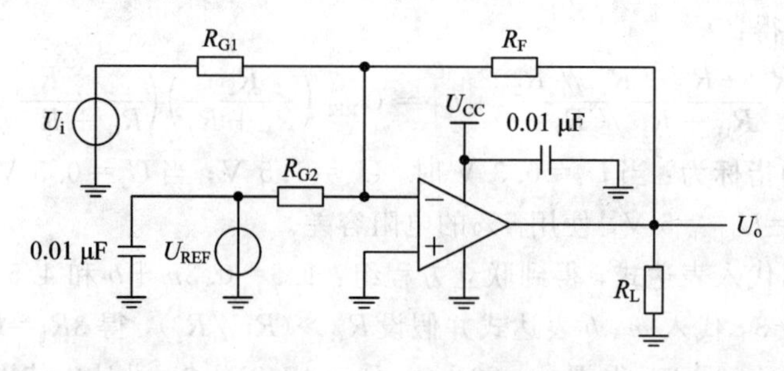

图 2-3-4 $U_o=-mU_i-b$ 电路结构

图中，

$$U_o=-U_i\frac{R_F}{R_{G1}}-U_{REF}\frac{R_F}{R_{G2}}$$

对比基本表达式，得 $|m|=\frac{R_F}{R_{G1}}$、$|b|=U_{REF}\frac{R_F}{R_{G2}}$，需设计电路的指标为：当 $U_i=-0.05$ V 时，$U_o=1$ V；当 $U_i=-0.3$ V 时，$U_o=5$ V；$R_L=10$ kΩ，$U_{REF}=U_{CC}=5$ V，使用 5%的电阻容差。

现将设计数据代入表达式，得到联立方程组：

$$\begin{cases}1=-0.05m+b\\5=-0.3m+b\end{cases}$$

计算得出 $m=-16$，$b=-0.6$，代入 m 表达式，得 $R_F=16R_{G1}$，取 $R_{G1}=1$ kΩ，得 $R_F=16$ kΩ，代入 b 表达式，得 $R_{G2}=60$ kΩ，取 $R_{G2}=62$ kΩ。

2.3.5 300 kHz 80 dB 低噪声放大电路

图 2-3-5 为一由 OPA228 组成的两级低噪声高增益放大电路，OPA228 是一款低噪声输入、高压摆率、增益带宽积达 33 MHz 的低噪声放大器。低信号源内阻，以保证放大信号不被噪声干扰，配合使用一个高性能 JFET 运算放大器(例如 OPA637)可进一步提高阻抗源的性能。图 2-3-6 为其波特图，图 2-3-7 为其仿真波形图。

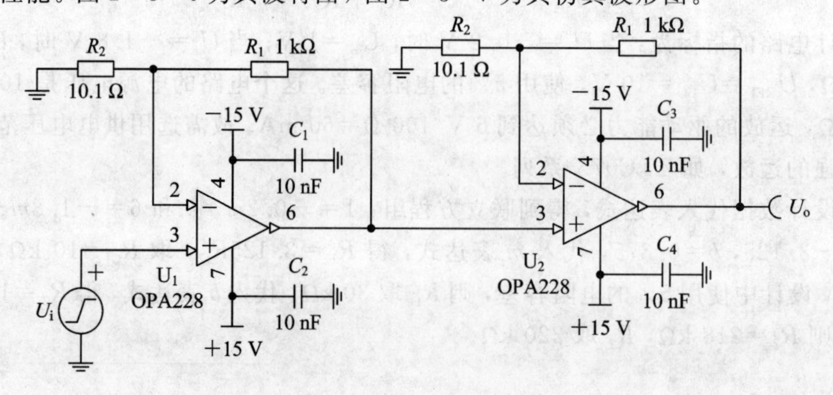

图 2-3-5 300 kHz 80 dB 低噪声放大电路

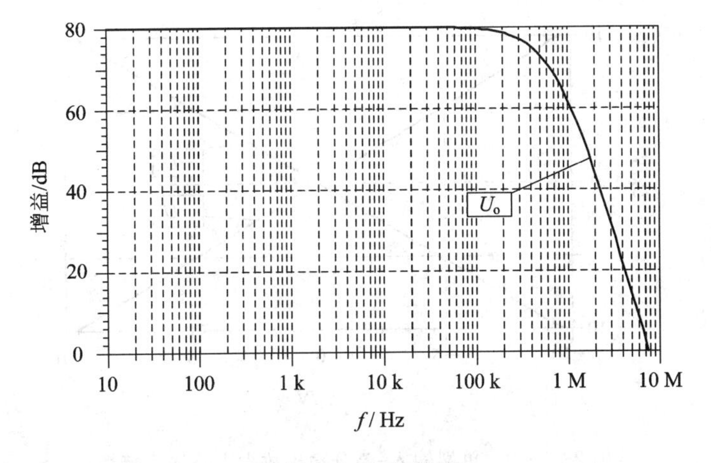

图 2-3-6 波特图

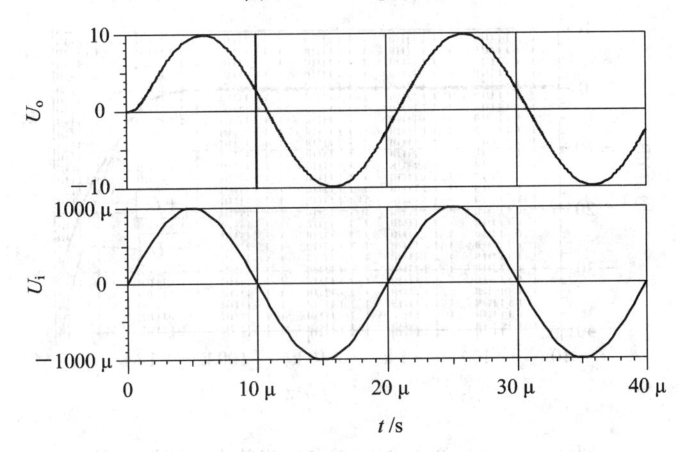

图 2-3-7 300 kHz 80 dB 低噪声放大电路仿真波形

2.3.6 单端输入-差分输出放大电路

DRV134 可将一个单端输入信号转变为一个差分输出信号，其电路如图 2-3-8 所示，输入输出特性如图 2-3-9 所示，波特图如图 2-3-10 所示，仿真图如图 2-3-11 所示。

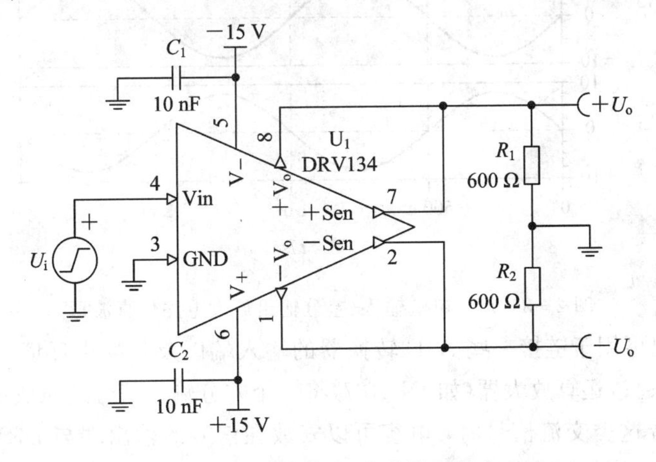

图 2-3-8 单端输入-差分输出放大电路

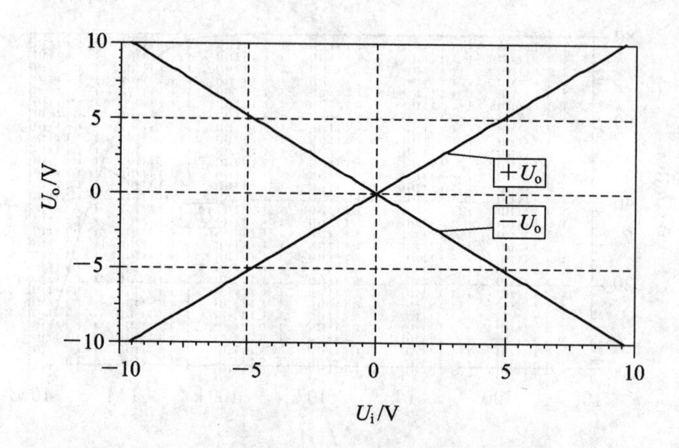

图 2-3-9　单端输入-差分输出放大电路输出特性

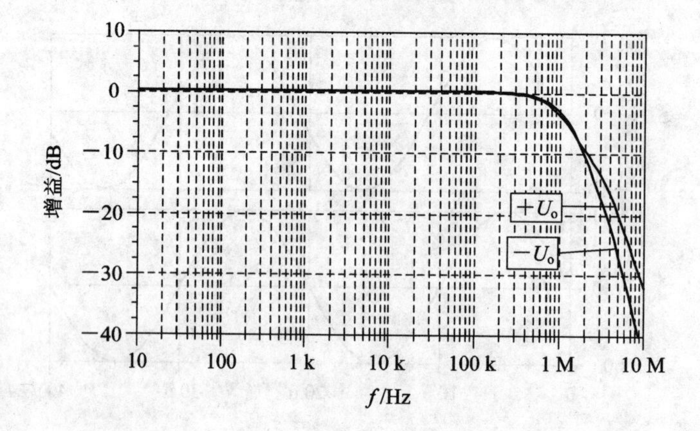

图 2-3-10　单端输入-差分输出放大电路波特图

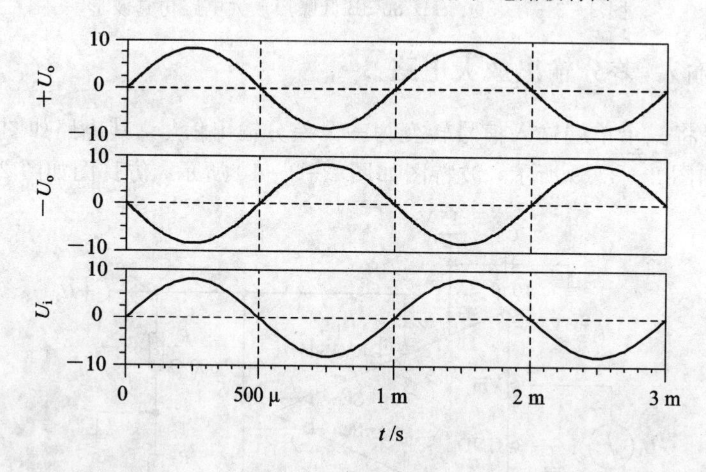

图 2-3-11　单端输入-差分输出放大电路仿真波形

这种差分输出可用于链接一些 A/D 转换器的输入端以及强噪声环境里的三相或双向转换器。同样，可以通过运算放大器(如 INA137)将一个差分输入信号还原成单端输出信号。

在处理像声音这类交流信号时，电容可以安放在信号的输出端与 DRV134 的各个探针之间来抵消 DRV134 输出的直流影响。

2.3.7　仪用放大器闭环偏差修正电路

如图 2 - 3 - 12 所示为一仪用放大器闭环偏差修正电路，图中积分器 U_2 的反馈信号用于消除仪表放大器 U_1 的直流输出偏置。尽管仪用放大器的响应近似于一个交流耦合放大器，但它的输入事实上仍然是直流耦合的，并且它的输入一般是有电压限制的。如果在 R_1 上串联一个开关，则直流响应将被保留。当开关快速闭合时，回路误差将被清零，当开关断开时，误差将被存储在 C_1 中。该电路如图 2 - 3 - 13 所示。

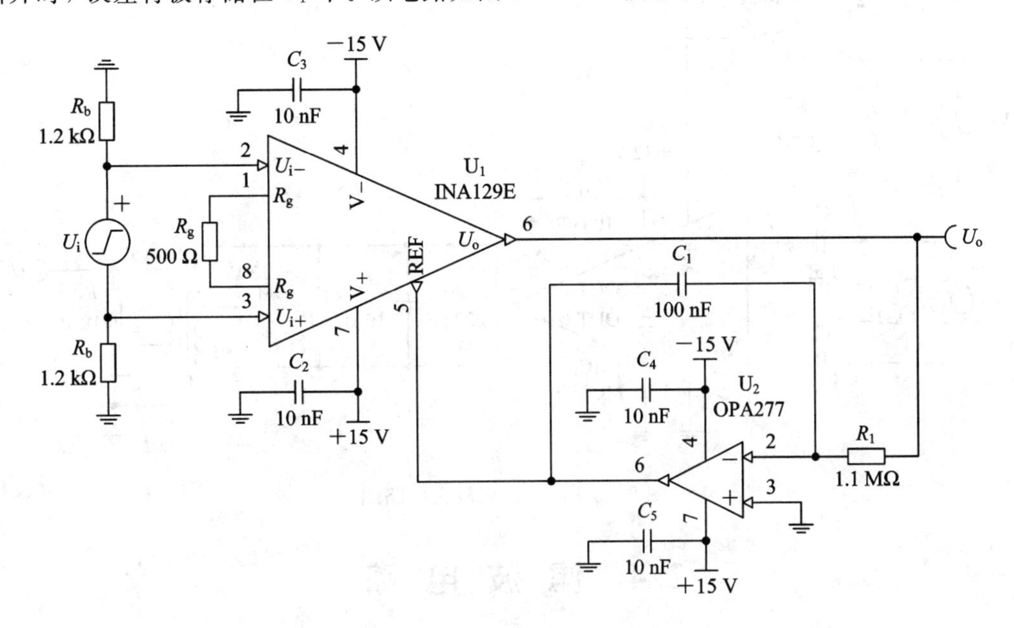

图 2 - 3 - 12　仪用放大器闭环偏差修正电路

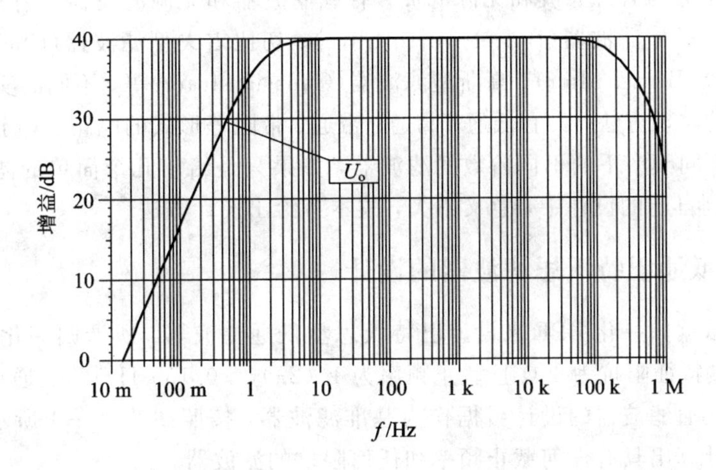

图 2 - 3 - 13　仪用放大器闭环偏差修正电路波特图

2.3.8　程控放大电路

程控放大器在普通放大器的基础上增加了程控放大功能，克服了普通放大电路在设计好后只能具有固定放大倍数的缺点，通过程序控制放大倍数。图 2 - 3 - 14 为程控放大芯片

MC1350 实现的程控放大电路，图中，MC1350 的 5 脚 AGC 为自动增益控制端，由运放 OPA277 放大 VF 输入信号，VF 信号一般由 MCU 控制 ADC 产生。U_{i} 为待放大信号输入端，U_{o} 为程控放大后的输出信号。

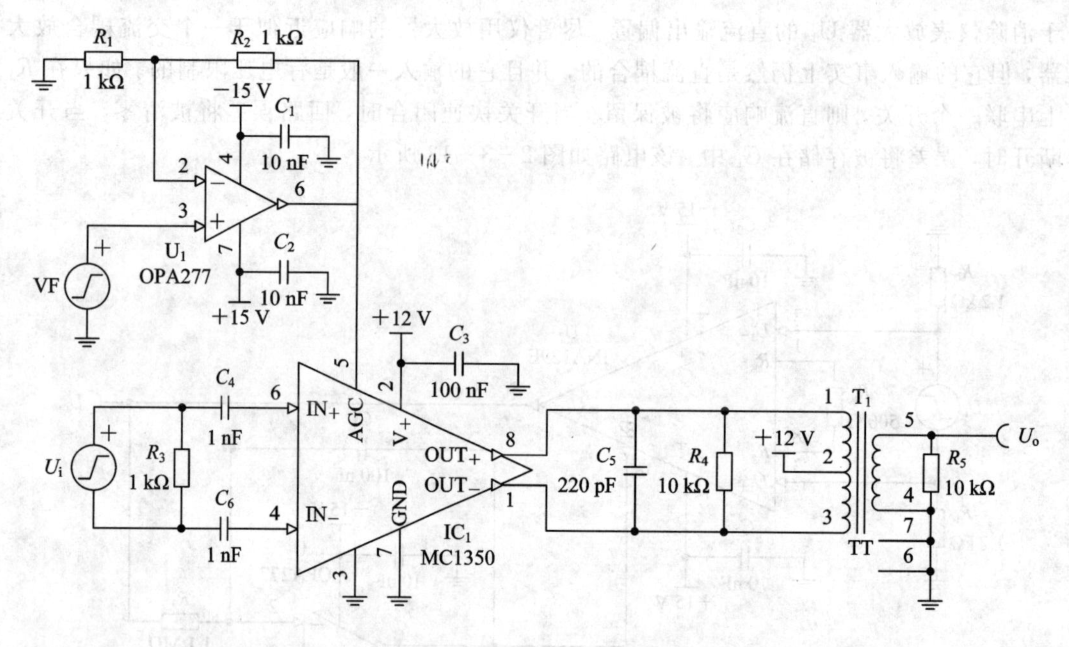

图 2-3-14　程控放大电路图

2.4　滤 波 电 路

滤波电路常分为有源滤波和无源滤波。有源滤波器和无源滤波器可有多种实现方法，常见的有巴特沃思型滤波器(Butter-worth filter)、切比雪夫型滤波器(Chebyshev filter)、贝塞尔型滤波器(Bessel filter)、高斯型滤波器(Gaussian filter)等，不同的实现方法特点不同。对于各自的实现方法，又有低通、高通、带通、带阻等形式的电路。对于实际的设计而言，可能需要不同频率下的不同阶数的滤波器，如果只是给出几个简单的滤波电路，读者可能无法应用到自己的设计中，意义不大，故本节给出设计方法。

2.4.1　无源低通巴特沃思滤波器的设计

在此介绍依据归一化 LPF 来设计巴特沃思型低通滤波器。所谓归一化低通滤波器设计数据，指的是特征阻抗为 1 Ω 且截止频率为 $1/(2\pi)$($\approx$0.159 Hz)的低通滤波器的数据。用这种归一化低通滤波器的设计数据作为基准滤波器，按照图 2-4-1 所示的设计步骤，能够很简单地计算出具有任何截止频率和任何阻抗的滤波器。

对于无源滤波器，它存在信号衰减问题，不同的截止频率，不同的阶数，决定了不同信号的衰减量。衰减量与阶数 n 的关系如式(2.4.1)(巴特沃思型滤波器的衰减量计算公式，是由巴特沃思型函数所确定的)所示：

$$A_{\mathrm{ttdB}} = 10 \cdot \lg\left[1 + \left(\frac{2\pi f_x}{2\pi f_{\mathrm{c}}}\right)^{2n}\right] \tag{2.4.1}$$

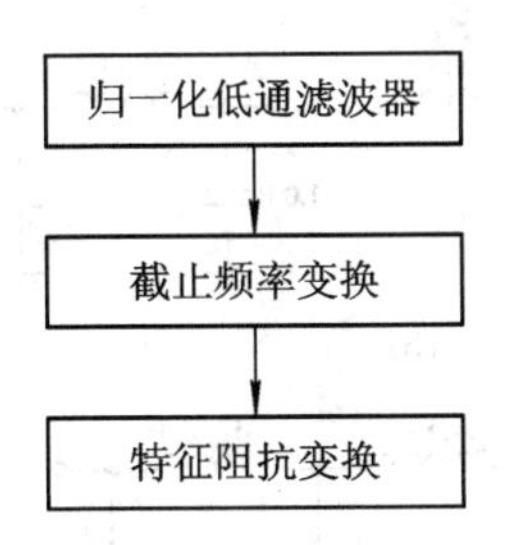

图 2-4-1　用归一化 LPF 设计数据设计滤波器的步骤

式中，f_c 是滤波器的截止频率；n 是滤波器的阶数；f_x 是频率变量，也就是说，当 f_c 和 n 确定之后，式(2.4.1)所算得的数值就是滤波器对频率为 f_x 的信号的衰减量。

用归一化 LPF 来设计巴特沃思型低通滤波器时，首先需要计算出巴特沃思型滤波器的归一化元件值，我们可以利用以下的关系式来计算。

这里所说的归一化，当然还是指截止频率为 $1/(2\pi)\approx 0.159$ Hz 且特征阻抗为 1 Ω。各元件参数值的计算公式为：

$$C_k \text{ 或 } L_k = 2\sin\frac{(2k-1)\pi}{2n} \tag{2.4.2}$$

式中，$k=1, 2, \cdots, n$。

这里，$(2k-1)\pi/2n$ 是用弧度来表示的。在用手持式计算器计算正弦函数时要特别注意，有些计算器的按键采用的不是弧度制而是角度制。角度与弧度之间的换算关系为：

$$\frac{\text{角度值}}{180}\times\pi = \text{弧度值}，\frac{\text{弧度值}}{\pi}\times 180 = \text{角度值} \tag{2.4.3}$$

下面以 5 阶的归一化巴特沃思型 LPF 为例，来说明其元件值是如何算出的。

因为已确定了阶数为 5 阶，所以 $n=5$。根据式(2.4.2)，可以得到 k 分别为 1～5 的 5 个计算公式，并计算出如下的 C_1(或 L_1)～C_5(或 L_5)五个元件值。

$$C_1(\text{或 } L_1) = 2\sin\frac{(2\times 1-1)\pi}{2\times 5}\approx 0.618\ 03$$

$$C_2(\text{或 } L_2) = 2\sin\frac{(2\times 2-1)\pi}{2\times 5}\approx 1.618\ 03$$

$$C_3(\text{或 } L_3) = 2\sin\frac{(2\times 3-1)\pi}{2\times 5}\approx 2.000\ 00$$

$$C_4(\text{或 } L_4) = 2\sin\frac{(2\times 4-1)\pi}{2\times 5}\approx 1.618\ 03$$

$$C_5(\text{或 } L_5) = 2\sin\frac{(2\times 5-1)\pi}{2\times 5}\approx 0.618\ 03$$

这五个值便是截止频率为 $1/(2\pi)$ Hz 且特征阻抗为 1 Ω 的 5 阶巴特沃思型 LPF 的元件值。5 阶滤波器的电路结构有 T 形和 Π 形两种形式，所以所求出的元件值可分别构成 T 形或 Π 形滤波器。

图 2-4-2 给出了常用的 2 阶到 10 阶的归一化巴特沃思型 LPF 设计数据，这些数据不但对巴特沃思型 LPF 设计有用，而且对 HPF、BPF、BRF 等一切巴特沃思型滤波器的设计也是有用的。

下面通过两个示例说明在实际工程应用时滤波电路中各个元件参数的具体计算转换方法。

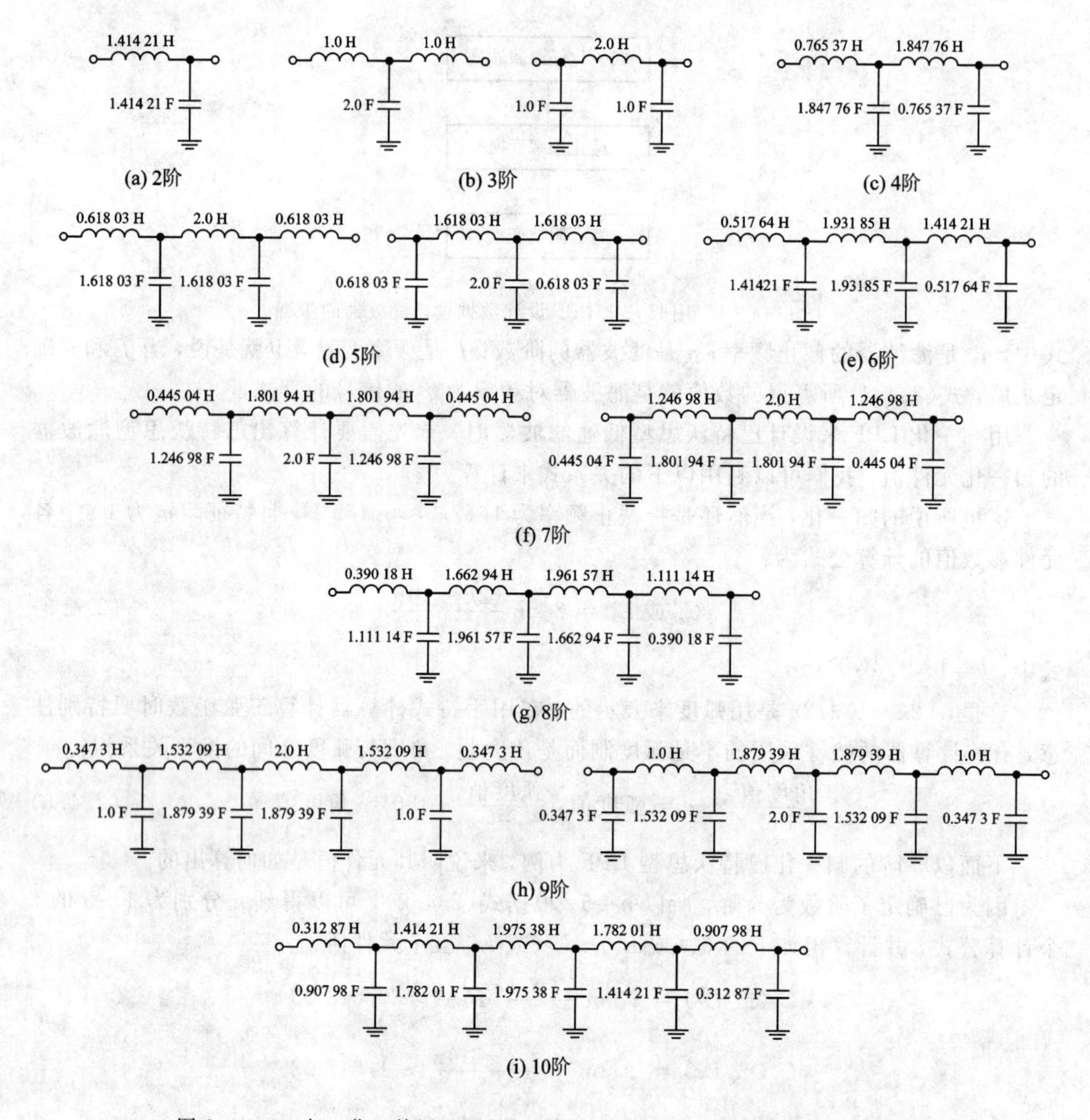

图 2-4-2 归一化巴特沃思型 LPF(特征阻抗为 1Ω，截止频率为 $1/(2\pi)$)

1. 设计截止频率为 500 MHz 且特征阻抗为 100 Ω 的 3 阶 T 形巴特沃思型 LPF

要设计这个滤波器，就要有 3 阶归一化巴特沃思型 LPF 的设计数据。这个数据就是图 2-4-2(b)所给出的 3 阶 T 形归一化巴特沃思型 LPF 电路，它将作为设计时所依据的基准滤波器。

首先，进行截止频率变换。为此先求出待设计滤波器截止频率与基准滤波器截止频率的比值 M：

$$M=\frac{\text{待设计滤波器的截止频率}}{\text{基准滤波器的截止频率}}=\frac{500\ \text{MHz}}{\left(\dfrac{1}{2\pi}\right)}=\frac{5.0\times10^{8}\ \text{Hz}}{0.159\,154\ \text{Hz}}\approx 3.141\,611\,27\times10^{9}$$

然后，将基准滤波器的所有元件值除以 M，从而把滤波器的截止频率从 $1/(2\pi)$ Hz 变换成 500 MHz。经过这一计算后所得到的滤波器电路如图 2-4-3 所示。

接着，再进行特征阻抗变换。为此，先求出待设计滤波器特征阻抗与基准滤波器特征阻抗的比值 K：

$$K=\frac{\text{待设计滤波器的特征阻抗}}{\text{基准滤波器的特征阻抗}}=\frac{100\ \Omega}{1\ \Omega}=100.0$$

最后，对图 2-4-3 电路的所有电感元件值乘以 K，所有电容元件值除以 K。经过这一计算后，即得到最终需要设计出的滤波器，其电路如图 2-4-4 所示。

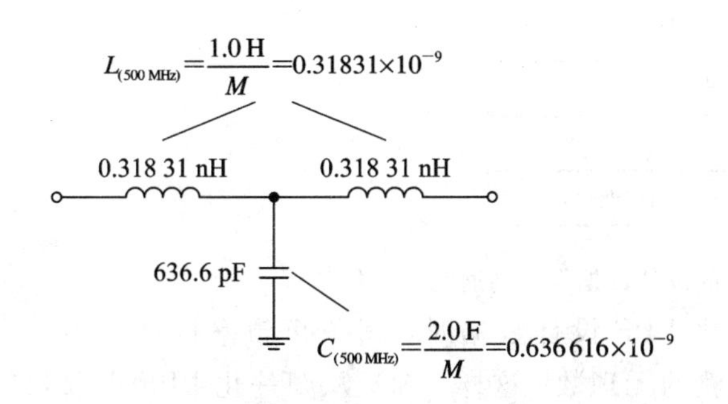

图 2-4-3 只改变截止频率后的中间结果

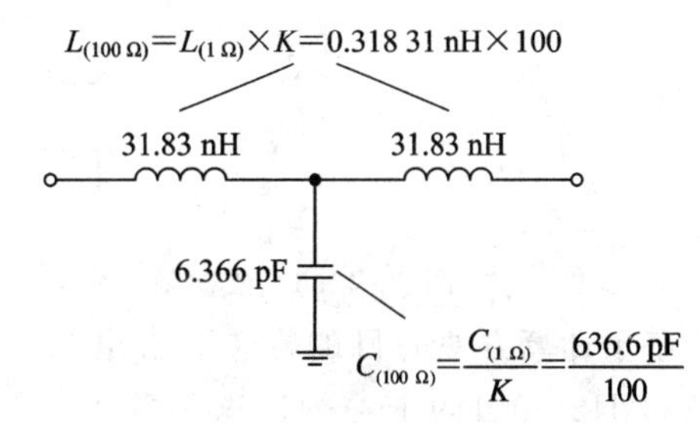

图 2-4-4 进行改变特征阻抗后的最终结果

2. 设计并制作截止频率为 100 MHz 且特征阻抗为 50 Ω 的 5 阶 Π 形巴特沃思型 LPF

设计这个滤波器时，需要用到 5 阶 Π 形归一化巴特沃思型 LPF 的设计数据，其数据由图 2-4-2(d)给出。以这个归一化 LPF 为基准滤波器，将截止频率从 1/(2π)Hz 变换成 100 MHz，将特征阻抗值从 1 Ω 变换成 50 Ω，即可得到所要设计的滤波器。

变换时所需的 M 值和 K 值可由下式算得，即：

$$M=\frac{\text{待设计滤波器的截止频率}}{\text{基准滤波器的截止频率}}=\frac{100\ \text{MHz}}{\left(\frac{1}{2\pi}\right)\text{Hz}}=\frac{1.0\times10^{8}\ \text{Hz}}{0.159\ 154\ \text{Hz}}\approx6.283\ 223\times10^{8}$$

$$K=\frac{\text{待设计滤波器的特征阻抗}}{\text{基准滤波器的特征阻抗}}=\frac{50\ \Omega}{1\ \Omega}=50.0$$

设计出的滤波器电路如图 2-4-5 所示。实际制作的时候，由于电路中存在分布电感、电容，选择原件的时候可略低于计算值，在此，电感元件可选用 120 nH 的标称线圈，电容元件可选用 18 pF 和 56 pF 的标称电容器。

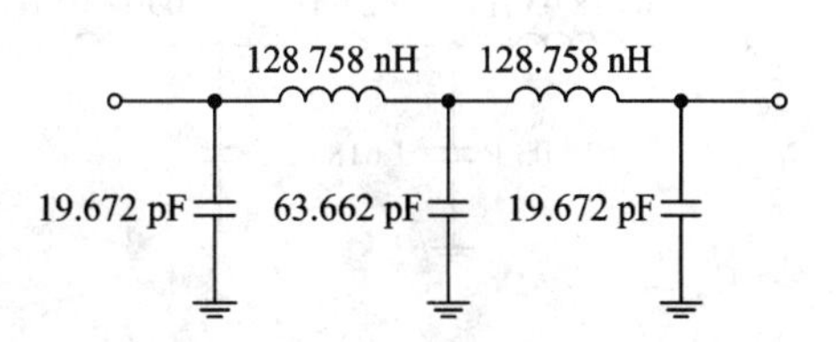

图 2-4-5 所设计的 5 阶巴特沃思型 LPF

2.4.2 无源高通巴特沃思滤波器的设计

高通滤波器 HPF(High Pass Filter)的设计其实也很简单。只要按照图 2-4-6 所示的步骤，就可以设计出高通滤波器。整个设计过程可分为两个阶段，第一阶段是从归一化 LPF 求出归一化 HPF，第二阶段是对已求得的归一化 HPF 进行截止频率变换和特征阻抗变换。

之所以能用如此简单的步骤设计高通滤波器，是因为作为基本依据的基准滤波器采用了以截止频率为 1/(2π)Hz 且特征阻抗为 1 Ω 的归一化 LPF 的缘故。如果是基于截止频率由 1 Hz 等数值来表示的设计数据进行设计，那就不可能这么简单了，就得先进行把截止频率修正为 1/(2π)Hz 的变换。

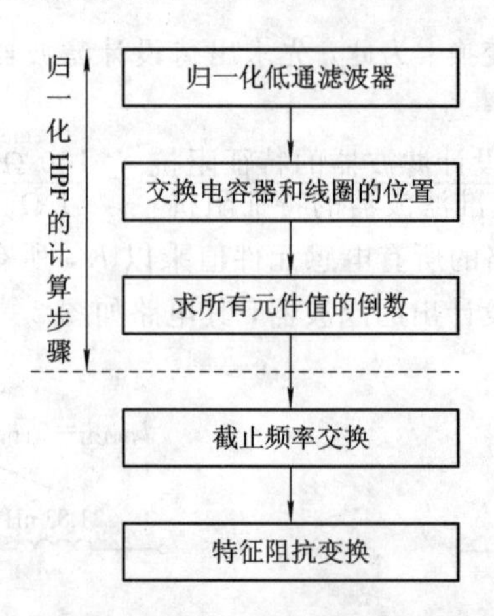

图 2-4-6 依据归一化 LPF 的设计数据设计高通滤波器的步骤

基于计算方便的目的，这里给出归一化 LPF 设计数据时，其截止频率特意采用了 $1/(2\pi)$ Hz=0.159 154…Hz 这种看似不完整的无理数。这样一来，从归一化 LPF 求取归一化 HPF 时就简明得多了，HPF 的设计工作也就轻松得多了。

下面通过实际例子来解说依据图 2-4-6 所述方法将巴特沃思型归一化 LPF 转换成 HPF 的过程。

本例依据巴特沃思型 5 阶归一化 LPF 的数据，设计并制作截止频率为 100 MHz 且特征阻抗为 50 Ω 的 5 阶 T 形巴特沃思型 HPF。

5 阶 T 形归一化巴特沃思型 LPF 的数据如图 2-4-2(d)所示，它是设计 5 阶 T 形归一化巴特沃思型 HPF 的依据。

首先，保留 5 阶 T 形归一化巴特沃思型 LPF 各元件的参数数值，而把电容器换成电感，把电感换成电容器，然后把所保留的元件参数数值全部取倒数。经过这两个操作后，便得到了 5 阶 T 形归一化巴特沃思型 HPF 的设计数据，如图 2-4-7 所示。

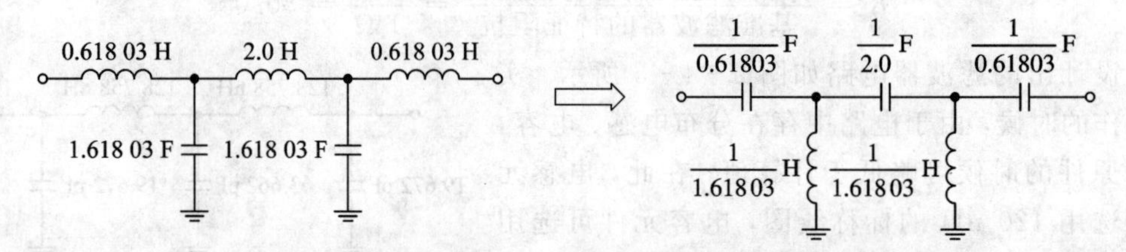

图 2-4-7 归一化 HPF(T 形，截止频率 $1/(2\pi)$Hz，特征阻抗为 1 Ω)

接着，将这个归一化 HPF 的截止频率 $1/(2\pi)$Hz 变换成 100 MHz，将其特征阻抗 1 Ω 变换成 50 Ω。经过这两个变换后，便得到了所要设计的 5 阶 T 形巴特沃思型 HPF，如图 2-4-8 所示。

实际制作滤波器的时候，各元件的值可选用图中箭头所标注的系列化元件值。请注意，这里所选用的电容器值和电感线圈值都比设计计算出来的值小。这可以说是一个基本选件原则，因为装配当中必然会有分布参数加入而使电路中的实际工作参数增大。尤其是引线孔和铜线的电感量，它们在高频的情况下将是个非常可观的数值。

为了有利于读者设计制作，图 2-4-9 给出了将图 2-4-2 所示的归一化 LPF 值进行归一化 HPF 计算得到的电路。

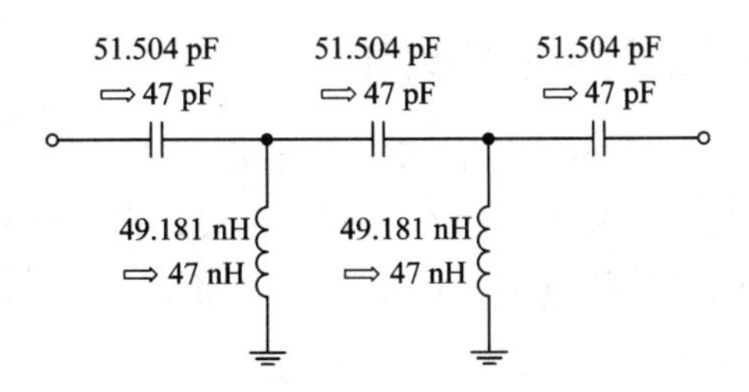

图 2-4-8　所设计的 HPF(T 形，截止频率 100 MHz，特征阻抗为 50 Ω)

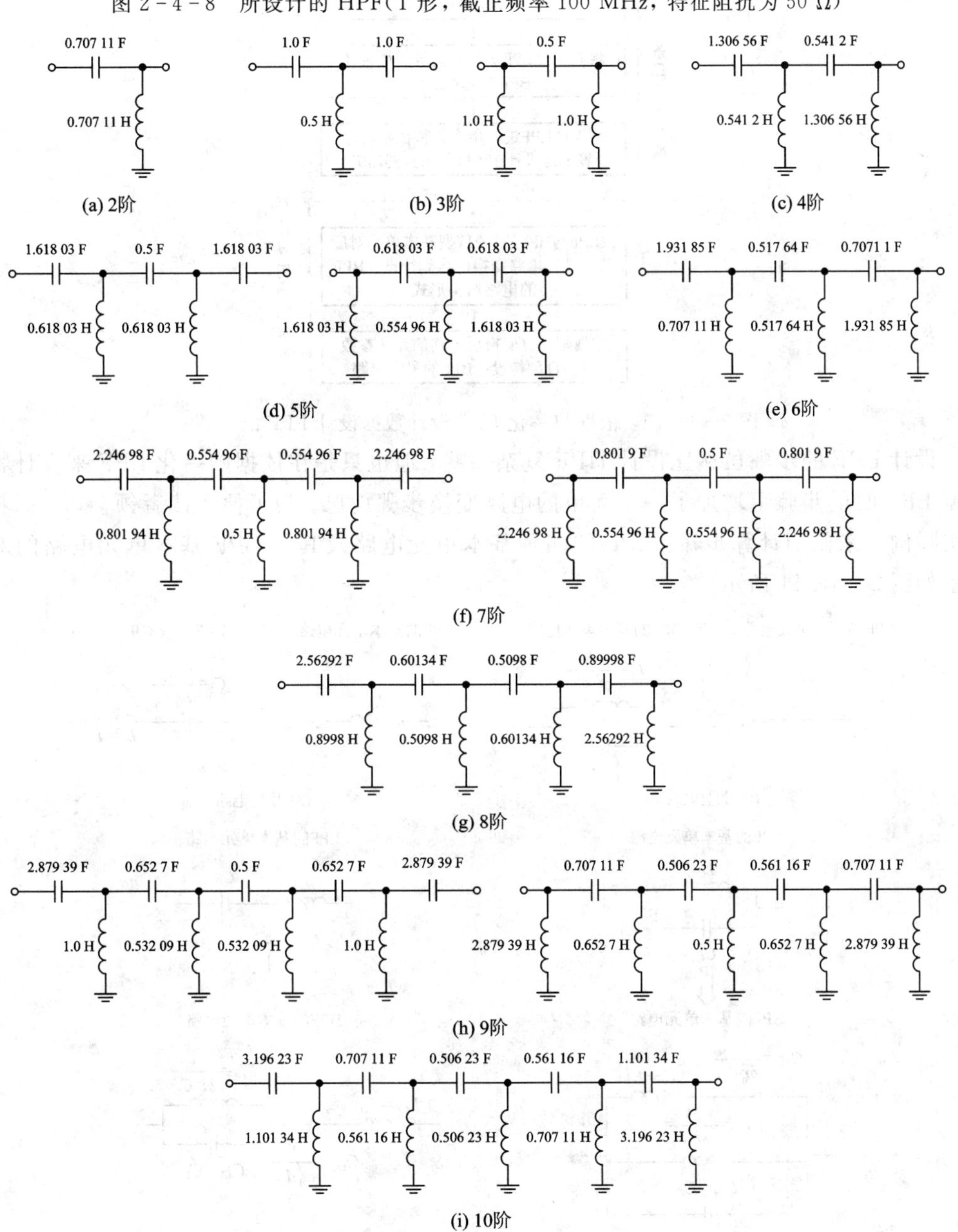

图 2-4-9　归一化巴特沃思型 HPF(特征阻抗为 1 Ω，截止频率为 1/(2π)Hz)

2.4.3 无源带通巴特沃思滤波器的设计

带通滤波器 BPF(Band Pass Filter)的设计并不难，只要按照如图 2-4-10 所示的设计步骤去做就行了。整个设计过程大致可分为两个阶段，前一个阶段是依据归一化 LPF 设计出通带宽度等于待设计 BPF 带宽的 LPF，后一个阶段是把这个通带宽度等于待设计 BPF 带宽的 LPF 变换成 BPF。

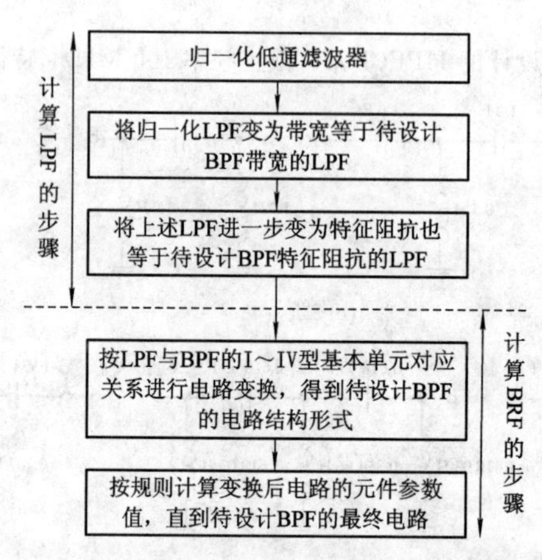

图 2-4-10 依据归一化 LPF 设计数据设计 BPF 的步骤

设计 BPF 的步骤虽然比设计 HPF 复杂一些，但也只是在依据归一化 LPF 来设计特定带宽 LPF 时的步骤上增加了一个简单的电路变换步骤而已。为了便于读者领会，下面将通过实际例子来阐明计算步骤。LPF 的四种基本单元电路及其与 BPF 基本单元电路的对应关系如图 2-4-11 所示。

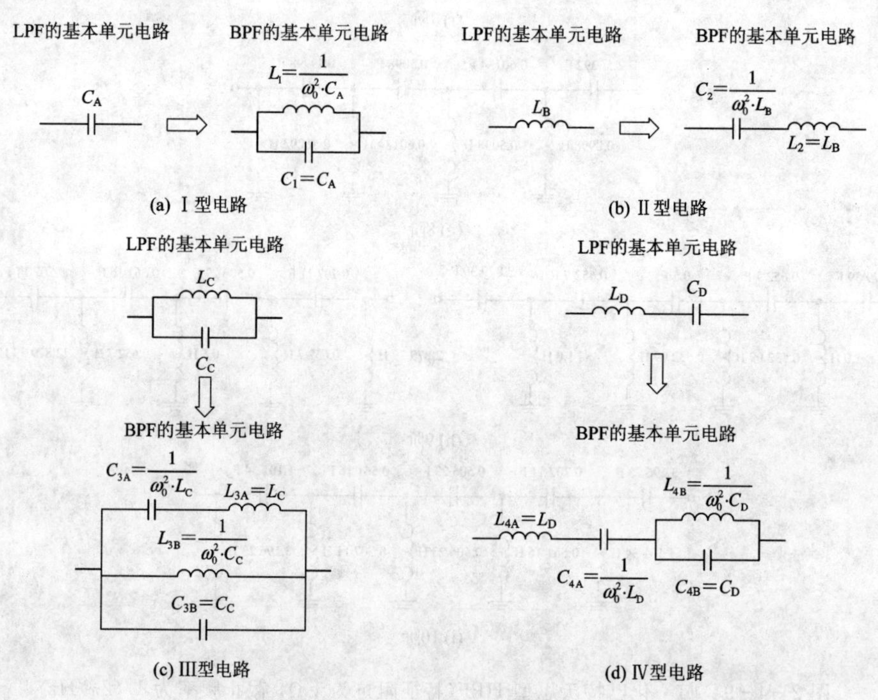

图 2-4-11 LPF 的四种基本单元及其与 BPF 基本单元的对应关系

下面设计一个带宽为 100 MHz、线性坐标中心频率为 500 MHz、特征阻抗为 50 Ω 的 5 阶巴特沃思型 BPF。

首先，设计其带宽和特征阻抗等于待设计 BPF 的带宽和特征阻抗的 LPF。这里就是设计截止频率等于 100 MHz、特征阻抗等于 50 Ω 的 5 阶巴特沃思型 LPF。

其次，确定巴特沃思型 LPF 的基本构成电路单元属于Ⅰ型～Ⅳ型中的哪种类型，并将其按照对应关系变换成 BPF 的相应基本电路单元。这里，基本电路单元属于Ⅰ型和Ⅱ型，变换过程和结果如图 2-4-12 所示。

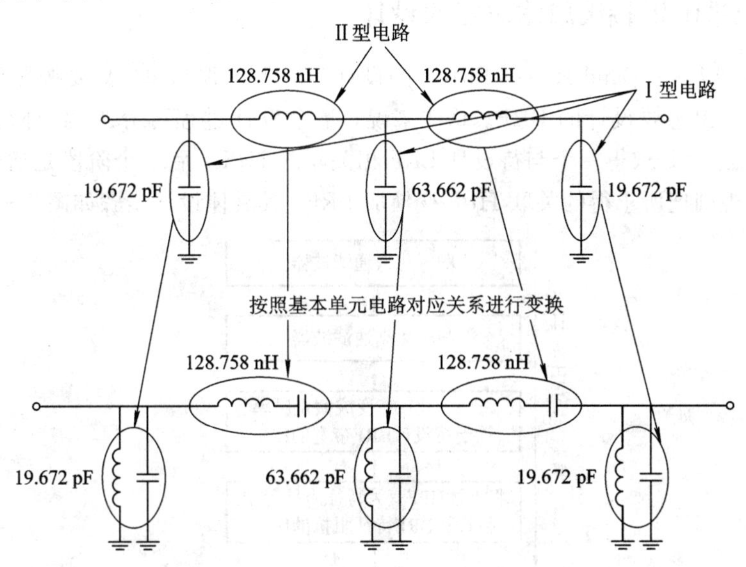

图 2-4-12 按照基本单元电路对应关系把 5 阶巴特沃思型 LPF 电路变换成 BPF 电路的过程

随后，计算 BPF 的电路元件值。由于这里作为设计条件所给出的中心频率是线性坐标中心频率，所以要先从线性坐标中心频率计算出几何中心频率，然后再计算电路元件值。这里，线性坐标中心频率为 500 MHz，带宽为 100 MHz，所以，基于巴特沃思型 LPF 所计算出的 BPF 高低频端 −3 dB 截止频率为：

$$f_L = 500 - 100 \div 2 = 450(\text{MHz})$$

$$f_H = 500 + 100 \div 2 = 550(\text{MHz})$$

由此可求得几何中心频率 f_0 为：

$$f_0 = \sqrt{f_L \times f_H} \approx 497.493(\text{MHz})$$

将此频率的值代入求元件参数值的公式中，可计算出图 2-4-12 中各元件的值为：

$$C_{BP1} = C_{BP2} = \frac{1}{(2\pi \times 4.97493 \times 10^8)^2 \times 128.758 \times 10^{-9}} \approx 79.486(\text{pF})$$

$$L_{BP1} = L_{BP3} = \frac{1}{(2\pi \times 4.97493 \times 10^8)^2 \times 19.672 \times 10^{-12}} \approx 5.203(\text{nH})$$

$$L_{BP2} = \frac{1}{(2\pi \times 4.97493 \times 10^8)^2 \times 63.662 \times 10^{-12}} \approx 1.608(\text{nH})$$

于是便得到了所要设计的 BPF，其电路如图 2-4-13 所示。

（几何中心频率 497.493 MHz，线性坐标中心频率 500 MHz，带宽 100 MHz，特征阻抗 50 Ω。）

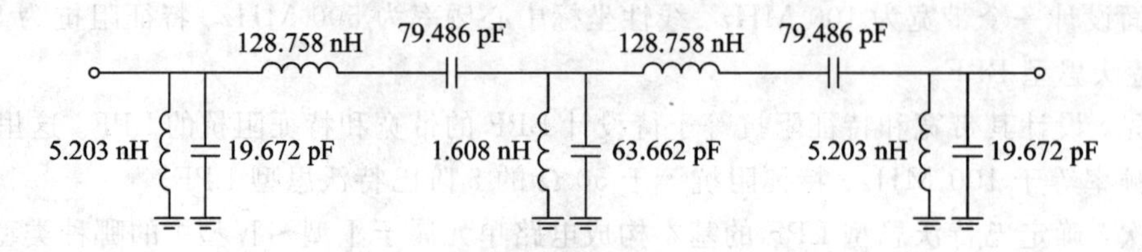

图 2-4-13　所设计的 5 阶巴特沃思型 BPF

2.4.4　无源带阻巴特沃思滤波器的设计

带阻滤波器 BRF(Band Reject Filter)的设计实际上也很简单，只要按照设计步骤进行操作，就能设计出想要设计的 BRF。总体来说，整个设计过程可分为两个阶段，前一个阶段是依据归一化 LPF 求得一个与待设计 BRF 相关联的 HPF；后一个阶段是通过一定的基本单元电路变换规则把所求得的关联 HPF 变换成 BRF。其具体设计步骤如图 2-4-14 所示。

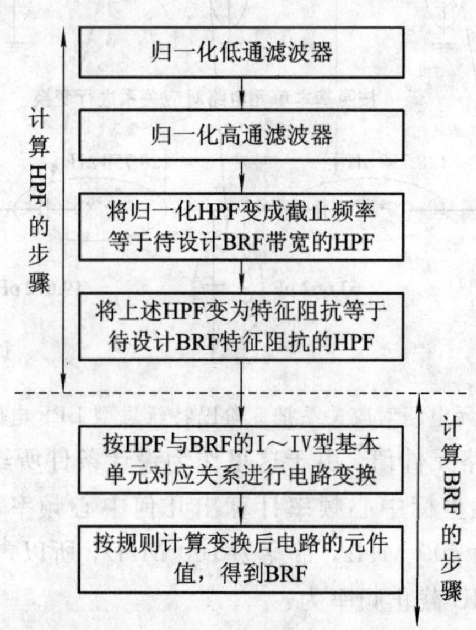

图 2-4-14　利用归一化 LPF 设计数据设计带阻滤波器的设计步骤

作为第一阶段的第一步，首先要依据归一化 LPF(截止频率为 $1/(2\pi)$Hz，特征阻抗为 1 Ω)的数据，设计出归一化 HPF，这一步的计算方法已在第 2.4.2 节中讲过。接着的第二、三步是对这个归一化的 HPF 进行截止频率变换和特征阻抗变换，使其成为截止频率等于待设计 BRF 带宽和特征阻抗等于待设计 BRF 特征阻抗的 HPF，这两步的计算方法已在前面各节中多次使用过；第四、五步属于第二阶段，目的是把第一阶段所得到的 HPF 变成 BRF，为此就要有从 HPF 变到 BRF 时的基本电路单元变换规则，这个变换规则与2.4.3 节中的从 LPF 变到 BPF 时的基本电路单元变换规则是相同的(见图 2-4-15 和图 2-4-11)。

可见，设计 BRF 的方法与设计 BPF 的方法非常相似，所不同的地方主要在于设计 BRF 时要先计算归一化 HPF。下面举例说明依据巴特沃思型归一化 LPF 的数据来设计带阻滤波器的方法与步骤。

这里设计并实际制作阻带宽度为 100 MHz、线性坐标中心频率为 500 MHz、特征阻抗为 50 Ω 的 5 阶巴特沃思型 BRF。

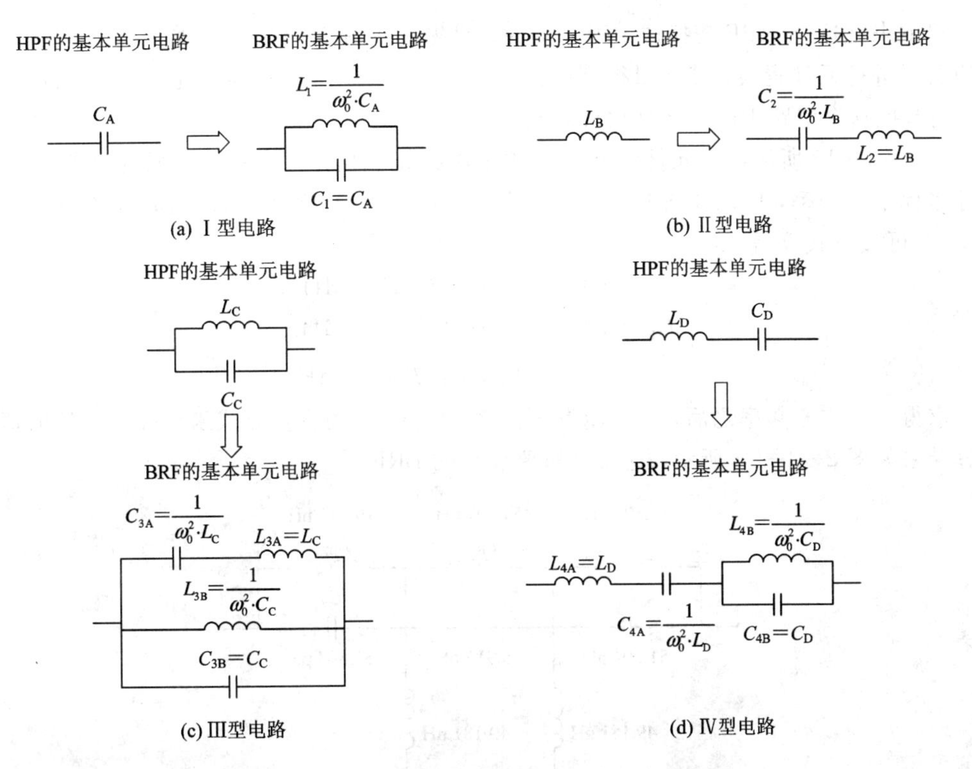

图 2-4-15 Ⅰ～Ⅳ型基本电路单元的变换规则

要设计 BRF，首先要设计一个滤波器类型、带宽、特征阻抗都与待设计 BRF 相同的 HPF，在这里，就是要设计截止频率等于100 MHz、特征阻抗等于50 Ω 的5阶巴特沃思型 HPF。如第2.4.2节所述，这个 HPF 可以依据相应的归一化 LPF 来设计，其设计结果为如图 2-4-16 上半部分所示的电路。

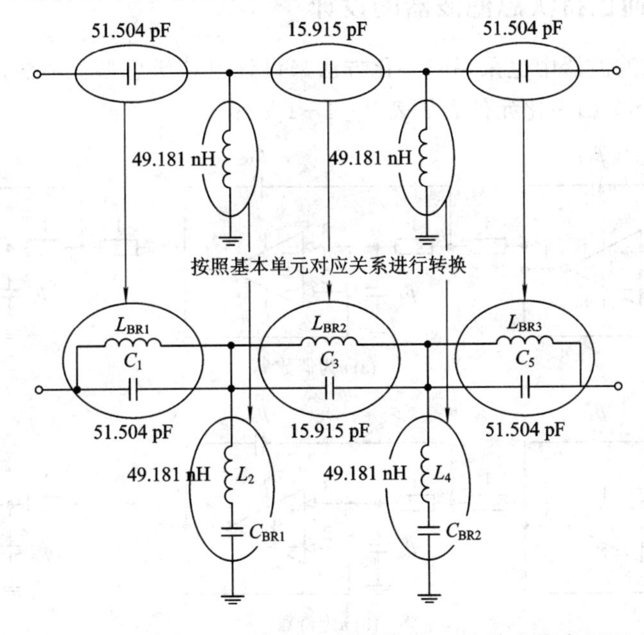

图 2-4-16 按基本电路单元对应关系将 HPF 电路变换成 BRF 电路

接下来把这个 HPF 变换成 BRF。为此，要先按照图 2-4-15 所给出的基本电路单元对应关系进行元件置换，其结果得到如图 2-4-16 下半部分所示的电路的结构形式。随后，还要把这个电路中的各元件值计算出来。

图 2-4-15 所给出的元件值计算公式中，ω_0 是几何中心角频率，而题目所给出的是线性坐标中心频率，所以要将其变成几何中心频率。(500±50) MHz 的滤波器的几何中心频率 f_0 可按下式算得：

$$f_L = 500 - 100 \div 2 = 450(\text{MHz})$$

$$f_H = 500 + 100 \div 2 = 550(\text{MHz})$$

$$f_0 = \sqrt{f_L \times f_H} \approx 497.493(\text{MHz})$$

求得几何中心频率之后，就可以利用图 2-4-15 中的变换公式来计算各元件的值，其计算结果如图 2-4-17 所示，这就是所要设计的 BRF。

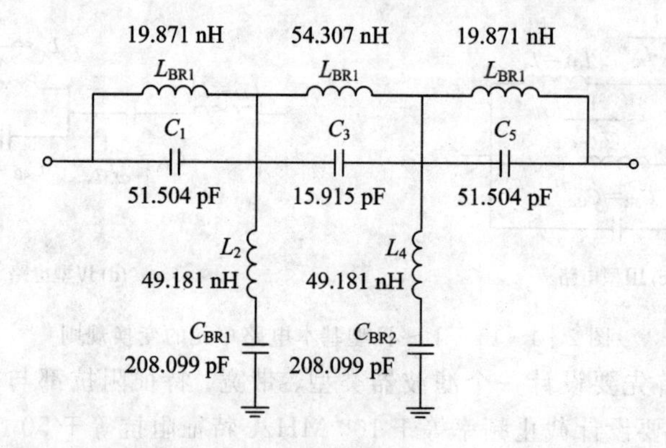

图 2-4-17　所设计的 BRF(几何中心频率 497 MHz，阻带宽度 100 MHz，特征阻抗 50 Ω)

2.4.5　有源低通巴特沃思滤波器的设计

同样，在有源滤波器中也采用归一化方法来设计巴特沃思型低通滤波器，其电路结构如图 2-4-18 所示，归一化元件表如表 2-4-1 所示。

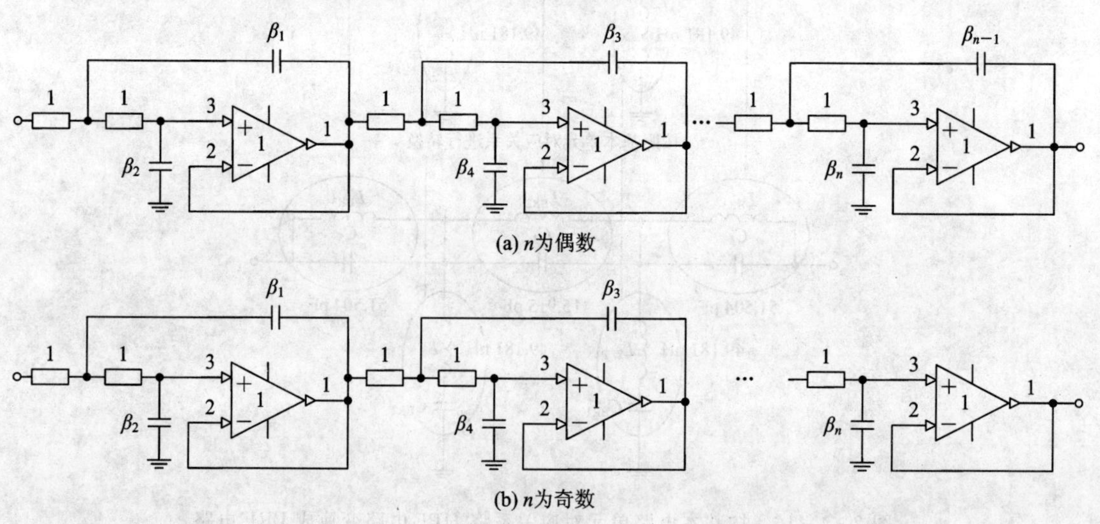

图 2-4-18　归一化巴特沃思型低通滤波器结构图

表 2-4-1 归一化低通滤波器元件表

n	β_1	β_2	β_3	β_4	β_5	β_6	β_7	β_8	β_9	β_{10}
1	1	—	—	—	—	—	—	—	—	—
2	1.414 23	0.7071	—	—	—	—	—	—	—	—
3	2	0.5	1	—	—	—	—	—	—	—
4	2.613 01	0.3827	1.082 37	0.9239	—	—	—	—	—	—
5	3.236 25	0.309	1.236 09	0.809	1	—	—	—	—	—
6	3.863 99	0.2588	1.414 23	0.7071	1.035 25	0.965 95	—	—	—	—
7	4.494 38	0.2225	1.603 85	0.6235	1.109 94	0.900 95	1	—	—	—
8	5.125 58	0.1951	1.800 02	0.555 55	1.2027	0.8315	1.01958	0.9808	—	—
9	5.758 71	0.173 65	2	0.5	1.3054	0.766 05	1.064 17	0.9397	1	—
10	6.391 82	0.156 45	2.202 64	0.454	1.414 23	0.7071	1.12233	0.891	1.01245	0.9877

根据归一化参数表只要对数据进行反归一化即可得到所需设计的滤波器，下面通过一个示例讲解反归一化过程。

设计一个 4 阶巴特沃思型低通滤波器：

本实例要求截止频率为 1 kHz，增益为 1，并通过 Tina TI 软件仿真出波特图。

由公式：

$$\omega = \frac{1}{RC} = 2\pi f \tag{2.4.4}$$

可知，当给定截止频率 f，选取 R 后(R 的选取一般在 kΩ 级别，且以计算出 C 尽量是标称值为宜)，计算出 C 即可。

已知 $f=1$ kHz，如取 $R=10$ kΩ，则：

归一化电容 $C=\frac{1}{2\pi fR}=\frac{1}{2\times 3.1415\times 1000\times 10\ 000}\approx 15.916$ nF

通过反归一化转换出 C_1、C_2、C_3、C_4，由于设计的滤波器为 4 阶，所以选择 n 为 4 时，由表 2-4-1 可知 $\beta_1=2.613\ 01$，$\beta_2=0.3827$，$\beta_3=1.082\ 37$，$\beta_4=0.9239$，将归一化电容 C 乘以 β 则得到反归一化电容值：

$$C_1 = C\times\beta_1 \approx 15.916\ \text{nF}\times 2.613\ 01 \approx 41.589\ \text{nF}$$
$$C_2 = C\times\beta_2 \approx 15.916\ \text{nF}\times 0.3827 \approx 6.091\ \text{nF}$$
$$C_3 = C\times\beta_3 \approx 15.916\ \text{nF}\times 1.082\ 37 \approx 17.227\ \text{nF}$$
$$C_4 = C\times\beta_4 \approx 15.916\ \text{nF}\times 0.9239 \approx 14.705\ \text{nF}$$

根据电容选择规则，选择 $C_1=43$ nF，$C_2=5.6$ nF，$C_3=18$ nF，$C_4=15$ nF。

运放应选择增益带宽积满足要求的。关于运放选择的其他注意事项请参考《电子系统设计》一书，在此选择 OP37。

在 Tina TI 仿真软件下的电路如图 2-4-19 所示。如图 2-4-20 所示为 Tina TI 软件仿真出的波特图。

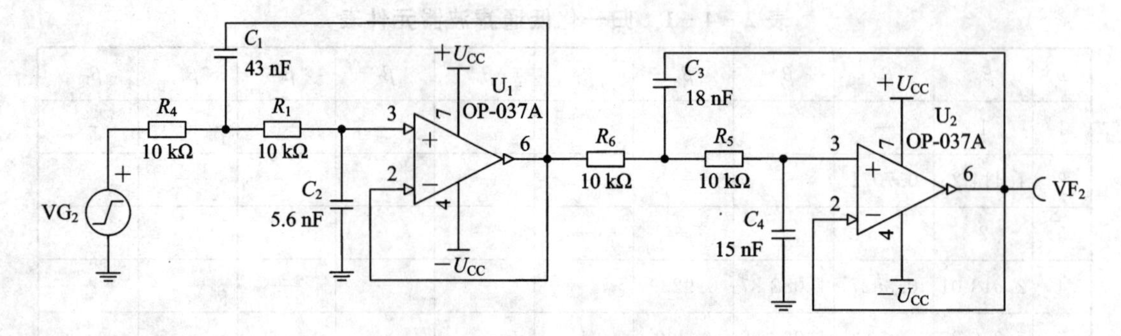

图 2-4-19　Tina TI 下的仿真电路图

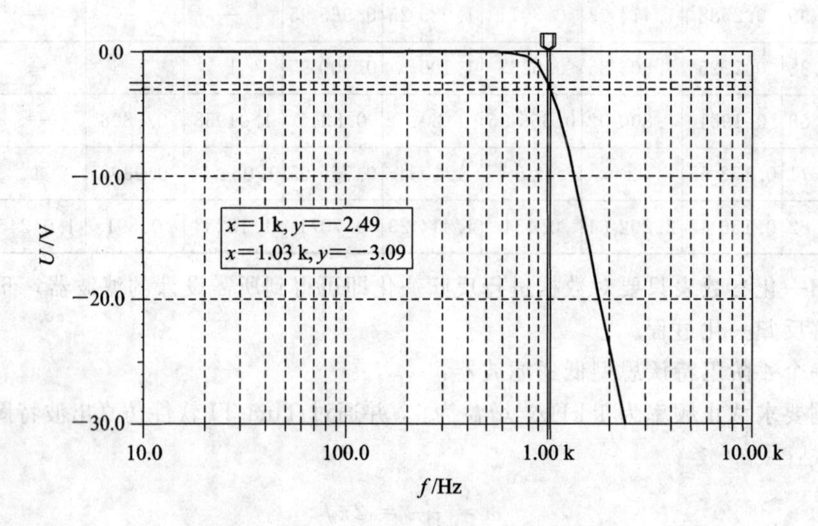

图 2-4-20　Tina TI 软件仿真波特图

上述滤波器都是假设增益为 1 的情况下设计的结果，而在实际应用中可能要求各级滤波电路都有不同的增益，设计增益时只需对电路略加改变则可。在此以巴特沃思型低通滤波器 n 为偶数时的电路为例，如图 2-4-21 所示。

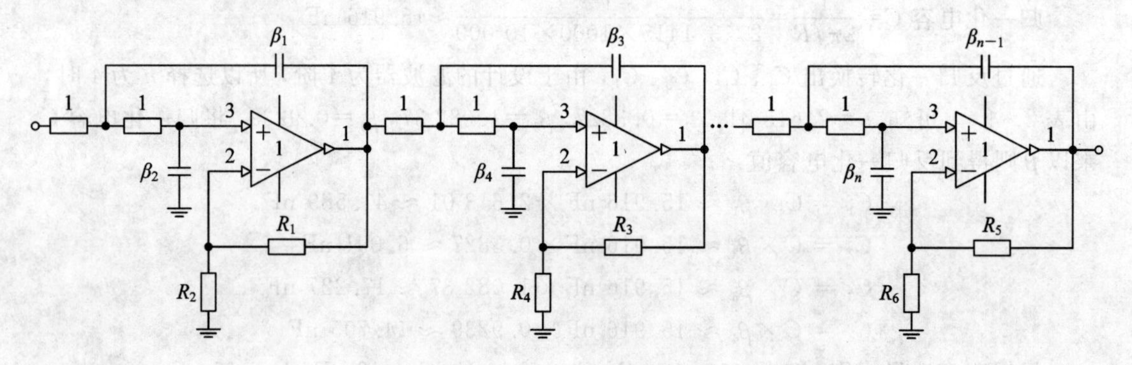

图 2-4-21　带增益可调的归一化巴特沃思型低通滤波器

通过电路可以看出第一级滤波器(即 1、2 阶滤波器)增益为$(R_1+R_2)/R_2$，第二级滤波器(即 3、4 阶滤波器)增益为$(R_3+R_4)/R_4$，最后一级滤波器(即 $n-1$、n 阶滤波器)增益为$(R_5+R_6)/R_6$。

设计一增益为 4、阶数为 3、截止频率为 500 Hz 的巴特沃思低通滤波器。

已知 $f=500$ Hz，如取 $R=10$ kΩ，则归一化电容为：

$$C=\frac{1}{2\pi fR}=\frac{1}{2\times 3.1415\times 500\times 100\,00}\approx 31.832\ \text{nF}$$

通过反归一化转换出 C_1、C_2、C_3，由于设计的滤波器为 3 阶，因此选择 n 为 3 时，由表 2-4-1 可知 $\beta_1=2$，$\beta_2=0.5$，$\beta_3=1$，将归一化电容 C 乘以 β 则得到反归一化电容值：

$$C_1=C\times\beta_1\approx 31.832\ \text{nF}\times 2\approx 63.664\ \text{nF}$$

$$C_2=C\times\beta_2\approx 31.832\ \text{nF}\times 0.5\approx 15.916\ \text{nF}$$

$$C_3=C\times\beta_3\approx 31.832\ \text{nF}\times 1\approx 31.832\ \text{nF}$$

取 $C_1=56$ nF，$C_2=15$ nF，$C_3=33$ nF，要求设计增益为 4，则可分别将两级运放增益各确定为 2，取 $R_1=10$ kΩ，则 $R_2=10$ kΩ，最终设计电路如图 2-4-22 所示。

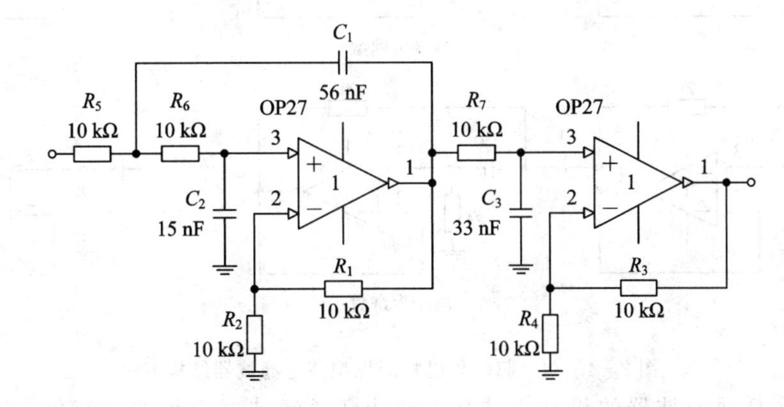

图 2-4-22　有源巴特沃思低通滤波器(增益为 4，阶数为 3，截止频率为 500 Hz)

现在，大部分运放生产商都提供根据其公司生产的运放特性相对应的滤波器设计软件，由于各家企业生产的运放功能大致相同，所以对于工程设计人员来说，只要会使用一种滤波器设计软件即可。在此只以 TI 公司出品的 FilterPro V2.0 为例进行介绍。

通过 FilterPro V2.0 软件设计的滤波器各电阻、电容参数与上述利用归一化设计出的参数不同，例如，采用 FilterPro V2.0 软件设计一个 4 阶巴特沃思型低通滤波器，要求截止频率为 1 kHz，增益为 1。其最终设计出的电路如图 2-4-23 所示。

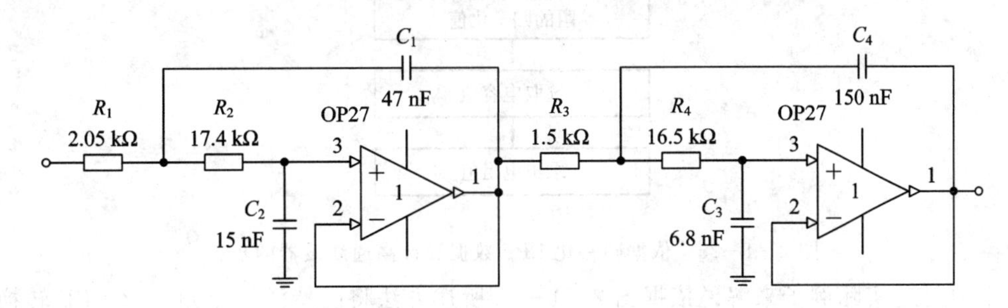

图 2-4-23　利用 FilterPro V2.0 软件设计的 LPF 滤波器

由图 2-4-23 可以看出，不同的电阻、电容参数最终的设计结果是一样的，这就与归一化时，如果选取的 R 值不同，得到的电阻、电容值也不同是一样的道理。在该软件中，更合理地选择了电阻、电容的值，这是因为，如果通过归一化计算得出的电容值与标准值相差较大，则需改变选取电阻值 R，重新计算，工作量大，而软件则可很好地解决这个问题。

2.4.6　有源高通巴特沃思滤波器的设计

在此同样采用归一化方法来设计巴特沃思型高通滤波器，其电路结构如图 2-4-24 所示。

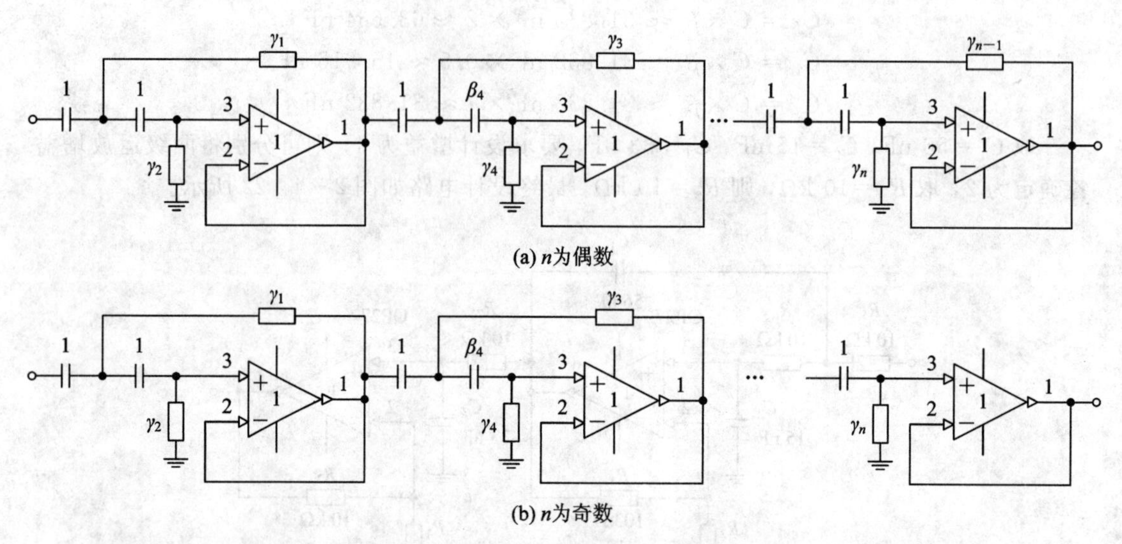

图 2-4-24　归一化巴特沃思型高通滤波器结构图

在掌握了低通滤波器的设计方法后，设计高通滤波器变得非常简单。只要按照图 2-4-25 所示的步骤，就可以设计出高通滤波器。

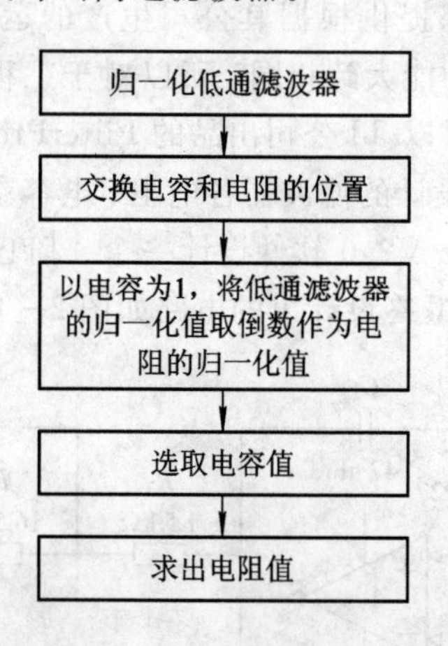

图 2-4-25　依据归一化 LPF 数据设计高通滤波器的步骤

下面通过实际例子来解说依据图 2-4-25 所述方法将巴特沃思型归一化 LPF 转换成 HPF 的过程。

这里设计一个 4 阶巴特沃思型高通滤波器，要求截止频率为 1 kHz，增益为 1，并通过 Tina TI 软件仿真出波特图。

由公式：

$$\omega = \frac{1}{RC} = 2\pi f \tag{2.4.5}$$

可知，当给定截止频率 f，选取 C 后(C 的选取一般在 pF、nF 级别，且以计算出 R 尽量是标称值为宜)，计算出 R 即可。

已知 f=1 kHz，如取 C=15 nF，则归一化电阻：

$$R = \frac{1}{2\pi fC} = \frac{1}{2 \times 3.1415 \times 1000 \times 15 \times 10^{-9}} \approx 10.610\ \text{k}\Omega$$

通过反归一化转换出 R_1、R_2、R_3、R_4，因为设计的滤波器为4阶，所以选择 n 为4时，由表 2-4-1 可知 β_1=2.613 01，β_2=0.3827，β_3=1.082 37，β_4=0.9239，将低通滤波器的归一化数据转换为高通滤波器的归一化数据(将低通滤波器的归一化数据取倒数即可)，计算如下：

$$\gamma_1 = \frac{1}{\beta_1} \approx \frac{1}{2.613\ 01} \approx 0.3827$$

$$\gamma_2 = \frac{1}{\beta_2} \approx \frac{1}{0.3827} \approx 2.613\ 01$$

$$\gamma_3 = \frac{1}{\beta_3} \approx \frac{1}{1.082\ 37} \approx 0.9239$$

$$\gamma_4 = \frac{1}{\beta_4} \approx \frac{1}{0.9239} \approx 1.082\ 37$$

将归一化电阻 R 乘以 γ 则得到反归一化电阻值为：

$$R_1 = R \times \gamma_1 \approx 10.610\ \text{k}\Omega \times 0.3827 \approx 4.060\ \text{k}\Omega$$

$$R_2 = R \times \gamma_2 \approx 10.610\ \text{k}\Omega \times 2.613\ 01 \approx 27.724\ \text{k}\Omega$$

$$R_3 = R \times \gamma_3 \approx 10.610\ \text{k}\Omega \times 0.9239 \approx 9.803\ \text{k}\Omega$$

$$R_4 = R \times \gamma_4 \approx 10.610\ \text{k}\Omega \times 1.082\ 37 \approx 11.484\ \text{k}\Omega$$

根据电阻规格选择电阻，选择 R_1=3.9 kΩ，R_2=27 kΩ，R_3=10 kΩ，R_4=12 kΩ。

应选择增益带宽积满足要求的运放。关于运放选择的其他注意事项请参考《电子系统设计》一书，在此选择 OP37。

在 Tina TI 仿真软件下的电路如图 2-4-26 所示，图 2-4-27 所示为 Tina TI 软件仿真出的波特图。

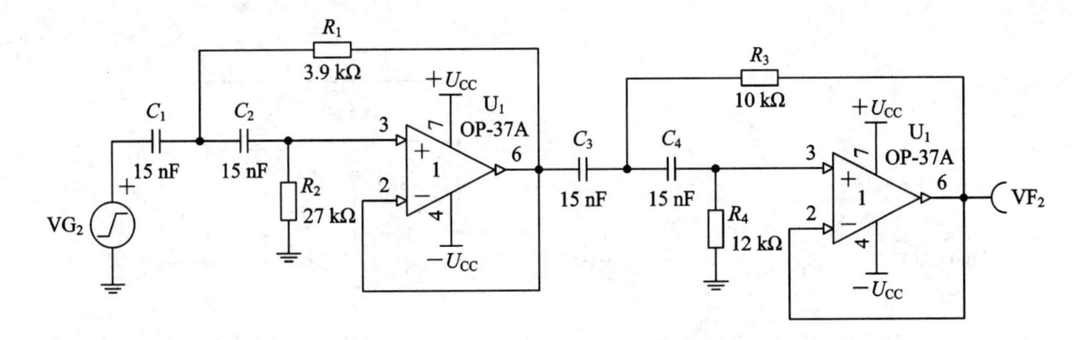

图 2-4-26 巴特沃思 HPF 在 Tina TI 下的仿真电路图(4 阶，截止频率 1 kHz，增益 1)

同样，在高通滤波器设计时，通常也要考虑增益不为1的情况，在增益不为1时设计方法与低通滤波器增益不为1时的设计方法相同，在此不再复述。

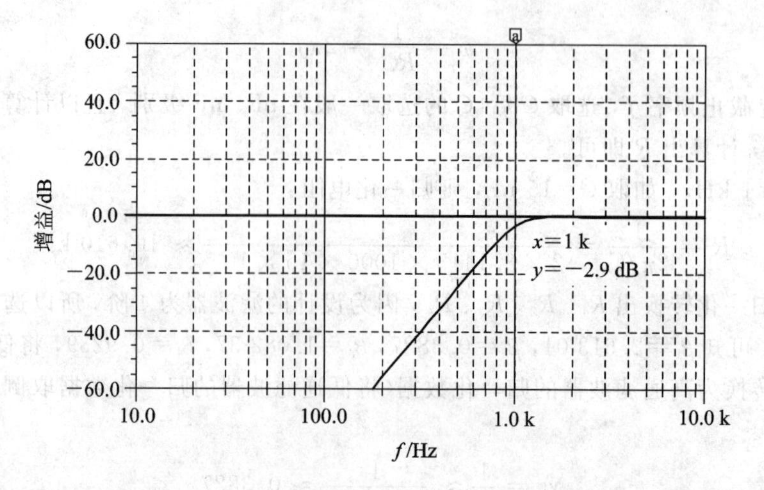

图 2-4-27 Tina TI 软件仿真波特图(4 阶，截止频率 1 kHz，增益 1)

利用 FilterPro V2.0 滤波器设计软件设计高通滤波器与低通滤波器方法一致，请读者自行学习使用。

对于带通滤波器和带阻滤波器的设计可通过低通滤波器和高通滤波器串并联的方法实现，亦可通过滤波器设计软件或其他方法实现，请参考相关书籍。

2.5 变 换 电 路

2.5.1 超低直流偏移宽带光电二极管放大电路

OPA380 是特别为跨阻放大器的应用开发的一个积分器稳定运算放大器，它的一个反相输入端是 CMOS 运算放大器，但是同相输入端是一个积分器，只允许非常低的频率响应通过输入。在大多数的双电源应用中，OPA380 同相输入端是连接到地面的。在单电源应用中，它可以用于提供直流偏置。应用表明，如果输出可以被降为一个负值就没必要采用直流偏置。图 2-5-1 是光电二极管信号采集放大电路，使用具有较高电容的光电二极管会显著减小带宽，该电路实现了 19 MHz 带宽。图 2-5-2 是其波特图，图 2-5-3 是其仿真输出。

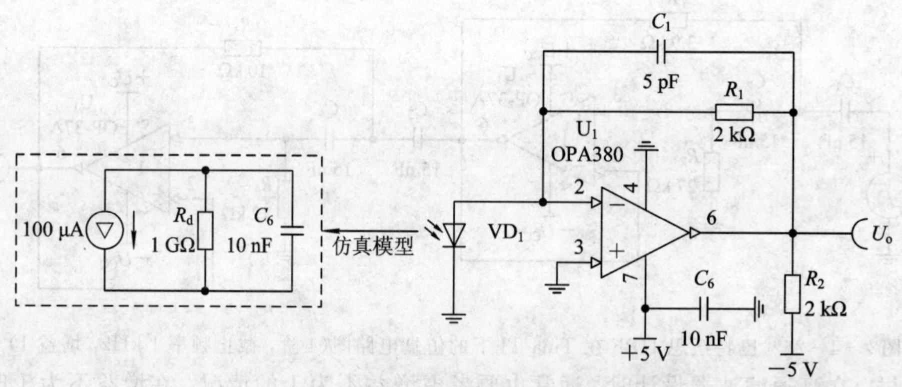

图 2-5-1 光电二极管信号采集放大电路

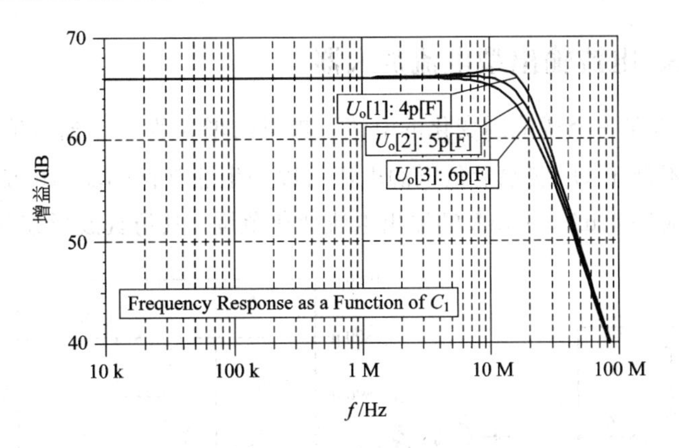

图 2－5－2　波特图

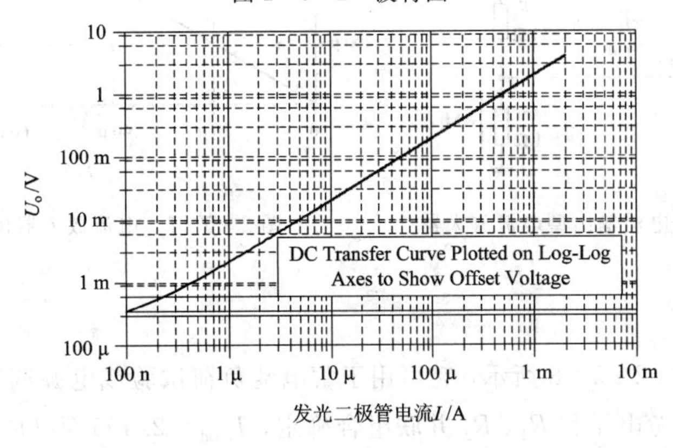

图 2－5－3　仿真输出

2.5.2　差分输入-双极性输出的电流源

该电流源是基于一个经典的 3 运放仪表放大器(IA)实现的。如图 2－5－4 所示，其负载最大输出电流约为±10 mA。最大负载电阻的测定依据放大器的输出电压和通过 R_L 的电流而定。1 mV 电压输入对应 1 mA 电流输出，高增益可以实现高阻抗差动输入。R_1 的平衡与反馈电阻 R_L 电阻网络。这增加了电流源的输出阻抗。电路中的旁路电容未画出。图 2－5－5 给出了图 2－5－4 中不同负载 R_L 下的电压电流控制特性。

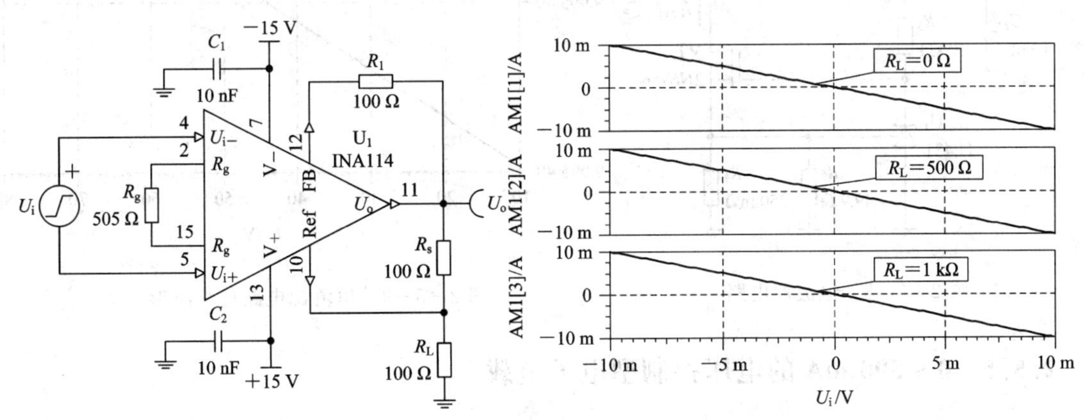

图 2－5－4　差分输入-双极性输出的电流源　　图 2－5－5　不同负载下的电压电流控制特性

2.5.3 电流输入-电流输出型电流放大器

这种同相放大器在一个宽范围变化的电流下提供的增益为 10。通过输出电压的 U_1 摆幅来限制输出电流。不低于 U_1 摆幅的负电源电压可以产生非常低的输出电流。如图2-5-6 所示，该电路可实现大约 1 nA～1 mA 的输出电流变化范围。其仿真波形如图2-5-7 所示。

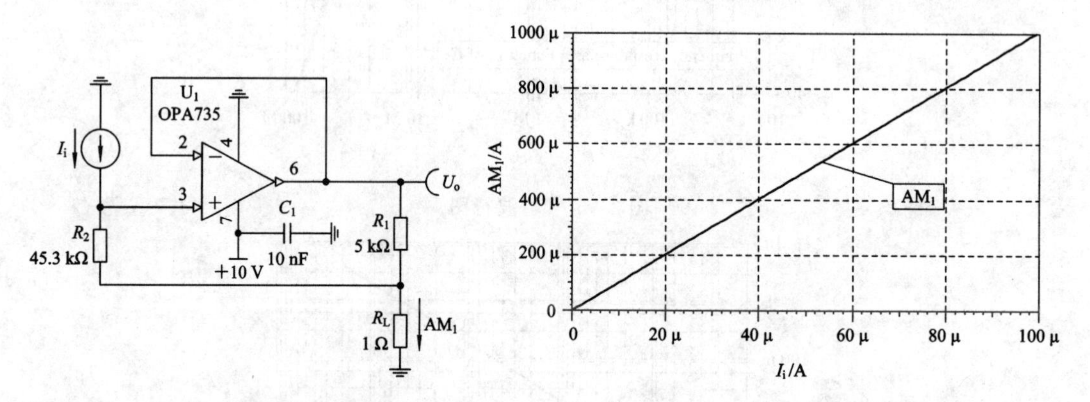

图 2-5-6 电流输入-电流输出型电流放大器　　图 2-5-7 电流放大器仿真波形

2.5.4 恒流源

恒流源电路如图 2-5-8 所示，它可用于蓄电池负荷试验或电源调节测量中。输出电流由 TL431 内部参考电压和 R_1、R_2 并联组合确定，$I_{\text{Load}}=2.495\ \text{V}/(R_1 /\!/ R_2)$。全负载电流流过电阻($R_1 /\!/ R_2$)，其功耗必须考虑。N 沟道 MOSFET 管 2N6756 在大电流下工作需要安装一个大的散热片。它的额定电压为 100 V，额定电流为 14 A。其仿真波形如图 2-5-9 所示。

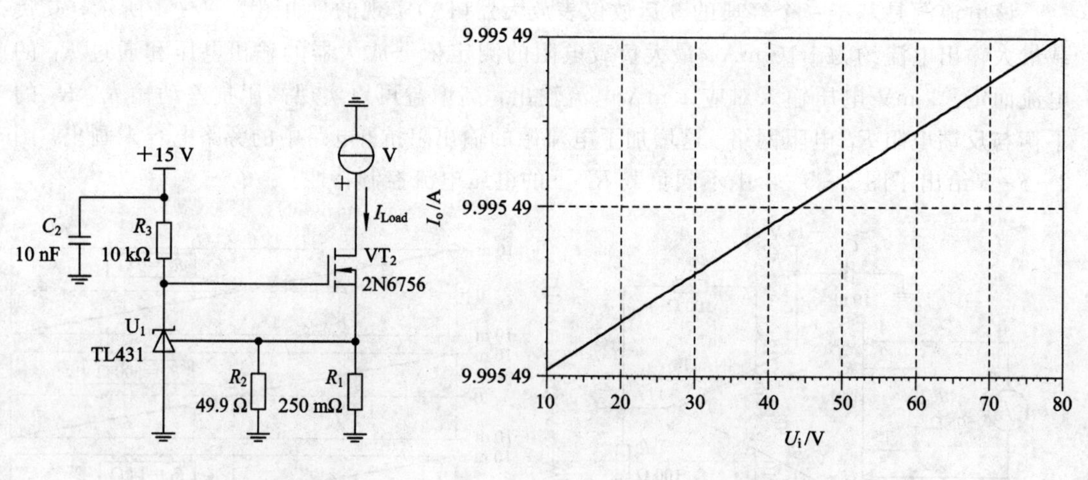

图 2-5-8 恒流源电路　　图 2-5-9 恒流源电路仿真波形

2.5.5 0～500 mA 的电压控制型电子负载

图 2-5-10 是一个电压控制型的电流源。它是按比例提供电流输出，+1 V 的电压输

入提高 500 mA 的电流输出。这种类型的电路在电源测试中是非常有用的。图 2-5-11 是其仿真波形，图 2-5-12 是其波特图，图 2-5-13 是其响应延时测试。

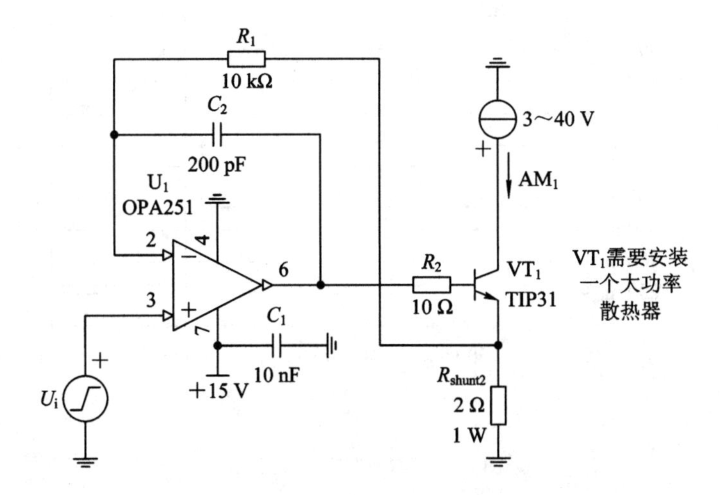

图 2-5-10　电压控制型的电流源

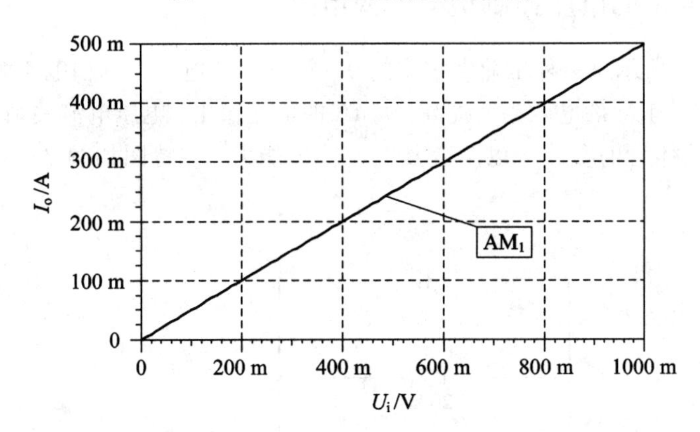

图 2-5-11　仿真波形

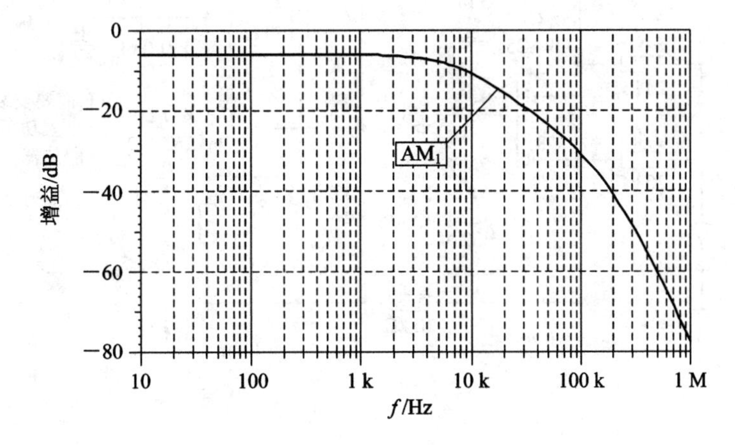

图 2-5-12　波特图

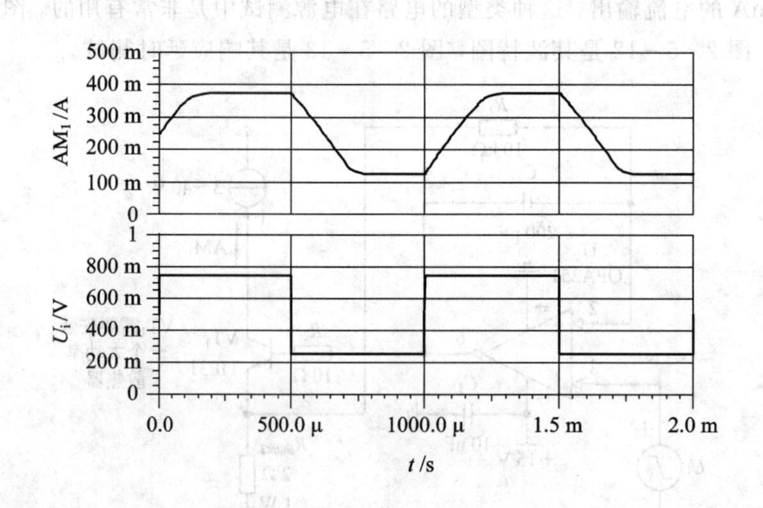

图 2-5-13　响应延迟测试

2.5.6　0～20 mA 的电压控制型电流源电路

如图 2-5-14 所示是一种工业中常用的 0～20 mA 的电压控制型电流源电路，它是按比例提供电流输出，+1 V 的电压输入提高 20 mA 的电流输出。电压电流关系如图 2-5-15 所示，改变运放和晶体管的参数可以改变其电流输出能力。波特图如图 2-5-16 所示。

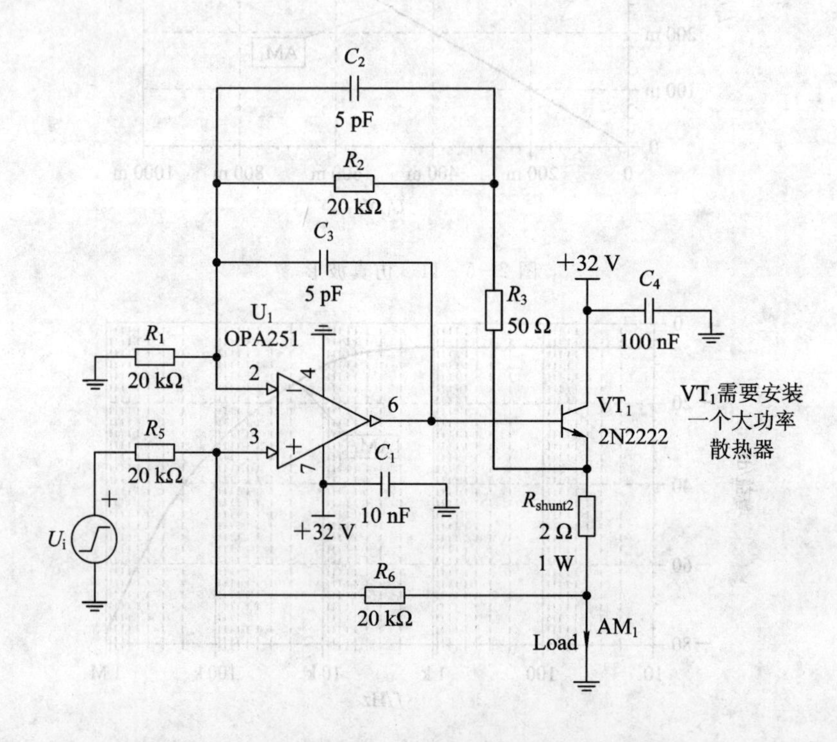

图 2-5-14　0～20 mA 的电压控制型电流源电路

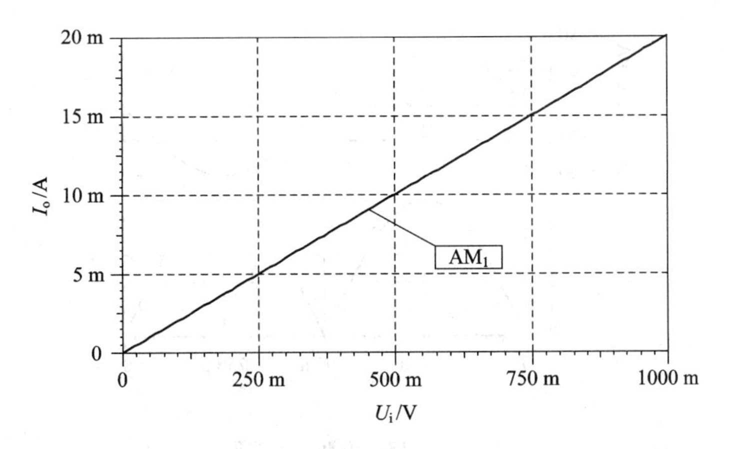

图 2-5-15　电压电流关系

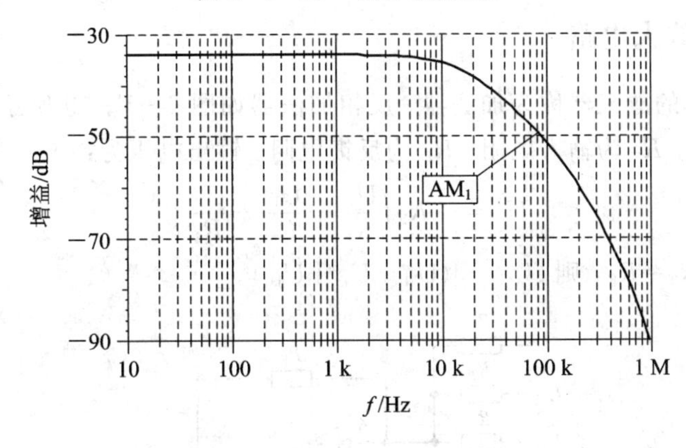

图 2-5-16　波特图

2.5.7　单端输入绝对值放大器

单端电流输入绝对值电压输出放大电路如图 2-5-17 所示，图中输入端采用恒流源而不是电压源，这样就不需要考虑穿过整流二极管 VD_1 和 VD_2 的漏电压。为了使输出电压达到最大值，需要使用一个类似于 OPA340 的轨至轨运算放大器，这种低功耗运放在 20 kHz 正弦波激励下具有良好的绝对值响应。输出端的电压可表示为 $U_o = I_i \cdot R_2$ 或 $U_o = -I_i \cdot R_1$。图 2-5-18 为仿真波形图。

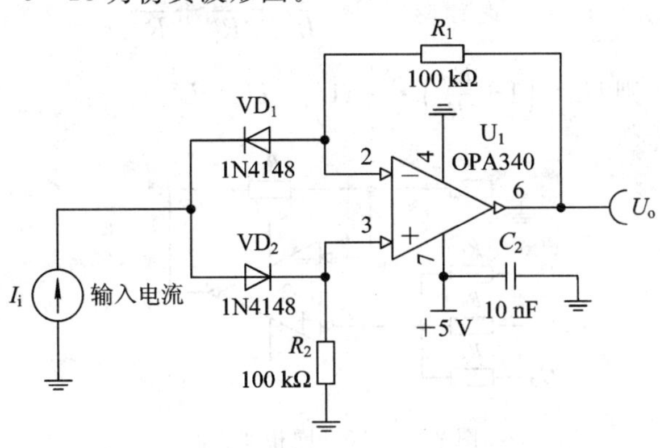

图 2-5-17　单端电流输入-绝对值电压输出放大器

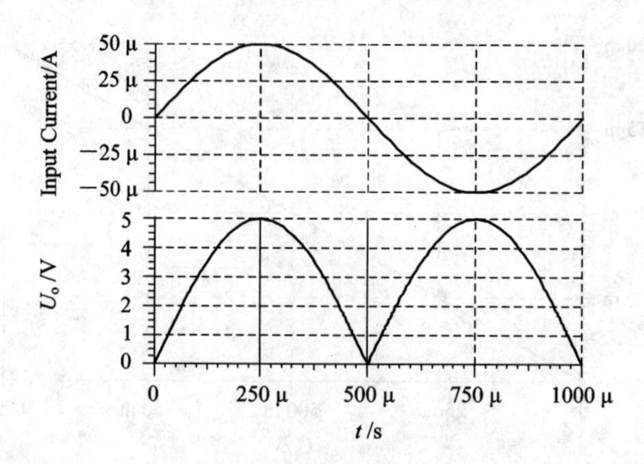

图 2-5-18　仿真输出波形

2.5.8　加减法放大电路

完成求和运算的放大器称为加法器。反相加法器如图 2-5-19 所示。U_{i1}、U_{i2}、U_{i3} 为输入电压；R_1、R_2、R_3 为输入电阻；R_F 为反馈电阻。输出电压为：

$$U_o = -R_F\left(\frac{U_{i1}}{R_1}+\frac{U_{i2}}{R_2}+\frac{U_{i3}}{R_3}\right) \tag{2.5.1}$$

取 $R_1=R_2=R_3=R_F$，则 $U_o=-(U_{i1}+U_{i2}+U_{i3})$。

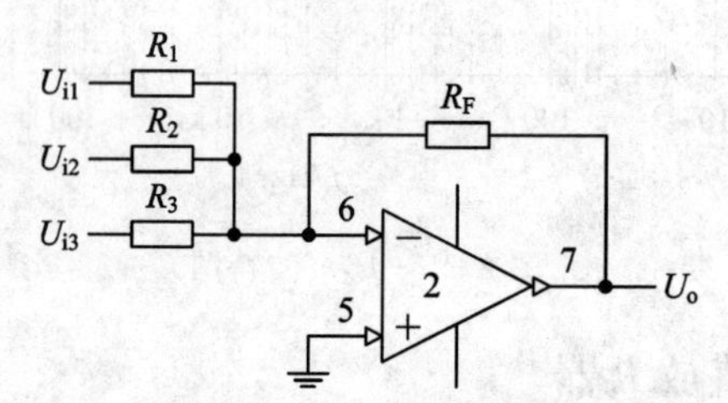

图 2-5-19　反相加法器

同相放大器也可以实现加法运算功能，图 2-5-20 为一个同相加法器电路。输出电压为：

$$U_o = \left(1+\frac{R_F}{R}\right)\frac{\dfrac{U_{i1}}{R_1}+\dfrac{U_{i2}}{R_2}+\dfrac{U_{i3}}{R_3}}{\dfrac{1}{R_1}+\dfrac{1}{R_2}+\dfrac{1}{R_3}} \tag{2.5.2}$$

取 $R_1=R_2=R_3$，则 $U_o=\left(1+\frac{R_F}{R}\right)\cdot\frac{1}{3}(U_{i1}+U_{i2}+U_{i3})$。

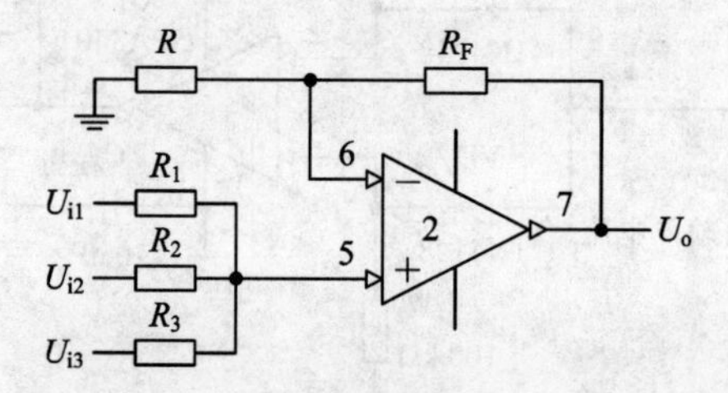

图 2-5-20　同相加法器

如图2-5-21所示电路是用来实现两个电压U_{i1}、U_{i2}相减的求差电路，又称差分放大电路。输出电压为：

$$U_o=\left(\frac{R_1+R_4}{R_1}\right)\left(\frac{R_3}{R_2+R_3}\right)U_{i2}-\frac{R_4}{R_1}U_{i1}=\left(1+\frac{R_4}{R_1}\right)\left(\frac{R_3/R_2}{1+R_3/R_2}\right)U_{i2}-\frac{R_4}{R_1}U_{i1} \tag{2.5.3}$$

在式(2.5.3)中，如果选取阻值满足$R_4/R_1=R_3/R_2$的关系，输出电压可简化为：

$$U_o=\frac{R_4}{R_1}(U_{i2}-U_{i1}) \tag{2.5.4}$$

若取$R_4=R_1=R_3=R_2$，输出电压可简化为：

$$U_o=U_{i2}-U_{i1} \tag{2.5.5}$$

实现减法功能。

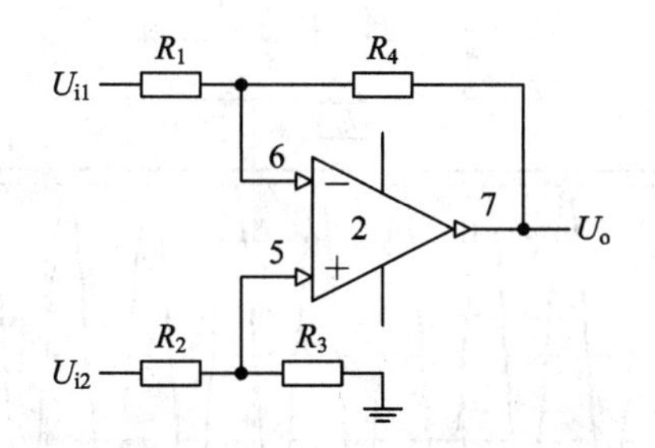

图2-5-21 减法电路

2.5.9 快速缓冲峰值检测器

快速缓冲峰值检测电路如图2-5-22所示，图中，C_1、C_2、R_2以及R_1与VD_1的正向电阻的和共同决定频率补偿；由于VD_1的动态阻抗不断变化，峰值检测器的电流必须不断检测以确保其不超出它的满输出频率范围；峰值检测器的下降率由U_2的正输入端偏置电流与肖特基二极管VD_1负端漏电流共同决定。其不同幅度下的仿真波形如图2-5-23～图2-5-25所示。

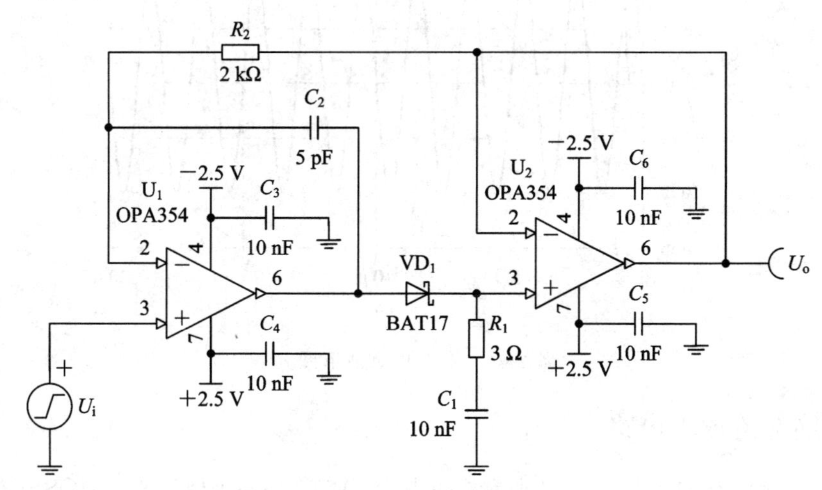

图2-5-22 峰值检测电路

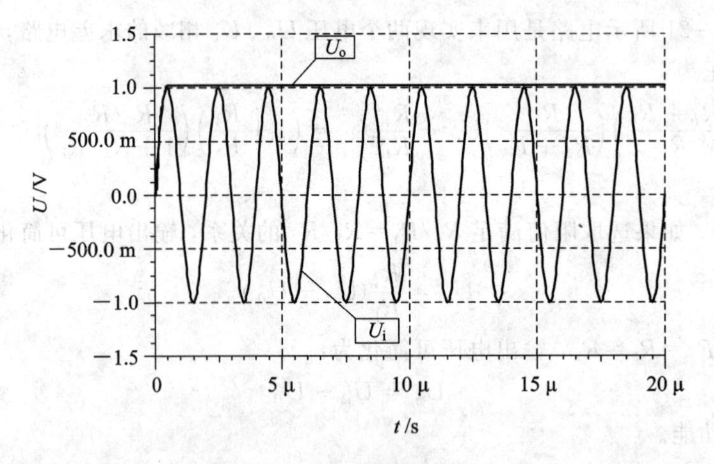

图 2-5-23　仿真波形图 1

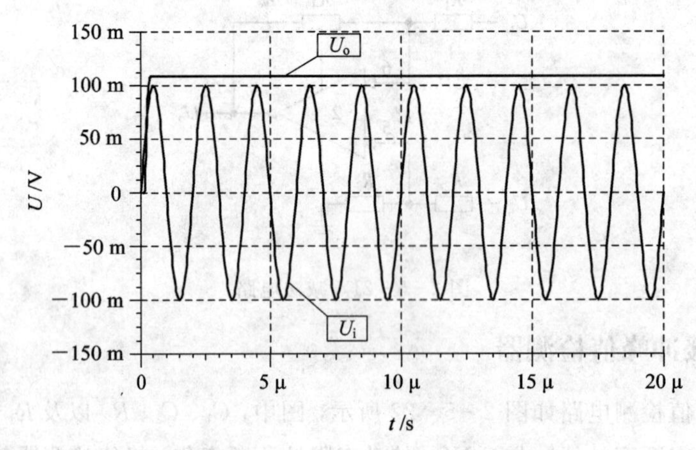

图 2-5-24　仿真波形图 2

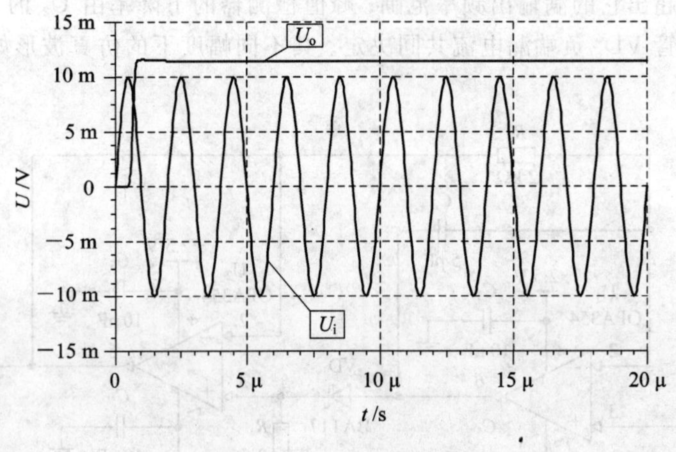

图 2-5-25　仿真波形图 3

2.5.10　绝对值放大电路

绝对值放大电路如图 2-5-26 所示，图中 OPA735 是一个轨至轨 CMOS 运算放大器，其输出特性是它的摆动非常接近于参考电源端。图中 U_1 为一同相放大器，振荡信号只有正值能够通过，这种运算放大器就像一个完美的半波整流器。U_2 为放大比较电路，当正输入端电压为正时，输出端电压为正；当正端电压为零时，U_2 为反向放大电路，输出端电压为 U_i 的反向值。这个绝对值放大器具有+1 V/V 的增益，其输入范围为−10～+10 V(精度为 mV 级)。其仿真波形如图 2-5-27 所示，在小信号下的失真波形如图 2-5-28 所示。

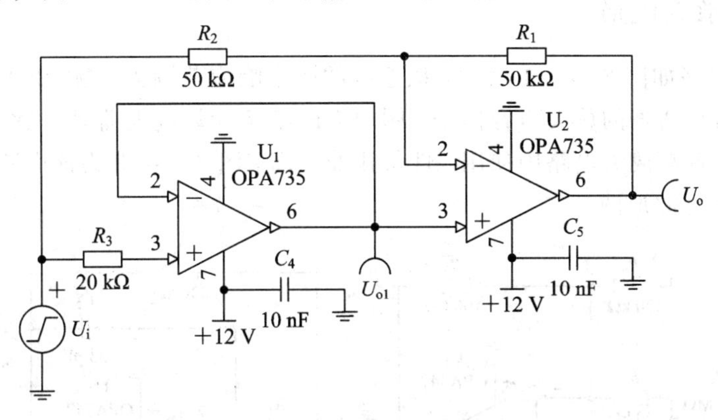

图 2-5-26　绝对值放大电路图

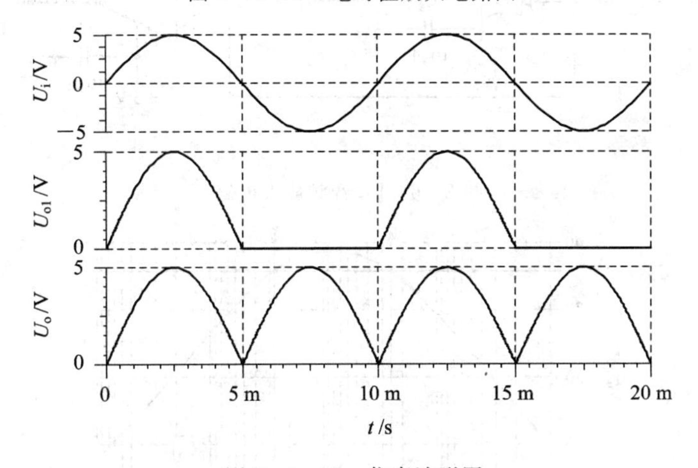

图 2-5-27　仿真波形图

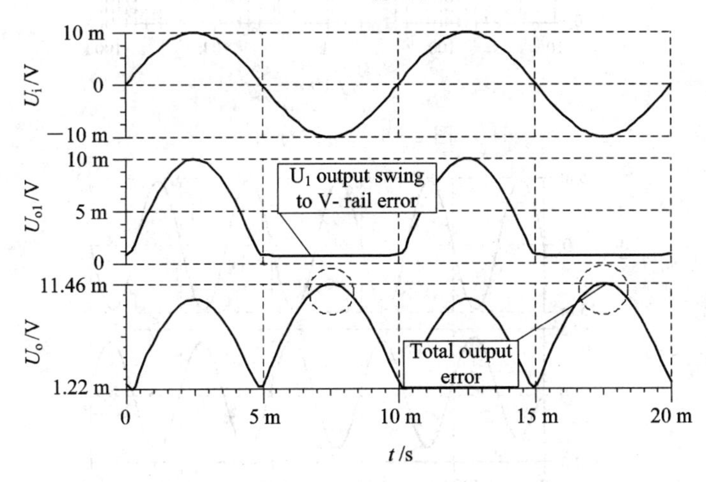

图 2-5-28　小信号下的失真波形图

2.6 音频电路

2.6.1 音频放大电路

音频放大电路如图 2-6-1 所示，该运放的频率响应范围为音频(250～2700 Hz)，通过限制带宽，可更清晰的放大声音信号。图中 OPA347 运算放大器是一款低成本的微功耗运算放大器，在音频放大电路中使用，性价比非常高。图 2-6-2 为该电路的波形特性图，图 2-6-3 为仿真波形图。

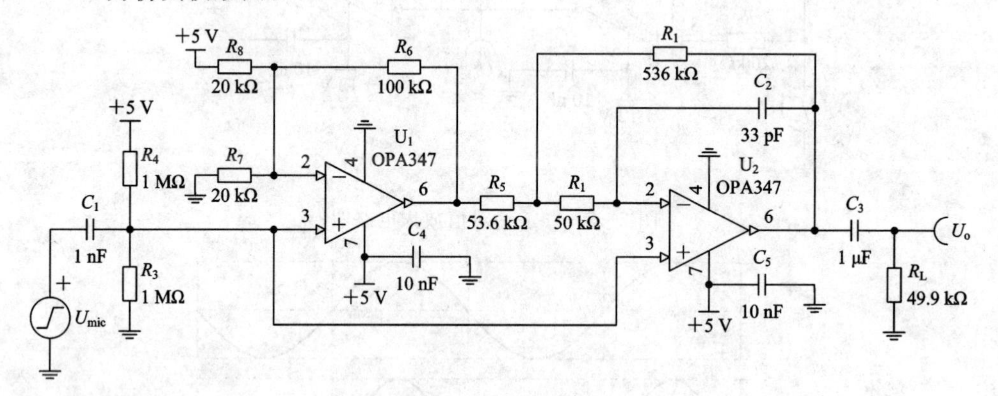

图 2-6-1　音频放大电路

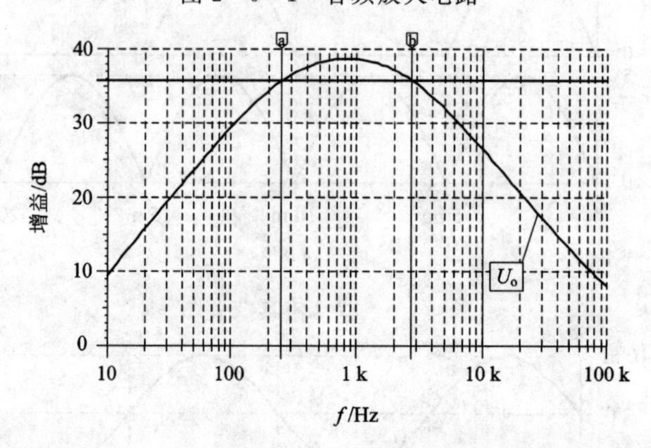

图 2-6-2　波特图

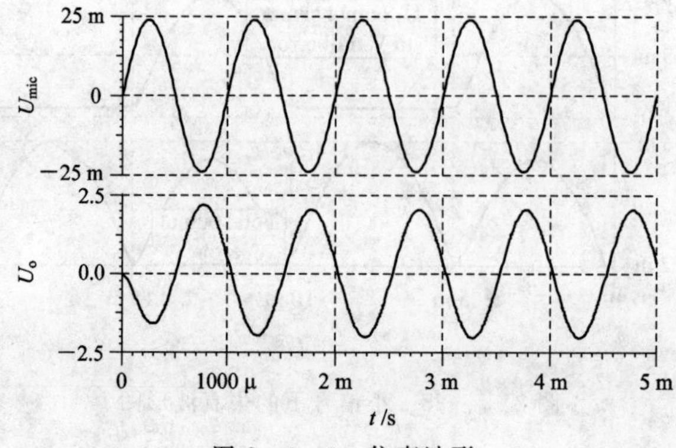

图 2-6-3　仿真波形

2.6.2 驻极体传声器前置放大器

驻极体传声器前置放大电路如图 2-6-4 所示，该电路可用于增加驻极体麦克风的输出。驻极体麦克风类的话筒通常是由一个 JFET 跟随器完成内部缓冲，从而通过这样一个高输入阻抗来省略前置放大器。该电路运放 OPA364 的工作电压范围较宽(+1.8～+5.5 V)，并具有轨至轨输出性能，输出电压摆幅可达电源电压。该电路具有 20 dB(10 V/V)的电压增益。图 2-6-5 为其波特图，图 2-6-6 为其仿真波形图。

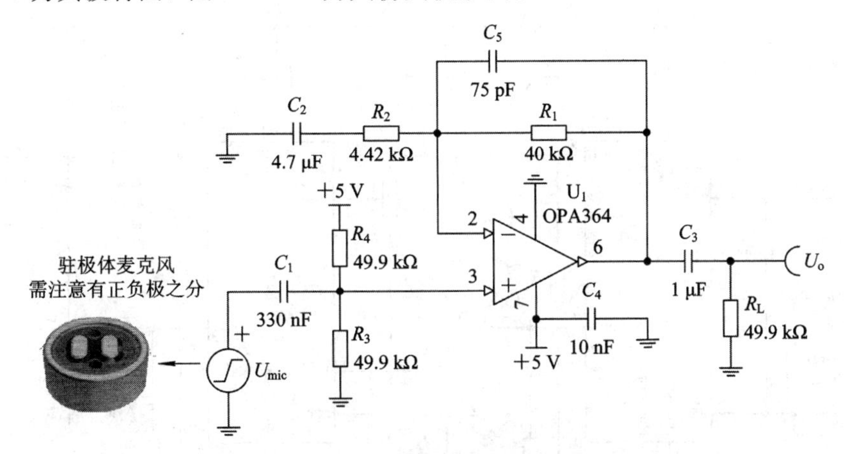

图 2-6-4 驻极体传声器前置放大电路

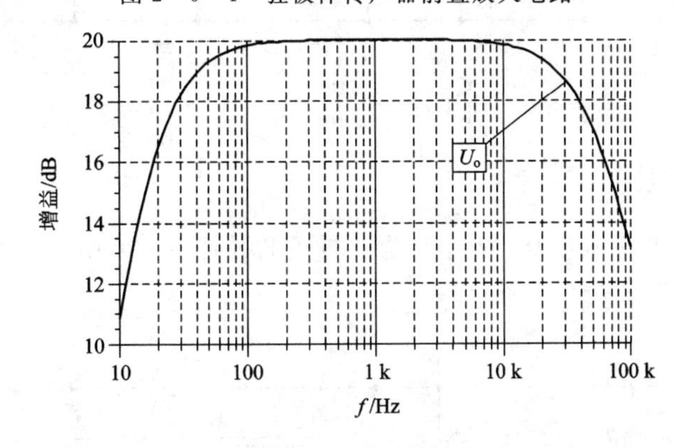

图 2-6-5 波特图

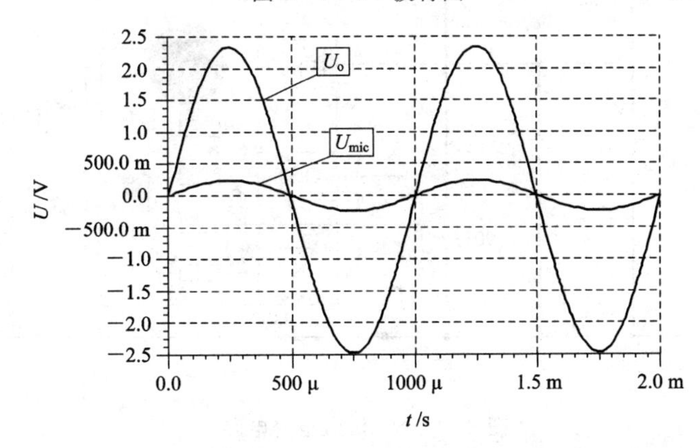

图 2-6-6 仿真波形图

2.6.3 助听器电路

助听器电路如图2-6-7所示，电路主要由集成电路IC_1、IC_2和外围相关电路组成，电路由3 V电池供电。电路中的MIC_1和MIC_2分别是受话器，EP_1和EP_2是优质耳机插口。两个IC(LA4537M)相互级联，对立体声信号放大，以增加声音灵敏度和扩大接收范围，并用电位器R_{P1}和R_{P2}分别调节两个通道的声信号，以达到所需要的音量。

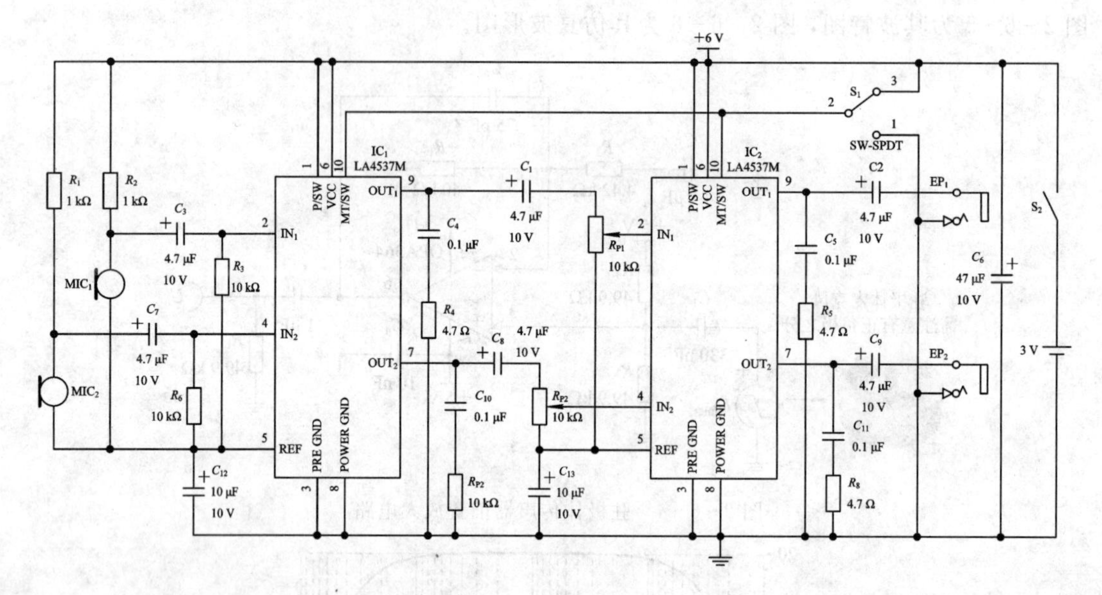

图2-6-7 助听器电路

2.6.4 防盗报警电路

防盗报警电路具有灵敏度高，安全可靠，功耗低等特点，可用于家庭各种重要物品的防盗报警，其电路如图2-6-8所示。

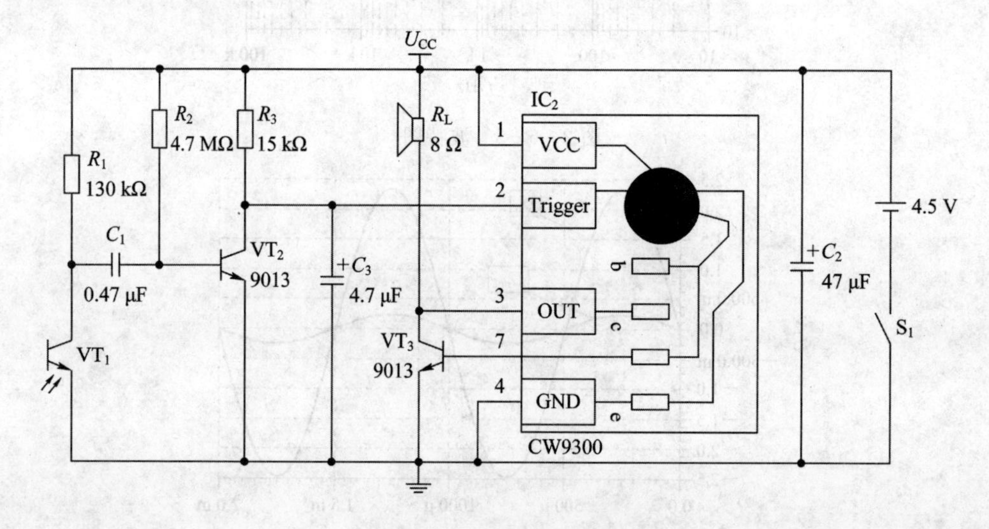

图2-6-8 防盗报警电路

防盗报警电路主要由光线判别电路和语言报警电路组成，当无光线照入 VT_1 时，VT_1 截止，VT_2 经 R_2 偏置导通，CW9300 的引脚 2 输入低电平，不发声；当有光线照入 VT_1 时，VT_1 导通，VT_2 经 C_1 耦合，VT_2 截止，CW9300 的引脚 2 输入高电平，触发语言芯片 CW9300 发声报警。CW9300 可根据实际需要写入一定长度的语音信息，当 2 脚被触发后，输出该语音信息。

2.6.5　声控音乐娃娃电路

音乐控制芯片可广泛应用于各种简单的语音发声场合，如音乐门铃、语音报警、语音报时等，图 2-6-9 是又一款利用语音芯片设计的语音玩具电路，该电路十分简单，Y_1 为压电陶瓷片，它能将声信号转换为电信号，当接收到一定声响的音频信号(如拍手声)后，转换出的电信号经电容 C_1 耦合到三极管 VT_1 的基极进行放大，放大后由 C_2 耦合到三极管 VT_2 的基极，当外来信号足够大时，VT_2 饱和导通，触发语言芯片 CW9300 输出存储的音乐信号，语音信号输出完毕后，自动停止，等待下一足够大的声音信号再次触发，CW9300 再放语音。

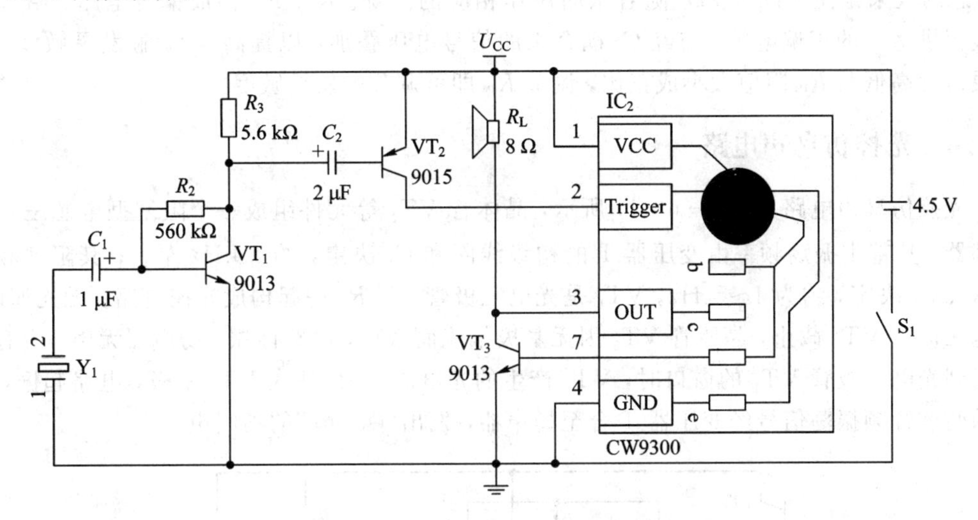

图 2-6-9　声控音乐娃娃电路

如果 CW9300 中写入娃娃的哭声、“爸爸”、“妈妈”等语音，则可构成音乐娃娃电路，放入毛绒娃娃玩具中，当在玩具前拍手时，则玩具会自动发出哭声或“爸爸”、“妈妈”的呼唤声。

如果在图 2-6-9 中加入 LED 显示电路，则玩具将更加灵活，表现力更好，当玩具发声时，如果眼睛也闪烁，则更具吸引力。图 2-6-10 就是利用该想法实现的磁控婚礼娃娃电路。它将该电路装入一对男女玩具娃娃中，当把两个娃娃靠在一起时，便会奏起“婚礼进行曲”，同时彩灯闪烁，在朋友喜结良缘之时，送上这样的礼品将会增加喜庆的气氛。

图 2-6-10 中，IC_1 是 CW9300 系列音乐集成电路，内储一首“婚礼进行曲”，其触发极 2 脚直接接到电源正极。当电源接通后，电路即工作，于是乐曲信号经外接晶体管 VT_1 功率放大后驱动扬声器 R_L 发声。同时，VT_1 集电极输出的乐曲信号经电容 C_1 耦合至开关放大管 VT_2 基极作为控制信号，当信号电平高于 VT_2 导通阈值(约 0.7 V)时，VT_2 导通，

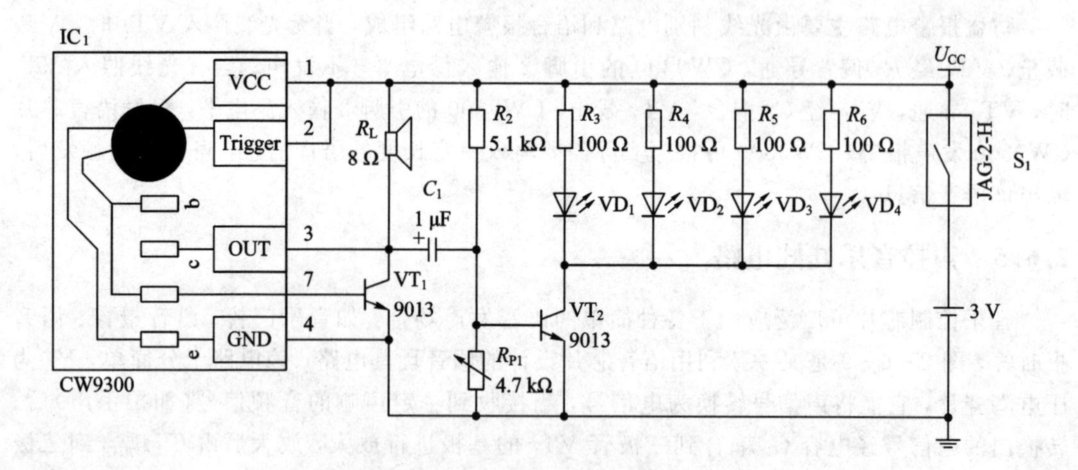

图 2-6-10　磁控婚礼娃娃电路

发光二极管 VD_1～VD_4 发光；当信号电平低于 VT_2 导通阈值时，VT_2 截止，VD_1～VD_4 熄灭；总的效果是使 VD_1～VD_4 随着乐曲声作相应的闪烁。R_2、R_{P1} 构成偏置电路，给 VT_2 基极提供适当的正偏电压，与经 C_1 耦合来的信号电压叠加，以提高 VT_2 触发灵敏度。触发灵敏度高低与 R_{P1} 阻值大小成正比，调节 R_{P1} 即可调节触发灵敏度。

2.6.6　光控仿鸟声电路

光控仿鸟声电路如图 2-6-11 所示，晶体管 VT_2 等元件组成一个阻塞型电感三点式振荡器，其基本振荡频率由变压器 T 的初级线圈和 C_3 决定，约 1 kHz 左右；其阻塞频率由 R_2、C_2 决定，约为 1～5 Hz。VT_1 是光电三极管，与 R_1 一起构成光控电路。无光照时，光电三极管 VT_1 截止，晶体管 VT_2 因无基极偏流而截止，电路停振，扬声器无声。当有光照射到光电三极管 VT_1 的窗口时，VT_1 产生的光电流经 R_1 注入 VT_2 基极，电路起振，产生的间歇音频振荡信号经变压器 T 合至扬声器，发出"啾、啾"的鸟叫声。

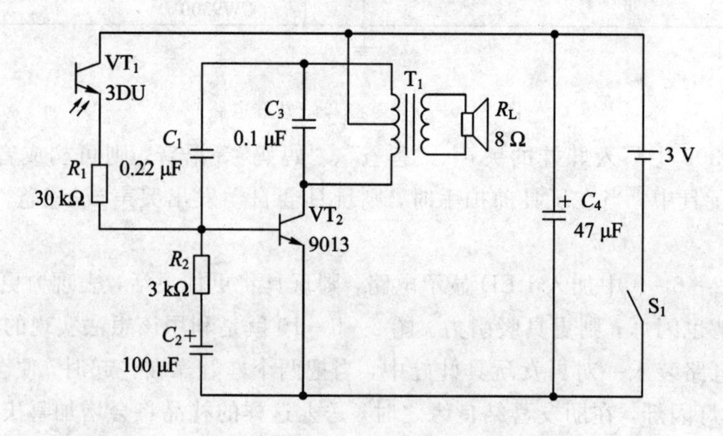

图 2-6-11　光控仿鸟声电路

2.6.7　延时电子门铃电路

目前常见的电子门铃是用音乐芯片设计的，它能够播放各种录制好的语音，但成本相对较高，本节介绍两种采用简单分立元件或 NE555 设计的门铃电路，该电路在使用音乐芯片设计的电子门铃广泛使用前比较常见。如图 2－6－12 所示为采用分立元件设计的延时电子门铃，该电子门铃用手按下门铃按钮后，立即发声，手松开后，铃声还可延续一段时间。

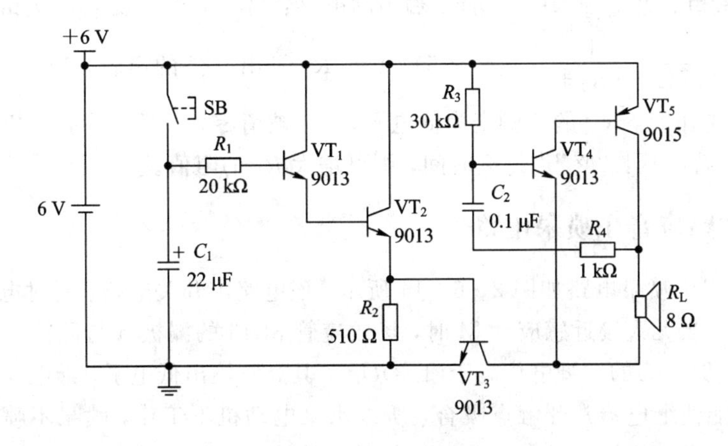

图 2－6－12　采用分立元件设计的延时电子门铃

由三极管 VT_1～VT_3 组成延时开关。由三极管 VT_4、VT_5、扬声器 R_L 和阻容元件组成直接耦合放大的音频振荡器，图中电阻 R_4、电容 C_2 起正反馈作用。按下按钮 SB，电容 C_1 立即被充电，同时由三极管 VT_1、VT_2 组成的复合管因得到基极偏压而导通，继而三极管 VT_3 有了基极偏流而导通，音频振荡器振荡，扬声器发出声音。松开按钮后，电容 C_1 通过电阻 R_1、复合管基极-发射极等放电，VT_1～VT_3 继续导通，扬声器继续发声。经过一段时间延迟后、电容 C_1 放电完毕，VT_1～VT_3 截止，停止发声。

除了可以使用分立元件设计门铃外，还可以使用 NE555 设计门铃，电路如图 2－6－13 所示。本门铃电路可发出约 714 Hz 和 540 Hz 两种音调的“叮咚”声。

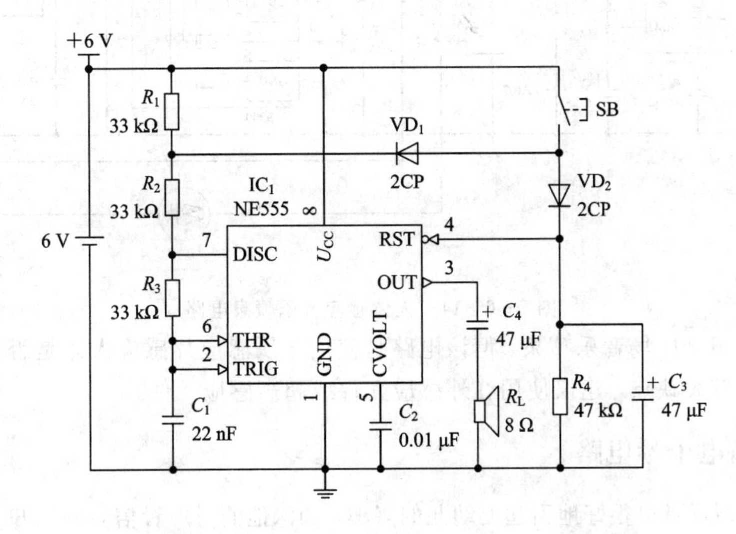

图 2－6－13　采用 NE555 设计的“叮咚”电子门铃

图中，NE555 构成多谐振荡器，振荡频率由门铃按钮 SB 控制改变。当 SB 按下时，一方面，6 V 电源经 SB 触点、二极管 VD_2 对电容 C_3 快速充电，使 NE555 的 4 脚变为高电平解除清零；另一方面，电阻 R_1 被按下的 SB 短接，振荡器振荡，其振荡频率 $f_1=\frac{1}{0.7(R_2+2R_3)C_1}\approx714$ Hz，扬声器 R_L 发出“叮”的声音。当松开 SB 后，一方面，C_3 两端电压经 R_4 慢速放电，以维持 NE555 的 4 脚为高电平；另一方面，R_1 被接入电路，振荡器振荡频率为 $f_1=\frac{1}{0.7(R_1+R_2+2R_3)C_1}\approx540$ Hz，R_L 发出“咚”的声音，当 C_3 两端电压放至约 1/2 的电源电压时，IC_1 的 4 脚变为低电平，IC_1 被清零，“咚”声终止。“咚”声的持续时间约为 1.5 s。若需延长“咚”声持续时间，则可增大 R_4 的阻值。

2.6.8　人体感应音乐喷泉电路

人体感应音乐喷泉电路如图 2-6-14 所示，该电路由开关电路、延时电路、音乐电路和电源等组成。当无人接近感应片 M 时，场效应管 3DJ6 的漏极 d 与源极 s 之间的电阻较小，IC_1 时基电路 555 的 2 脚电位高于 $(1/3)U_{CC}$，其 3 脚输出低电平。继电器线圈由于通过电流较小，不能使继电器常开触点吸合，所以水泵电动机不工作，喷泉不喷水，同时伴音电路也不发声。当人体接近感应片 M 时，场效应管 3DJ6 导通，IC_1 时基电路 555 的 2 脚电位高于 $(2/3)U_{CC}$，其 3 脚输出高电平。继电器吸合，水泵电动机工作，喷泉喷水，同时伴音电路发声。

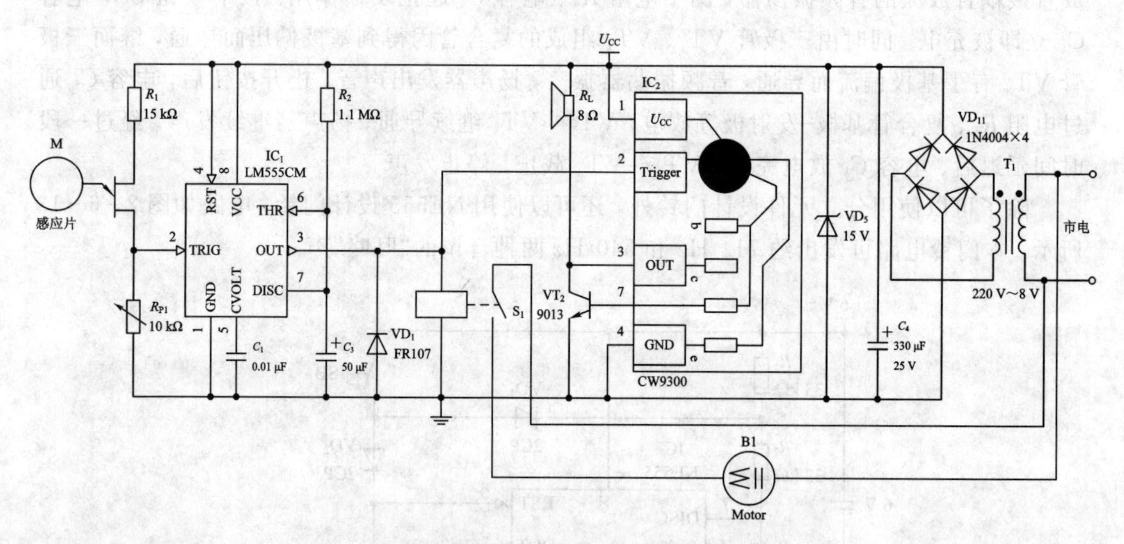

图 2-6-14　人体感应音乐喷泉电路

该电路可用于广场音乐喷泉，但该电路是使用金属感应片感应人体是否存在，来导通 VT_1 的，具有较大缺点，建议使用红外感应元件或超声感应元件。

2.6.9　简易电子琴电路

互动式发声玩具可很好地引起婴幼儿的兴趣，加深他们对声音信号的认知。图 2-6-15 是一款非常简单的音频信号发生电路，加上一定的外壳，可制作成玩具电子琴。

图中，$R_{P1}\sim R_{P13}$ 为电子琴的音阶电阻，也是振荡器的定时电阻，C_2 为宽放电电容，具体容量根据需要可自行设置，$S_1\sim S_{13}$ 为琴键按键。当无任何键按下时，C_2 端电压为零，故

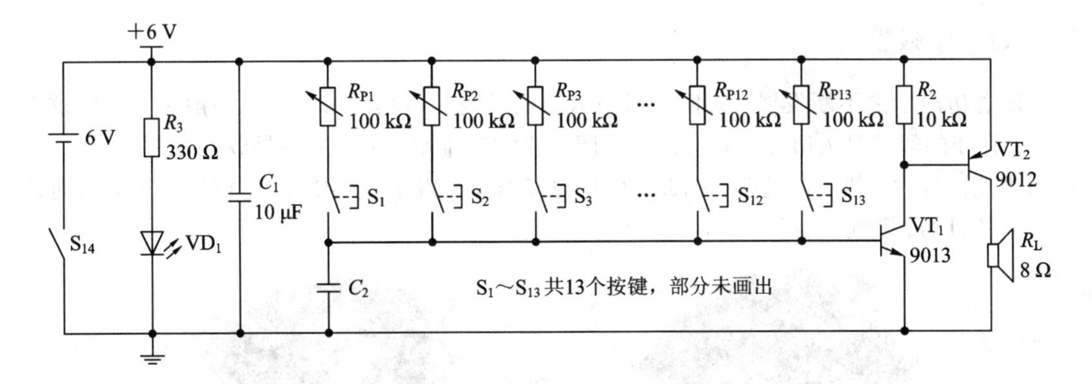

图 2-6-15　简易电子琴电路

VT_1 不能导通，R_2 提供 VT_2 基极偏置，VT_2 不导通；当按下 S_1～S_{13}中的任一按键时，比如按下 S_1，则+6 V 电源经 R_{P1}和 S_1，向 C_2 充电，VT_1 基极有偏置电流流过，VT_1 导通，VT_2 基极拉低，VT_2 导通，电流经 VT_2 流过扬声器，并在扬声器两端产生较高的电压降。

2.6.10　LM4871/CSC8002 低电压 3 W 功率放大器

LM4871/CSC8002 是一个 BTL 桥连接的音频功率放大器。它能够在 5 V 电源电压下给一个 3 Ω 负载提供 THD 小于 10%、平均值为 3 W 的输出功率。在关闭模式下电流的典型值为 0.6 μA。

LM4871/CSC8002 是为提供大功率、高保真音频输出而专门设计的。它仅仅需要少量的外围元件，并且能工作在低电压条件下(2.0～5.5 V)。LM4871/CSC8002 不需要耦合电容、自举电容或者缓冲网络，所以它非常适用于小音量、低重量、低功耗的系统。其典型连接电路如图 2-6-16 所示。

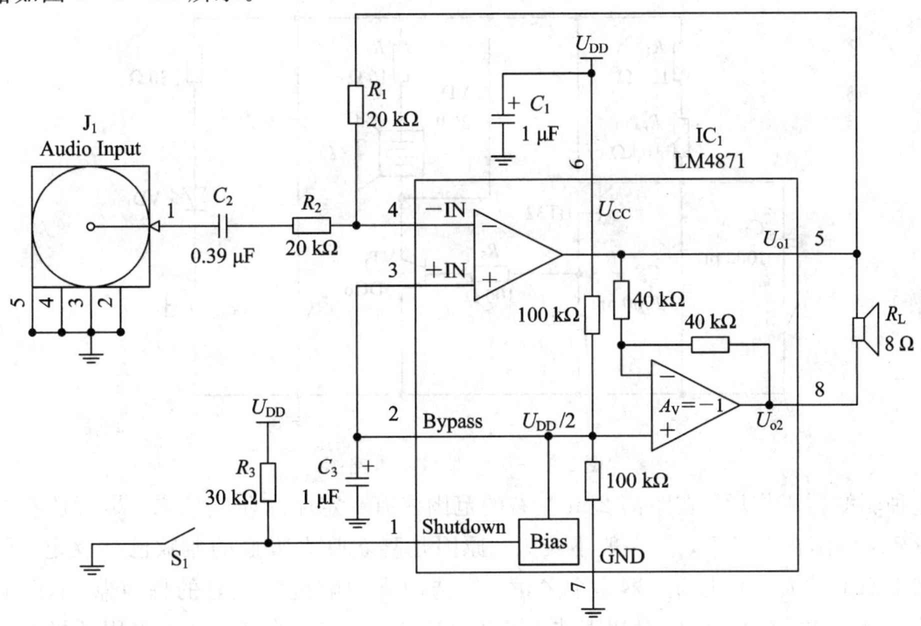

图 2-6-16　LM4871/CSC8002 功率放大器电路

2.6.11　驱蚊器

随着仿声学的不断发展，人们逐渐揭示了蚊子的一些奥秘和特性。一般来说，雄蚊不咬人，怀卵的雌蚊叮人吸血。雌蚊怀卵期间不喜欢与雄蚊接触，听到雄蚊发出 21～23 kHz 的超声波信号时，便立即逃跑。据此，应用电子线路产生模仿雄蚊的超声波信号，从而达到驱蚊的目的。其实物如图 2-6-17 所示。

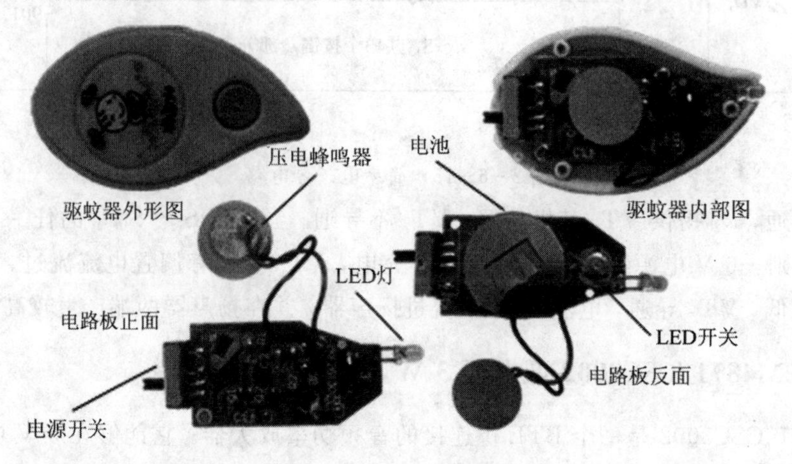

图 2-6-17　驱蚊器实物图

超声波电子驱蚊器电路如图 2-6-18 所示。其中单节管 BT32 与阻容元件组成一个张弛振荡器。10 kΩ 电位器 R_{p4} 用来调节振荡频率；三极管 3DG6 工作的脉冲状态，起到功率放大作用，二极管 VD_1 为续流二极管，S_{2A} 和 S_{2B} 是一个拨段开关，S_{2A} 用于开机工作，S_{2B} 用于调整到另一工作频率。

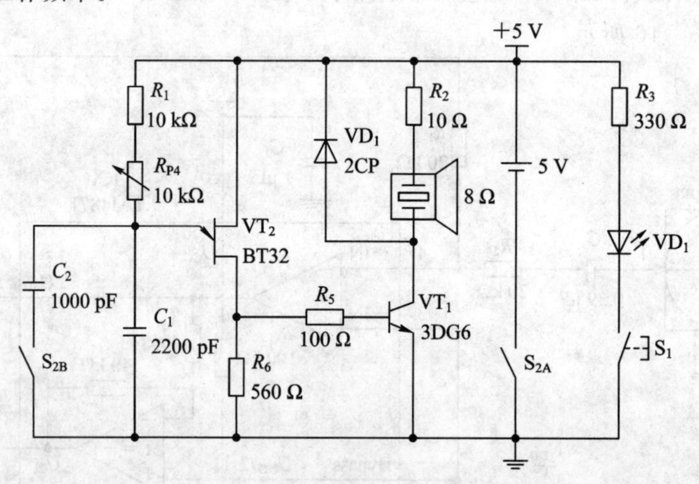

图 2-6-18　驱蚊器电路图

这种驱蚊器工作后，在距离 2 m 左右的范围内有一定驱蚊防咬效果。尽管还有蚊子在飞，甚至还会落在人身上，但一般不咬人。原因是喜欢叮人吸血的雌蚊已被驱走，剩下的蚊子基本都不咬人。本机扬声器是个关键，应选用高频响应特性好的扬声器(如压电高频扬声器)，确保以较大功率发射超声波，提高驱蚊效果。在业余条件下，采用耳机作电声换能器亦可。

除了可以用分立元件设计外，还可以用集成元件设计，如图 2-6-19 所示，图中，采用单片 CMOS 集成块 CD4047，它是一个无稳态/单稳态多谐振荡器，其工作频率由外接元件 C_1、R_1 和 R_P 决定，R_P 可对频率进行微调。输出端的换能器使用压电高频扬声器，产生高频声波。

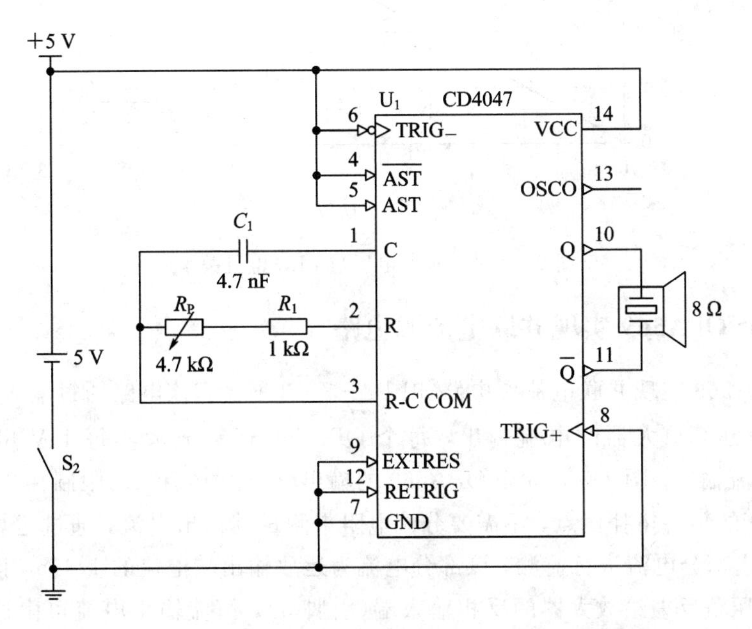

图 2-6-19　集成元件设计的电子驱蚊器

2.7　其他实用电路

2.7.1　可编程 LED 亮度控制电路

可编程 LED 亮度控制电路如图 2-7-1 所示，该电路是压控电流源电路。通过控制输入信号 U_i，则可控制 LED 的电流，从而控制 LED 的亮度。控制电压与 LED 电流关系如图 2-7-2 所示。

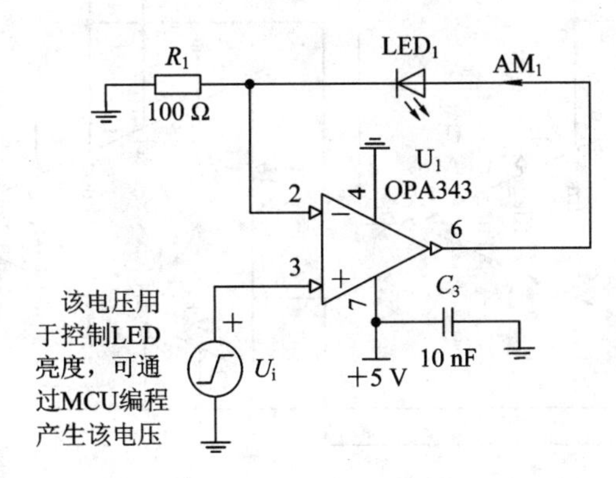

图 2-7-1　可编程 LED 亮度控制电路

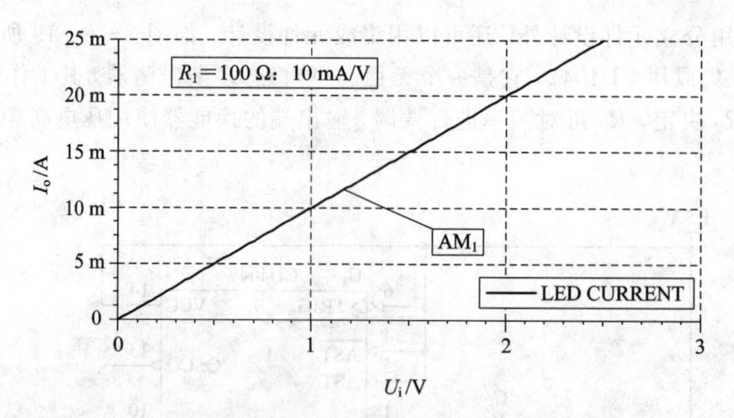

图 2-7-2　控制电压与 LED 电流关系

2.7.2　两个 OPA569 实现并联电流源电路

使用 OPA569 实现并联电流源电路如图 2-7-3 所示，该电路通过输入电压 U_i 控制两个 OPA569 运算放大器的电流输出，每个 OPA569 运算放大器每 1 V 电压输入实现 500 mA 的电流输出。图 2-7-3 中 OPA569 的输出电流由 R_3 和 R_4 限制在 2 A。该电路利用了 OPA569 的独特拓扑优点，不需要分流电阻来测量其输出电流，通过运算放大器自身的 19 引脚输出部分电流进行监测，该部分电流为运放输出端电流的 1/475。该部分电流流过 R_2 后的电压负反馈给放大器的反相输入端(引脚 5)，恒流输出电流可由这个反馈推导出。由于不需要分流电阻测量其输出电流，故不存在电压降的问题，其输出电压可以接近于电源电压，这提高了效率，降低了散热要求。实际上，可以将电源电压降低至几百毫伏的负载电压。OPA569 同时具有一个电流过大报警输出引脚(引脚 4)和温度过高报警输出引脚(引脚 7)，这两个报警输出引脚可以以数字方式控制启动引脚(引脚 8)，从而实现保护放大器功能。图 2-7-4 为输入输出关系图，由图 2-7-4 可以看出，每 1 V 输入电压对应 500 mA 的输出电流，图 2-7-5 为其波特图。图 2-7-6 为其响应特性图。

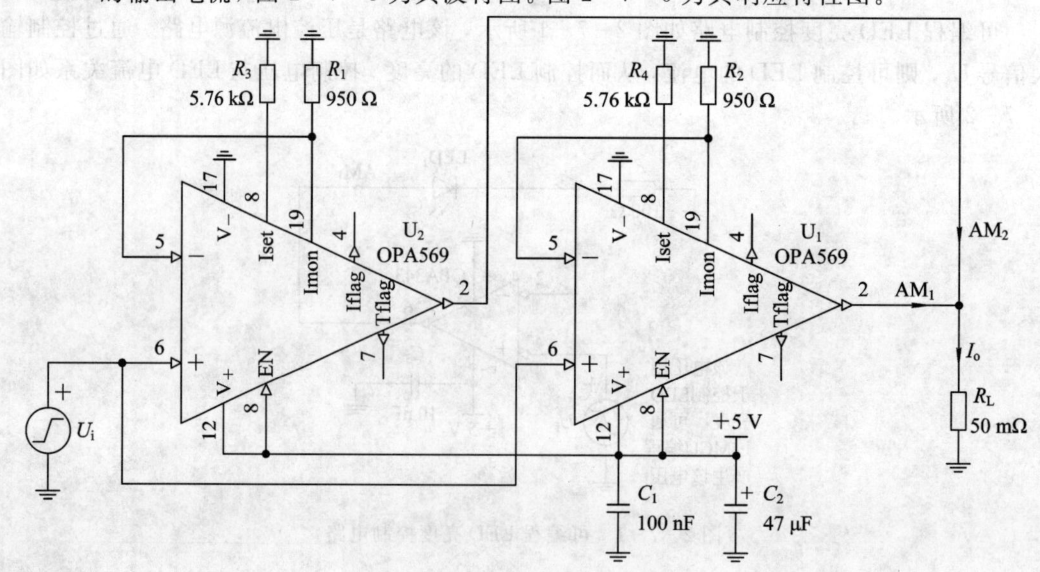

图 2-7-3　并联电流源电路

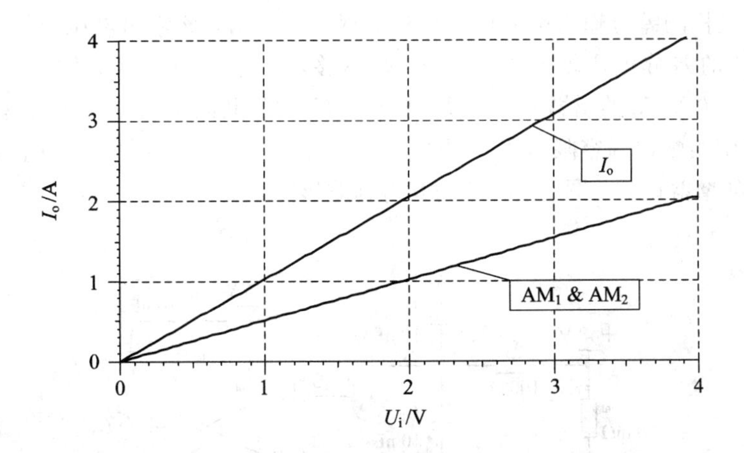

图 2-7-4　输入输出关系图

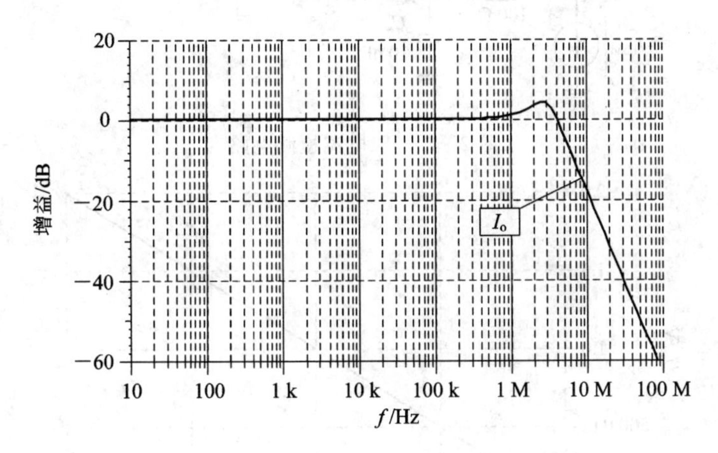

图 2-7-5　波特图

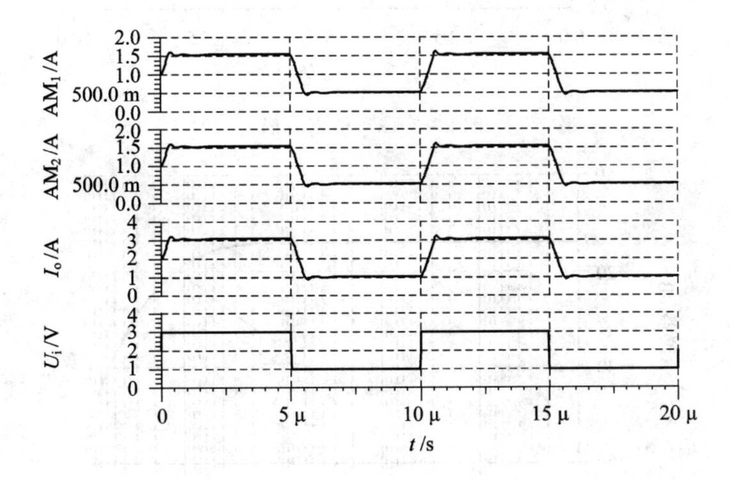

图 2-7-6　响应特性图

2.7.3　48 V 10 A 电流检测放大电路

电流检测电路如图 2-7-7 所示，图中待测电流流过 R_{shunt}电阻产生很小的电压降，运放 INA193 通过检测差分输入端的该电压降实现电压输出，该输出电压与待测电流大小成正比，INA193 的差分电压增益 20 V/V，如不够，可选 INA194(提供 50 V/V 增益)或 INA195(提供 100 V/V 的增益)。R_1、R_2 与 C_2、C_3、C_4 共同组成差分和共模滤波电路，这两个电阻需仔细匹配(1%容限)，以及电容器 C_3、C_4(5%容限或更高)。图中 100 Ω 的电阻有不超过 2%的增益误差。图 2-7-8 为其仿真波形图，图 2-7-9 为波特图，图 2-7-10 为响应特性图。

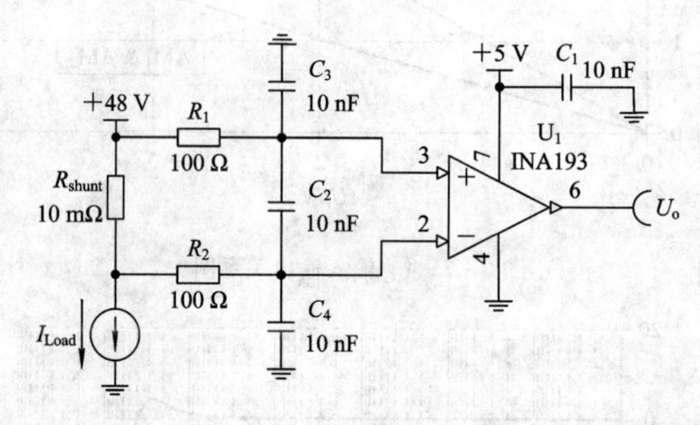

图 2-7-7　电流检测电路

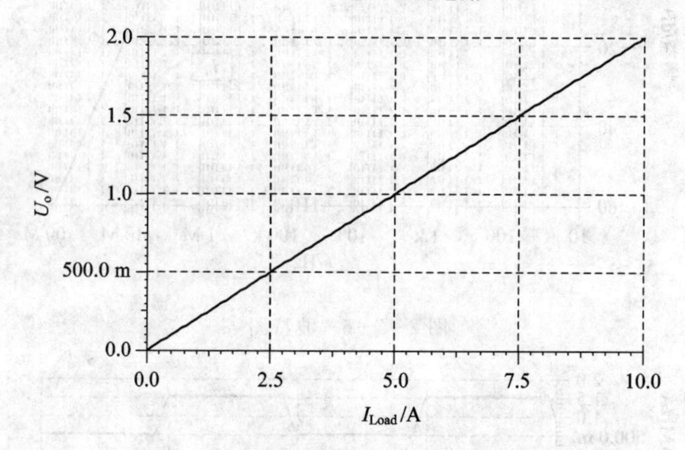

图 2-7-8　仿真波形

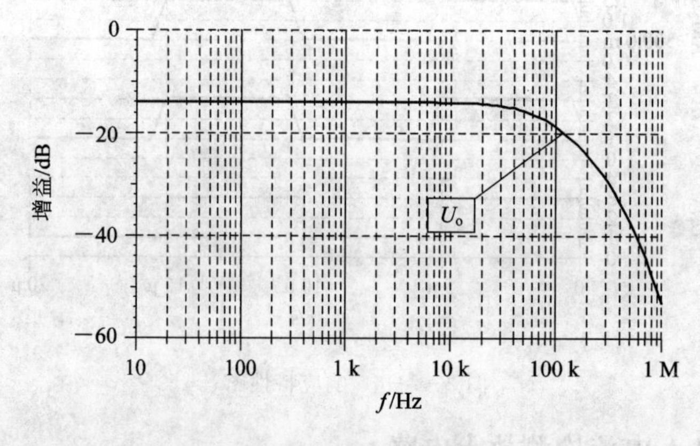

图 2-7-9　波特图

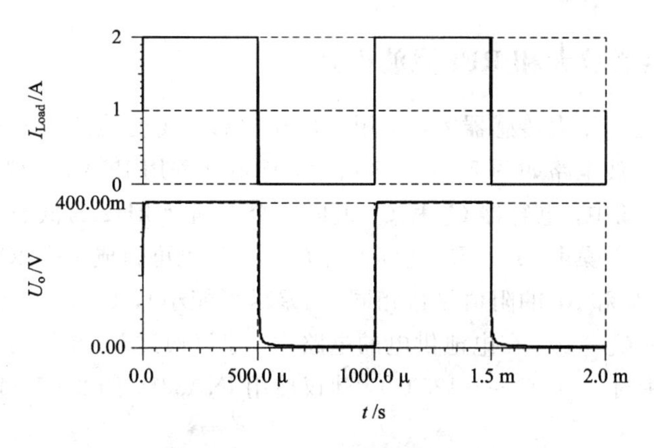

图 2-7-10　响应特性

2.7.4　OPA335实现的电流检测电路

如图 2-7-11 所示为另一款电流检测电路，12 V 共模输入电压加载入 3 V 自动归零运算放大器 OPA335。为了实现高共模抑制比，必须仔细匹配 R_1、R_3 的比值与 R_2、R_4 的比值。该电路只适合测量电流源，R_5 形成的偏移电压用于抵消双极性电流的输出。OPA335 只能输入最高 12 V 共模电压，如需输入更高的电压，可选用 OPA735，该芯片的共模电压范围可达 24 V。其仿真波形如图 2-7-12 所示。

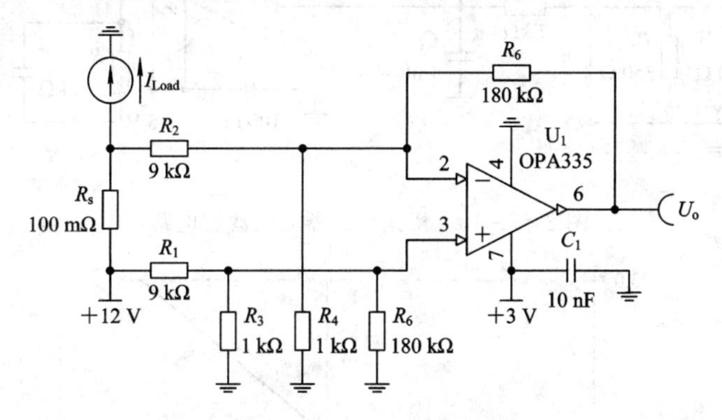

图 2-7-11　电流检测电路

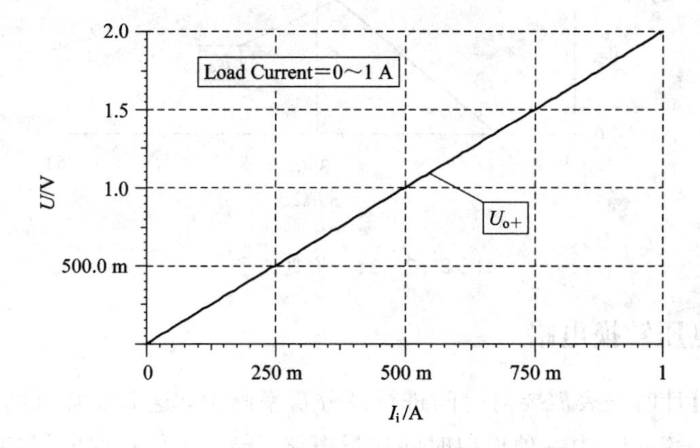

图 2-7-12　仿真波形

2.7.5 桥式传感器放大和 RFI 滤波电路

桥式传感器常见于压力传感器中，常用于电子磅秤、应变检测表和称重传感器。高精度桥式传感器放大滤波电路如图 2-7-13 所示，该电路采用 INA327 仪表放大器设计，放大器的增益为 200。图中，电容器 C_1 和 C_2 组成一个二阶 1 kHz 的低通滤波器，用于降低噪声，去除常见的 $1/f$ 噪声。R_8、R_9 连同 C_4、C_5 及 C_6 也可组成一个 RFI 滤波器。为了获得最佳的滤波，使 R_8 和 R_9 的阻值尽量相同(偏差尽可能小)，C_5 和 C_6 的容值也尽量相同或尽可能接近，$C_4=C_5\cdot 10$。在电池供电的电路中，建议通过 En 端关闭 INA327。当电路工作在较宽温度环境中时(−40℃～+125℃)，建议使用 INA337。图 2-7-14 为该电路的仿真波形。

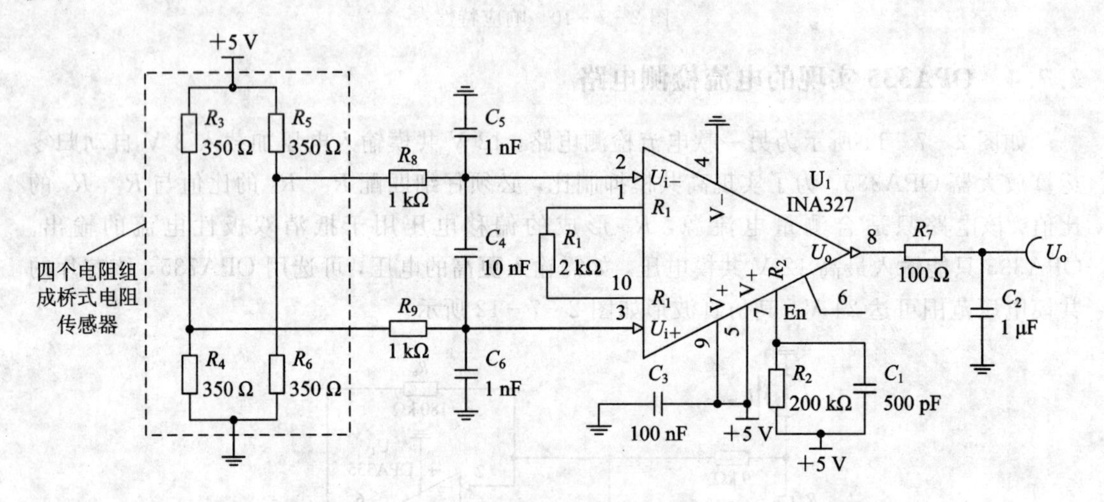

图 2-7-13　桥式传感器放大滤波电路

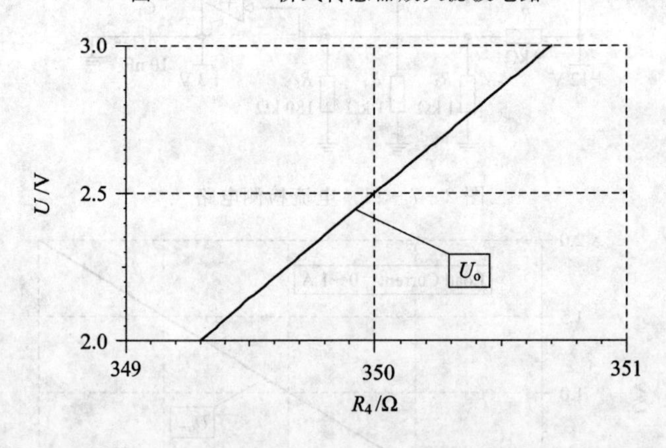

图 2-7-14　仿真波形

2.7.6 时间-电压转换电路

测距仪和弹道计时码表需要对时间进行高分辨率测量，这需要几百纳秒到几毫秒的时间响应速度。图 2-7-15 为一种模拟时间测量电路，能将可转换时间段的时间转换为高线性度、高分辨率的电压。图中，通过控制一个恒流源对电容的充电时间，使电容两端的电压与充电时间成正比，即可通过测量电压得到充电时间，如图 2-7-16 所示，将时间放大后便于测量和提高分辨率。图中，REF200 精密电流源提供 200 μA 的电流，一个快速单刀双掷模拟开关 SW_1 用于控制充电电流进入接地端或 100 pF 电容；U_1 是一个简单的高精度的缓冲放大器，用于跟随 C_2 的电压，提高后级电路的带载能力。SW_3 用于清空电容 C_2 的电荷，使电容的电压为零，便于下次准确测量。最初，SW_3 是断开的，将 200 μA 恒流源通过 SW_1 拨转到 stop 端，当接收到一个启动命令时，将 SW_1 拨转 start 端，电流向 C_2 电容充电，直到收到停止命令，SW_1 再次拨转到 stop 端，C_2 上的电压正比于 start 和 stop 信号之间的时间，这个电压可读出，然后 SW_3 闭合对 C_2 电压复位。满量程时间范围是由 C_2 的值确定的，因此该电容必须使用高品质电容器，如聚苯乙烯或 NPO(COG)的陶瓷电容。

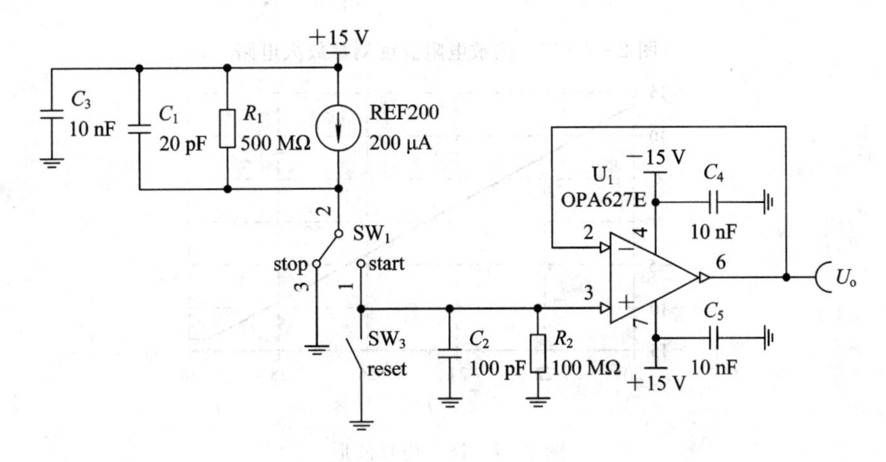

图 2-7-15 时间-电压转换电路

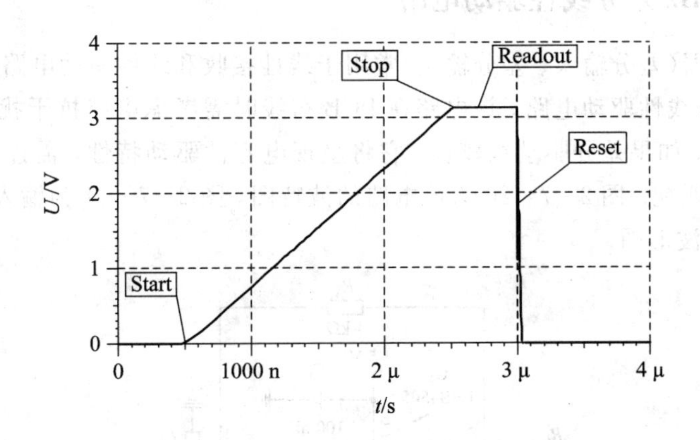

图 2-7-16 仿真波形

2.7.7 25℃±4℃热敏电阻放大电路

热敏电阻温度测量放大电路如图 2-7-17 所示，该电路能够高灵敏度地测量 25±5℃内的温度，其仿真波形如图 2-7-18 所示。

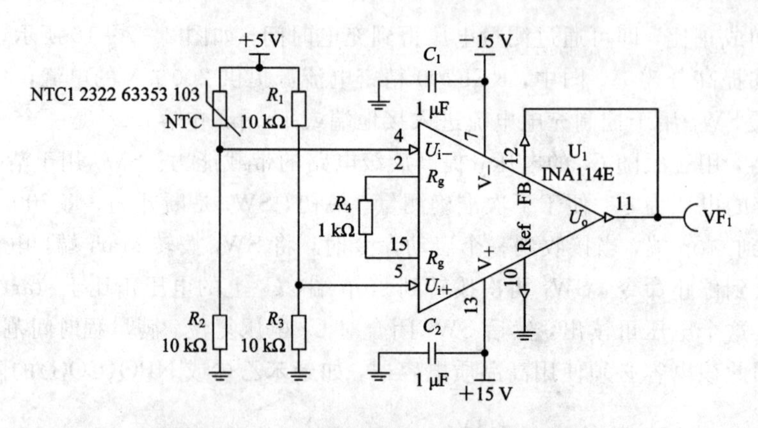

图 2-7-17　热敏电阻温度测量放大电路

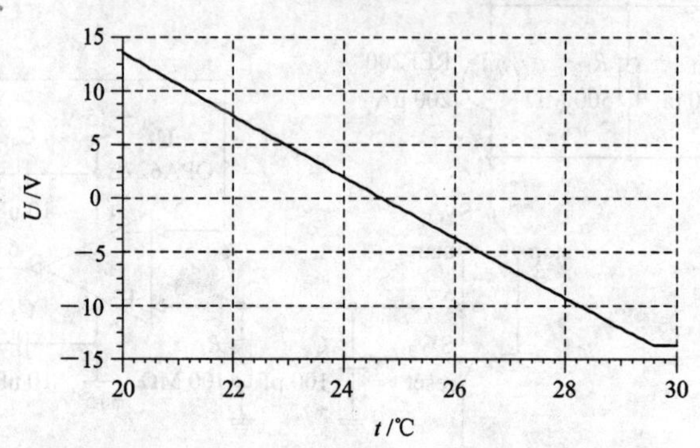

图 2-7-18　仿真波形

2.7.8　100 MHz 差分线性驱动电路

全差分放大器(差分输入、差分输出)常用于线性接收和线性驱动电路中，图 2-7-19 为 100 MHz 差分线性驱动电路，该电路在 PCB 布线时需考虑电路抗干扰问题，必须使用良好的接地平面。如果差分驱动线较长，它将呈现电容性驱动特性，需连接 20 Ω 的电阻，用以保证阻抗的匹配。图 2-7-20 为该电路的波特图，图 2-7-21 为输入输出关系图，图 2-7-22 为仿真波形图。

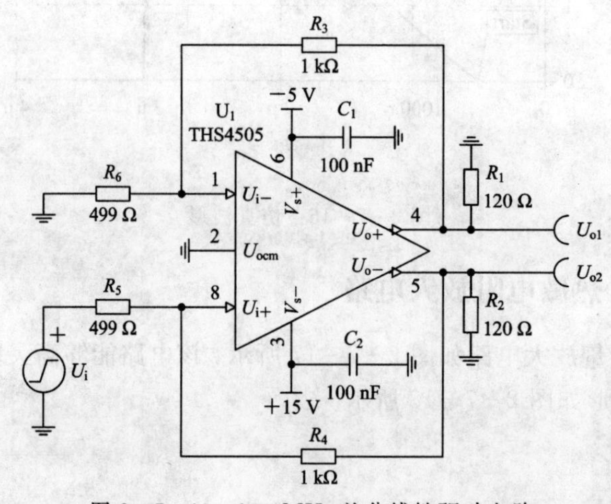

图 2-7-19　100 MHz 差分线性驱动电路

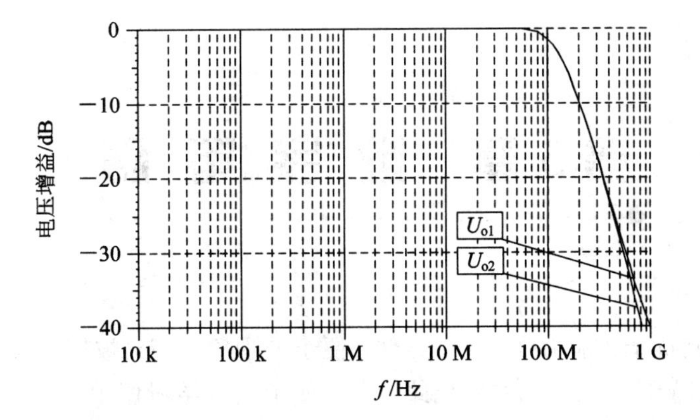

图 2－7－20　波特图

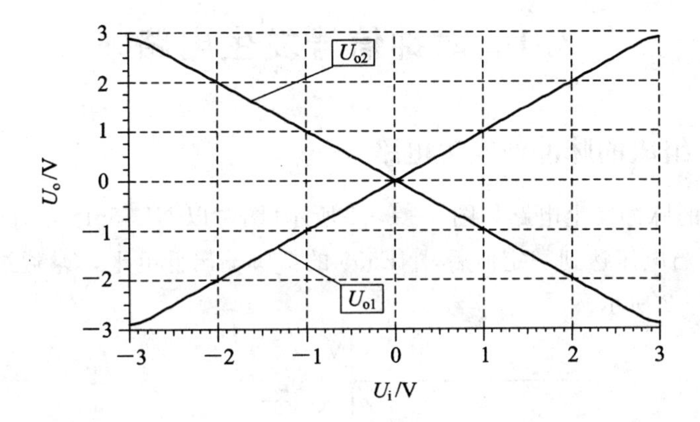

图 2－7－21　输入输出关系图

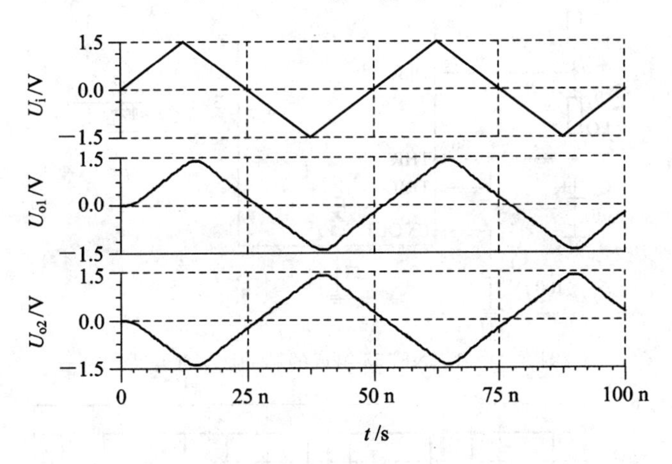

图 2－7－22　仿真波形图

第3章　数字电路

数字信号以其抗干扰能力强、便于存储、便于处理等优点，被广泛应用于各种电子电路中，处理数字信号的电路称为数字电路，为了便于读者学习使用，笔者将常见的简单数字电路归结于本章。

3.1　时钟信号发生电路

3.1.1　NE555组成的脉冲波发生电路

NE555组成的脉冲发生电路如图3-1-1所示(图中以NE555D为例)，图中，R_1、R_2向电容C_2充电，当电压达到一定值后，NE555的7脚输出低电平，C_2通过R_2放电。其输出波形如图3-1-2所示。

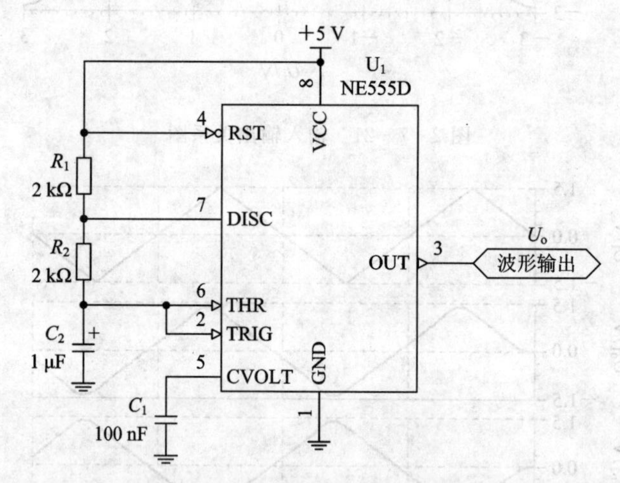

图3-1-1　NE555组成的脉冲波发生电路

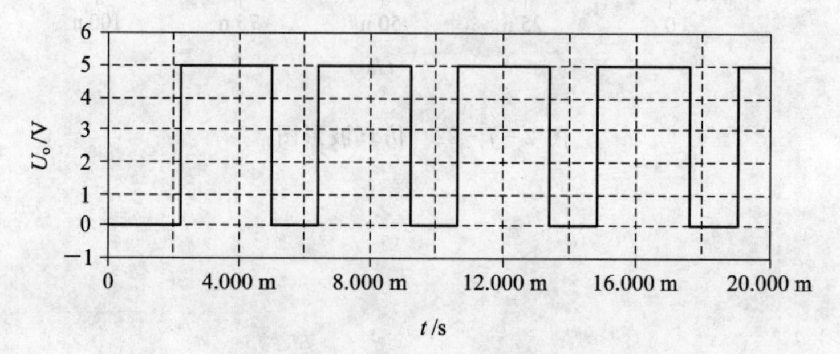

图3-1-2　NE555组成的脉冲波发生电路工作波形图

3.1.2　采用NE555组成占空比可调的方波发生器

电路如图3-1-3所示。该电路充电时间为0.693R_AC_1，放电时间为0.693R_BC_1，占空比$D=\frac{R_A}{R_A+R_B}$。调节R_P，中心点至最上端时，占空比最小，约为8.3%。中心点至最下端时，占空比最大，约为91.7%。

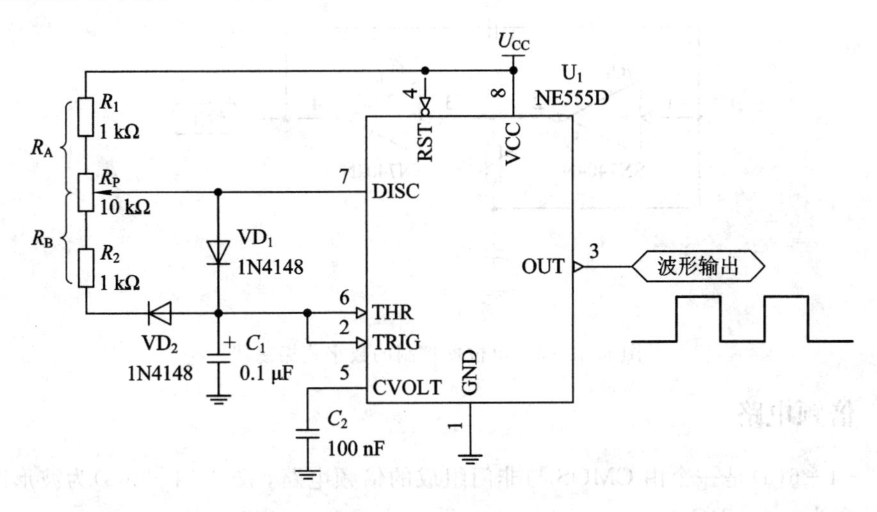

图3-1-3　NE555组成占空比可调的方波发生器

3.1.3　采用555组成的晶体振荡器

先将1、2两点短接或接一个小电阻，构成一个无稳态多谐振荡器，选择R_1、C_1使振荡频率接近晶体的固有频率。然后如图3-1-4所示接好，使振荡频率被牵引至晶体谐振频率或其谐波频率上。若起振不好，可调节可变电容C_3。

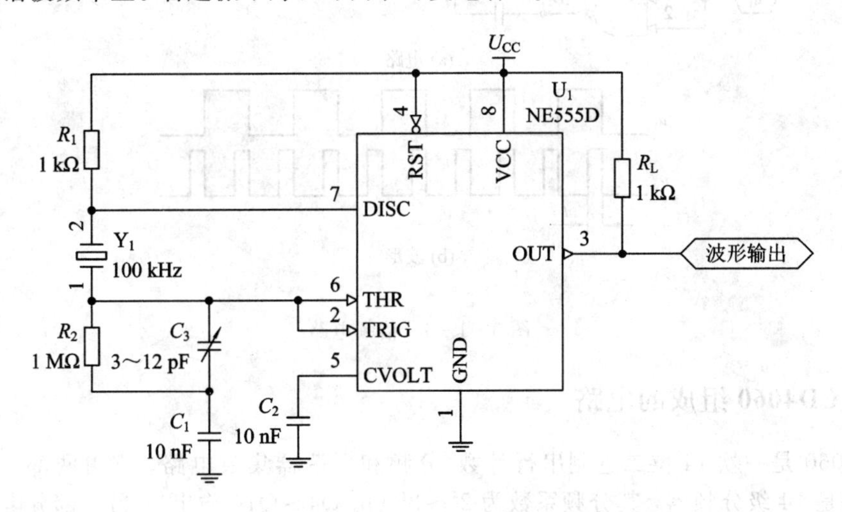

图3-1-4　采用NE555组成的晶体振荡器

3.1.4 电位器控制的数字式振荡器

如图 3-1-5 所示的电路是一个非常简单的振荡器，该电路是由 2 个 CMOS 反相器，2 个电容器和 1 个电位器构成。如果 $C_1=C_2=C$，则电路的振荡频率为 $f=\frac{1}{4R_PC\ln 2}$。

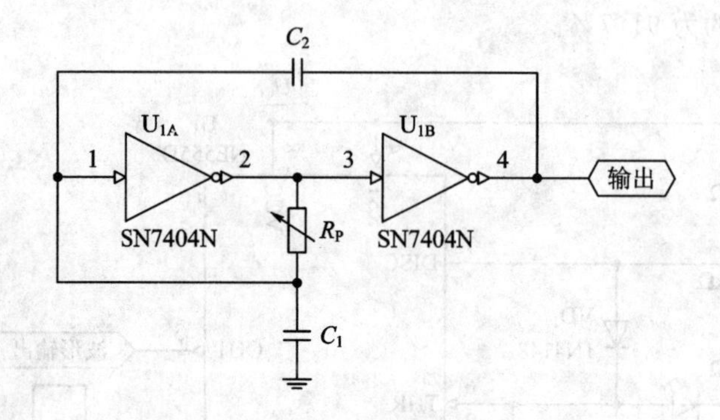

图 3-1-5 电位器控制的数字式振荡器

3.1.5 倍频电路

图 3-1-6(a)是一个由 CMOS 与非门组成的倍频电路，图 3-1-6(b)为波形图。输出波形的脉宽为 t，$t=RC$。

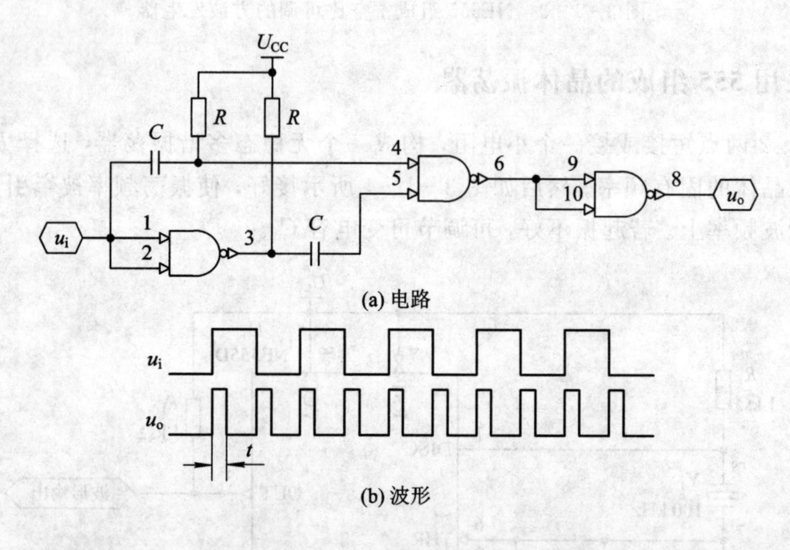

图 3-1-6 倍频电路

3.1.6 CD4060 组成的电路

CD4060 是一款 14 位二进制串行计数/分频和振荡器集成电路。它由两部分构成：一部分电路是 14 级分频器，其分频系数为 $2^4\sim2^{14}$（由 Q4～Q14 输出）；另一部分电路是振荡器，可由外接电阻和电容构成 RC 振荡器，其频率为 $f=\frac{1}{2.2R_1\times C_1}$。芯片引脚如图 3-1-7(a)所示。该芯片可外接 RC 振荡器和晶体振荡器，如图 3-1-7(b)所示。

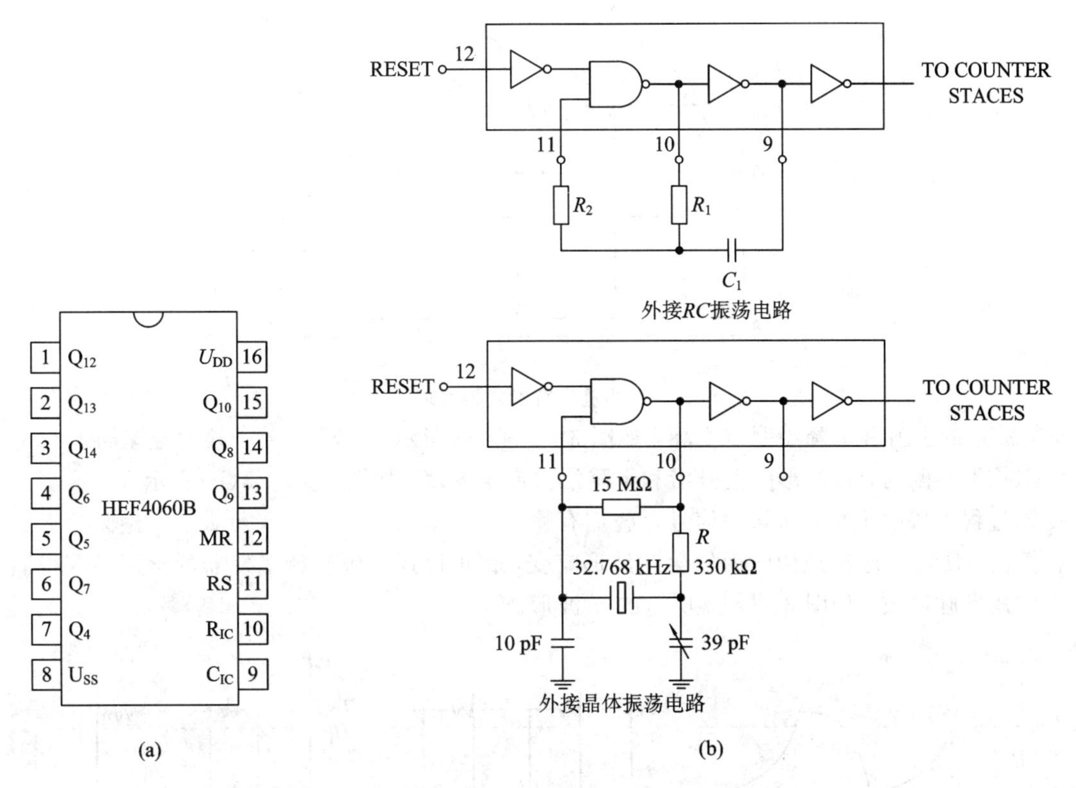

图 3-1-7　CD4060 芯片引脚及其外接振荡电路

3.2　施密特触发器电路

如图 3-2-1 所示为用两级 CMOS 反相器构成的施密特触发器电路。图中 u_i 通过 R_1、R_2 的分压来控制门的状态。

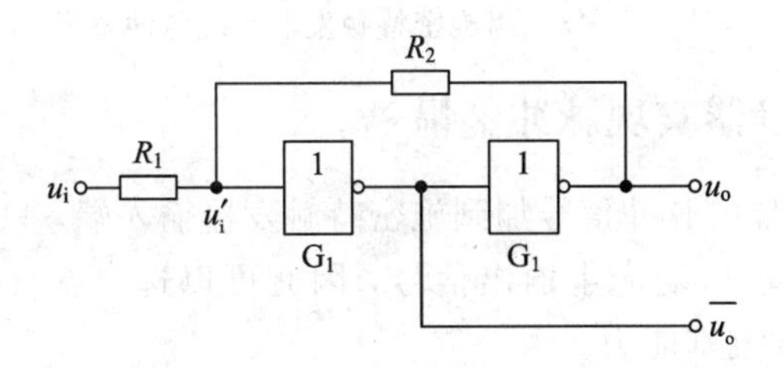

图 3-2-1　两级 CMOS 反相器构成施密特触发器

3.2.1　用施密特触发器实现波形变换

施密特触发器可以将输入的三角波、正弦波、锯齿波等波形变换成矩形脉冲。如图 3-2-2 所示，将正弦波变换成矩形波。

3.2.2　用施密特触发器实现脉冲整形

在数字系统中，矩形脉冲经过传输后往往发生波形畸变。例如，当传输线上电容较大

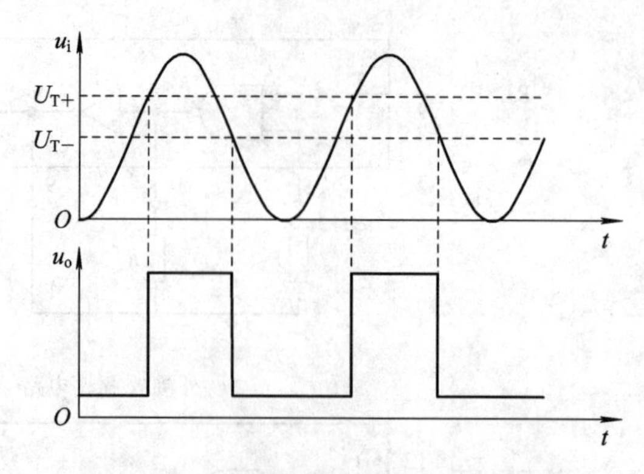

图 3-2-2　用施密特触发器实现波形变换

时，波形的上升和下降沿明显变坏，如图 3-2-3(a)所示 u_i；或者由于接收端阻抗与传输线阻抗不匹配时，在波形的上升沿和下降沿将产生振荡，如图 3-2-3(b)所示 u_i；或者在传输过程中接收干扰，在脉冲信号上叠加有噪声，如图 3-2-3(c)所示 u_i。不论因为哪一种情况，使矩形脉冲经传输而发生的波形畸变，都可以通过施密特触发器的整形而获得满意的矩形脉冲波，如图 3-2-3 所示的 u_o波形。

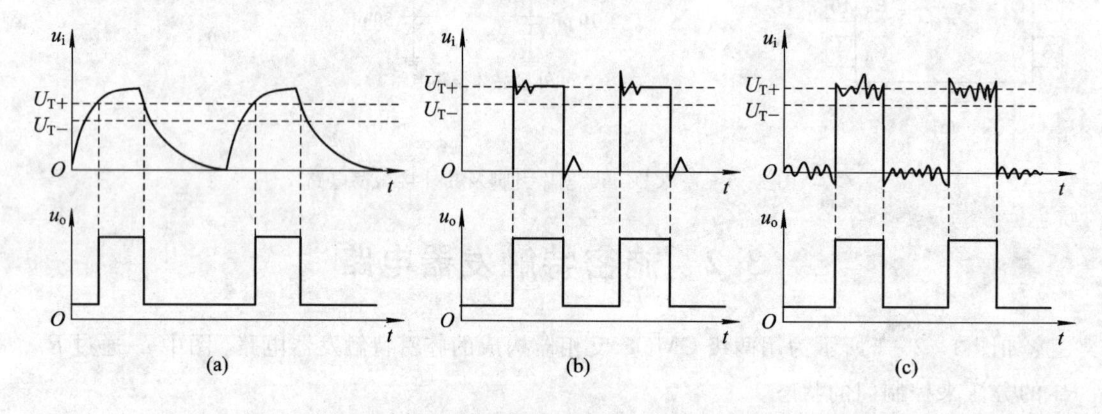

图 3-2-3　用施密特触发器实现脉冲整形

3.2.3　用施密特触发器实现脉冲鉴幅

若将一系列幅度各异的脉冲信号加到施密特触发器输入端，只有那些幅度大于上限触发电平 U_{T+} 的脉冲才在输出端产生输出信号，因此可以选出幅度大于 U_{T+} 的脉冲，如图 3-2-4 所示，具有幅度鉴别能力。

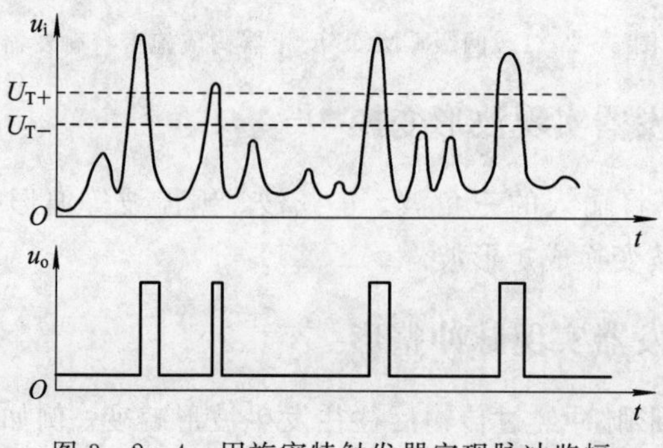

图 3-2-4　用施密特触发器实现脉冲鉴幅

3.2.4　用施密特触发器实现多谐振荡器

用施密特触发器构成的多谐振荡器电路如图3-2-5(a)所示，当接通电源时，由于u_C处电位u_C较低，所以输出u_o为高电平。此后u_o通过R对C充电，u_C电位逐步上升，当$u_C \geq U_{T+}$时，施密特触发器输出由高电平变为低电平。u_C又经R通过u_o放电，u_C电位逐步下降，当u_C下降至$u_C \leq U_{T-}$时，施密特触发器状态又发生变化，u_o由低电平变为高电平。这样u_o又通过R对C充电，使u_C又逐步上升，如此反复，形成多谐振荡。工作波形如图3-2-5(b)所示。

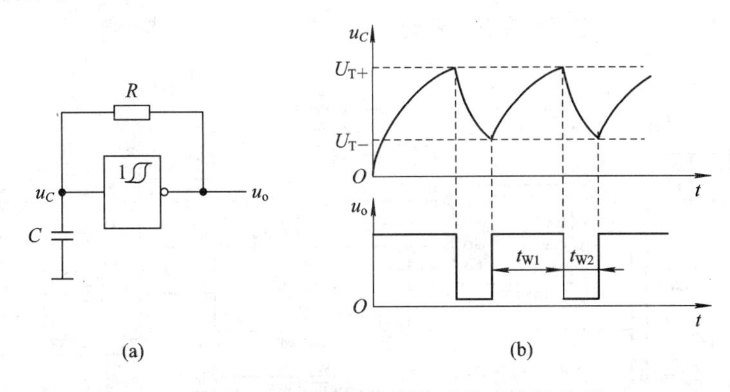

图3-2-5　施密特触发器构成的多谐振荡器

3.3　计数、定时、延迟电路

3.3.1　数字秒表

数字秒表电路如图3-3-1所示。图中CD4060将32 768 Hz的时钟信号经过2^{14}分频，

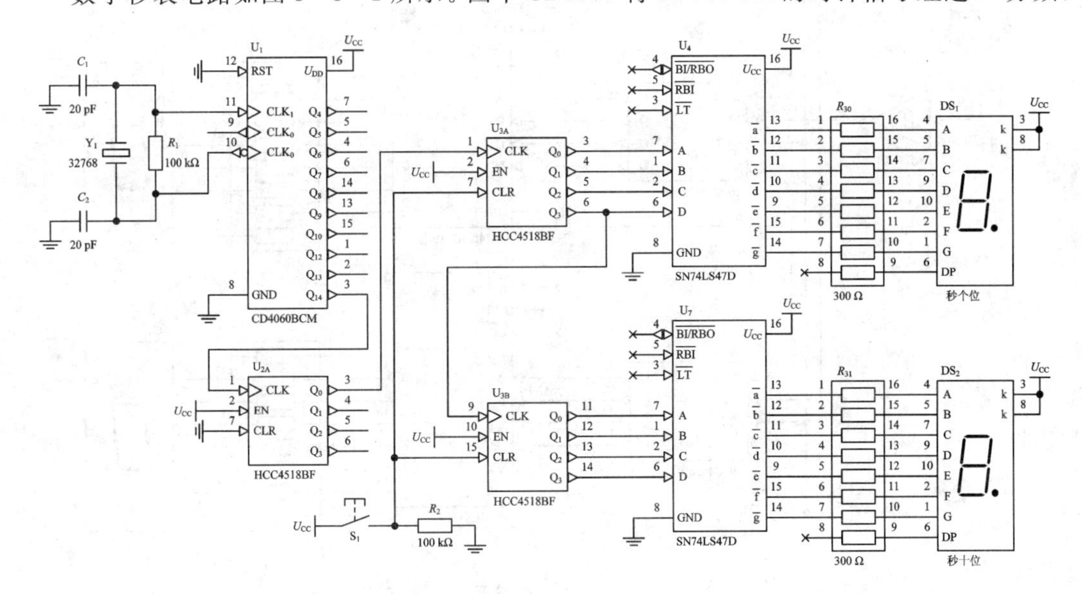

图3-3-1　数字秒表电路

得到 2 Hz 的脉冲信号，经 U_{2A} 的 HCC4518 设计的二分频电路可得到秒信号的输出。HCC4518 内部封装有两个相同的十进制计数器，所以可形成两位计数，如果需要更多位的计数，可以进行多级级联。74LS47 是 BCD－7 段译码/驱动电路。随着秒信号的不断加入，共阳极 LED 数码显示器便会不断地显示出计数的秒数。S_1 是清零开关，当按下 S_1 时，HCC4518 的 CLR 端便可得到一个正脉冲。

3.3.2 数字式脉宽测量电路

数字式脉宽测量电路如图 3－3－2 所示。电路主要由两个双 BCD 加法计数器 HC4518、四个 BCD－7 段锁存/译码/驱动器 74L547、非门电路 7414 及数码显示器组成。

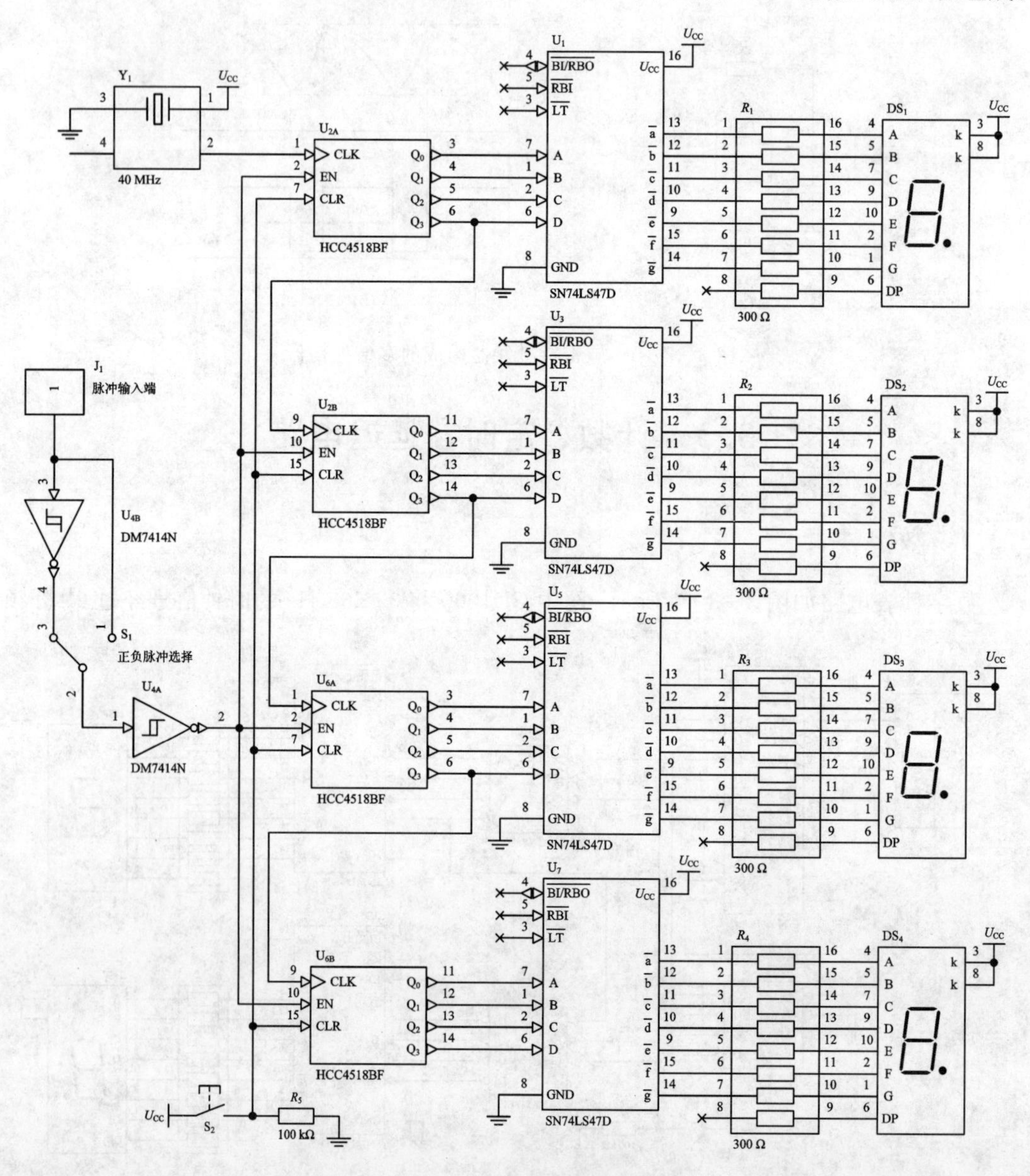

图 3－3－2 数字式脉宽测量电路

被测信号加到计数器的 EN 端。40 MHz 的时钟信号加在计数器的 CLK 端，它只有 EN 为高电平时才起作用。在测量前，先使用 S_2 开关复位上次的计数值，当 EN 端从低电平跳向高电平时，电路开始计数。计数过程何时结束取决于被测脉冲的宽度，一旦脉冲结束，则计数器 EN 端的电平由高变低，此时计数器停止计数，数码管显示测量结果。

电路中的开关 S_1 是用来选择测量脉冲的极性的，当 S_1 开关打在“3”位置时，测量正脉冲宽度；当 S_1 开关打在“1”位置时，可测负脉冲宽度。

3.3.3　声控灯电路

声控灯电路如图 3-3-3 所示，该电路包含电源电路、声/电转换及放大电路、单稳态延时电路和可控硅触发电路。电源电路由变压器、整流桥、滤波电容、7809 三端稳压器组成，稳压输出 9 V 直流电压，作为 IC_1、VT_1、VT_2 的工作电压。

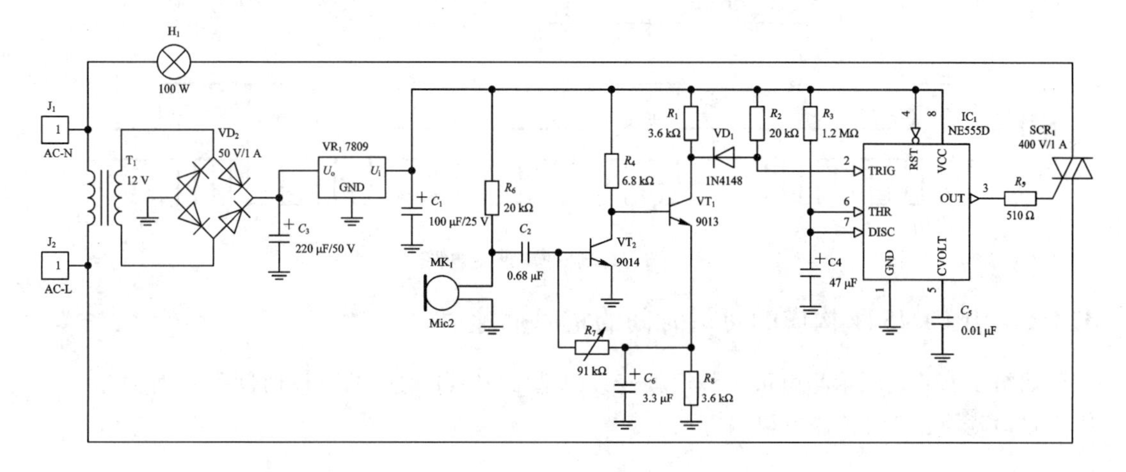

图 3-3-3　声控灯电路

采用高灵敏度的驻极体话筒采集声音信号，当有声响发生时，话筒将声音信号转换为电信号，经 C_2 耦合至直接耦合放大器 VT_2、VT_1 的输入端，将微弱信号放大后触发单稳态电路，调节 R_7，可改变放大器的增益和声控灵敏度。

NE555 和 R_3、C_4 等组成单稳态触发电路。通常，NE555 处于复位状态，即 3 脚输出为低电平，可控硅截止，灯不亮。当有声响时，放大器 VT_1 集电极输出的交变信号经 VD_1 后，其负极部分触发 NE555，使其翻转置位，即 3 脚输出高电平，触发可控硅，使其导通，灯亮。灯亮时间即为单稳态电路暂稳时间 $t_d=1.1R_3 \cdot C_4$，约为 62 s。

3.3.4　脉冲串产生电路

如图 3-3-4 所示为一脉冲串产生电路，该电路具有一个速率倍增器，它利用 CD4093 施密特触发器作为振荡器来驱动 CD4017 十进制计数器，当 CD4017 输入端(RST)接收到 C_2 的脉冲复位时，输出端 Q_0 变为高电平，输出 $Q_1 \sim Q_9$ 变为低电平。振荡器(4093)开始运行，CD4017 对脉冲计数，直到与 CD4093 的 1、2 引脚相连的 CD4017 的输出端($Q_1 \sim Q_5$)变为高电平时，在下一个输入脉冲到来之前，振荡器停止工作，输出维持高电平。改变 CD4093 与 CD4017 输出端($Q_1 \sim Q_9$)相连的引脚，可改变输出脉冲数。

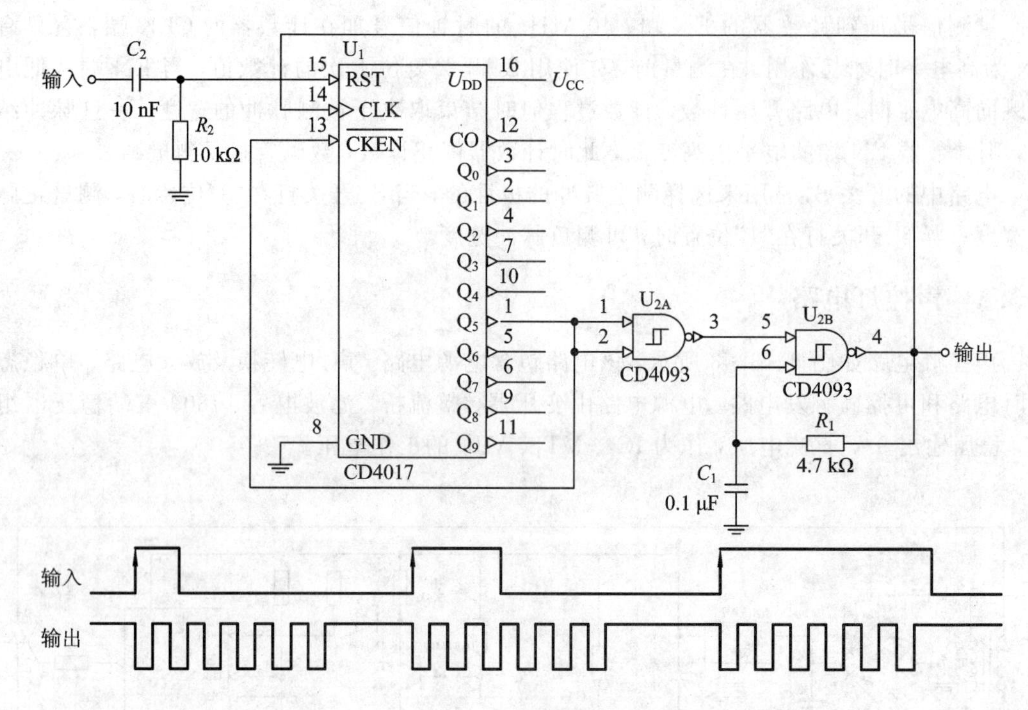

图 3-3-4　脉冲串产生电路

3.3.5　由 CD4541 构成的可调时间的定时插座

如图 3-3-5 所示是由可编程序振荡计时器 CD4541 构成的可调时间的定时插座，适用于自动煮饭、定时控制电风扇等场合。

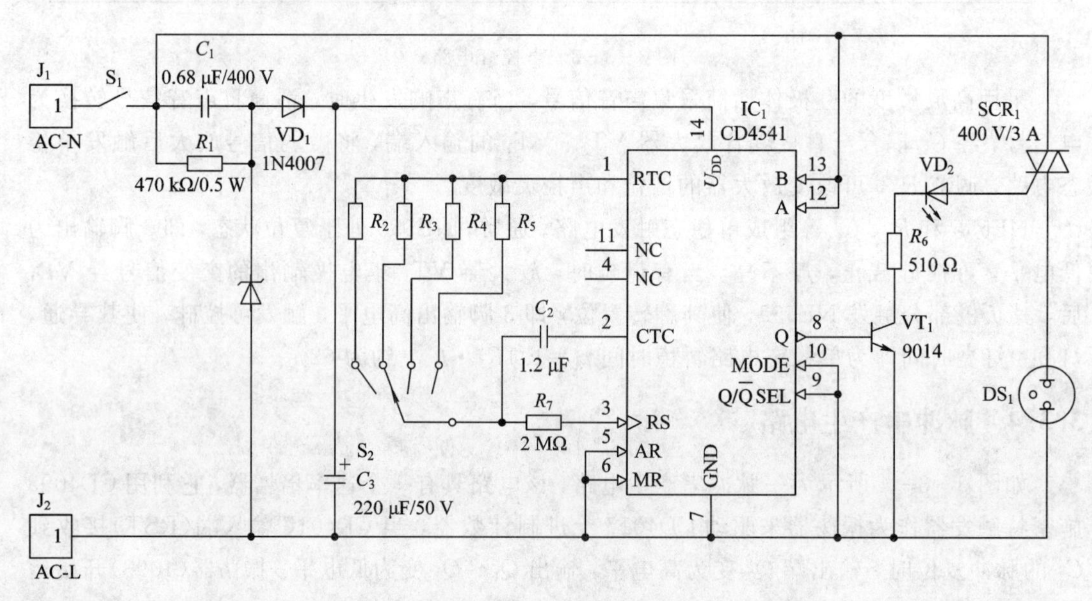

图 3-3-5　CD4541 构成的可调时间定时插座

本电路由 CD4541 可编程序振荡器-定时器为主构成。S_1 为电源开关，S_2 为定时时间选择开关，DS_1 为市售 220 V/10 A 三眼暗平板插座，SCR_1 为 3 A/400 V 双向可控硅，C_1

应选择 CBB-400 V 型聚丙烯电容器。

220 V 交流电压经电源开关 S_1，由 R_1、C_1 限流降压，VD_3 限幅、VD_1 半波整流，C_3 电容器滤波，得到的 12 V 直流电压提供给 IC_1。220 V 交流电源的火线还加到 IC_1 的 13 与 12 脚及 SCR_1 双向可控硅的上端，以供 SCR_1 导通后为 DS_1 插座提供 220 V 交流电源。

IC_1 的 1 与 2 脚外接定时时间设定元件，由 S_2 来选择不同的定时时间。IC_1 的 5 脚为自动复位端，当该脚接低电平时，集成电路在接通电源时会自动复位。IC_1 的 9 脚为输出选择端，用来选择 8 脚在复位以后电平的高低，当该脚接低电平时，选择 8 脚在复位以后输出低电平。IC_1 的 10 脚为单定时/循环输出方式选择端，当该脚接低电平时，选择单定时输出方式，即当定时时间到达时，其 8 脚电平跳变后一直保持不变，直到下一次复位信号的到来。

使用图 3-3-5 所示电路时，先将定时选择开关 S_2 设置在需要的时间上，再将电源开关 S_1 合上，定时电路通电开始工作，且自动复位，IC_1 的 8 脚输出为低电平，VT_1、SCR_1 均截止，电源插座上无 220 V 工作电压。如插座上插的是电饭煲，在上班之前淘好米下锅了，此时电饭煲不工作，但定时电路已经开始工作，一旦定时时间一到(例如时间设置在下班前一小时开始煮饭)，IC_1 的 8 脚输出高电平，使 VT_1、SCR_1、VD_2 相继均导通，SCR_1 导通以后，为 DS_1 插座供电开始煮饭，VD_2 点亮以示插座已有 220 V 交流电压。

3.3.6　电冰箱关门提醒器

这里介绍一个电路非常简单的冰箱关门提醒器，电路如图 3-3-6 所示。当冰箱门持续打开约 30 s 后，它会发出“嘀，嘀”的提醒声。该装置无需对冰箱电路做任何改动，方便实用。

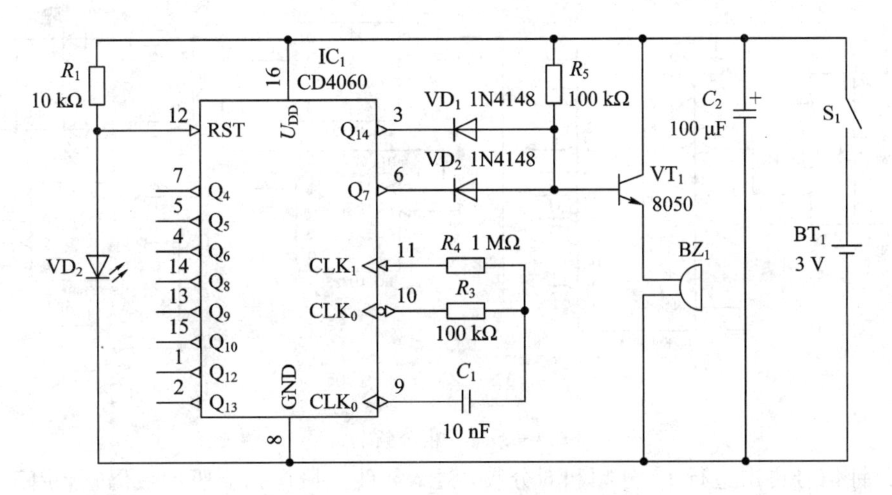

图 3-3-6　冰箱关门提醒器

当电冰箱门关闭时，电冰箱内部全黑，这时的光敏电阻 R_2 呈现为高阻态(大于 200 kΩ)，强制并保持 IC_1(CD4060)的 12 脚(复位端)为高电平，IC_1 呈复位状态，输出端均为低电平。当电冰箱门被打开时，外界的光线进入电冰箱内部，光敏电阻 R_2 呈现为低阻态(小于 2 kΩ)，IC_1 的 12 脚为低电平，IC_1 解除复位，产生 450 Hz 左右的振荡脉冲，开始计数，其中 IC_1 的 6 脚(Q_7)输出约 0.28 Hz 的信号。经约 30 s 后 3 脚(Q_{14})为高电平，此时蜂鸣器

BZ_1 经 VT_1 发出频率为 0.28 Hz(每秒约 3 次)的关门提醒信号，并持续 30 s。如果冰箱的门在蜂鸣 30 s 后还是没有关上，蜂鸣器暂停 30 s，之后继续发出提醒信号，如此持续循环直到冰箱门合上。

实际制作时，由于所用元器件的误差，实际延时时间会略有差异，此时可改变 R_3、C_1 的值进行调整。另外，若改接 VD_1 到第 2 脚，此时循环提醒延时时间约为 20 s。光敏电阻可选用常见的暗阻大于 200 kΩ、亮阻小于 2 kΩ 即可。由于整机静态工作电流很小，所以电源开关 S_1 也可省略不装。

在使用时，将这个电路放在一个小盒内，置于靠近电冰箱内照明灯处，并注意避免冰箱内的凝水或潮湿物损害电路。另外，该装置不能放在电冰箱的冷冻室内。

3.3.7　电子钟电路

电子钟的设计比较简单，非常适于初学者学习实践，它实际上就是实现一个脉冲分频与数值显示，再加上必要的数值调整电路即可。本书笔者给出三种实现方法，第一种采用 74 元件分频、译码、显示得到；第二种由单片机编程实现，便于初学者学习单片机编程；第三种由 CPLD 编程实现，便于初学者学习 CPLD 的编程。

1. 用 74 元件实现电子钟的设计

电子钟电路由粗分频电路和时间分频显示电路组成，如图 3-3-7 和图 3-3-8 所示。粗分频电路将 32 768 Hz 的频率由 CD4060 分频到 2 Hz，驱动两个 LED，用于表示时钟中间闪烁的两个小点。再使用 HCC4518 进行 10 分频，采用清零法将 HCC4518 改成 6 分频，组成 60 分频，将秒分频到分钟，送入下一级分频显示电路。

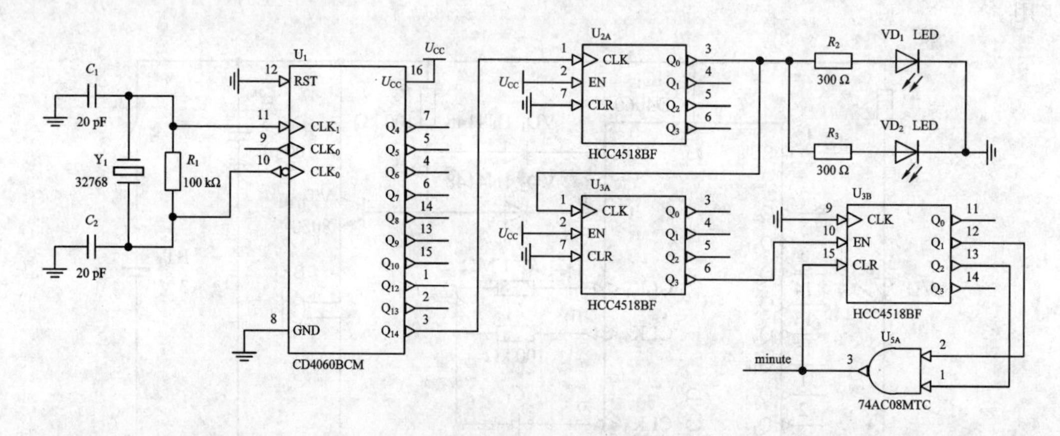

图 3-3-7　粗分频电路

将分钟信号再次进行 10 分频和 6 分频，送入 4 线 7 段译码器驱动数码管，用于显示分钟信息，按键 S_1 和分钟信号同时送入 HCC4518 的时钟输入端，用于修改分钟信息。分钟信息经 60 分频后变为小时信号，将小时信号再次进行 10 分频和 24 数值判断，达到 24 后清零，小时信号送入 4 线 7 段译码器驱动数码管，用于显示小时信息，按键 S_2 和小时信号同时送入 HCC4518 的时钟输入端，用于修改小时信息，R_{30}～R_{33} 四个排阻用于限流，控制数码管的亮度。

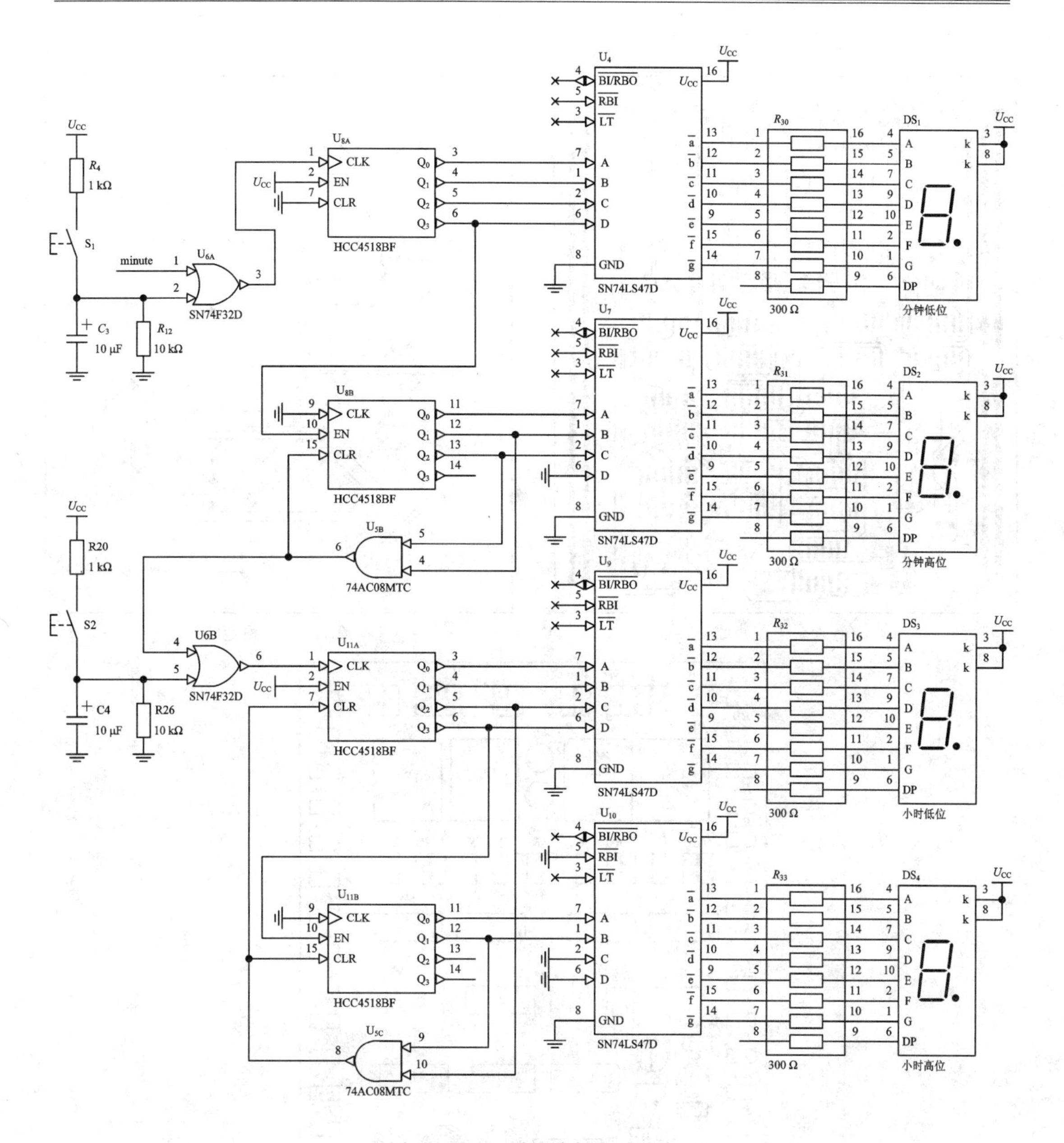

图 3-3-8　时间分频显示电路

电子钟的电路板如图 3-3-9 所示，该图为使用 Altium Designer 软件设计的电路板图，该软件的具体使用方法可参考笔者该系列书籍的《基于 Altium Designer 的电路板设计》一书。由图 3-3-9 可以看出，电路板的布线比较零乱，这是因为该电路板完全是数字信号处理电路，电路抗干扰能力比较强，且该电路板用于学生学习，笔者未仔细手工布线，而是采用软件自带的自动布线功能布线，便于初学者与手工布线的电路板比较分析。电路板两边布有较多的电阻，它们未与电路板中的电路电气相连，用于初学者练习焊接贴片元件时使用。

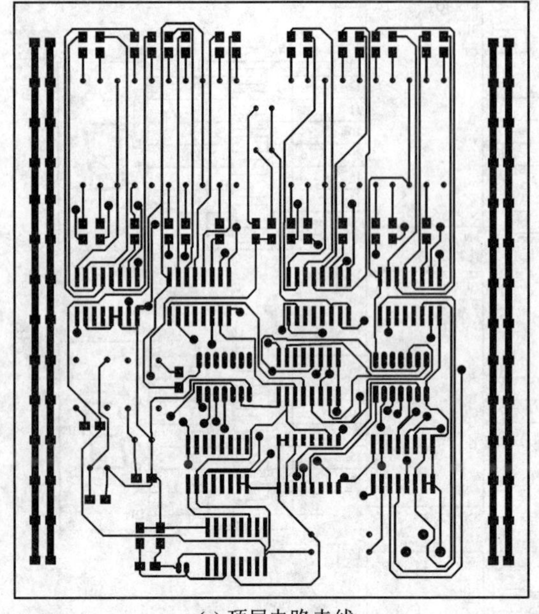

(a) 顶层电路走线　　(b) 底层电路走线

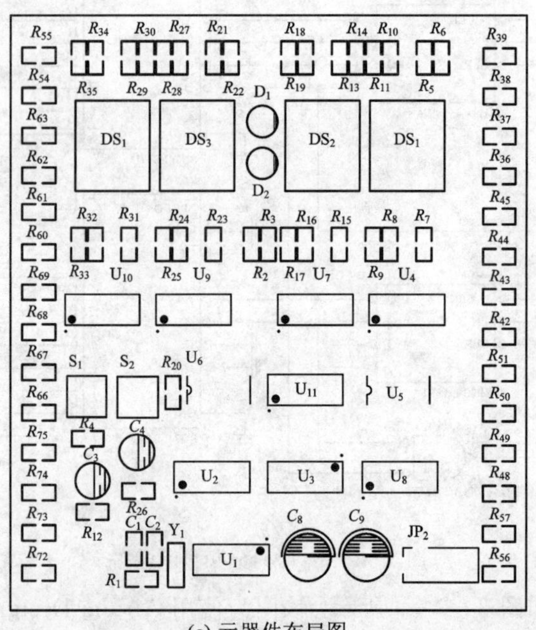

(c) 元器件布局图

图 3-3-9　电子钟电路板

2. 用单片机设计的电子钟

采用单片机设计电子钟，是单片机入门编程学习的一个比较经典的动手实践活动，它需要读者具有一定的单片机基础知识。电路如图 3-3-10 所示。

图中，使用 MSP430F1121 单片机作为主控元件，用它来检测按键输入，输出驱动 4 个数码管、两个发光二极管和蜂鸣器。由于单片机的引脚有限，图中按键和数码管的段位引

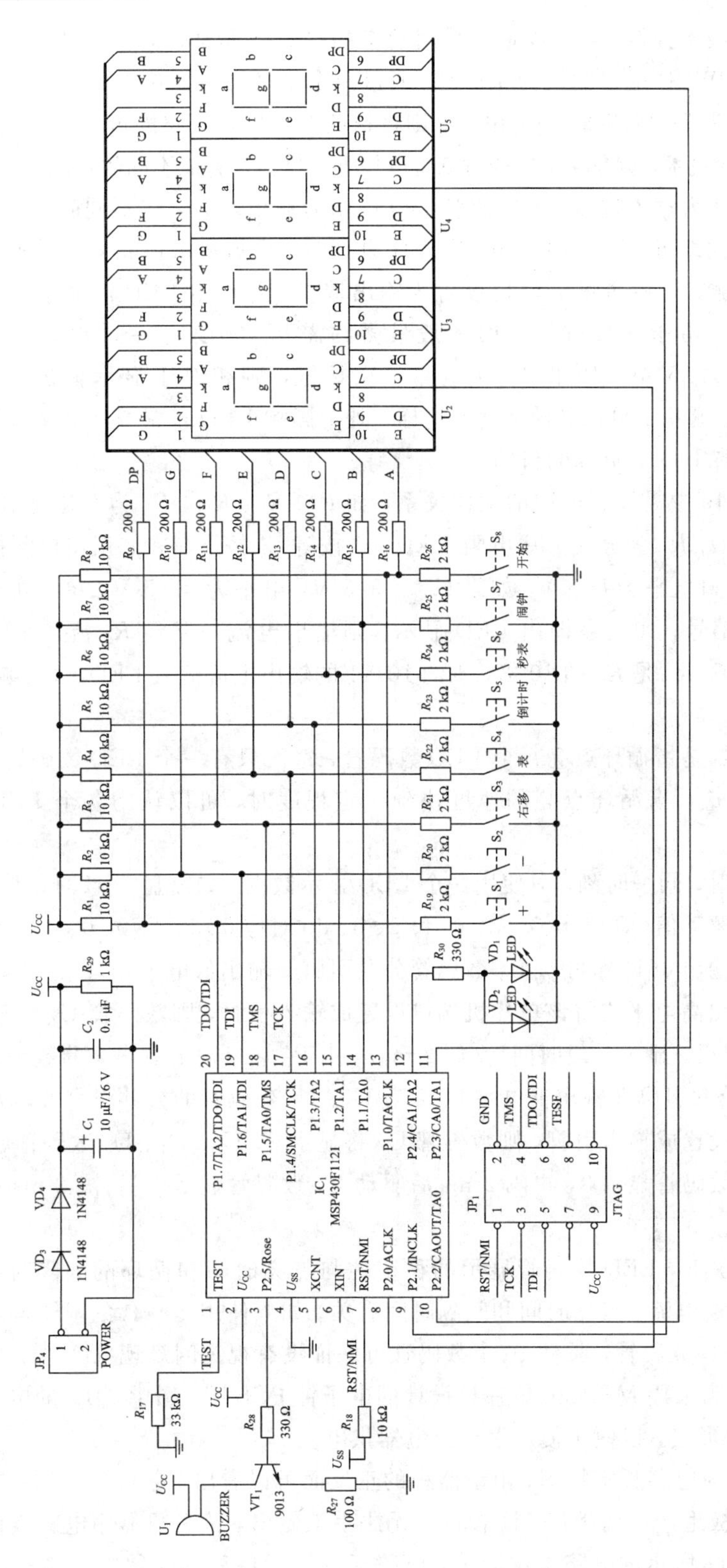

图3-3-10 采用MSP430单片机设计的电子钟原理图

脚采用分时复用技术控制，4 个数码管采用动态扫描方式驱动。VD_3、VD_4 两个二极管作为降压用，当 POWER 端口输入为 5 V 时，通过两个二极管各降 0.7 V 则 U_{CC} 为 3.6 V，如果使用 3.6 V 作为 POWER 的输入电压，则将这两个二极管短路即可。

所谓分时复用技术，就是在不同的时刻将单片机 I/O 口设置成不同的功能，在图 3-3-10 中，按键 I/O 口作为输入端口，而数码管 I/O 口作为输出端口，在不同时刻只要设置 I/O 口的输入输出方向即可实现分时复用。在程序设计时，只需将 I/O 口设置为输入端口，然后检测按键，检测完毕后再将 I/O 口设置为输出端口，并输出 LED 需显示数值相对应的 I/O 口电平信号。由于在按键检测时一般最多约需要 100 条指令，如果单片机时钟为 8 MHz，则需要 12.5 μs，如果 2 ms 检测一次按键，则相对于显示输出时间（2 ms－12.5 μs），按键检测几乎可以忽略不计。这样，既不影响 LED 正常显示，又可以进行按键检测，以达到节省 I/O 口资源的目的。

在图 3-3-10 中需注意电阻的配比关系，如 R_1、R_9、R_{19}，R_1 为上拉电阻 10 kΩ，R_9 为限流电阻 200 Ω，R_{19} 为分流分压电阻 2 kΩ，当按键 S_1 按下时，如正在检测按键，则 R_1 与 R_{19} 分压，I/O 口电平为 $U_{CC}/6$，如果 $U_{CC}=3.3$ V，电平为 0.55 V，单片机检测为低电平，检测到按键信号；如正在输出 LED 显示，则输出电流一路经 R_9 流入 LED，一路经 R_{19}、S_1 到地，由于 R_{19} 是 R_9 的 10 倍，则约 10/11 的输出电流流入 LED，不影响 LED 的正常显示。

所谓动态扫描是指循环点亮每个 LED 数码管，每次只有一个 LED 数码管发光。根据人的视觉暂留效应，当循环点亮的速度快到一定程度时，可以认为各个 LED 是稳定显示的。

在程序设计时，同一时刻，只使用一个 LED 显示数据。如需显示 1234，则先将 1 所对应的数码管译码驱动值（即 a、b、c、d、e、f、g、h、dp 对应 0、1、1、0、0、0、0、0）由 P_1 端口送出（即 P_1 口输出 06H 即可），U_2 数码管公共引脚 k 输出低电平 0，U_3、U_4、U_5 数码管的公共引脚 k 输出高电平或将该单片机端口设置成输入引脚，则数码管 U_2 将显示 1，U_3、U_4、U_5 数码管熄灭。显示一段时间后（如 2 ms），由 P_1 端口输出数字 2 的数码管译码驱动值 5AH，U_3 的公共引脚 k 输出低电平 0，U_2、U_4、U_5 数码管的公共引脚 k 输出高电平或将该单片机端口设置成输入引脚，则数码管 U_3 将显示 2，U_2、U_4、U_5 数码管熄灭。同理，2 ms 后驱动 U_4 数码管显示 3，再隔 2 ms 后驱动 U_5 数码管显示 4，再隔 2 ms 后回到驱动 U_2 数码管显示 1。

动态显示情况下，LED 数码管显示的稳定性与点亮时间和循环的间隔时间有关，而 LED 的亮度与导通电流、点亮时间和间隔时间有关。如果使用 200 Ω 的限流电阻，每 2 ms 轮换显示一个 LED 数码管，驱动 10 个数码管可保证没有视觉闪烁现象。

图 3-3-11 为采用 MSP430 单片机设计的电子钟 PCB 图。图中，JP_4 的电源口读者可设计成 USB 接口形式，以便于使用手机充电器供电。

图 3-3-12 为电路板实物图，由电路板的正反面可以看出，它与图 3-3-11 一致，该电路板需由电路板生产厂商生产，读者自己无法手工做出，读者只需用电路板设计软件设计出如图 3-3-11 所示的电路文件即可，电路板焊接元件后的实物如图 3-3-12 所示。图中的单片机需要加载程序，如有需要，可向笔者索取。

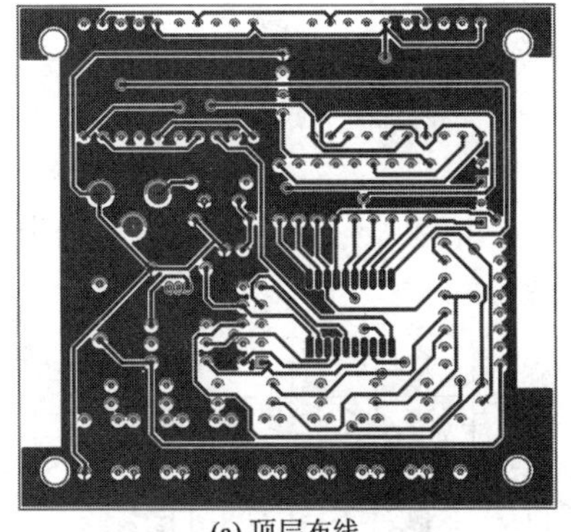

(a) 顶层布线

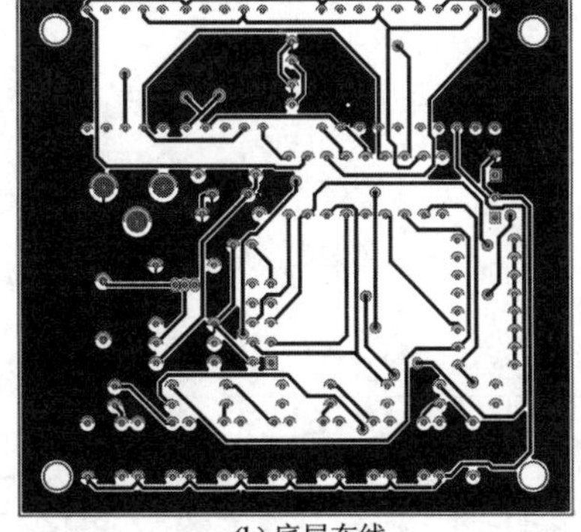

(b) 底层布线

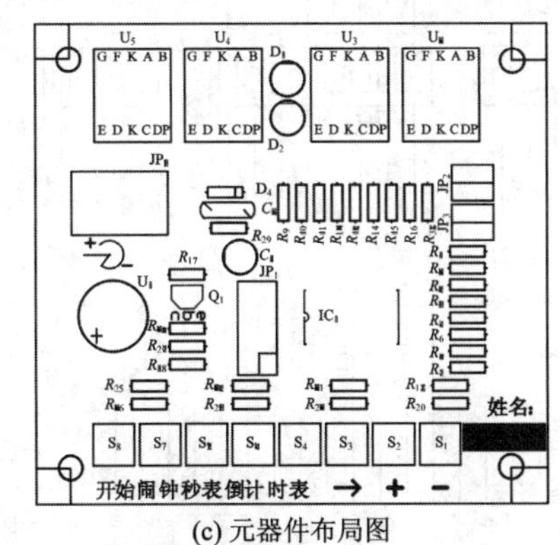

(c) 元器件布局图

图 3-3-11　采用 MSP430 单片机设计的电子钟 PCB 图

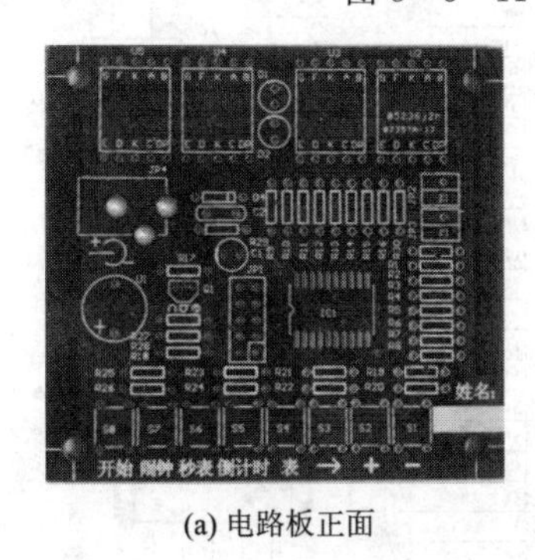

(a) 电路板正面

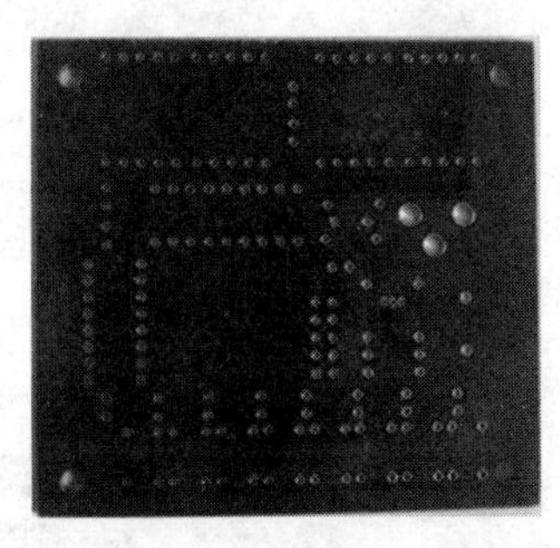

(b) 电路板反面

(c) 焊接元件后的电路板

图 3-3-12　采用 MSP430 单片机设计的电子钟电路板实物图

3. 用 CPLD 设计的电子钟

采用 CPLD 设计电子钟亦是学习 CPLD 编程的一个不错的选择，其原理如图 3-3-13 所示，图中的数码管采用静态驱动，按键也采用独立 I/O 口采集，以便于初学者编程设计；如不会编程，采用 CPLD 平台中的画图软件，将 74 元件实现的电子钟电路画入编译，将编译结果加载入 CPLD 内部即可。同样，如需 VHDL 语言的程序，可向笔者索取。

采用 CPLD 设计的电子钟 PCB 图如图 3-3-14 所示，与单片机实现的电路板相比，本图大部分元件为表贴式元件，且 CPLD 的引脚密度较大，对于初学者焊接有较大难度，需要多次练习后才可能焊接可靠、美观。

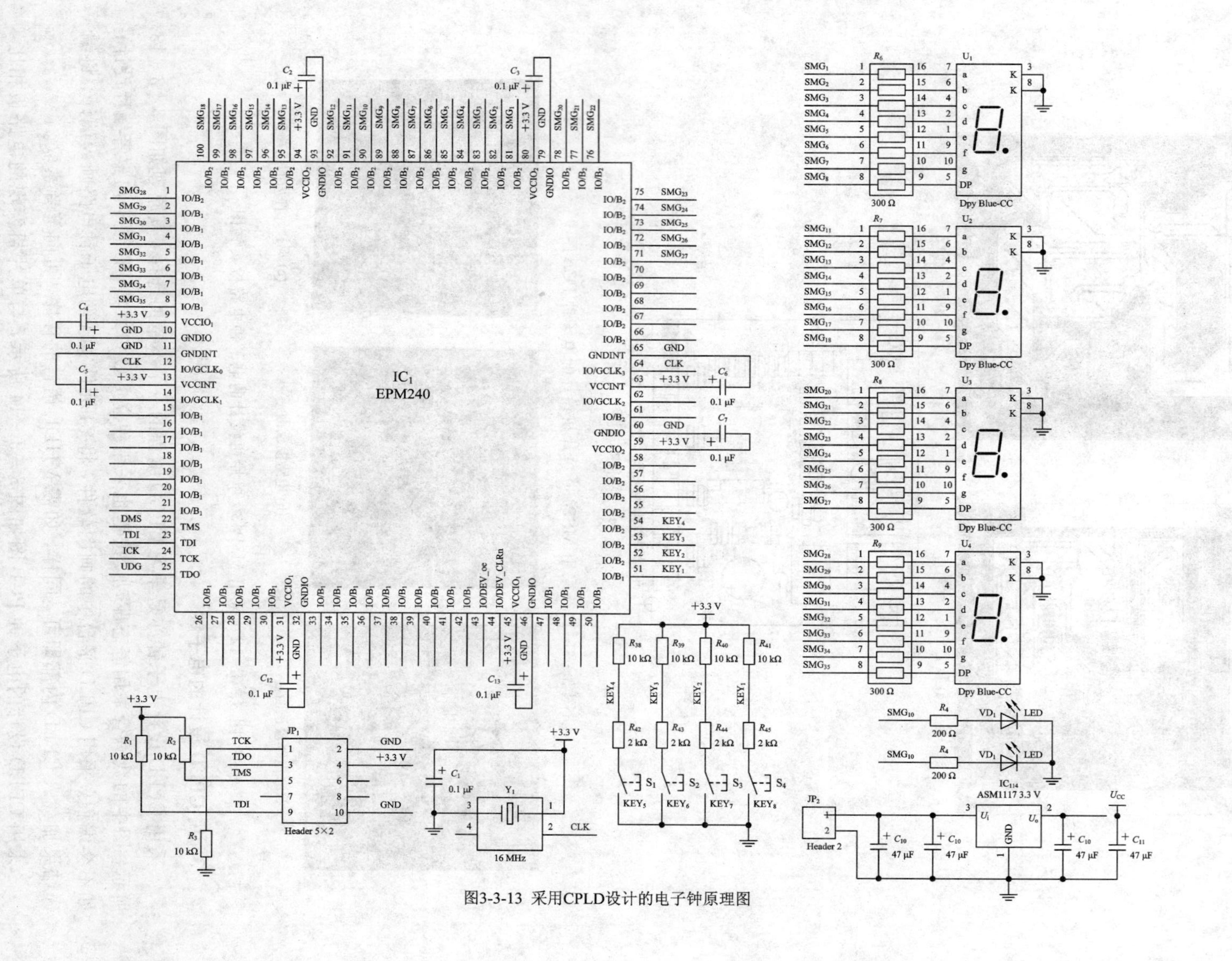

图3-3-13 采用CPLD设计的电子钟原理图

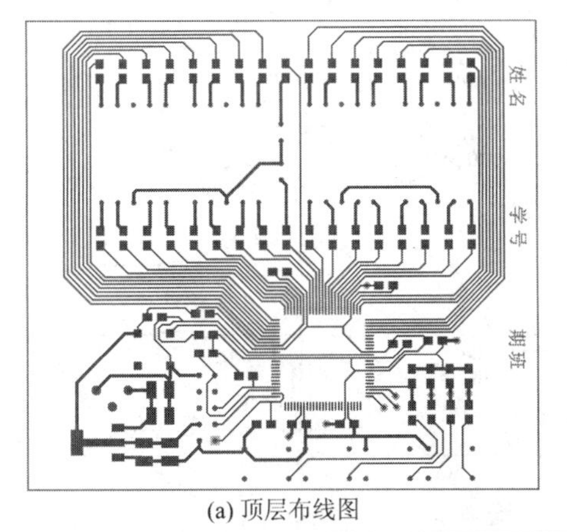

(a) 顶层布线图

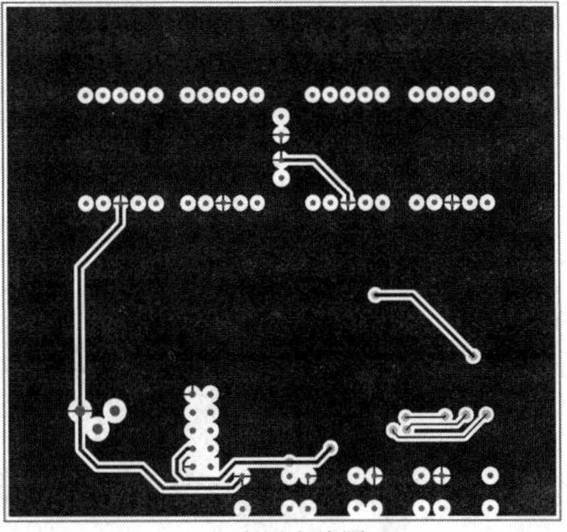

(b) 底层布线图

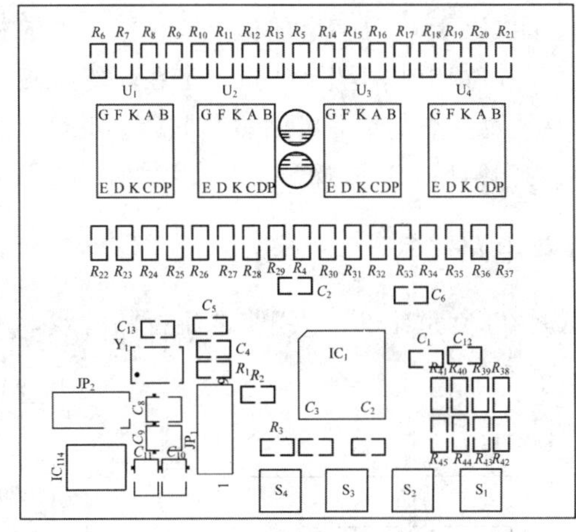

(c) 元器件布局图

图 3-3-14 采用 CPLD 设计的电子钟 PCB 图

3.4 其他实用电路

3.4.1 下雨报警器

下雨报警器电路如图 3-4-1 所示，它主要由 CD4011 集成电路、NPN 晶体三极管和扬声器组成，该电路还可以用作婴儿尿床报警、水位报警等。

CD4011 的四个与非门都用上了，其中 U_{1A}、U_{1B}两个与非门构成可控超低频振荡器，当它的第 5 脚接低电平时不起振。这时它的 3 脚为低电平。

CD4011 的 U_{1C}和 U_{1D}两个与非门接成音频振荡器，U_{1C}的一个输入端(9 脚)与 U_{1A}的输出端(3 脚)相连，故这时 9 脚也是低电平，音频振荡器不工作，扬声器无声。

当两探针间的间隙很干燥时，两探针间是绝缘的，电源正电压不能加至 5 脚，超低频振荡器不工作，音频振荡器也不起振，扬声器无声，一旦下雨或受潮，两探针间等于接一个小电阻，电源正电压即通过此电阻加至第 5 脚，5 脚变为高电位，超低频振荡器起振，从而触发音频振荡器间歇起振。断续的音频信号经 8050 三极管放大后驱动扬声器，发出断续的报警声。

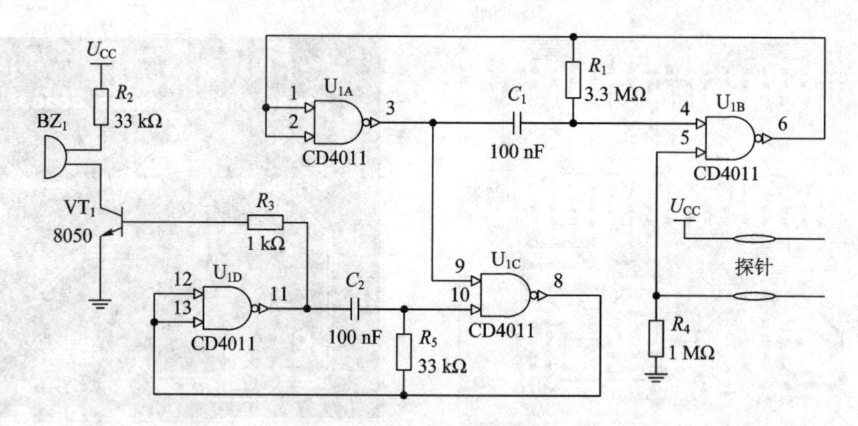

图 3-4-1　下雨报警器电路

超低频振荡器的频率取决于 C_1 及 R_1 的值，音频振荡器的频率则取决于 C_2、R_5 的值。

两探针可用任何金属片(最好用不生锈的)固定在一绝缘板(例如塑料板)上制成，中间离开 2.5 cm 左右，若要灵敏一点的话，可缩短其间距。也可以把带铜箔的印制板，用腐蚀法或刀刻法剥去其中间的铜箔后，制成探测器。

3.4.2　电子转盘游戏电路

电子转盘赌博游戏是在 20 世纪 90 年代非常流行的游戏，其内部电路如图 3-4-2 所

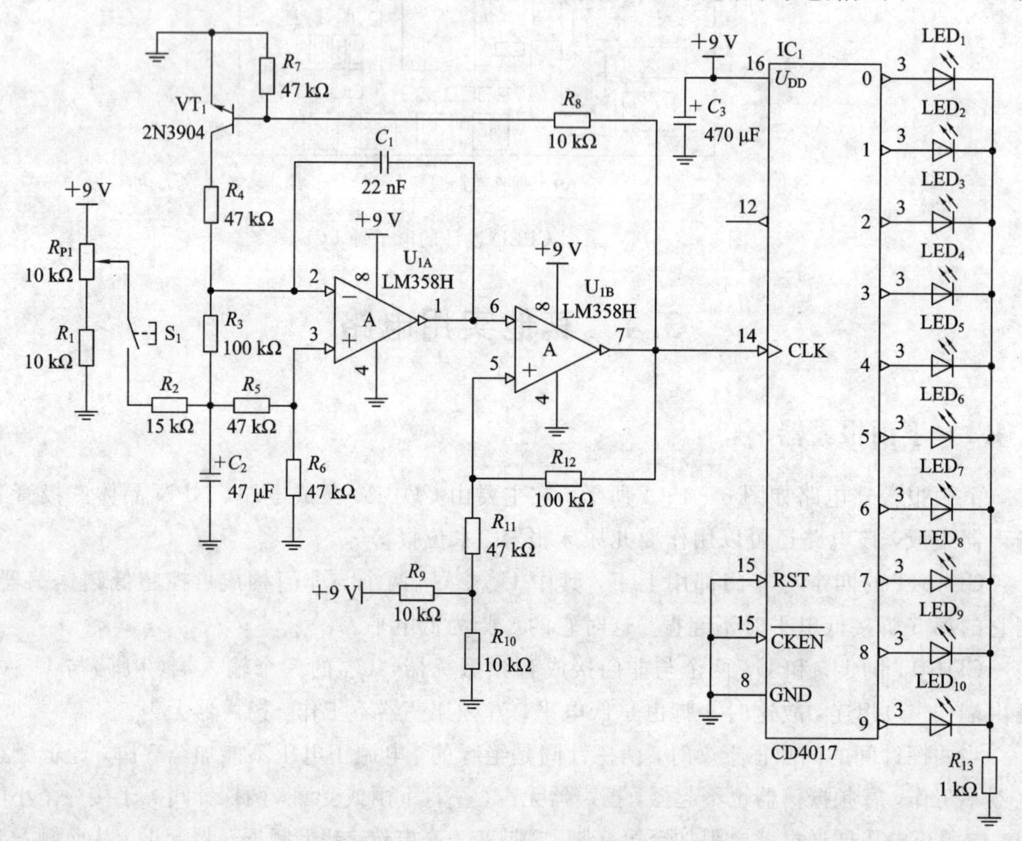

图 3-4-2　电子转盘游戏电路

示，R_{P1}设定振荡器U_{1A}和U_{1B}的初始“启动”速度，由于C_2已充电，振荡器随着C_2的放电而逐渐减慢，在LED_1～LED_{10}上产生转盘旋转的效果，最后仍然发光的二极管代表获胜的号数。

3.4.3　电子骰子

另一种常见的电子骰子赌博游戏电路如图3-4-3所示，当按下S_1时，计数器U_2由振荡器U_{1A}、U_{1B}驱动，数码管显示读数(0～6)，R_1和C_1决定计数速度，该速度应快到足以保证显示结果的随机性。

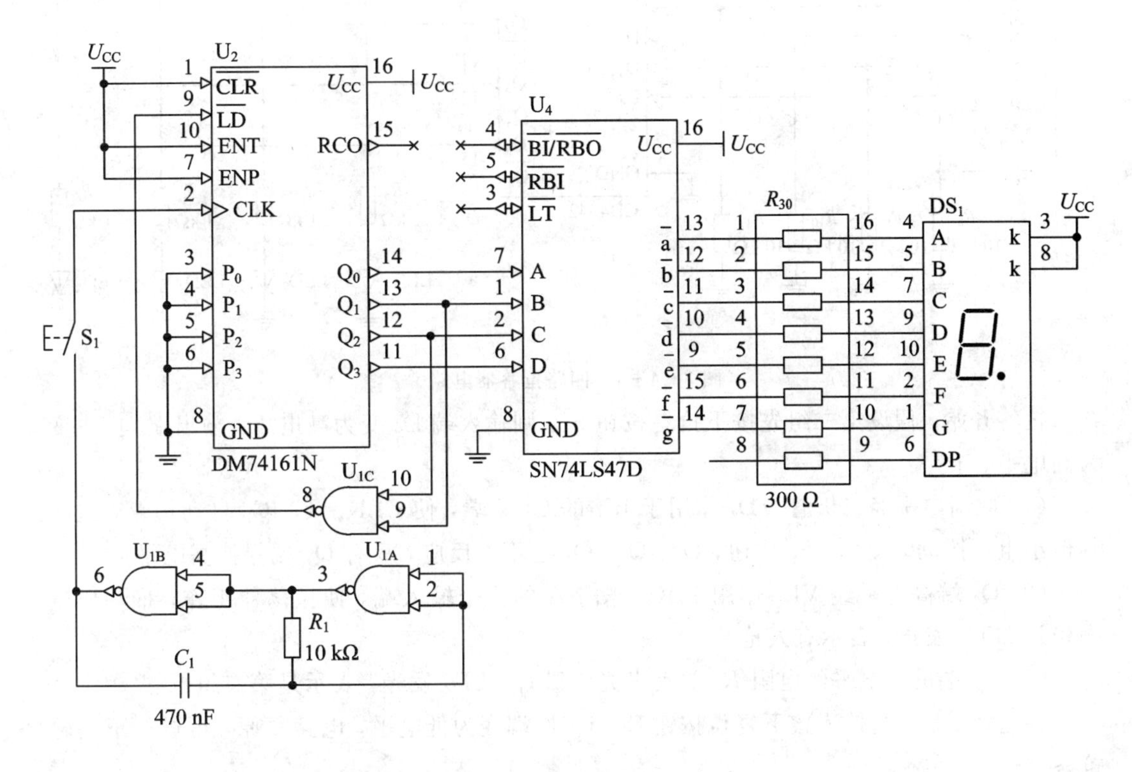

图3-4-3　电子骰子电路

3.4.4　抢答器电路

采用数字集成电路实现的四路抢答器电路如图3-4-4所示。图中，CMOS数字集成电路IC_1为CD4042型四D锁存触发器。其功能简述如下：当CLK为低电平时，四个数据输入端D_1～D_4的状态决定了相对应的四个输出端Q_1～Q_4的状态，即D_1为高电平时，Q_1也为高电平；当CLK端为高电平时，输入端信号不能传送到输出端，即不论输入端如何变化，输出端仍保持原来状态。这就是数据锁存。

未抢答时，CLK端为低电平，输入端D_1～D_4均为低电平，Q_1～Q_4也为低电平，指示灯(发光二极管)LED_1～LED_4均不亮，由74HC00集成电路IC_2的与非门1和2构成的振荡器也不振荡，压电陶瓷片HTD不发声。

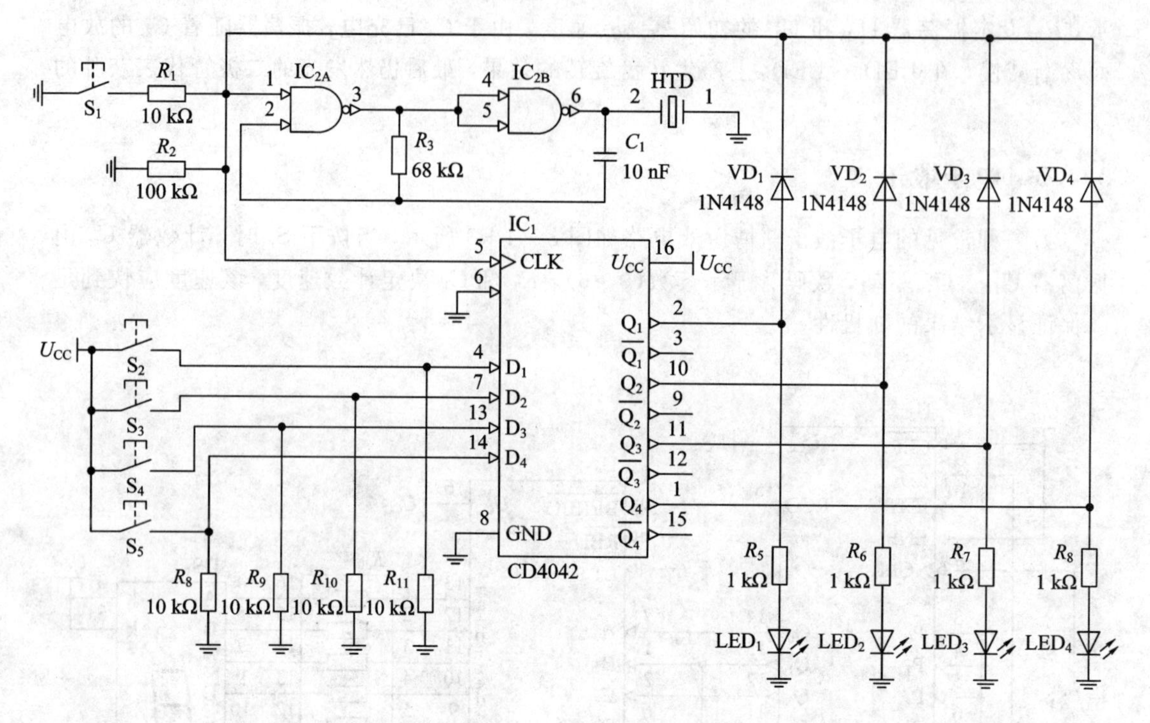

图 3-4-4　四路抢答器电路

抢答开始，假设第二组先按下抢答按钮 S_3，则输入端 D_2 变为高电压，输出端 Q_2 也变为高电平。于是：

(1) 此高电平经二极管 VD_2 作用于 IC_1 的 CLK 端，使 CLK＝1，IC_1 自动锁存，这时其他小组再按动 S_2、S_4、S_5 按钮，Q_1、Q_3、Q_4 也不作反应，只有 Q_2 端保持高电平。

(2) Q_2 端高电平经 VD_2 作用于 IC_2 非门 A 的一个输入端，使振荡器工作，推动压电陶瓷片 HTD 发声，表示有人抢答。

(3) Q_2 端的高电平经电阻 R_6 驱动发光二极管 LED_2 发光，表示是第二组抢答。

答题完毕后，主持人按下复位按钮 S_1，CLK 端变为低电平，电路复原，可进行下一轮抢答。

3.4.5　水位告知器

水位告知器能在储水箱将要断水前发出告警信号，呼叫有关人员及时加水。其电路如图 3-4-5 所示。水位高于告警水位时，金属探测极片 A 和 B 均浸在水中，由于水的导电作用，使非门 U_{1A}的输入端为“0”，其输出为“1”，则非门 U_{1B}输出为“0”，非门 U_{1C}输出为“1”，此时 LED_2 绿色发光二极管导通发光。同时，非门 U_{1D} 输出“0”，使隔离二极管 VD_1 导通，导致由非门 U_{1E}、U_{1F}组成的音频振荡器停振，压电蜂鸣器 HTD 不发声。当水位在低于金属探测极片 A、B 以下时，非门 U_{1A}的输入端由“0”变为“1”，则非门 U_{1B}输出为“1”，非门 U_{1C}输出为“0”。此时，绿色发光二极管 LED_2 熄灭，红色发光二极管 LED_1 点亮，同时，由于非门 U_{1D}输出为“1”，VD_1 截止，由非门 U_{1E}、U_{1F}组成的音频振荡器起振，压电蜂鸣器 HTD 将发出报警声。

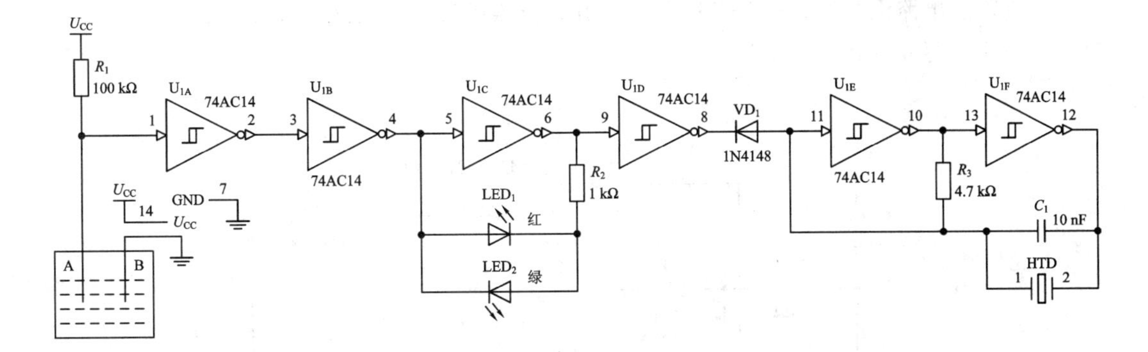

图 3-4-5　水位告知器电路图

3.4.6　电平指示器

电平指示器电路如图 3-4-6 所示。当没有信号输入时，各非门输入端均为低电平，其输出端为高电平，发光二极管 LED_1～LED_6 均不发光。当有信号输入时，各非门输入端的电平随输入信号电平大小而变化，当某一非门的输入端达到高电平时，其输出端即为低电平，与非门相对应的发光二极管便会点亮。当各非门的输入端均为高电平时，各非门的输出均为低电平，LED_1～LED_6 均发光。

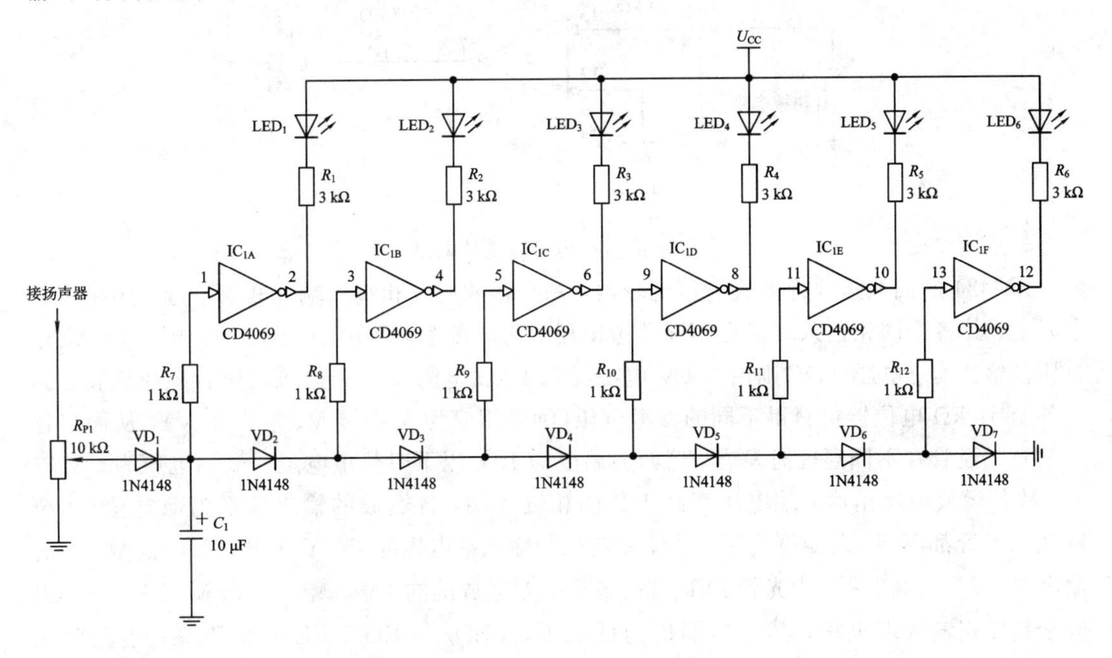

图 3-4-6　电平指示器电路

3.4.7　电子温度计

该电子温度计用发光二极管指示，故新颖别致，且易于认读，即使夜间认读也很方便。此温度计的测量范围可在很大范围内随意预置。但其缺点是只能作定点(例如 4 点或 8 点等)分段指示，而不像一般水银温度计那样连续指示。

该装置的电路图如图 3-4-7 所示，它由一个四运放集成电路 LM324、四个发光二极管以及一些阻容元件构成。

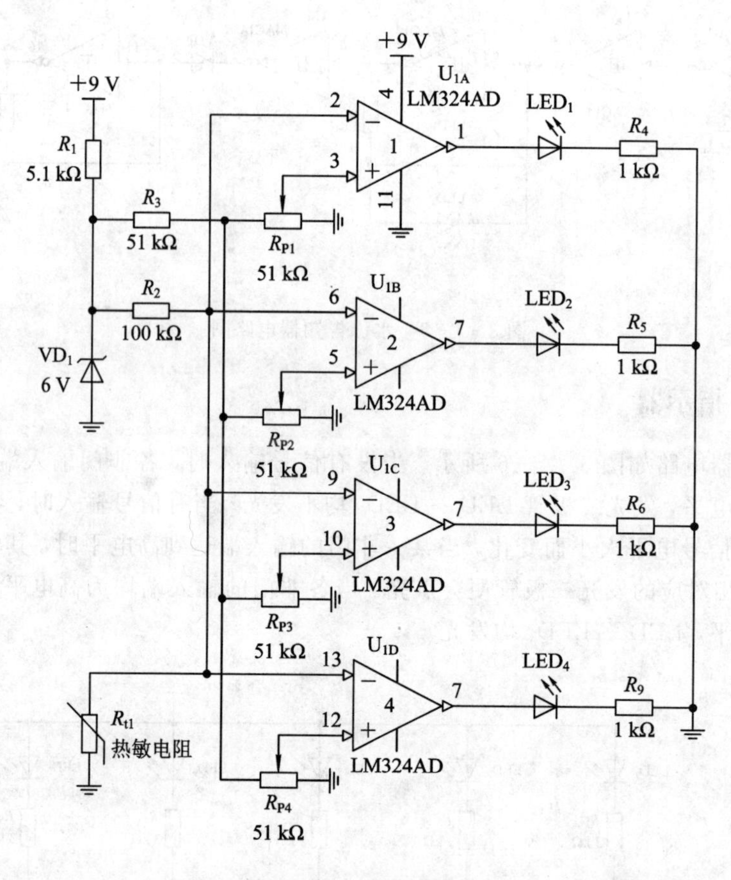

图 3-4-7　电子温度计电路

LM324 的四个运放都做成电压比较器，每个运放的反相输入端并联在一起，接在热敏电阻上；其各个同相输入端接在不同参考电压点上，参考电压由一个 51 kΩ 半可变电位器分压供给。其总电压(6 V)则由＋9 V 电源经 5.1 kΩ 电阻及 6 V 稳压二极管稳压获得。调节各个 51 kΩ 电位器可获得不同的参考电压(例如相应为 5 V、4 V、3 V、2 V)，从而使各个发光二极管在不同温度时发光。例如当温度为 10℃以下时热敏电阻两端的电压为 5 V 以上，故各运放的反相输入端电压都高于其同相输入端，各运放的输出端都为低电位，4 个发光二极管都不亮，若温度高于 10℃，则各反相输入端电压低于 5 V(高于 4 V)，运放 U_{1A} 的输出端(1 脚)为高电平，发光管 LED_1 亮。其余 3 个运放的同相输入端电压(4 V、3 V、2 V)仍低于其反相输入端电压，其输出端仍为低电平，LED_2、LED_3、LED_4 仍不亮；当温度在 15℃～20℃，热敏电阻端电压低至 4～3 V，这时运放 U_{1B} 的输出端(7 脚)也变为高电平，LED_2 亮；当温度为 20℃～25℃时 LED_3 也亮；当温度在 25℃以上时 LED_4 也亮。这样，根据四个 LED 的亮灭情况，即可知道温度的大致范围。只要改变四个半可变电位器的滑臂位置(即电阻值)，就可以改变各个 LED 的起亮温度点。例如若作为体温表用时，可以调至 36℃～37℃～38℃～39℃四点；若作为鱼缸水温监测计，可调至 10℃～15℃～20℃～25℃四点；若作为室温监测计，则可调至 0℃～10℃～20℃～30℃四点。

为了省电，可将电路中各发光二极管做成闪烁发光，即在二极管亮的时候不是一直亮，而是闪烁，这样可减少电流消耗，需增加一个晶体三极管(2N2222 或 2N3904)、一块 2 输入四与非门集成电路 CD4011，将 CD4011 的两个与非门组成多谐振荡电路，其输出端控制晶体三极管 2N2222 的基极，使其断续导通，如图 3－4－8 所示。图中，CD4011 按照画图习惯未画出其电源和地引脚，在焊接组装时需连接。其闪烁频率及导通-截止占空比取决于 R_1、R_2、C_1 及 C_2 的值。如按图 3－4－8 中所规定的值安装时，各 LED 的闪烁频率为每秒2 次。

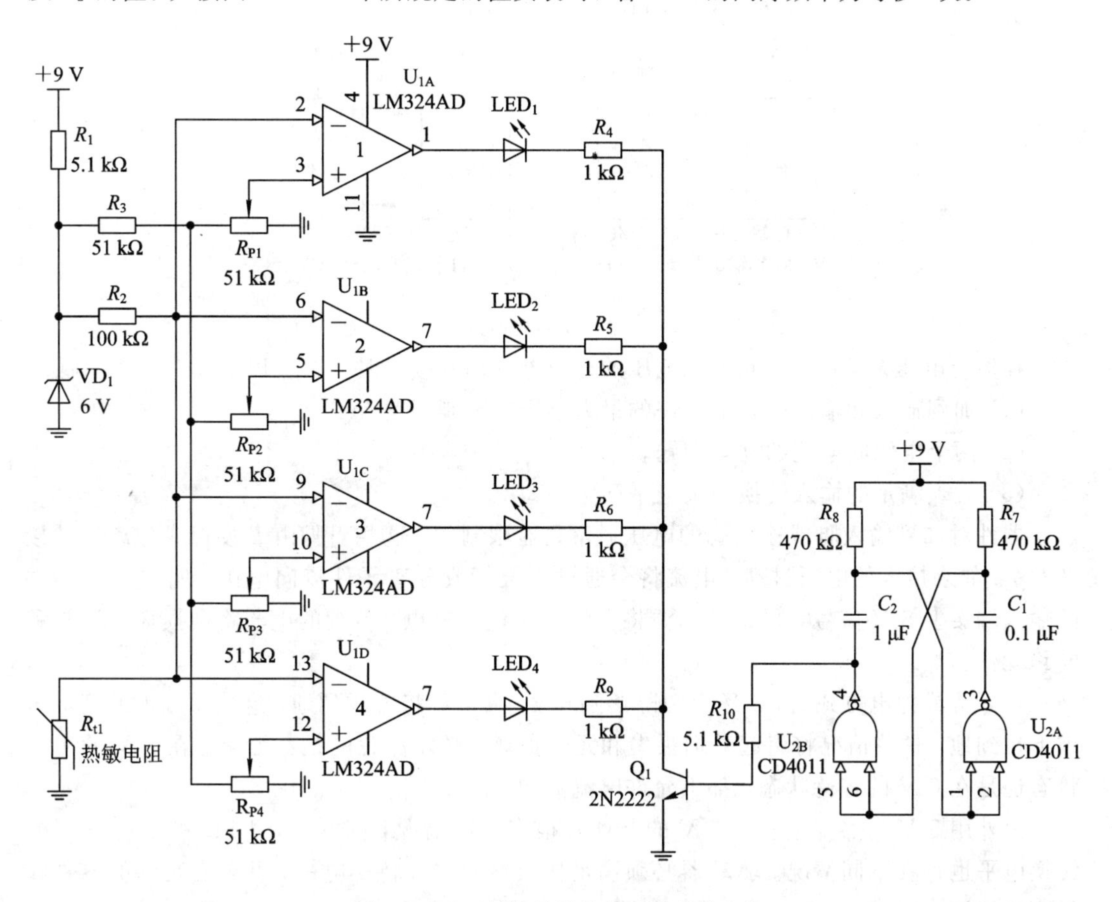

图 3－4－8　闪烁显示的电子温度计电路

3.5　逻辑接口电路

近年来，随着便携式数字电子产品如笔记本计算机、数字式移动电话、寻呼机、手持式测试仪表等的迅速发展，要求使用体积小、功耗低、电池耗电小的器件，数字系统的工作电压已经从 5 V 降至 3 V 甚至更低(例如 2.5 V 和 1.8 V 标准的引进)。但是目前仍有许多5 V 电源的逻辑器件和数字器件可用，因此在许多设计中 3 V(含 3.3 V)逻辑系统和 5 V 逻辑系统共存，而且不同的电源电压在同一电路板中混用。在电路系统中，除了电压匹配问题外，还存在元件类型不同问题，目前常见的元件主要有 TTL 和 CMOS 两种，这两种元件输入电阻不同，输出驱动能力不同。不同类型、不同电源电压逻辑器件间的接口问题会在很长一段时间内存在，如图 3－5－1 所示为几种典型接口方式。

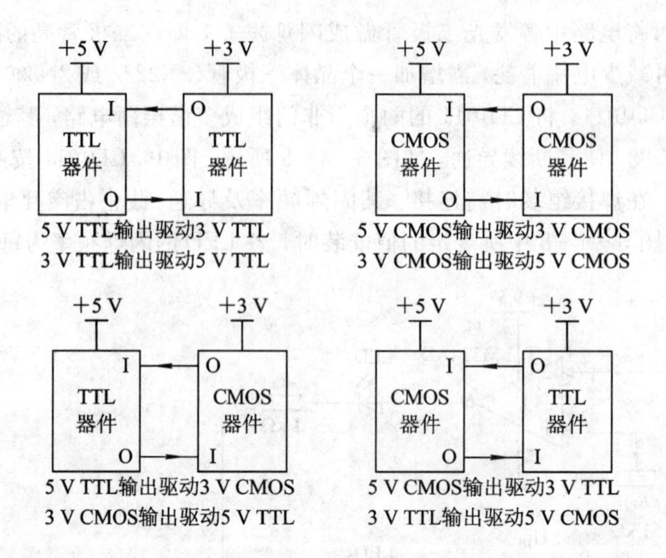

图 3-5-1 几种典型接口方式

在混合电压系统中，不同电源电压的逻辑器件相互接口时会存在以下 3 个主要问题：

(1) 加到输入和输出引脚上允许的最大电压的限制问题。

(2) 两个电源间电流的互串问题。

(3) 必须满足的输入转换门限电平问题。

器件对加到输入脚或输出脚的电压通常是有限制的。这些引脚由二极管或分离元件接到 U_{CC}。如果接入的电压过高，电流将会通过二极管或分离元件流向电源。例如 3 V 器件的输入端接上 5 V 信号，则 5 V 电源将会向 3 V 电源充电。持续的电流将会损坏二极管和电路元件。

在等待或掉电方式时，3 V 电源降落到 0 V，大电流将流通到地，这使总线上的高电压被下拉到地，这些情况将引起数据丢失和元件损坏。必须注意的是：无论是在 3 V 的工作状态还是在 0 V 的等待状态，都不允许电流流向 U_{CC}。

另外用 5 V 的器件来驱动 3 V 的器件有很多不同情况，同样地，TTL 和 CMOS 间的转换电平也存在不同情况。驱动器必须满足接收器的输入转换电平，并要有足够的容限和保证不损坏电路元件。

3.5.1 可用 5 V 容限输入的 3 V 逻辑器件

某些 3 V 的逻辑器件可以有 5 V 输入容限，它们是 LVC、LVT、ALVT、LCX、LVX、LPT 和 FCT3 等系列。但对于 3 V 的 ALVC、VCX 等系列器件则不能，它们的输入电压被限制在 $U_{CC}+0.5$ V。具有 5 V 输入容限的原因是：

(1) 在数字电路的所有输入端加一个静电放电(ESD)保护电路，即在输入端加入对地和对电源的二极管，接地的二极管对负向高电压限幅而实现保护，正向高电压则通过二极管钳位。

(2) 总线保持电路就是有一个 MOS 场效应管用作上拉或下拉器件，在输入端浮空(高阻)的情况下保持输入端处于最后有效的逻辑电平。LVC 器件总线保持电路中，制造商采取了改进措施而使其输入端具有 5 V 的容限。

(3) 普通的 biCMOS 输出电路不能接高于 U_{CC} 的电压。LVT 和 ALVT 器件的 biCMOS 在电路中增加比较器和反向偏置的肖特基二极管保护电路，使 3 V 器件具有 5 V 容限。

3.5.2　3 V、5 V 混合系统中不同电平器件接口的 4 种情况

为了保证在混合电压系统中数据交换的可靠性，必须满足输入转换电平的要求，但又不能超过输入电压的限度。如图 3－5－2 所示为各种器件电平示意图。

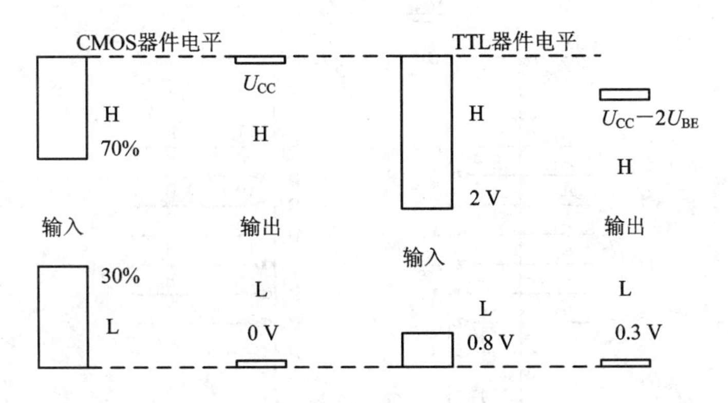

图 3－5－2　各种器件电平示意图

由图 3－5－2 可以看出，CMOS 器件，当输入电平为 $0.7\times U_{CC}$ 以上时认为高电平；当输入电平为 $0.3\times U_{CC}$ 以下时认为低电平，输出高电平接近于 U_{CC}，输出低电平接近于 GND。TTL 器件，当输入电平为 2 V 以上时认为高电平，当输入电平为 0.8 V 以下时认为低电平，输出高电平为 $U_{CC}-2U_{BE}$，约为 $U_{CC}-1.4$ V，输出低电平则低于 0.3 V。

在 3 V/5 V 混合系统的设计中，必须讨论以下 4 种信号电平的配置：

(1) 5 V TTL 输出驱动 3 V TTL 输入。通常，5 V TTL 器件可以驱动 3 V TTL 输入，因为典型双极晶体管的输出并不能达到电源电压幅度。当一个 5 V 器件的输出为高电平时，内部压降限制了输出电压。典型情况是 $U_{CC}-2U_{BE}$，即约 3.6 V。这样工作通常不会引起 5 V 电源的电流流向 3 V 电源。但是，因为驱动器结构有所不同，因此必须控制驱动器的输出，以防它超过 3.6 V。

(2) 3 V 输出驱动 5 V TTL 输入。用 3 V 器件驱动 5 V TTL 的输入端应当是没有困难的。不管是 CMOS 还是 biCMOS 器件，3 V 器件实际上能输出 3 V 摆幅的电压。对 5 V TTL 输入的高电平 2 V 门限是容易满足的。

(3) 5 V CMOS 输出驱动 3 V TTL。当用 5 V CMOS 器件来驱动 3 V TTL 输入时，必须小心选择。要选用的 3 V 接收器件应具有 5 V 的容限。

(4) 3 V 输出驱动 5 V CMOS 输入。要注意对 5 V CMOS 器件的输入来说情况却大不一样。应该记住 3 V 输出是不能可靠地驱动 5 V CMOS 输入的。在最坏的情况下，当 $U_{CC}=5.5$ V 时所要求的 U_i 至少是 3.85 V，而 3 V 器件是不能达到的。

3.5.3　两种电平转换

对于不同电平间的转换通常有三种方法。

1. 双电源电平移位器 74LVC4245

74LVC4245 是一种双电源的电平移位器，如图 3-5-3 所示。VCCA 引脚接 5 V，VCCB 引脚接 3.3 V，当 DIR 引脚为高电平时，$A_1 \sim A_8$ 引脚作为输入引脚，$B_1 \sim B_8$ 引脚作为输出引脚，将 $A_1 \sim A_8$ 的逻辑输出到 $B_1 \sim B_8$，则实现将 A 端的 5 V 信号转换为 B 端的 3.3 V 信号。当 DIR 引脚为低电平时，$B_1 \sim B_8$ 引脚作为输入引脚，$A_1 \sim A_8$ 引脚作为输出引脚，将 $B_1 \sim B_8$ 的逻辑输出到 $A_1 \sim A_8$，则实现将 B 端的 3.3 V 信号转换为 A 端的 5 V 信号。

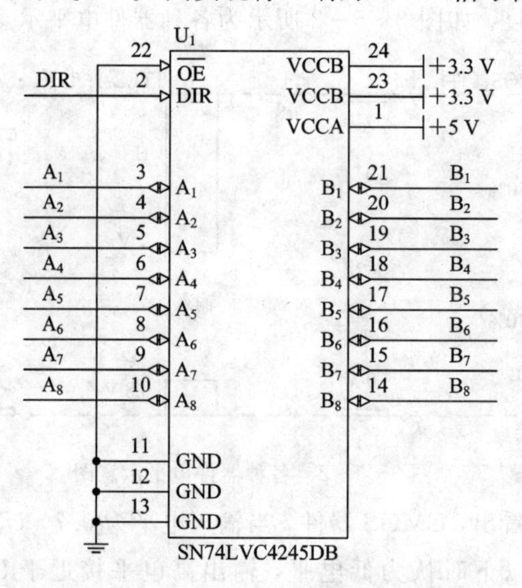

图 3-5-3　74LVC4245 电平转换电路

2. 开漏极或开集电极器件

比较简单的一种电平移位器件是 74LVC07。它使用一个漏极开路缓冲器去驱动 5 V CMOS 器件的输入，如图 3-5-4 所示。它的输出端由一个上拉电阻 R 接到 5 V 电源。

3. 外接三极管

与开漏极或开集电极器件类似，在输出端增加一个三极管，将三极管的集电极接上拉电阻 R 到 U_{CC} 电源。如图 3-5-5 所示。

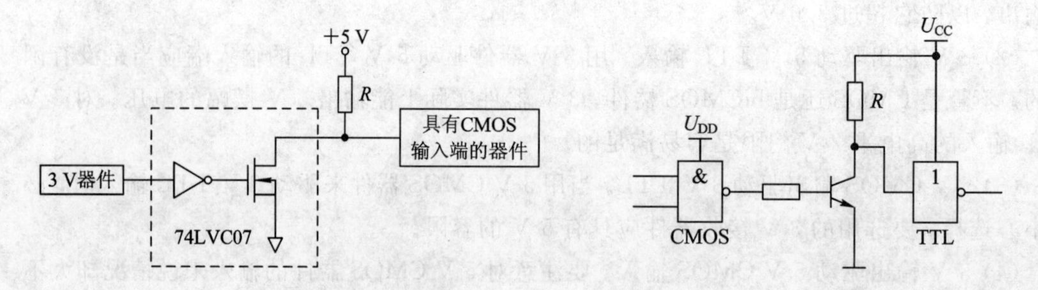

图 3-5-4　74LVC07 电平转换电路

图 3-5-5　外接三极管的电平转换电路

3.6　常见数字逻辑器件

为了便于读者选择使用 74 系列和 4000 系列元器件，笔者将该系列中常见的元器件的名称和功能列出。

74系列：常见的有74HC、74S、74LS、74AC、74ACT、74LV等子系列，部分子系列中可能没有对应器件。

7400 2输入端四与非门
7401 集电极开路2输入端四与非门
7402 2输入端四或非门
7403 集电极开路2输入端四与非门
7404 六反相器
7405 集电极开路六反相器
7406 集电极开路六反相高压驱动器
7407 集电极开路六正相高压驱动器
7408 2输入端四与门
7409 集电极开路2输入端四与门
7410 3输入端3与非门
7411 3输入端3与门
7412 开路输出3输入端三与非门
7413 4输入端双与非施密特触发器
7414 六反相施密特触发器
7415 开路输出3输入端三与门
7416 开路输出六反相缓冲/驱动器
7417 开路输出六同相缓冲/驱动器
7420 4输入端双与非门
7421 4输入端双与门
7422 开路输出4输入端双与非门
7426 2输入端高压接口四与非门
7427 3输入端三或非门
7428 2输入端四或非门缓冲器
7430 8输入端与非门
7432 2输入端四或门
7433 开路输出2输入端四或非缓冲器
7437 开路输出2输入端四与非缓冲器
7438 开路输出2输入端四与非缓冲器
7439 开路输出2输入端四与非缓冲器
7440 4输入端双与非缓冲器
7442 BCD十进制代码转换器
7445 BCD十进制代码转换/驱动器
7446 BCD7段低有效译码/驱动器
7447 BCD7段高有效译码/驱动器
7448 BCD7段译码器/内部上拉输出驱动
7450 2-3/2-2输入端双与或非门
7451 2-3/2-2输入端双与或非门
7454 四路输入与或非门
7455 4输入端二路输入与或非门
7473 带清除负触发双J-K触发器
7474 带置位复位正触发双D触发器
7476 带预置清除双J-K触发器
7483 四位二进制快速进位全加器
7485 四位数字比较器
7486 2输入端四异或门
7490 可二/五分频十进制计数器
7493 可二/八分频二进制计数器
7495 四位并行输入/输出移位寄存器
7497 6位同步二进制乘法器
74107 带清除主从双J-K触发器
74109 带预置清除正触发双J-K触发器
74112 带预置清除负触发双J-K触发器
74121 单稳态多谐振荡器
74122 可再触发单稳态多谐振荡器
74123 双可再触发单稳态多谐振荡器
74125 三态输出高有效四总线缓冲门
74126 三态输出低有效四总线缓冲门
74132 2输入端四与非施密特触发器
74133 13输入端与非门
74136 四异或门
74138 3-8线译码器/复工器
74139 双2-4线译码器/复工器
74145 BCD十进制译码/驱动器
74150 16选1数据选择/多路开关
74151 8选1数据选择器
74153 双4选1数据选择器
74154 4线16线译码器
74155 图腾柱输出译码器/分配器
74156 开路输出译码器/分配器
74157 同相输出四2选1数据选择器
74158 反相输出四2选1数据选择器
74160 可预置BCD异步清除计数器
74161 可预置四位二进制异步清除计数器
74162 可预置BCD同步清除计数器
74163 可预置四位二进制同步清除计数器
74164 八位串行入/并行输出移位寄存器
74165 八位并行入/串行输出移位寄存器

74166 八位并入/串出移位寄存器
74169 二进制四位加/减同步计数器
74170 开路输出 44 寄存器堆
74173 三态输出四位 D 型寄存器
74174 带公共时钟和复位六 D 触发器
74175 带公共时钟和复位四 D 触发器
74180 9 位奇数/偶数发生器/校验器
74181 算术逻辑单元/函数发生器
74185 二进制 BCD 代码转换器
74190 BCD 同步加/减计数器
74191 二进制同步可逆计数器
74192 可预置 BCD 双时钟可逆计数器
74193 可预置四位二进制双时钟可逆计数器
74194 四位双向通用移位寄存器
74195 四位并行通道移位寄存器
74196 十进制/二-十进制可预置计数锁存器
74197 二进制可预置锁存器/计数器
74221 双/单稳态多谐振荡器
74240 八反相三态缓冲器/线驱动器
74241 八同相三态缓冲器/线驱动器
74243 四同相三态总线收发器
74244 八同相三态缓冲器/线驱动器
74245 八同相三态总线收发器
74247 BCD7 段 15V 输出译码/驱动器
74248 BCD7 段译码/升压输出驱动器
74249 BCD7 段译码/开路输出驱动器
74251 三态输出 8 选 1 数据选择器/复工器
74253 三态输出双 4 选 1 数据选择器/复工器
74256 双四位可寻址锁存器
74257 三态原码四 2 选 1 数据选择器/复工器
74258 三态反码四 2 选 1 数据选择器/复工器
74259 八位可寻址锁存器/3－8 线译码器
74260 5 输入端双或非门
74266 2 输入端四异或非门
74273 带公共时钟复位八 D 触发器
74279 四图腾柱输出 S－R 锁存器
74283 4 位二进制全加器
74290 二/五分频十进制计数器
74293 二/八分频四位二进制计数器
74295 四位双向通用移位寄存器
74298 四 2 输入多路带存储开关
74299 三态输出八位通用移位寄存器
74322 带符号扩展端八位移位寄存器
74323 三态输出八位双向移位/存储寄存器
74347 BCD7 段译码器/驱动器
74352 双 4 选 1 数据选择器/复工器
74353 三态输出双 4 选 1 数据选择器/复工器
74365 门使能输入三态输出六同相线驱动器
74365 门使能输入三态输出六同相线驱动器
74366 门使能输入三态输出六反相线驱动器
74367 4/2 线使能输入三态六同相线驱动器
74368 4/2 线使能输入三态六反相线驱动器
74373 三态同相八 D 锁存器
74374 三态反相八 D 锁存器
74375 4 位双稳态锁存器
74377 单边输出公共使能八 D 锁存器
74378 单边输出公共使能六 D 锁存器
74379 双边输出公共使能四 D 锁存器
74380 多功能八进制寄存器
74390 双十进制计数器
74393 双四位二进制计数器
74447 BCD7 段译码器/驱动器
74450 16：1 多路转接复用器多工器
74451 双 8：1 多路转接复用器多工器
74453 四 4：1 多路转接复用器多工器
74460 十位比较器
74461 八进制计数器
74465 三态同相 2 与使能端八总线缓冲器
74466 三态反相 2 与使能八总线缓冲器
74467 三态同相 2 使能端八总线缓冲器
74468 三态反相 2 使能端八总线缓冲器
74469 八位双向计数器
74490 双十进制计数器
74491 十位计数器
74498 八进制移位寄存器
74502 八位逐次逼近寄存器
74503 八位逐次逼近寄存器
74533 三态反相八 D 锁存器
74534 三态反相八 D 锁存器
74540 八位三态反相输出总线缓冲器
74563 八位三态反相输出触发器
74564 八位三态反相输出 D 触发器
74573 八位三态输出触发器
74574 八位三态输出 D 触发器
74645 三态输出八同相总线传送接收器
74670 三态输出 44 寄存器堆

CD4000 系列：部分 CD4000 系列的元件功能与 74 系列相同，但是 4000 系列元器件与 74 系列元器件相比具有较大的工作电压范围，可用于抗干扰要求相对高的场合。

CD4000 双 3 输入端或非门＋单非门
CD4001 四 2 输入端或非门
CD4002 双 4 输入端或非门
CD4006 18 位串入/串出移位寄存器
CD4007 双互补对加反相器
CD4008 4 位超前进位全加器
CD4009 六反相缓冲/变换器
CD4010 六同相缓冲/变换器
CD4011 四 2 输入端与非门
CD4012 双 4 输入端与非门
CD4013 双主-从 D 型触发器
CD4014 8 位串入/并入-串出移位寄存器
CD4015 双 4 位串入/并出移位寄存器
CD4016 四传输门
CD4017 十进制计数/分配器
CD4018 可预制 1/N 计数器
CD4019 四与或选择器
CD4020 14 级串行二进制计数/分频器
CD4021 08 位串入/并入-串出移位寄存器
CD4022 八进制计数/分配器
CD4023 三 3 输入端与非门
CD4024 7 级二进制串行计数/分频器
CD4025 三 3 输入端或非门
CD4026 十进制计数/7 段译码器
CD4027 双 J－K 触发器
CD4028 BCD 码十进制译码器
CD4029 可预置可逆计数器
CD4030 四异或门
CD4031 64 位串入/串出移位存储器
CD4032 三串行加法器
CD4033 十进制计数/7 段译码器
CD4034 8 位通用总线寄存器
CD4035 4 位并入/串入-并出/串出移位寄存器
CD4038 三串行加法器
CD4040 12 级二进制串行计数/分频器
CD4041 四同相/反相缓冲器
CD4042 四锁存 D 型触发器
CD4043 4 三态 R－S 锁存触发器("1"触发)
CD4044 四三态 R－S 锁存触发器("0"触发)
CD4046 锁相环
CD4047 无稳态/单稳态多谐振荡器
CD4048 4 输入端可扩展多功能门
CD4049 六反相缓冲/变换器
CD4050 六同相缓冲/变换器
CD4051 八选一模拟开关
CD4052 双 4 选 1 模拟开关
CD4053 三组二路模拟开关
CD4054 液晶显示驱动器
CD4055 BCD－7 段译码/液晶驱动器
CD4056 液晶显示驱动器
CD4059 N 分频计数器
CD4060 14 级二进制串行计数/分频器
CD4063 四位数字比较器
CD4066 四传输门
CD4067 16 选 1 模拟开关
CD4068 八输入端与非门/与门
CD4069 六反相器
CD4070 四异或门
CD4071 四 2 输入端或门
CD4072 双 4 输入端或门
CD4073 三 3 输入端与门
CD4075 三 3 输入端或门
CD4076 四 D 寄存器
CD4077 四 2 输入端异或非门
CD4078 8 输入端或非门/或门
CD4081 四 2 输入端与门
CD4082 双 4 输入端与门
CD4085 双 2 路 2 输入端与或非门
CD4086 四 2 输入端可扩展与或非门
CD4089 二进制比例乘法器
CD4093 四 2 输入端施密特触发器
CD4094 8 位移位存储总线寄存器
CD4095 3 输入端 J－K 触发器
CD4096 3 输入端 J－K 触发器
CD4097 双路八选一模拟开关
CD4098 双单稳态触发器
CD4099 8 位可寻址锁存器
CD40100 32 位左/右移位寄存器
CD40101 9 位奇偶较验器
CD40102 8 位可预置同步 BCD 减法计数器
CD40103 8 位可预置同步二进制减法计数器

CD40104 4位双向移位寄存器
CD40105 先入先出 FI-FD 寄存器
CD40106 六施密特触发器
CD40107 双2输入端与非缓冲/驱动器
CD40108 4字×4位多通道寄存器
CD40109 四低-高电平位移器
CD40110 十进制加/减计数，锁存，译码驱动
CD40147 10-4线编码器
CD40160 可预置BCD加计数器
CD40161 可预置4位二进制加计数器
CD40162 BCD加法计数器
CD40163 4位二进制同步计数器
CD40174 六锁存D型触发器
CD40175 四D型触发器
CD40181 4位算术逻辑单元/函数发生器
CD40182 超前位发生器
CD40192 可预置BCD加/减计数器(双时钟)
CD40193 可预置4位二进制加/减计数器
CD40194 4位并入/串入-并出/串出移位寄存
CD40195 4位并入/串入-并出/串出移位寄存
CD40208 44多端口寄存器
CD4501 4输入端双与门及2输入端或非门
CD4502 可选通三态输出六反相/缓冲器
CD4503 六同相三态缓冲器
CD4504 六电压转换器
CD4506 双二组2输入可扩展或非门
CD4508 双4位锁存D型触发器
CD4510 可预置BCD码加/减计数器
CD4511 BCD锁存，7段译码，驱动器
CD4512 八路数据选择器
CD4513 BCD锁存，7段译码，驱动器(消隐)
CD4514 4位锁存，4线-16线译码器
CD4515 4位锁存，4线-16线译码器
CD4516 可预置4位二进制加/减计数器
CD4517 双64位静态移位寄存器
CD4518 双BCD同步加计数器
CD4519 四位与或选择器
CD4520 双4位二进制同步加计数器
CD4521 24级分频器
CD4522 可预置BCD同步1/N计数器
CD4526 可预置4位二进制同步1/N计数器
CD4527 BCD比例乘法器
CD4528 双单稳态触发器
CD4529 双四路/单八路模拟开关
CD4530 双5输入端优势逻辑门
CD4531 12位奇偶校验器
CD4532 8位优先编码器
CD4536 可编程定时器
CD4538 精密双单稳
CD4539 双四路数据选择器
CD4541 可编程序振荡/计时器
CD4543 BCD七段锁存译码，驱动器
CD4544 BCD七段锁存译码，驱动器
CD4547 BCD七段译码/大电流驱动器
CD4549 函数近似寄存器
CD4551 四2通道模拟开关
CD4553 三位BCD计数器
CD4555 双二进制四选一译码器/分离器
CD4556 双二进制四选一译码器/分离器
CD4558 BCD八段译码器
CD4560 "N"BCD加法器
CD4561 "9"求补器
CD4573 四可编程运算放大器
CD4574 四可编程电压比较器
CD4575 双可编程运放/比较器
CD4583 双施密特触发器
CD4584 六施密特触发器
CD4585 4位数值比较器
CD4599 8位可寻址锁存器

第4章 传 感 电 路

传感电路在电子设计中占有非常重要的地位，大部分电路都需要采集外部信号，如温度、压力、湿度、转速、位移、距离等，这就需要使用传感器，需要驱动传感器和对传感器采集信号进行处理的电路。

4.1 光电探测传感器

光电探测最典型的应用产品就是鼠标，如图 4-1-1 所示。鼠标上一般有两处用到光电探测，一处为鼠标上滚轮滚动的检测，另一处为鼠标移动位移的检测。对于鼠标的具体电路图，读者可根据第 1 章的讲解，按照鼠标的实物电路板画出（读者的鼠标电路板可能与此处给的不同，请按照自己的鼠标电路板画电路图），另外，对于其内部程序的编写，可参考相关书籍。此处给出两种鼠标电路板，通过这两种电路板设计风格可以看出，使用不同的检测方法同样可以实现需要的功能。即使设计思路各不相同，只要设计出的电路满足功能需要，达到最优性价比即可。

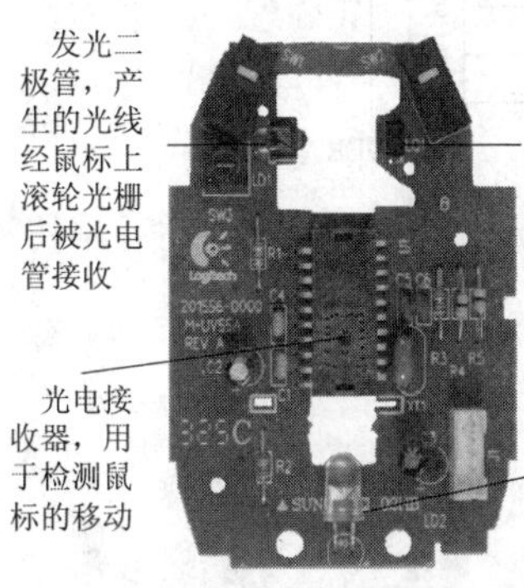

(a) 采用光电传感器检测滚轮转动的鼠标电路板

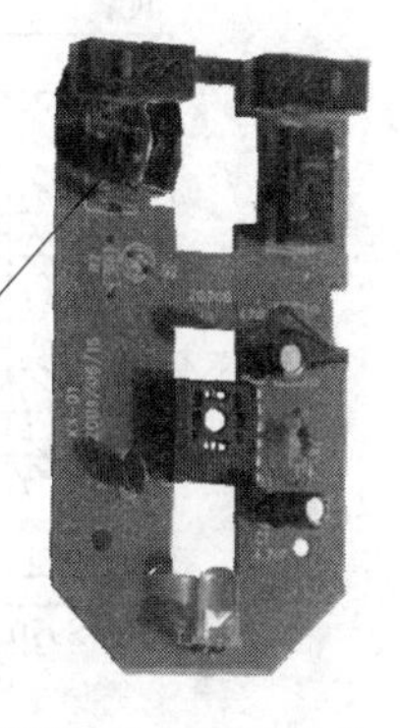

(b) 采用旋钮检测滚轮转动的鼠标电路板

图 4-1-1 鼠标电路板

4.1.1 电机编码器

光电探测常用于检测角度，经计算可得到角速度、转速，图 4-1-2 给出了常见伺服电机的编码器电路板，该电路板安装于电机末端，光栅与电机固定，随电机运转。编码器则检测光栅的栅格和运转方向，算出电机的速度。霍尔用于检测电机磁钢极性，配合编码器还可以计算出电机机械角度、电角度。

图 4-1-3 给出了编码器电路图，由图可以看出，IC_2、IC_3、IC_4 为霍尔元件，用于检测电机磁钢极性，IC_5 为光栅编码器，其输出波形如图 4-1-4 中的 A、B 信号所示。

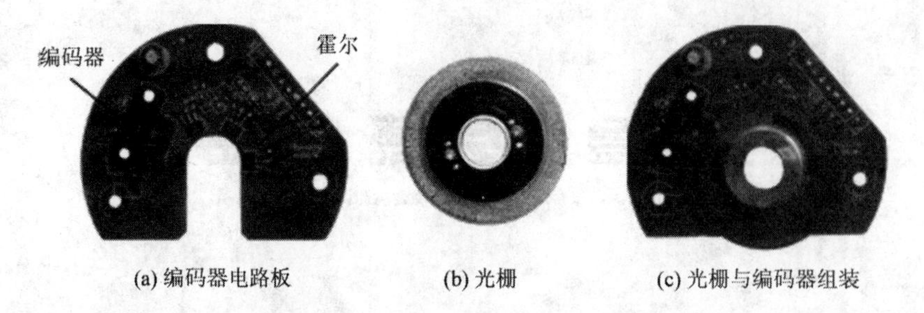

(a) 编码器电路板　　(b) 光栅　　(c) 光栅与编码器组装

图 4-1-2　光栅检测实物图

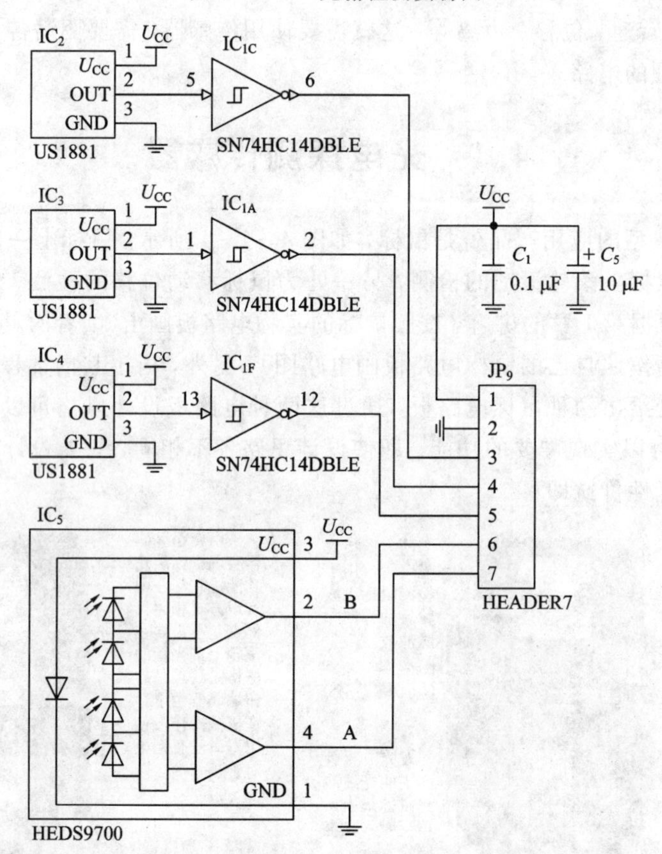

图 4-1-3　光栅检测电路图

图 4-1-4 中的 A、B 信号为正交编码信号，需要经过正交编码器后输出 4 倍频的脉冲信号，故其角度分辨率是 A、B 信号的 4 倍，如果光栅一圈光刻 360 个格，则分辨率可达 0.25°。一般在控制类型的 DSP 中都有专用正交编码模块(如 TI 公司的 TMS320F2812)，用于对 A、B 信号的处理。如果没有正交编码模块则需要设计人员使用程序处理，来分别对 A、B 信号的上升沿和下降沿触发检测，这种程序对控制芯片的性能要求较高。一般采用方向判别专用集成电路检测芯片，如图 4-1-5 所示。

图 4-1-5 为一款用于正交脉冲处理的芯片 ST288A，它具有内部整形电路及数字滤波功能，可去除抖动误差；具有正方向脉冲、反方向脉冲、方向指示、双向脉冲输出功能；其工作电源电压为 5 V，具有集成度高、功耗小(静态电流约为 1 mA)、抗干扰能力强等特点，外围只需加少许接口器件。

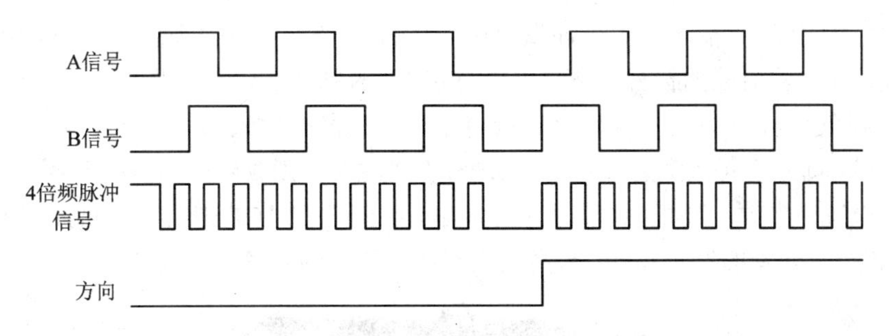

图 4-1-4 光栅编码器输出波形

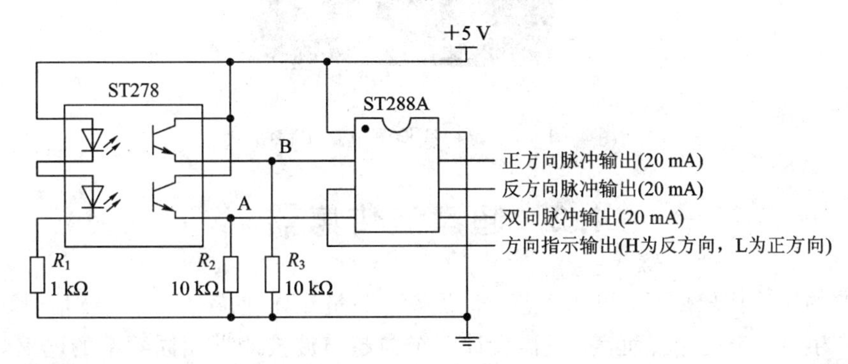

图 4-1-5 方向判别专用集成电路

4.1.2 黑白线检测

光电探测除了可以用于检测角度，经计算可得到角速度、位移外，还可以用于检测物体的有无。图 4-1-6 给出了一个常用的光电探测电路，该电路用于探测黑白线(黑色吸收光线，无光线返回，相当于无物体；白色吸收光线较少，能将大部分光线发射回，相当于有物体)。

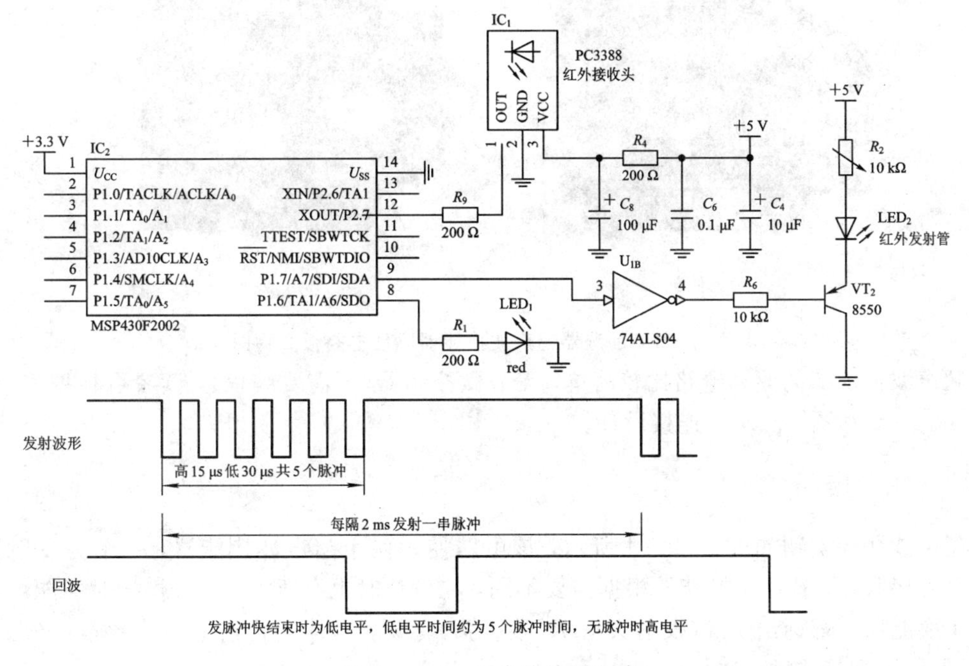

图 4-1-6 黑白线检测电路

图 4-1-6 中，P1.7 端口为脉冲发射端，每隔 2 ms 发射一组脉冲串，脉冲串中包含 5 个约38 kHz(红外发射管的标称频率，可以有偏差)的脉冲。如果有物体反光，则在 5 个脉冲结束时会在红外接收头接收端口收到低电平信号。根据反光的强弱，收到脉冲的几率不等，反光越强，则几乎每次都能收到回波信号；反光越弱，则收到的回波次数越少。读者在编写程序时可设置一参数，如每发射 100 个脉冲串，收到 70 个回波则认为有物体。通过可调电阻 R_2 可以调节发光管的发光强度，提高接收到回波脉冲的几率。实物如图 4-1-7 所示。

图 4-1-7　黑白线检测电路实物图

4.2　超声波传感器

超声波的用途比较广泛，可用于清洗、测距、测量流体速度等，超声波信号可由超声波换能器产生。对于使用者而言，只需设计一个与超声波换能器相同频率的电路，用该电路驱动超声波换能器，再配合一定的处理电路，就可以实现各种需要的功能。

4.2.1　加湿器雾化电路

加湿器是日常生活中较常见的设备，它就是利用超声波换能器产生高频振动，使水产生振动，变成雾化颗粒。其电路板实物如图 4-2-1 所示。

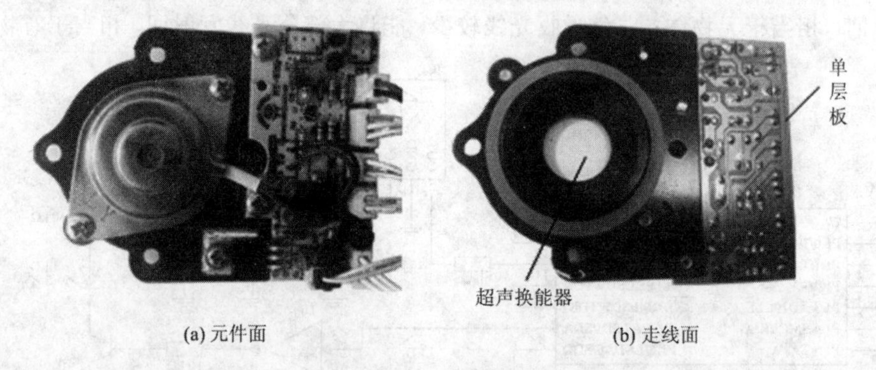

(a) 元件面　　(b) 走线面

图 4-2-1　加湿器超声波换能器驱动电路板实物图

超声波换能器的驱动电路比较简单，无需微控制器(不需要编程)，读者可根据需要按照图 4-2-2 和图 4-2-3 连接设计。

4.2.2　测距电路

超声波测距实物如图 4-2-4 所示，该电路使用两个超声波换能器，一个为发射器、另一个为接收器。这两个换能器根据需要不同，在设计时也有所差异，故焊接时不能焊错。在每个换能器上都标出了 T(发射头)、R(接收头)标识，具体实物请参考笔者本系列书籍的《元器件识别与选用》一书。

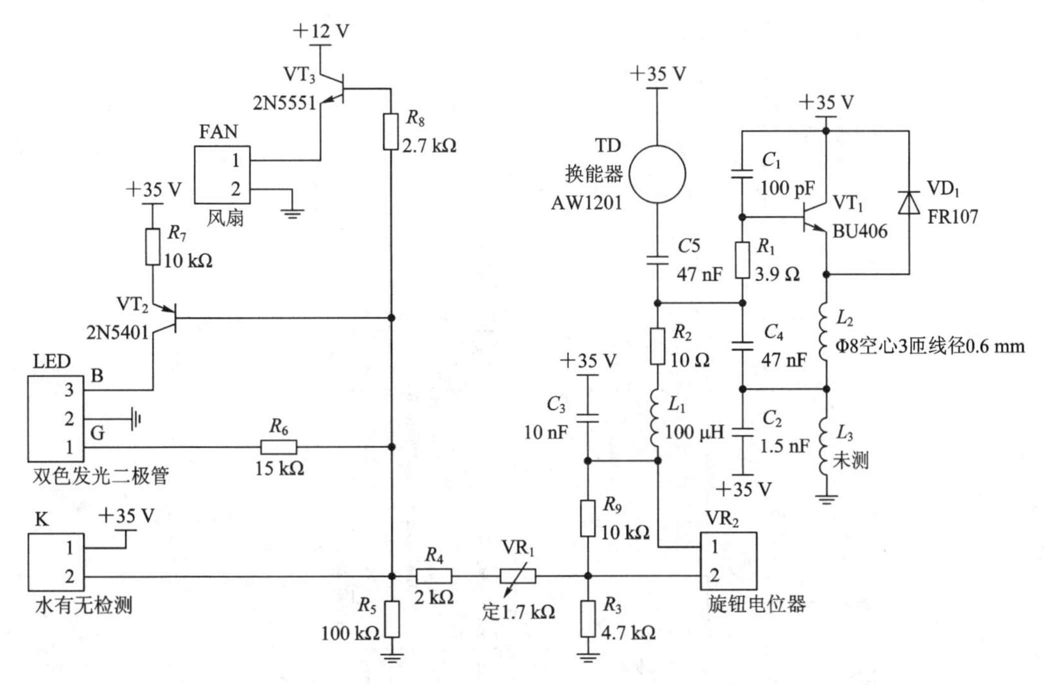

图 4-2-2　超声波换能器的驱动电路

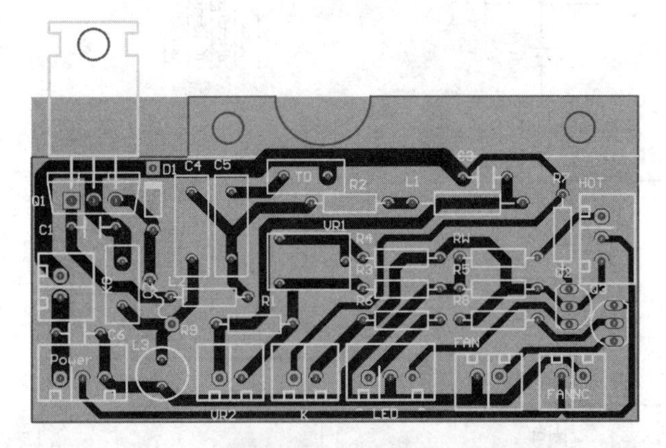

图 4-2-3　超声波换能器的驱动电路板图

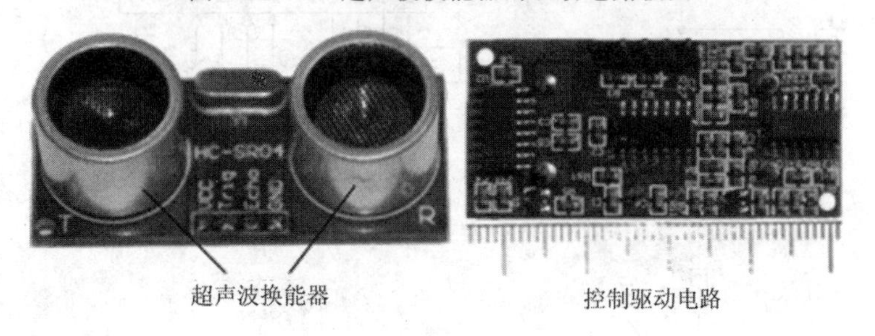

图 4-2-4　超声波测距实物图

如图 4-2-5 所示为超声波测距电路，该电路中为了提高超声波换能器的发射功率，不直接用 MCU 产生的驱动信号驱动换能器，而是将该信号送给 MAX232。MAX232 是一款 RS-232 通信元件，在此不用作通信，而是利用 MAX232 在通信时将信号转换为正负电

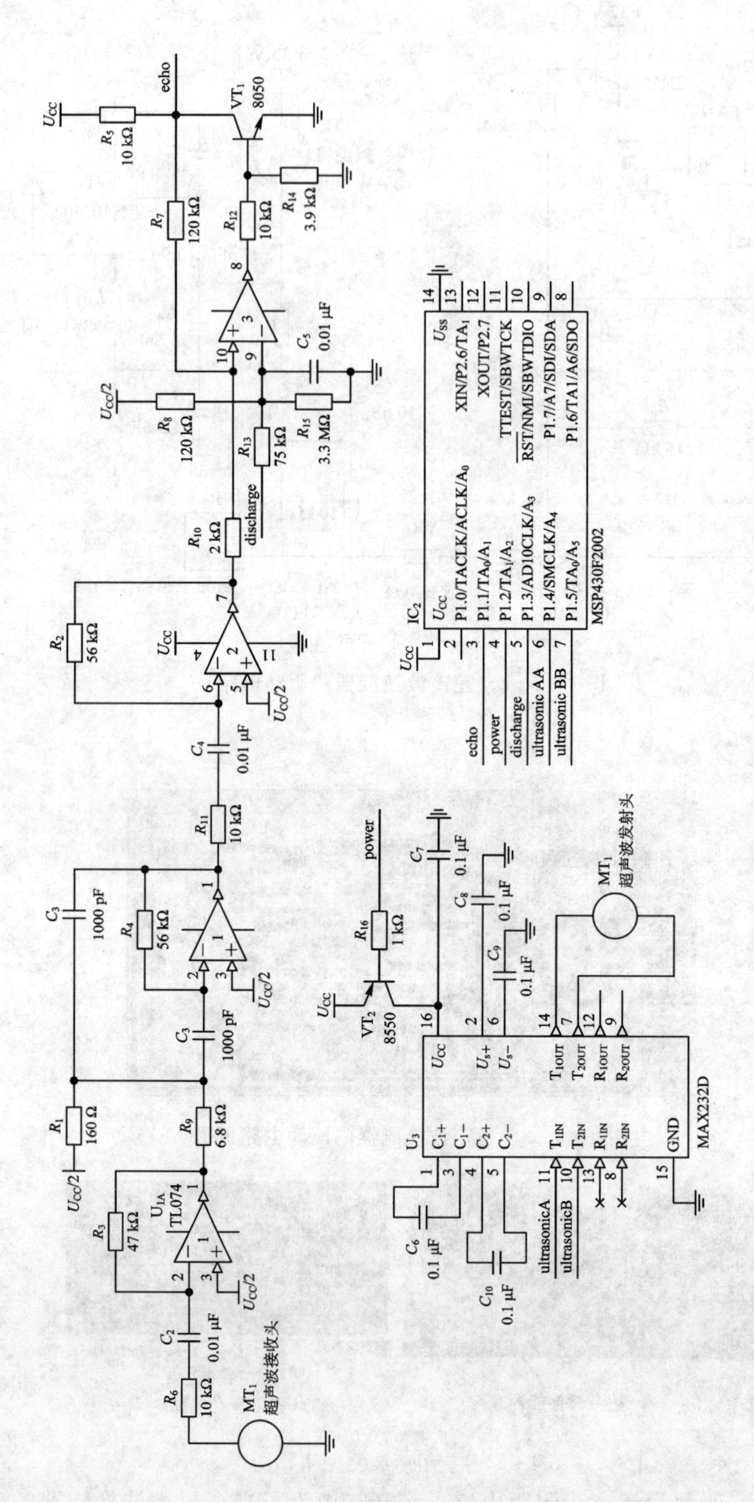

图4-2-5 超声波测距电路

平的特性，将驱动信号变换为正负电压，来增大驱动信号发射幅度。接收换能器接收到回波信号后经 TL074 组成的带通滤波放大电路，将回波信号提取输出。MCU 根据发送与接收回波的时间差计算出距离。

该电路需要使用 MCU 控制，故需要编写程序，该程序比较简单，所需驱动波形如图 4-2-6 所示。在需要发送超声波时，打开 power，给 MAX232 供电，在 ultrasonic 的两个端口加上互补电平信号，其频率为超声波工作频率，共发射 8 个脉冲，在发射时打开 discharge 端口，屏蔽 echo 端口上多余的回波信号，发送完毕后，关闭 power 和 discharge 端口，等待 echo 端口的回波信号，如长时间收不到回波则表示前方无物体，无法测量距离。

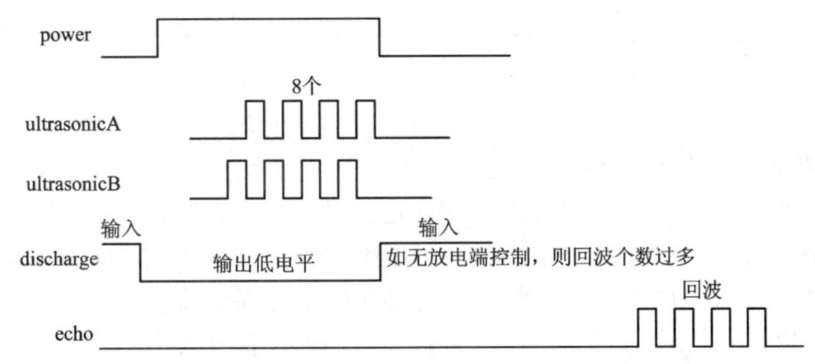

图 4-2-6 超声波测距电路中各信号关系

4.2.3 流量测量电路

超声波流量测量，是利用超声波顺水流传输和逆水流传输的时间不一致，得到水流的速度，从而计算出水的流量，这就是超声波流量计的基本工作原理。在该设计中最大的难点就是测量时间差，且时间差分辨率要高。图 4-2-7 是笔者设计的一款户用超声波热能表的管路安装配件。

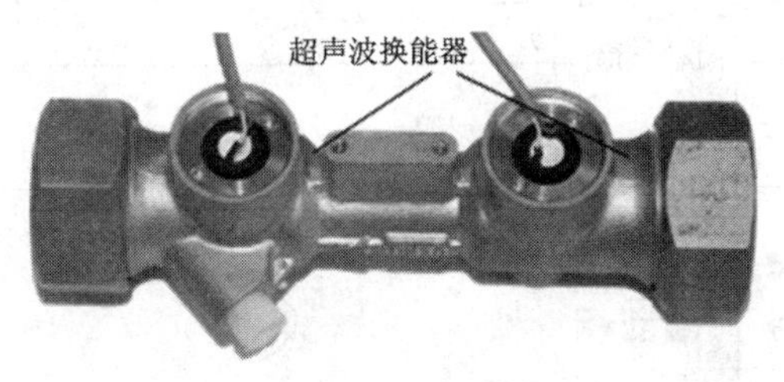

图 4-2-7 流量测量的管路安装配件实物

图 4-2-8 给出了超声波流量测量框图，系统主要分为电源、按键显示、通信接口、微时间测量、单片机主控、信号检测和温度检测电路七部分。本系统中通过开关切换，使超声波换能器工作在发射和接收信号状态。发射信号由 CPLD 产生，并通过超声波脉冲激励电路驱动该信号到一超声波换能器；另一超声波换能器接收回波信号，回波信号经放大电路放大后接入滤波处理电路，去除噪声信号，将滤波后的信号接入触发处理电路，产生过零触发信号，触发 CPLD 内部的微时间测量电路进行时间测量。单片机主控电路处理来自按键的输入信号，并输出显示到显示器；单片机还负责接收 CPLD 测量出的微时间信号，并计算出流速、流量、信号强度等信息。温度采集电路将采集到的温度信号送入单片机，并由单片机算出热量值。通信电路完成信号与其他从机或主机的通信任务，并兼容各种常

用通信协议。电源电路主要完成对各模块的供电任务，产生各种需要电压。

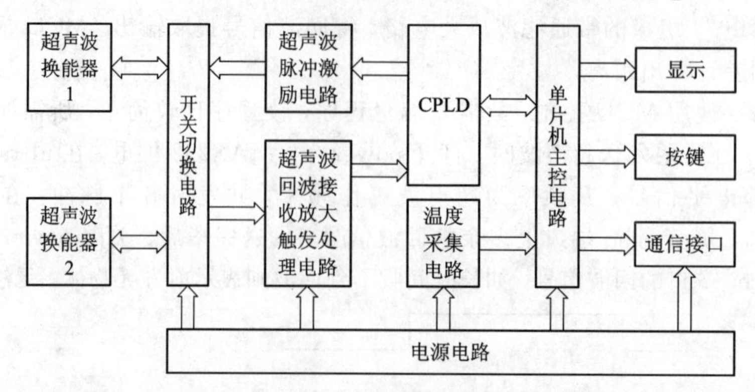

图 4-2-8　系统结构示意图

超声波流量测量电路比较复杂，笔者不给出完整电路，只给出换能器驱动与回波接收处理电路，如图 4-2-9 所示。该电路与测距电路类似，只是测距电路的换能器一个专用发射，另一个专用接收；而超声波流量测量电路需要换能器既能发射信号又能接收信号，故在换能器引脚端需要加入信号切换电路。在接收到回波后，需要对回波进行自动增益控制放大信号，以保证无论回波的强弱，最终放大后的回波信号大小一致，保证时间差测量的准确性。

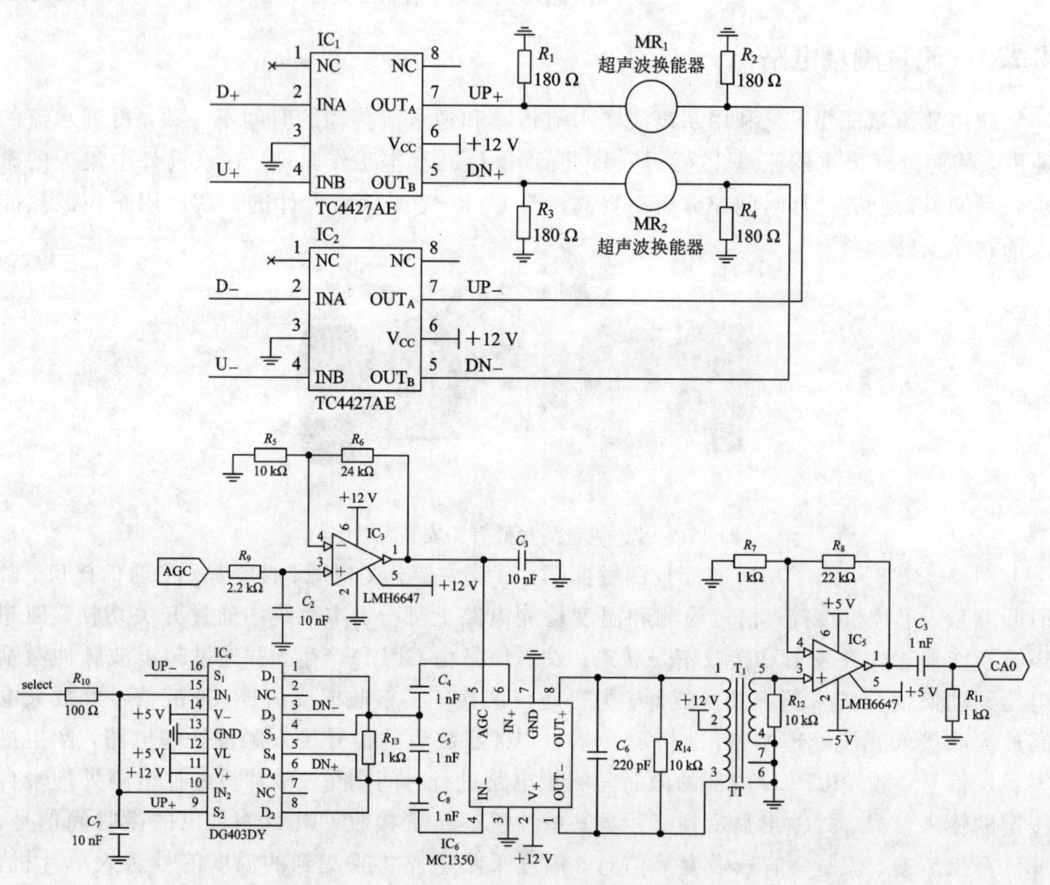

图 4-2-9　超声波流量测量的信号发射与接收电路

4.3　温度、湿度传感器

4.3.1　温度测量电路

温度测量电路必须使用温度传感器，常见的温度传感器有热电偶、金属铂(Pt)电阻、集成温度传感器等，如图 4-3-1 所示为电阻式温度传感器测量电路，图中 REF200 为恒流源芯片，该芯片内含有两个 100 μA 的恒流源和一个镜像电流源。恒流流过电阻式温度传感器得到电压信号，送入 AD 转换器后经单片机处理即可得到温度值。

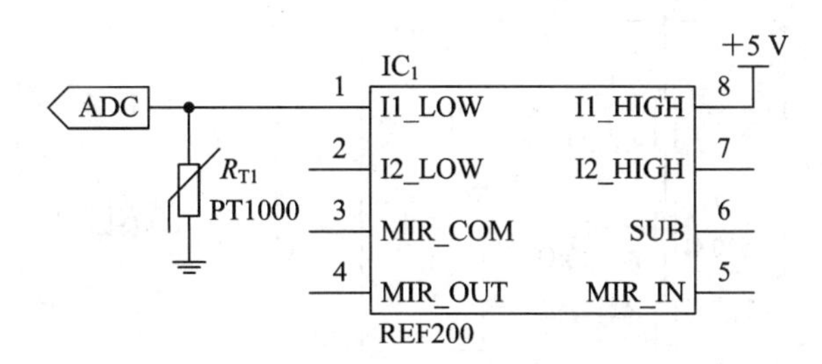

图 4-3-1　电阻式温度传感器测量电路

除了使用集成式恒流源外，还可使用运放组成的恒流源，其测量电路如图 4-3-2 所示。

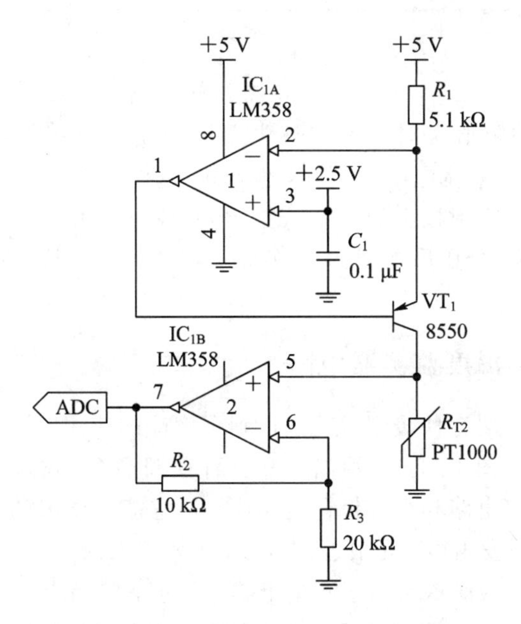

图 4-3-2　运放组成的恒流源电路

图中的电流为：

$$I=\frac{5\ \text{V}-2.5\ \text{V}}{R_1} \tag{4.3.1}$$

由式(4.3.1)可以看出，+5 V、+2.5 V、R_1 决定了恒流源 I 的精度，通过调节 R_1 阻值的大小即可调整恒流源的电流。同样，恒流源电流流过电阻式温度传感器得到电压信号，经运放放大后，送入 AD 转换器后经单片机处理即可得到温度值。

4.3.2 湿度测量电路

如图 4-3-3 所示是由 LM358 运算放大器构成的湿度测量电路，可用于室内湿度的测量。该电路主要由 3 部分组成，即湿度检测电路、湿度信号放大电路及高精度稳压电源电路。湿敏传感器 HPR、VT_1 及 R_1、R_2 等元器件组成湿度检测电路；U_1、R_{P1}、R_{P2}、R_3、R_4、R_5、R_8、VD_3 等组成湿度信号放大电路；R_{11}、R_7、R_9、R_{10}、VD_1、VD_2 组成高精度稳压电源电路，稳定输出 2.5 V 和 6 V 电压。

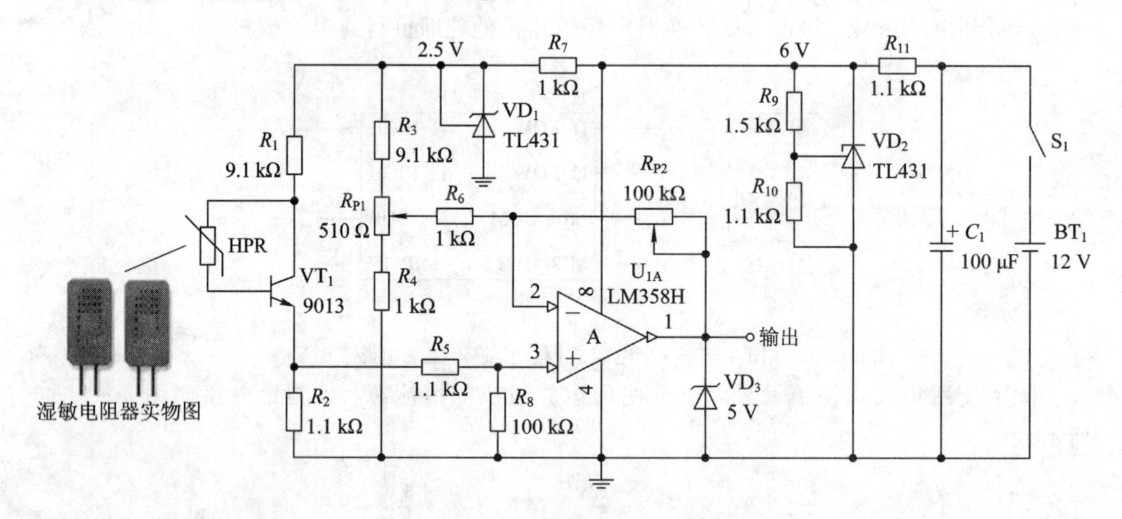

图 4-3-3 湿度测量电路

HPR 湿度传感器的阻值实时随着空气中湿度的变化而变化，这个电阻成为晶体管 VT_1 的基极偏流电阻器。偏流电阻的不同，使 VT_1 基极电流也不同，从而改变了 VT_1 的集电极电流，因此改变了发射极上的电流。这一电流流过电阻器 R_2 时，在该电阻器上形成的电压再经电阻 R_5 和 R_8 分压后加至 U_1 的 3 脚，经放大后从其 1 脚输出，并由 VD_3 将输出电压限定在 5 V 之内。

4.3.3 育秧棚湿度、温度监测器电路

随着现代农业的发展，育秧暖棚育苗法得到了广泛的应用，掌握好温床土壤的干湿度和温度是育苗法的关键。图 4-3-4 给出了一款育秧棚湿度、温度监测器，该电路由土壤湿度监测电路、温度监测电路和声音报警电路组成。它能在温床的土壤过干、过湿或棚内温度过高、偏低时，及时发出声、光报警信号，提醒农户及时处理。

图 4-3-4 中，湿度检测探头用于测量土壤的湿度，它相当于一个阻值随湿度变化的电阻，调节 R_{P1} 和 R_{P2}，一个作为湿度下限，即湿度低于下限值时报警输出，驱动相应 LED 和扬声器；一个作为湿度上限，即湿度高于上限值时报警输出，驱动相应 LED 和扬声器。R_{t1} 为温度传感器，同样，调节 R_{P3} 和 R_{P4}，一个作为温度下限，即温度低于下限值时报警输出，驱动相应 LED 和扬声器；一个作为温度上限，即温度高于上限值时报警输出，驱动相应 LED 和扬声器。使用者在听到扬声器报警时，通过观察 LED 显示，即可知道问题所在。

注：湿度检测探头的两个电极可使用 1 号干电池内部的石墨碳棒制作(用绝缘板固定，

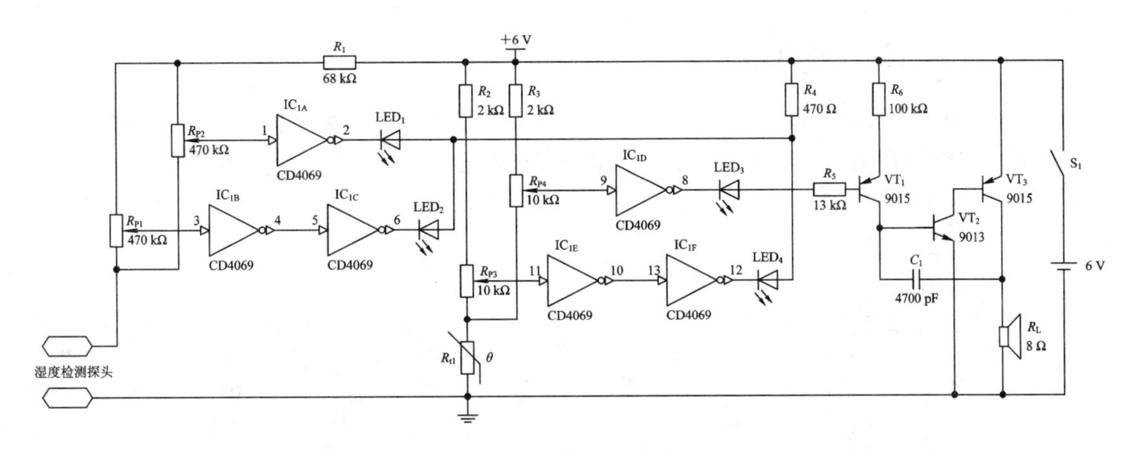

图 4-3-4 温度、湿度监测电路

两电极之间的距离为 4 cm，引线焊接在石墨碳棒的铜帽上)。

4.4 气体传感器

4.4.1 气体测量电路

对于不同的气体，不同的传感器，不同的工作原理，其测量方法不同。如图 4-4-1 所示为一甲烷气体测量电路，该传感器的工作原理是：在传感器上加入+12 V 电压，当空气中不存在可燃气体时，调节 R_6 电阻，使 U_1(气体传感器，内部由黑白元件组成)与 R_4、R_6、R_9 组成的惠氏电桥平衡(如图中虚线部分所示)，输出为零；当空气中存在甲烷气体时，气体在传感器内部产生无焰燃烧、发热，改变 U_1 内部元件的电阻值，则电桥产生偏差输出，外部电路对该信号进行放大处理，其阻值计算方法与压力测量电路一致。

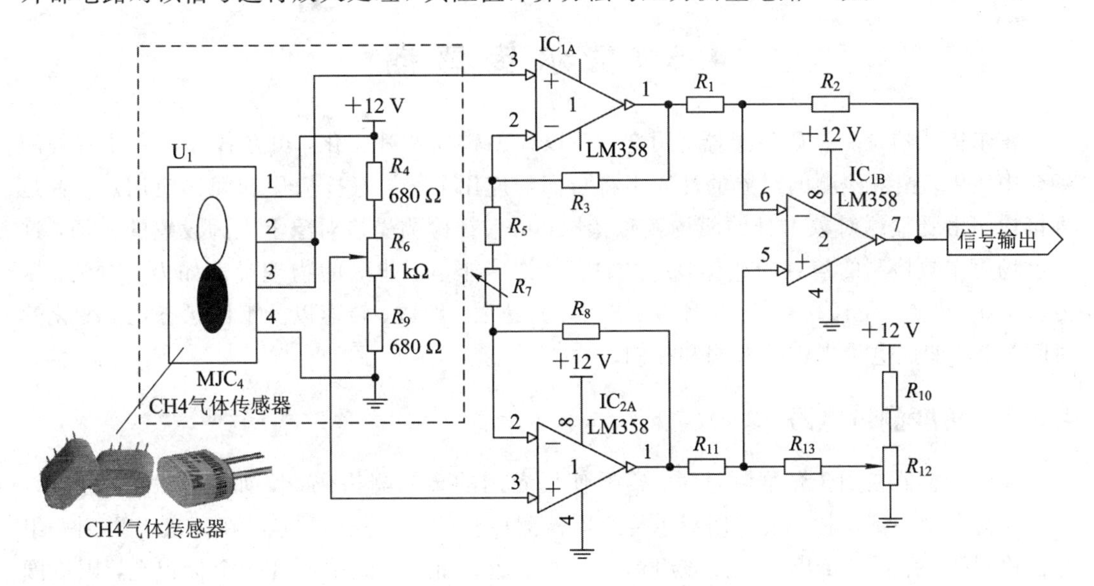

图 4-4-1 CH4 气体测量电路

4.4.2　可燃气体报警电路

可燃气体报警电路如图 4-4-2 所示。电路由气敏传感器、多谐振荡器和音频输出电路组成。多谐振荡器由两个与非门和外围阻容元件组成。音频输出电路由电阻器 R_6、音频放大管 VT 和扬声器 BZ_1 组成。它可对液化煤气、石油天然气、挥发性可燃气体进行检测报警，具有电路简单、容易制作等特点。

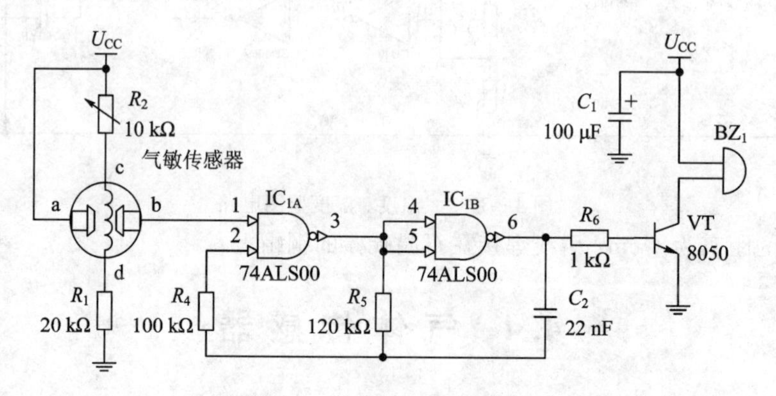

图 4-4-2　可燃气体报警电路

当室内无可污染性气体或可燃气体浓度在允许范围内(低于限定值)时，气敏传感器 a、b 端之间的阻值较大，b 端(IC_1 的 1 脚)输出电压较低，多谐振荡器不工作，扬声器 BZ_1 中无声音。当可燃性气体(煤气或天然气)泄漏，使室内的可燃气体浓度超过限定值时，气敏传感器 b 端的输出电压高于 IC_1 的转换电压时，多谐振荡器工作，从 IC_1 的 6 脚输出振荡信号。该信号经 VT 放大后，推动扬声器 BZ_1 发出报警声。调节 R_2 的电阻值，使气敏传感器 c、d 之间的电压为 4.5 V。

4.5　霍尔传感器

霍尔传感器是一种磁传感器。用它们可以检测磁场及其变化，可在各种与磁场有关的场合中使用。按被检测的对象的性质可将它们的应用分为：直接应用和间接应用。前者是直接检测出受检测对象本身的磁场或磁特性，后者是检测受检对象上人为设置的磁场，这个磁场用作被检测的信息的载体，通过它，将许多非电、非磁的物理量例如力、力矩、压力、应力、位置、位移、速度、加速度、角度、角速度、转数、转速以及工作状态发生变化的时间等，转变成电量来进行检测和控制。

4.5.1　角度测量电路

霍尔传感器在用于角度测量时，需要使用专用的金属栅格码盘，如图 4-5-1 所示，在该码盘上刻一标识检测孔，用霍尔传感器检测该孔位置，表示 0°点。在码盘上再刻一组标识检测孔，用霍尔传感器检测该组标识孔的位置，如果一圈中有 360 个标识孔，则一圈产生 360 个脉冲，每检测到一个脉冲表示旋转 1°。

霍尔传感器分为线性霍尔传感器和开关型霍尔传感器，开关型霍尔传感器又分为开关

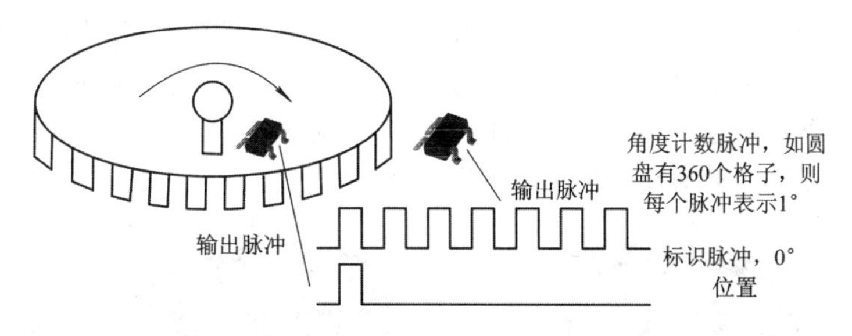

图 4-5-1 霍尔传感器角度测量示意图

锁存型和开关非锁存型两种，本例中使用开关非锁存型传感器，当有金属挡片时，输出低电平，无金属挡片时输出高电平。

4.5.2 转速测量电路

转速测量电路与角度测量电路一样，只是需要将两脉冲间隔时间同时测量，利用角度与时间的比值即可计算出转速，如图 4-5-2 所示给出转速(或角度)测量电路。电路中 IC_2、IC_3 为霍尔传感器，IC_4 为微控制器(MCU)，MCU 检测到标识脉冲信号后，将角度计数清零，检测到角度脉冲信号后，计数并计时，以计数值计算出角度，以计时值和该计时值内所计脉冲数计算速度。

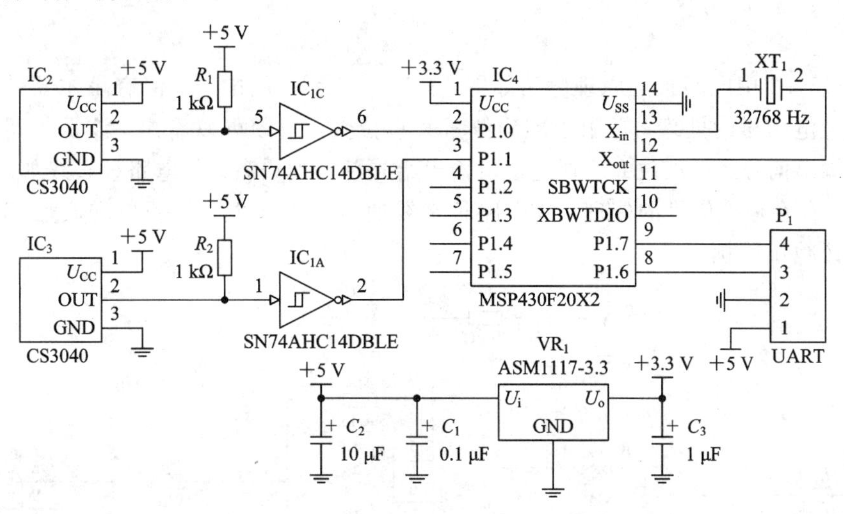

图 4-5-2 转速(或角度)测量电路

对于转速的测量，亦可使用编码器测量，如光栅型电机编码器即可测量电机转速。光栅型编码器测量角度精度比霍尔型容易做的高，因为对于霍尔检测而言，金属码盘的间隔必须保证一段距离，便于磁场测量，过小无法检测；而光栅型只需保证光线通过即可，它可以将栅格刻的很窄。故同样的空间，光栅型比霍尔型检测精度高。霍尔型的优点是它比光栅型对环境的要求低，因为光栅被物体(如灰尘、油污等)遮挡后，无法检测，而霍尔不存在这样的问题，它只要磁场有变化即可检测。故霍尔适用于要求可靠检测、环境复杂的场合。

4.5.3 位移测量电路

霍尔传感器亦常用于位移测量，如图 4-5-3 所示是笔者设计的一款利用霍尔传感器实现位移检测的装置。图中，外部运动操作杆通过转动，达到控制外部其他设备的目的。外部操作杆运动时，内部粘贴磁钢的杆一起转动，这样就改变磁钢相对于电路板上霍尔器件的位置，霍尔器件根据磁场强度的大小(即磁钢相对于霍尔器件的距离)输出不同幅度的信号。故通过改变外部运动操作杆转动角度，就可输出不同幅度的电压信号。

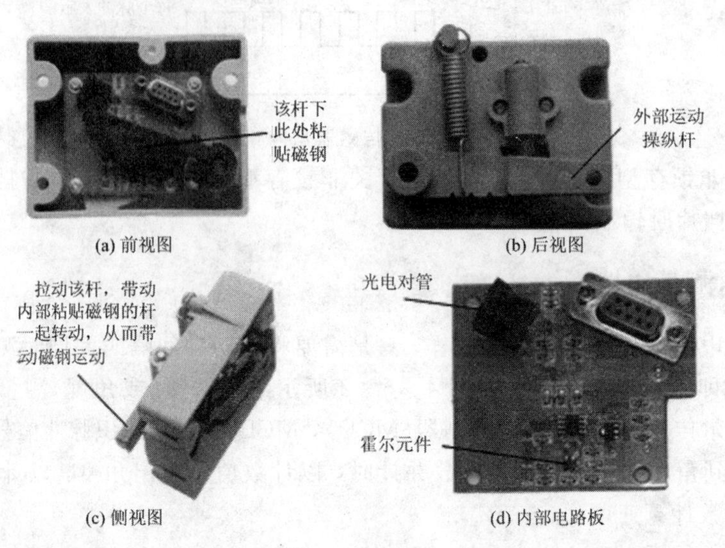

图 4-5-3　位移测量实物

图 4-5-3 中电路板的原理电路如图 4-5-4 所示。图中，不但有霍尔器件的信号处理，还有光电信号的处理，它用于准确测量某点位置。由图可以看出，该霍尔器件是一线性霍尔，输出信号经运放放大后通过接口输出给外部其他设备。其电路板布线如图 4-5-5 所示，由于存在模拟信号的处理，故电路板走线通过手工布置，且顶层和底层都使用大面积接地，以减小干扰。

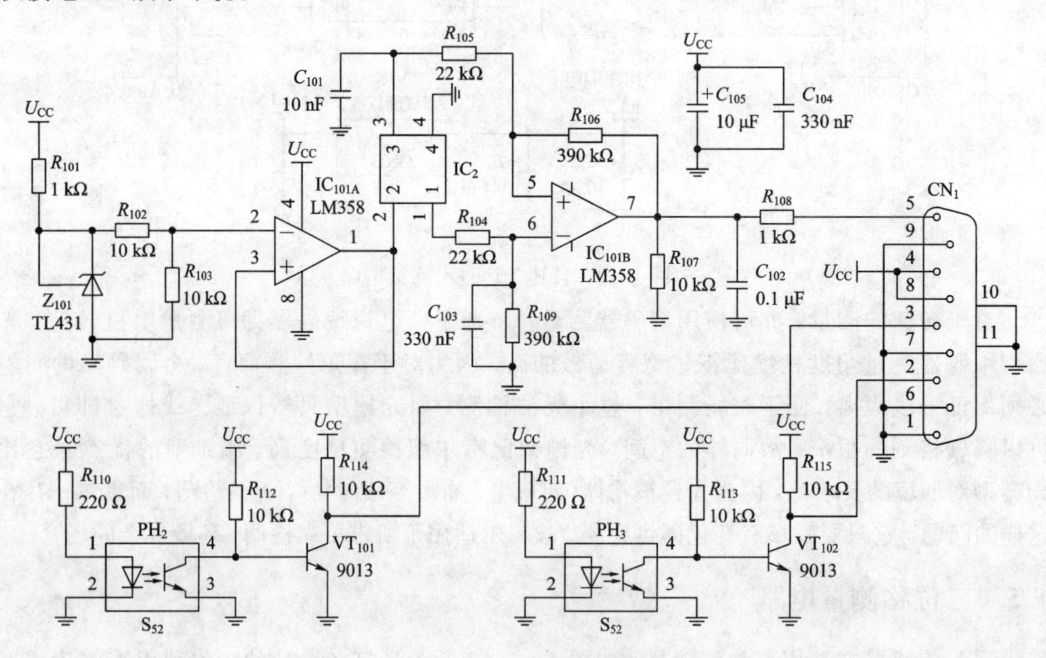

图 4-5-4　位移测量电路

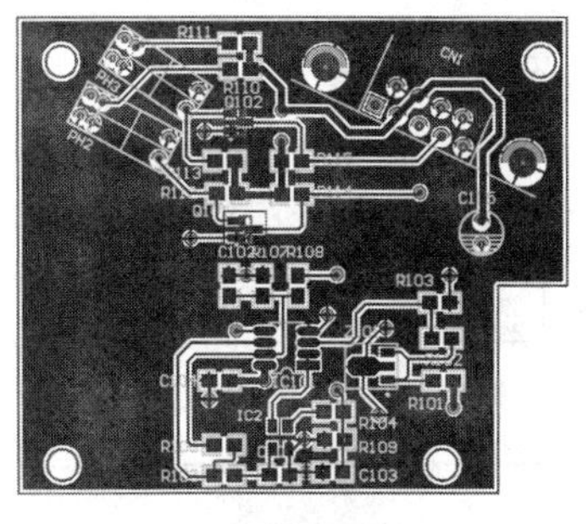

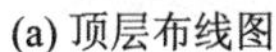

(a) 顶层布线图

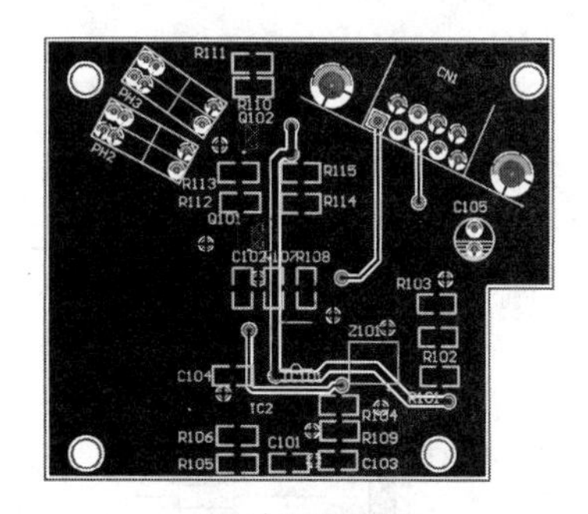

(b) 底层布线图

图 4－5－5 位移检测电路板

4.5.4 电流测量电路

1. 霍尔直接放大式电流传感器

霍尔直接放大式电流传感器利用集磁环将通电导线周围产生的磁场集中起来提供给磁敏元件，再由磁敏元件转换为弱电信号，经放大输出电压信号。这种传感器适合于测量直流到数千赫兹电流，频宽较窄，但线路形式简单、性能稳定、可靠性高。

电路由三部分组成，第一部分为集磁环和霍尔磁敏元件；第二部分为差分放大加滞后的频率补偿；第三部分为反相放大加调零与超前的频率补偿。基本的电路原理如图 4－5－6 所示。

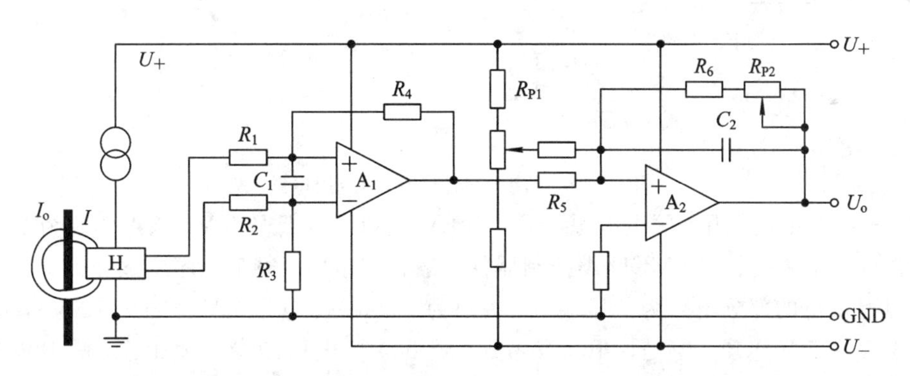

图 4－5－6 霍尔直接放大式电流传感器内部原理图

2. 霍尔磁平衡式电流传感器

霍尔磁平衡式电流传感器是在霍尔直接放大式电流传感器原理的基础上，加上了磁平衡原理。即集磁环将原边电流所产生的磁场聚集后，作用于霍尔元件，使其有电压信号输出，经放大输入到功率放大器，输出补偿电流流经次级补偿线圈。次级线圈产生的磁场与原边电流产生的磁场相反，因而补偿了原边磁场，使霍尔输出逐渐减小，当原次级磁场相等时，补偿电流不再增大。这就是磁平衡检测的原理，如图 4－5－7 所示。

对于霍尔电流传感器而言，设计人员一般只需掌握其工作原理即可，具体的内部电路，如有需要，可拆解一个电流传感器进行分析，笔者不再给出。下面以测量直流电机工作电流为例介绍该传感器的应用，如图 4－5－8 所示。

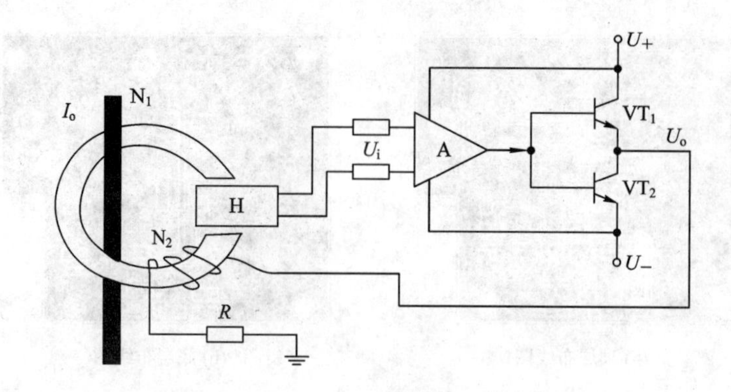

图 4-5-7　磁平衡式线路原理图

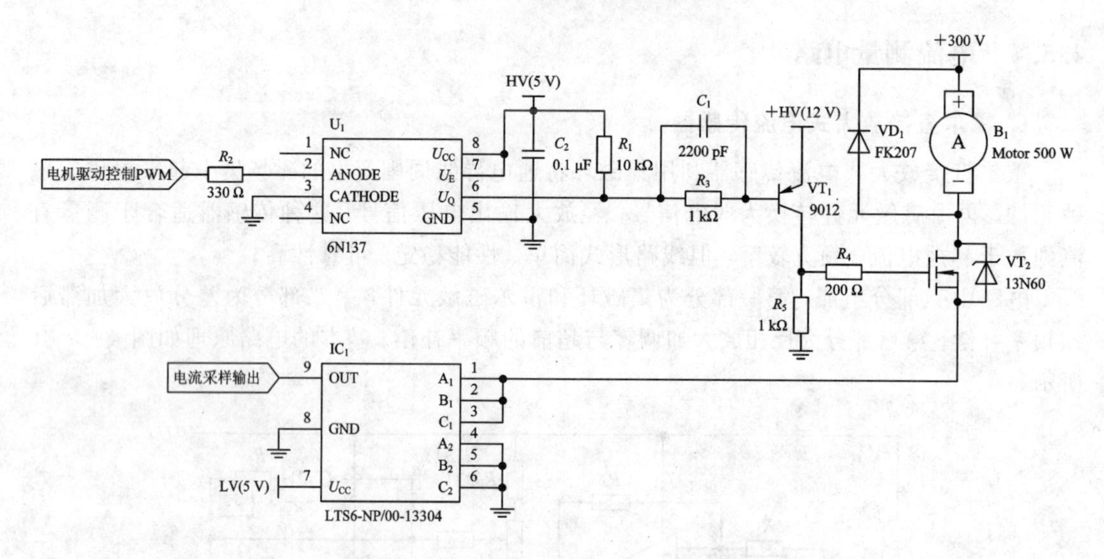

图 4-5-8　霍尔电流传感器应用电路

图 4-5-8 中，采用了两组电源，一组为 LV(5 V)表示低压 5 V，该组电源为安全电源端，不会对人生造成危害，MCU 类控制器件一般在该组中，便于程序调试和人员操作，一般称该电源供电的部分电路为低压端；另一组为＋300 V、HV(5 V)、HV(12 V)，该组电源中虽然存在 5 V 电压，但是该电压参考地与＋300 V 电压的参考地相连，故触摸该 5 V 电压也有触电的危险，故一般称该电源供电的部分电路为高压端。

图 4-5-8 中，U_1 为高速光耦 6N137，用于高低压隔离，霍尔电流传感器 LTS6-NP 在原理设计时就是隔离的，它也实现高低压隔离，将高压端的电机电流测量出送到低压端。具体电机驱动控制 PWM 信号怎样变换到高压端驱动电机、怎样实现电机调速，请读者自行分析。

4.6　加速度传感器

随着微机电系统(MEMS)技术的发展，微型加速度传感器已得到广泛应用，常见于智能手机、平板电脑、PAD、计步器、运动产品、游戏手柄等便携式设备上。生产加速度传感器的厂商较多，性能、特点、接口大致相同，如图 4-6-1 所示为一款飞兆半导体生产的

MMA7455加速度传感器电路及其实物图。

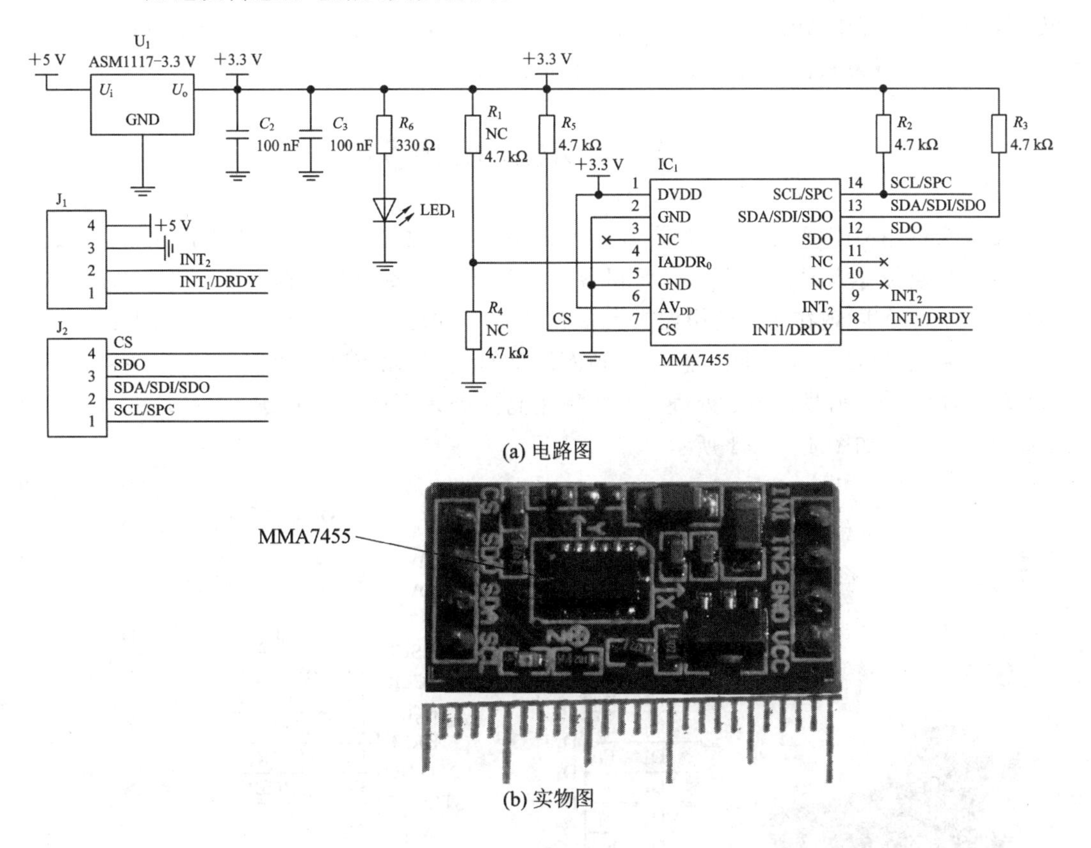

图4-6-1 MMA7455加速度传感器电路及其实物图

图中，MMA7455为3轴小量程加速传感器，可用于测量物体运动和方向，它具有SPI和IIC两种通信协议，故需要使用MCU对其进行操作，得到方向、角度、加速度等数据。图中使用ASM1117-3.3用于将5 V电压转换为3.3 V电压，使该功能小板具有两种电压兼容功能。

在一些对元器件体积要求较高的场合中(如手机)，可使用更小体积的传感器，如TI生产的CMA3000-D01，它具有尺寸小、价格低、功耗低等特点，它由一个3D-MEMS传感元件和信号调节专用芯片组成，具有10 μA的工作电流、简单的寄存器设置和精简的引脚数量等优点，成为消费类电子厂家的宠儿。其接口电路和应用电路板如图4-6-2所示。

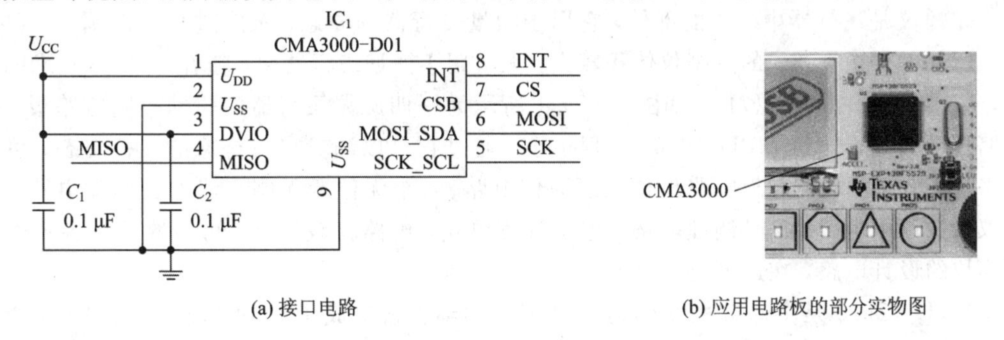

图4-6-2 CMA3000-D01接口电路和应用电路板

图中，CMA3000 - D01 尺寸为 2 mm×2 mm×0.9 mm，具有 SPI 和 IIC 两种通信协议，故同样需要使用 MCU 对其进行操作。图中的实物部分为该芯片应用于 TI 的 MSP - EXP430F5529 开发板的实物(该图为电路板的局部图)。

4.7　CMOS 摄像头

摄像头(CAMERA)作为一种视频输入设备，在过去被广泛地运用于视频会议、远程医疗及实时监控等方面。对于 CMOS 摄像头，由于其需要读取数据较多，以 30 万像素的 OV7670 为例(实际现在使用的摄像头大多高于 30 万像素)，每秒 30 帧，再加上读取数据后一般需要处理(如缩放画面后显示)、画面信息的识别(如车牌号码识别)，一般单片机无法胜任如此大的数据量读取、处理，需要采用高速处理器件，如 DSP、ARM 等。OV7670 接口电路和实物如图 4-7-1 所示。

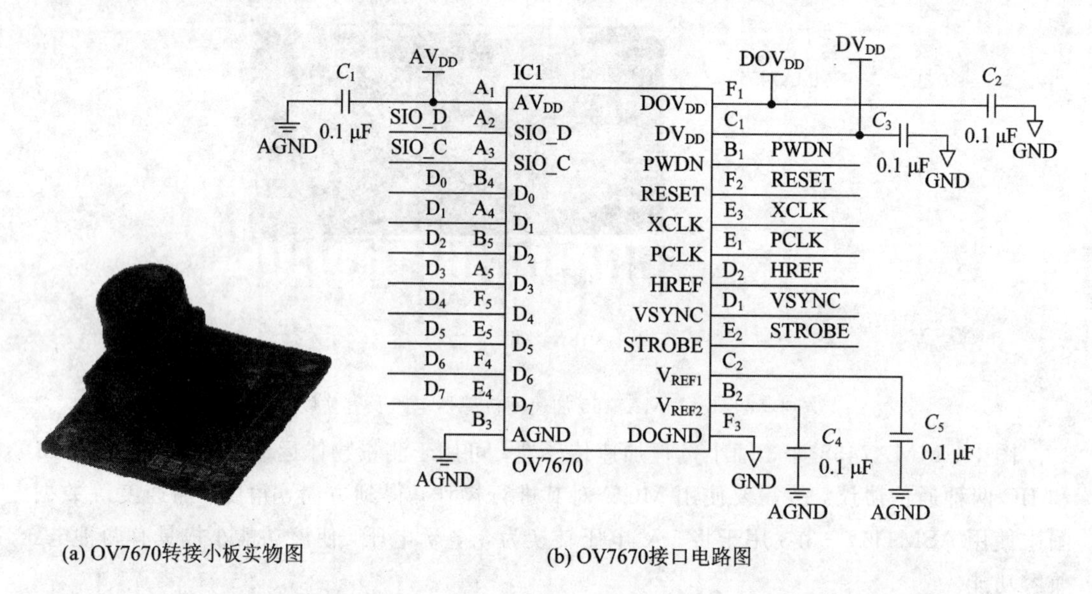

(a) OV7670转接小板实物图　　(b) OV7670接口电路图

图 4-7-1　OV7670 接口电路和实物图

4.8　陀螺仪电路

陀螺仪是飞行器中必用的部件，它用于测量飞行器的姿态，及时进行动态调整，以保证飞行器的平衡。老式的陀螺仪体积较大，无法用于微型飞行器中，随着 MEMS 技术的发展，陀螺仪体积实现微型化。如图 4-8-1 所示为一四旋翼飞行器的驱动控制电路板，该电路板中的电子陀螺 MPU - 6050 体积很小，通过它可以测量出飞行器的飞行姿态，以保持平衡。由于驱动控制板电路包含无线通信电路、4 个无位置无刷直流电机驱动电路、陀螺仪参数读取电路、信号调理电路和电源管理电路，电路比较复杂，可借鉴参考各章中相关模块的设计电路，在此不再给出。

MPU - 6050 是全球首例 9 轴运动处理传感器。它集成了 3 轴 MEMS 陀螺仪，3 轴 MEMS 加速度计以及一个可扩展的数字运动处理器 DMP(Digital Motion Processor)，可

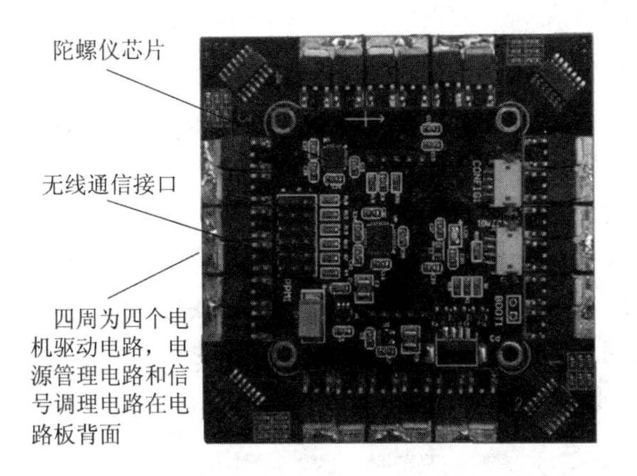

图4-8-1 四旋翼飞行器的驱动控制电路板

用I^2C接口连接一个第三方的数字传感器，比如磁力计。扩展之后就可以通过其I^2C接口输出一个9轴的信号。接口电路如图4-8-2所示。

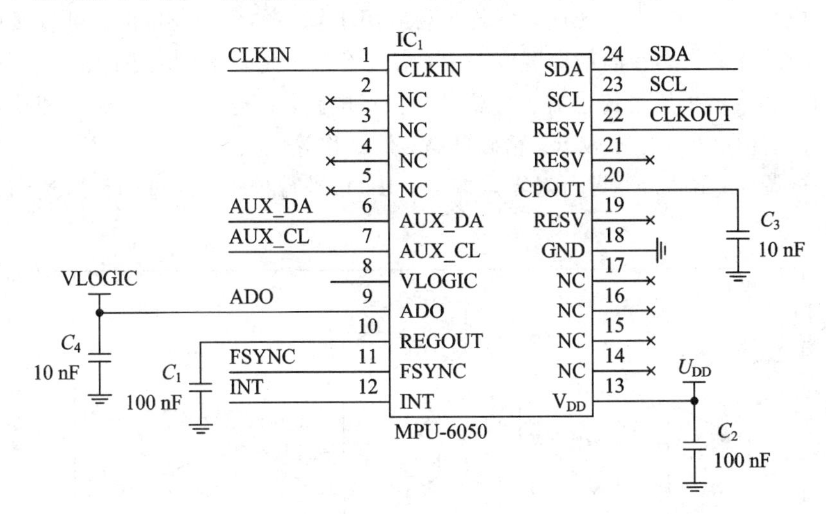

图4-8-2 MPU-6050接口电路

4.9 压力传感器

4.9.1 压力传感器校正电路

压阻式压力传感器由四个等值电阻组成惠氏电桥，如图4-9-1所示，其输出电压与输入压力成正比。理想状态下，当输入压力改变时，电阻值就跟着改变，但事实上温度的改变亦会影响其阻值的输出结果。另外，由于晶体和电路设计工艺误差，加上封装过程方面的影响，因此零点偏移(offset)不为零。故必须外加电路来进行温度补偿与电路校正，以满足工程设计要求。

对于每一颗压力传感器而言，这些特性受到制造过程影响，而产生不同的量值。因此，当将压力传感器应用于产品设计时，为保证设计产品的准确性，常需对压力传感器进行逐个校正与补偿。

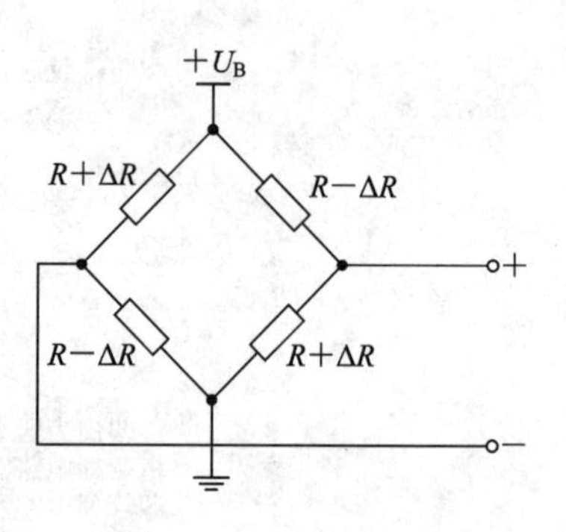

图 4-9-1　惠式电桥

由于半导体材料的固有特性，压力传感器普遍存在以下问题：

(1) 一致性问题。即使是同一批次生产的传感器，其特性也会有比较大的离散性，为了确保足够的精确度，必须对每个传感器进行校正。

(2) 温度飘移问题。半导体材料对温度变化是很敏感的，因此温度飘移问题在压力检测组件中显得十分的突出，所以实际应用中，必须采取一定的措施对传感器的温度飘移进行补偿。

(3) 压力传感器的原始输出信号都是比较小的，为了获得足够的解析率与敏感度，必须进行放大处理，并使输出信号标准化。

(4) 一般而言，压力传感器一定要先进行零点偏移(offset)校正。至于温度补偿部分，温度对额定电压(span)有较大影响，但若产品应用于较小的压力范围时，可直接以额定电压参考值进行修正；当然在高精确度应用中，温度补偿一定是不可缺少的。

图 4-9-2 给出了压力传感器压力测量与校正电路，该电路由一恒流源和仪用放大器组成，它具有结构简单、成本较低、精确度高、低飘移等优点，通过调整 R_{P1} 即可对额定电压(span)进行调整；调整 R_{P2} 即可对零点偏移(offset)进行校正，经过调整后达到线性输出的目的。

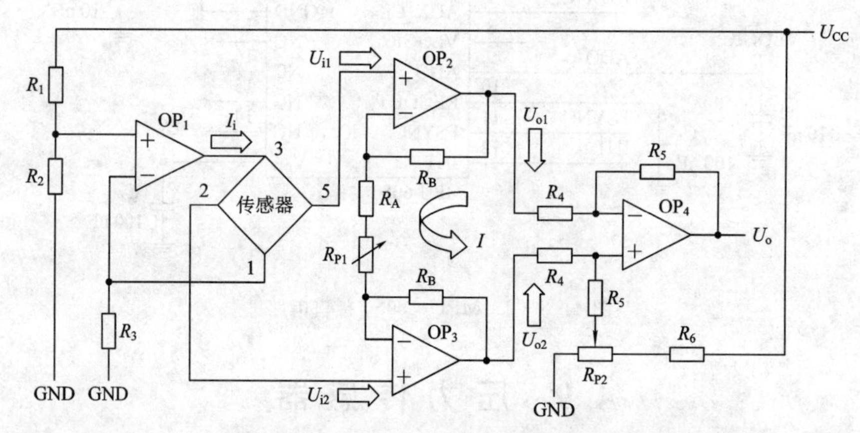

图 4-9-2　压力测量与校正电路

图中，R_1、R_2、R_3、OP_1 组成恒流源电路，接到压力传感器 1、3 脚，其恒定输出电流为：

$$I_1 = U_{CC} \times \frac{R_2}{R_3(R_1 + R_2)} \tag{4.9.1}$$

压力传感器的 5、2 脚输出为 U_{i1} 和 U_{i2}，因传感器输出电压都极小，为了获得足够的分辨率和灵敏度，必须经过仪用放大电路进行放大，其电路各部分参数为：

$$I = \frac{U_{o1} - U_{o2}}{R_{P1} + R_A + 2R_B} = \frac{U_{i1} - U_{i2}}{R_{P1} + R_A} \tag{4.9.2}$$

$$U_{o1} - U_{o2} = (U_{i1} - U_{i2}) \times \frac{R_{P1} + R_A + 2R_B}{R_{P1} + R_A} = (U_{i1} - U_{i2}) \times \left(1 + \frac{2R_B}{R_{P1} + R_A}\right) \tag{4.9.3}$$

$$U_o = -(U_{o1} - U_{o2}) \times \frac{R_5}{R_4} + V_x \tag{4.9.4}$$

$$V_x = U_{CC} \times \frac{R_{P2}}{R_6 + R_{P2}} \tag{4.9.5}$$

$$U_o = (U_{i2} - U_{i1}) \times (1 + \frac{2R_B}{R_{P1} + R_A}) \times \frac{R_5}{R_4} + U_{CC} \times \frac{R_{P2}}{R_6 + R_{P2}} \tag{4.9.6}$$

电路的调整输出示意图如图 4-9-3 所示，调整 R_{P2} 可变电阻，可将零点偏移(offset)进行有效校正。调整 R_{P1} 可变电阻，可将额定电压(span)进行有效校正。最后经过 R_{P1} 与 R_{P2} 校正后，可将压力传感器的曲线校正成产品所设定的线性关系。

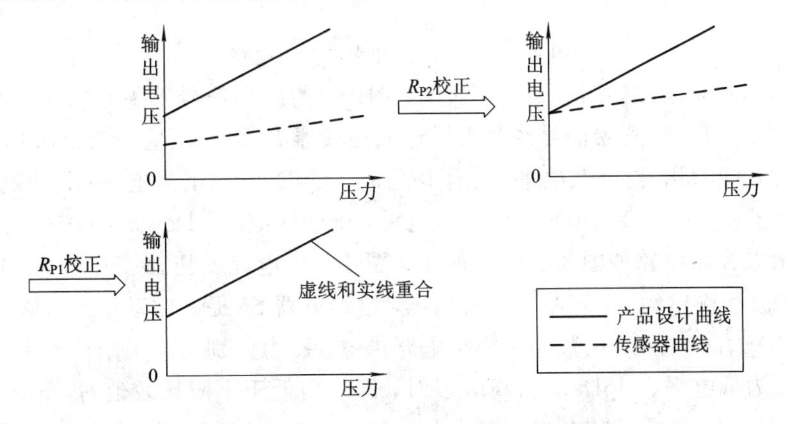

图 4-9-3 电路的调整输出示意图

4.9.2 自动水泵电路

在农村常见人们用水泵将水抽到设置在屋顶的水箱中，然后将水箱中的水用管道引入厨房和卫生间，形成水循环控制系统。该方法比较麻烦，且水箱设置在屋顶，如有东西掉入或漏水则比较麻烦，图 4-9-4 和图 4-9-5 给出一种通过压力控制的水循环控制系统，无需设计水箱，且可将该水循环控制系统用于将水雾化洗车，更贴近我们的生活。

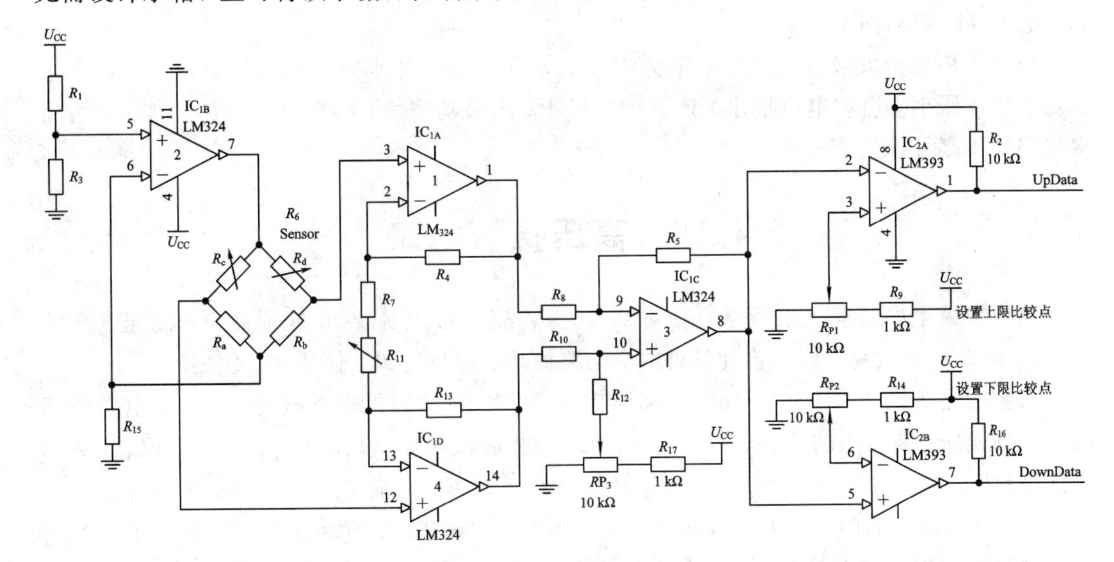

图 4-9-4 压力采集与判断电路

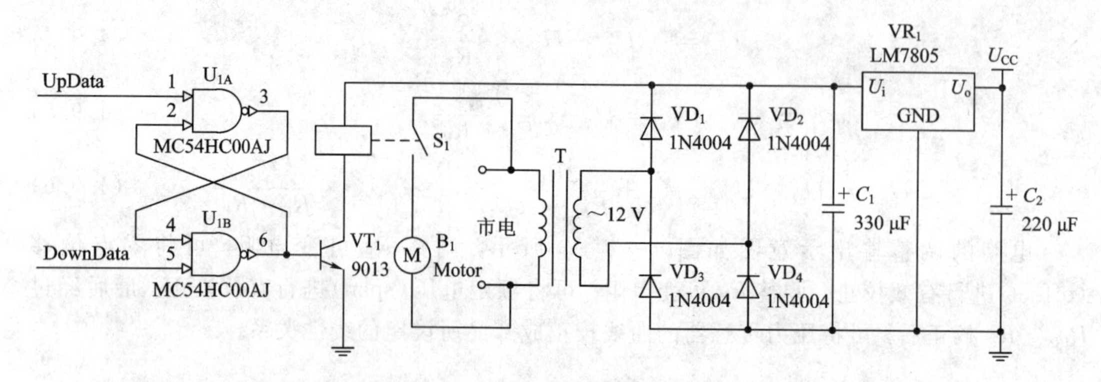

图 4-9-5　电源和水泵控制电路

压力采集与判断电路如图 4-9-4 所示，图中，传感器信号采集与放大部分采用如图 4-9-2 所示的电路，传感器信号经放大后送入比较器 LM393，R_{P1}设置上限比较点，即压力大于该值时，UpData 输出低电平，小于该值时，UpData 输出高电平；R_{P2}设置下限比较点，即压力大于该值时，DownData 输出高电平，小于该值时，DownData 输出低电平。

电源和水泵控制电路如图 4-9-5 所示。图中，市电经变压器变压输出 12 V 交流电压，经整流滤波后输出约 15 V 左右直流电压，给继电器 S_1 提高驱动电源，该电压经 7805 稳压后输出 5 V 直流电压，给数字和模拟电路供电。压力判别电路采用基本 R-S 触发器，当 DownData 为低电平、UpData 为高电平时，即压力低于下限比较值时，R-S 触发器输出为 1，继电器 VT_1 吸合，驱动 Motor 抽水，压力升高；当 DownData 为高电平 UpData 为高电平时，即压力大于下限比较值小于上限比较值时，R-S 触发器保持输出为 1，继电器 VT_1 继续吸合，驱动 Motor 继续抽水，压力继续升高；当 DownData 为高电平 UpData 为低电平时，即压力大于上限比较值时，R-S 触发器输出为 0，VT_1 继电器断开，Motor 停止抽水，压力下降；当 DownData 为高电平 UpData 为高电平时，即压力大于下限比较值小于上限比较值时，R-S 触发器保持输出为 0，继电器 VT_1 继续断开，Motor 停止抽水，压力继续下降；当压力降低到下限值以下时，回到 DownData 为低电平 UpData 为高电平状态，电机再次启动抽水。

将压力传感器安装在水路中，则无需安装水箱，当拧开水龙头时，压力下降，当低于最低设置下限时，启动电机抽水。该设计中，只要水泵功率大，即可将设置压力加大，可将水接出用于高压水洗车。

4.10　高压报警电路

高压报警电路具有灵敏度高，能在离 10 kV 高压带电体 2 m 处或离低压市电(交流 220 V) 0.3 m 处报警。该装置元器件少、电路简单、制作容易、体积小、使用方便。

报警电路如图 4-10-1 所示。场效应晶体管 VF 在其栅极靠近电场时，由于电场的感应产生栅偏压，漏源间的导通电阻会急增，IC_{1A}的相应输入端呈高电位，由 IC_{1A}、IC_{1B}构成的振荡器起振，产生约 1 kHz 的音频信号，该信号经 VT_1 放大，输入扬声器发出报警声音。IC_1 为二个四输入的与非门(74HC20)，其余元器件参考图 4-10-1 所示型号或参数选用。

整机可以安装在微型机壳中，在 VF 的栅极焊上一段 10 cm 长的塑料软导线，伸出机壳外作为电场感应片。装配好后将其靠近交流 220 V 电源的火线，若扬声器有报警声，则工作正常，可以使用。为了确保安全，报警器在使用前应验电，即靠近交流 220 V 电源的火线，如能报警方可使用。

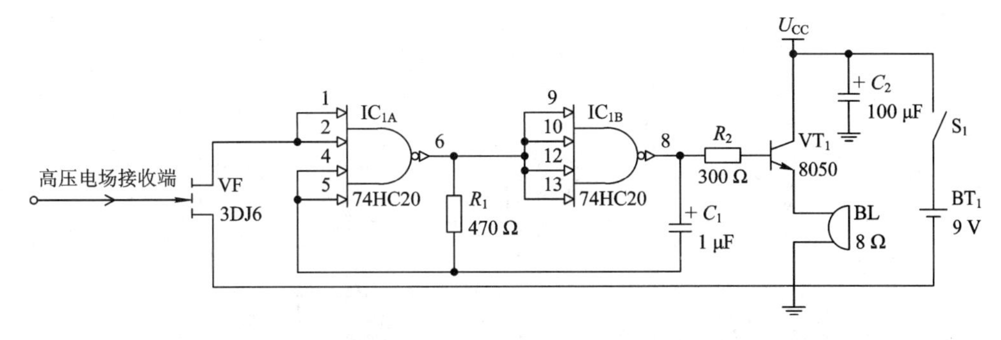

图 4-10-1　高压报警电路

4.11　生物、医学电路

4.11.1　人体阻抗测量电路

人体阻抗测量电路如图 4-11-1 所示，图中，通过 MCU 控制 DAC7512 输出幅度可控的模拟信号，将该模拟量加载入由 R_1、R_2 和人体组成的回路中，通过 ADS7835 采样人体阻抗端的电压，MCU 根据测量电压值计算出人体阻抗值。

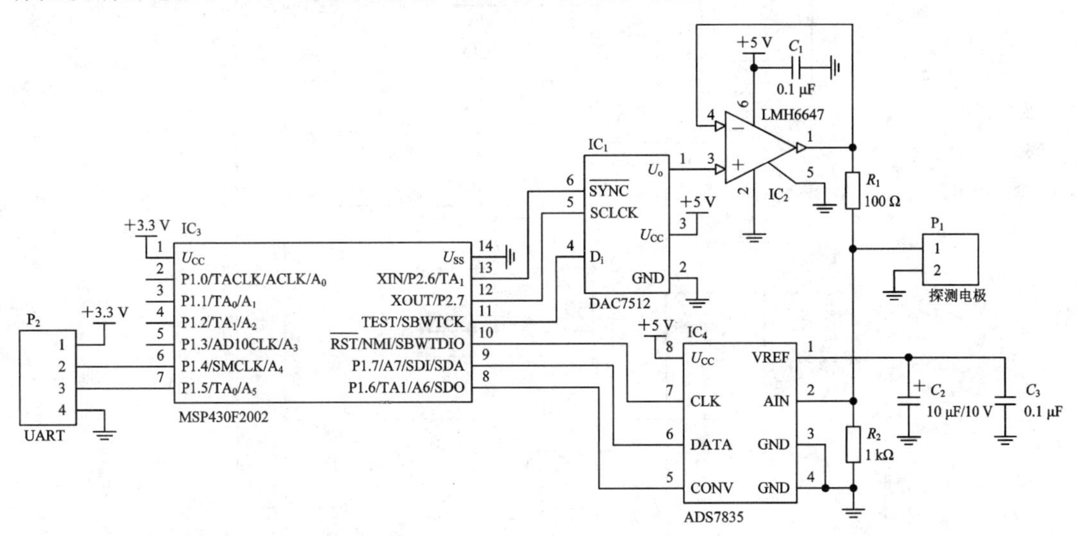

图 4-11-1　人体阻抗测量电路

4.11.2　针灸脉冲产生电路

随着电子技术的发展，利用高压脉冲模拟针灸感觉，实现针灸功效，在实际应用中已有几十年历史。图 4-11-2 为一款完整电子针灸电路图，图中，通过 J_1 电源输入端或电池供电，将音乐芯片 KD9561 的模拟信号通过三极管放大后，经变压器 T 变比输出高压脉冲

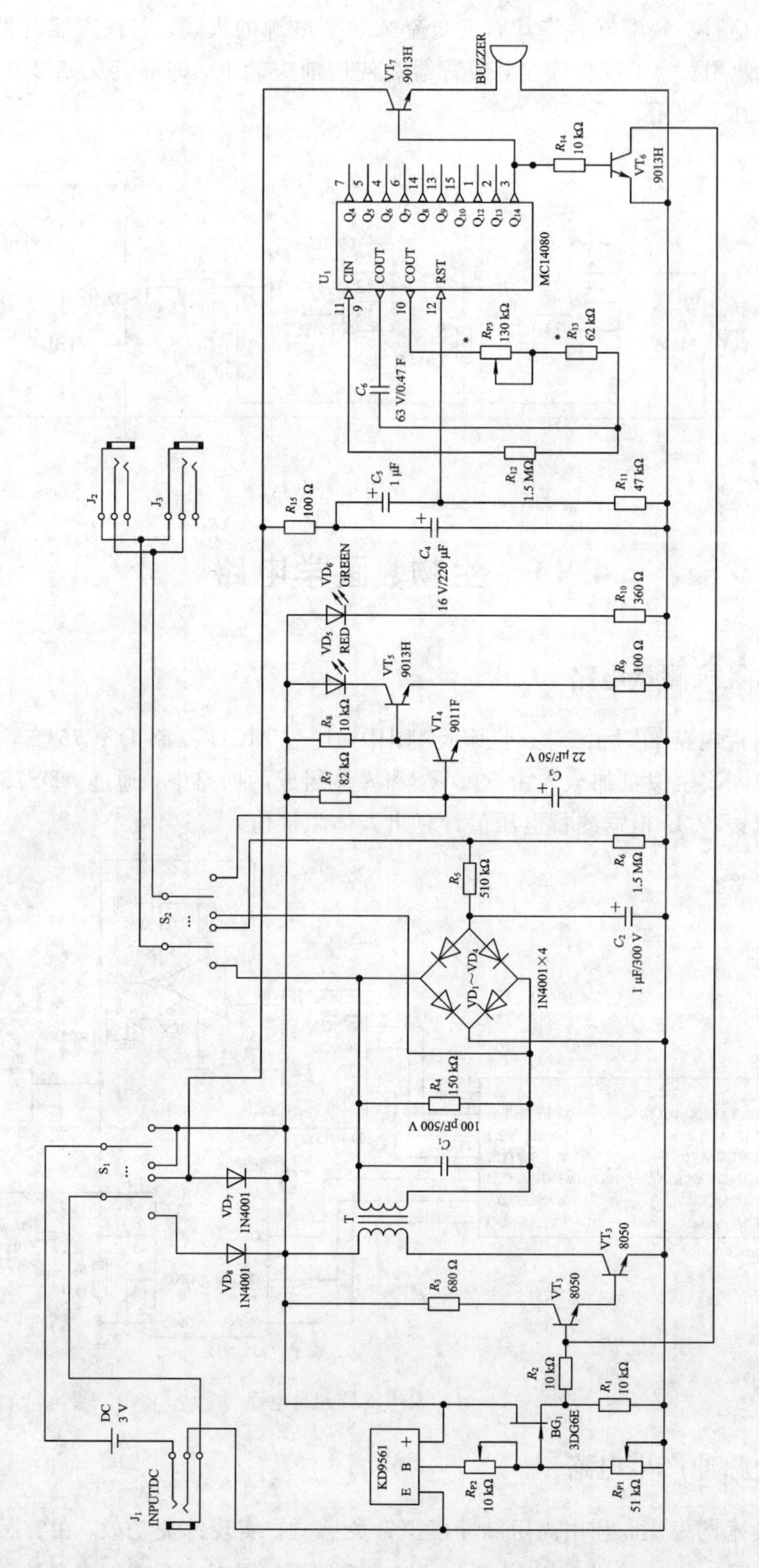

图4-11-2 电子针灸电路图

信号，该信号模拟针灸刺激。MC14060为分频器，调节 R_{P3} 实现定时效果，R_{P1} 和 R_{P2} 控制输出强度。如图4-11-3所示为参考电路板图，读者可自行设计。

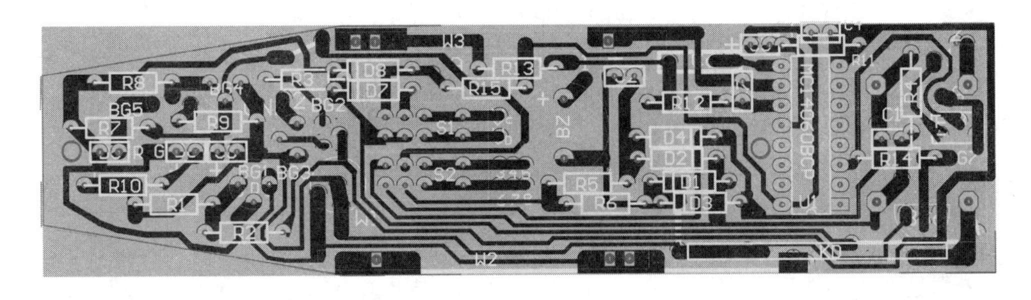

图4-11-3 电子针灸电路板图

4.11.3 热疗电路

如图4-11-4所示为一款热敷治疗电路，图中，定时控制电路与图4-11-2一样，通过CD4060实现，通过调节 R_2 电阻调节定时时间，最长为30 min，调节 R_5 电阻实现温度控制，J_1 为外接接口，可接如图4-11-4(b)所示的使用热敷袋，该袋内部由电热丝和电极组成，加上图4-11-2电路可实现热敷和针灸双重效果。

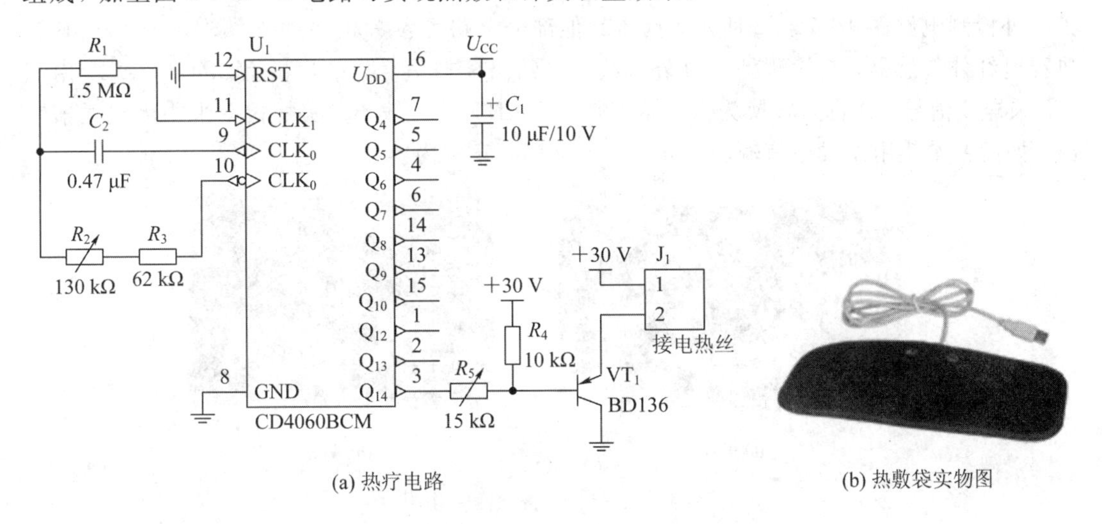

(a) 热疗电路　　(b) 热敷袋实物图

图4-11-4 热疗电路和热敷袋实物图

4.11.4 打鼾治疗仪

如图4-11-5为一款打鼾治疗仪电路，它能有效制止睡觉时打鼾或说梦话，使用一段时间后，形成条件反射，可逐步改掉这些毛病。只要打呼噜的人一发出鼾声或说梦话，该电路就发出类似针刺电麻脉冲，使本人觉醒，而停止打鼾或梦语。

图中，话筒MIC检测到鼾声或话语后，经 C_1 耦合至 VT_1、VT_2 组成的复合放大器进行放大，这一信号电压经T升压后，由 R_P 控制输出。电极用厚0.5～1 mm左右的铜片焊上两根细绝缘导线，并将铜片弯成指环套在不相邻的两手指上。使用时，距离话筒5～30 cm学打鼾声，调节 R_P，使两手指间电刺激程度合适后，便可投入使用。

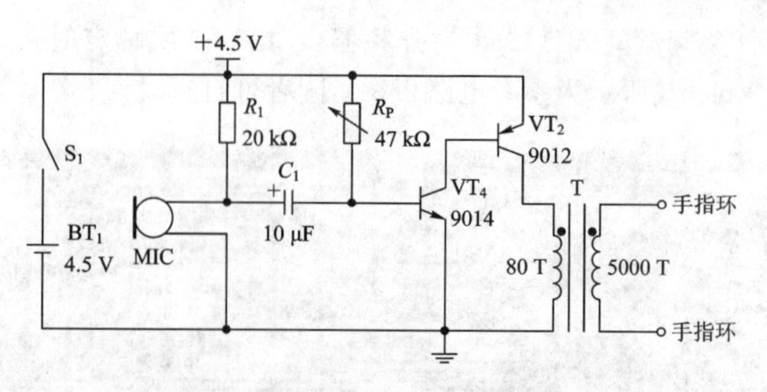

图 4-11-5　打鼾治疗仪电路

4.12　热释电红外传感器

4.12.1　入侵探测电路

入侵探测常用于安保设备中，它利用 RE200B 热释电红外传感器，对一定范围内的人体移动进行检测，当达到一定值时，启动控制设备。常见于门窗入侵检测，其实物电路板图如图 4-12-1 所示。它由红外检测电路、无线发射电路、MCU 控制电路组成，笔者给出了红外检测电路图 4-12-2 所示，具体其他部分电路可参考相关章节。图中，RE200B 为热释电红外传感器，它检测外界红外强度，并输出模拟信号，单片机 MSP430F20X3 内部 AD 采样该信号，并将其转换为数字量，通过 UART 通信输出。实物板中采用无线通信输出，如读者希望用无线通信输出，可参考本书第 8 章的内容自行设计。

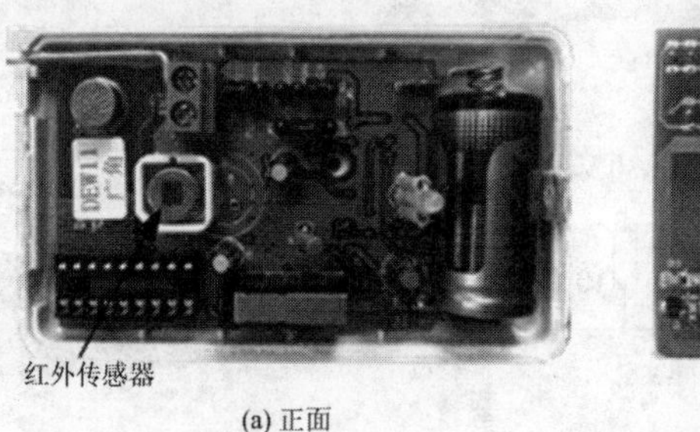

(a) 正面　　(b) 背面

图 4-12-1　入侵探测实物图

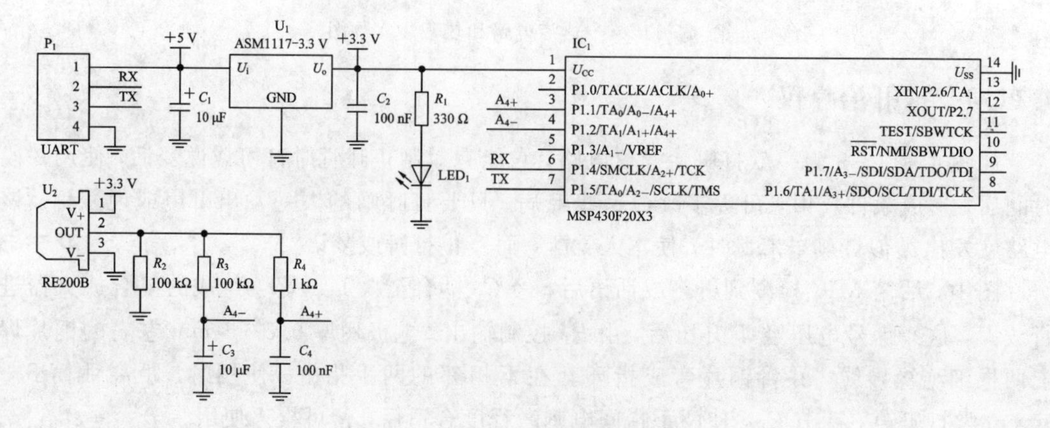

图 4-12-2　入侵探测电路

4.12.2 自动开关水阀电路

在公共场合的洗手间，常见水龙头当手靠近时自动出水，离开时自动关闭，无需人工操作，既卫生又节水。其电路如图 4-12-3 所示。电路主要由红外人体感应开关模块、电源及继电器控制电路等几部分组成。

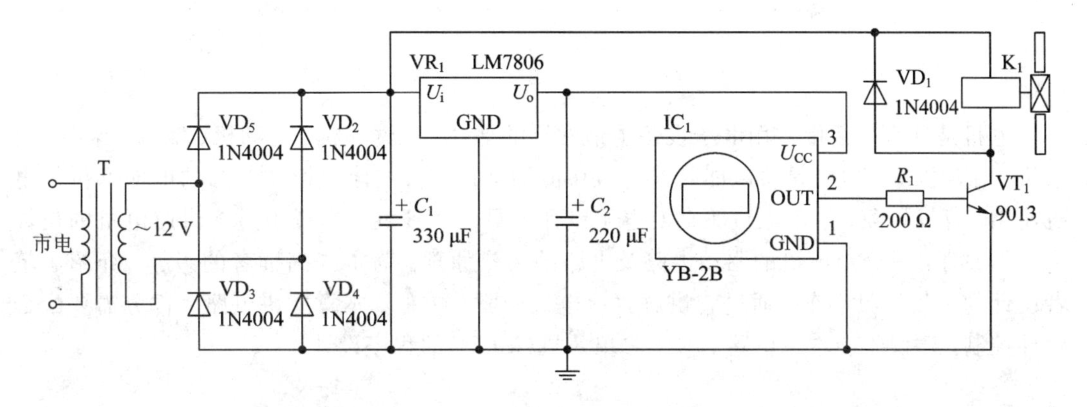

图 4-12-3 热释电红外感应开关

IC_1 是新颖的热释电红外人体感应开关模块，它内含热释电红外传感器和信号处理放大电路等，当有手在其探测范围内移动时，它就能检测到人体释放的红外线，经内部电路放大、信号比较、鉴别与处理后，2 脚输出高电平，使三极管 VT_1 迅速导通，继电器 K_1 得电吸合，驱动电磁阀打开，水流出。人手离开后，稍经延迟后 2 脚恢复低电平，VT_1 截止。继电器断电，电磁阀失电闭合，关闭水源。

变压器 T、二极管 VD_2～VD_5、电容 C_1 组成电源电路，输出 15 V 左右的直流电压，一路供继电器 K_1 用电，另一路再经三端稳压集成块 VR_1 稳压，输出稳定的 6 V 直流电压供模块 IC_1 用电。

IC_1 为热释电红外人体感应模块，它可由图 4-12-2 中的 RE200B 加上放大电路和比较电路得到。

第 5 章 电机驱动电路

电机是日常生活中常用电子设备中最常见的部件，如洗衣机、缝纫机、空调、冰箱、豆浆机、榨汁机等。电机是将电能转换为机械能的部件。据估计，全球 60% 的电能都供给电机使用，可以想象，学习电机驱动对电子设计人员的重要性。本章不过多讲解电机的设计和工作原理，只介绍电机的驱动电路及电路的工作原理。为了提高读者的兴趣，介绍了笔者设计的一款玩具小车，通过它讲解直流电机的驱动方法。本章所讲电路大部分需要配合软件控制，建议学会本章电路后，学习单片机(MCU)的程序设计。

5.1 直流电机驱动

直流电机是最早出现的电机，也是最早能实现调速的电机。长期以来，直流电机一直占据着速度控制和位置控制的重要地位。图 5-1-1 给出了自己制作的一款玩具小车，该小车就是采用直流电机驱动的。

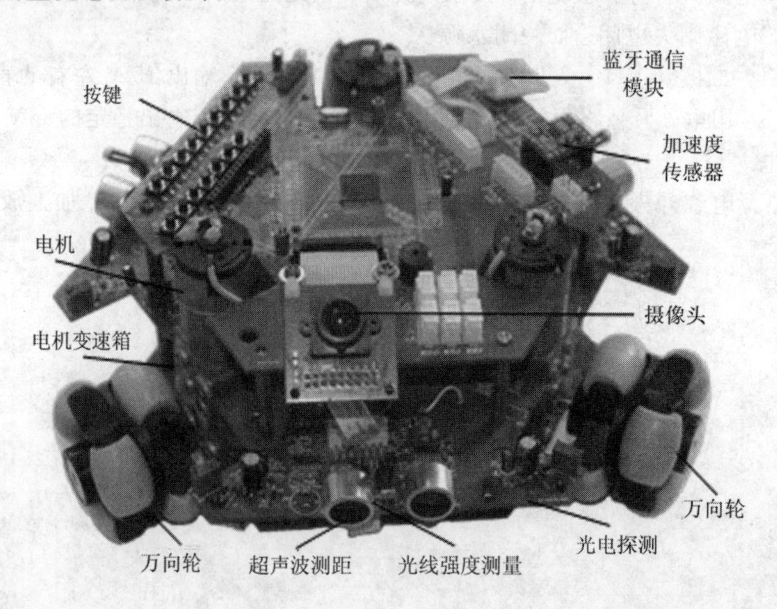

图 5-1-1 自己制作的一款玩具小车

图中光电探测电路、超声波测距电路、加速度测量电路和摄像头电路请参考第 4 章相关内容，图 5-1-2 给出了小车电机驱动部分的电路。

图中使用 L298 作为电机驱动元件，它可同时驱动两个直流电机 B_1 和 B_2，驱动电压由 V_S 端加入，V_{SS} 为芯片 L298N 供电。IN_1、IN_2、ENA、OUT_1、OUT_2、ISENA 与 IN_3、

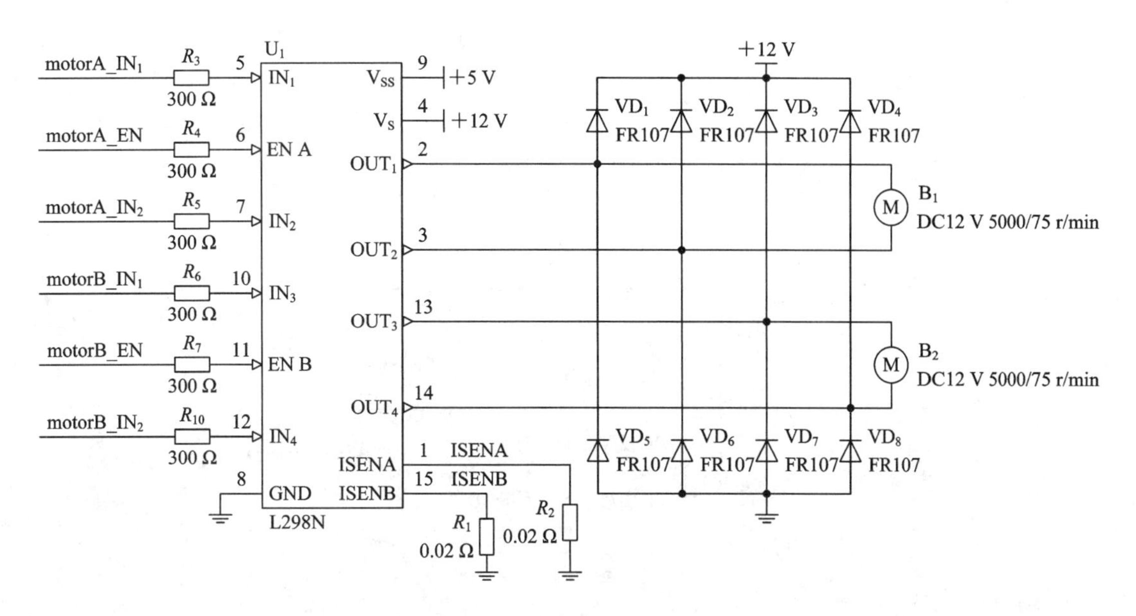

图 5-1-2　直流电机驱动电路

IN_4、ENB、OUT_3、OUT_4、ISENB 为两组控制端口，分别控制电机 B_1 与 B_2。下面以其中一组为例介绍其驱动方法。ENA 引脚为允许电机运转端，当它为高电平时允许电机运转，通过脉宽控制该引脚，可实现电机速度控制；IN_1 和 IN_2 为电机运转方向控制端，当 IN_1 为高电平，IN_2 为低电平时，向一个方向运转；当 IN_1 为低电平，IN_2 为高电平时，向另一个方向运转；ISENA 为电流采集端，可直接接地，不采集电机驱动电流的大小，亦可接一个小电阻采集 B_1 上流过的电流，再加上比较器反馈到输入控制端则可防止 B_1 堵转引起电流过大而烧毁电机。VD_1～VD_8 为快恢复二极管，用于在电机反转时保护电机。B_1、B_2 为 12 V 直流电机，变比为(5000∶75) r/min，该变比可根据实际需要，在购买电机时选择，5000(r/min)为电机最高转速，75 r/min 为电机经过变速齿轮后的转速，在同样参数条件下，变比后的速度越低，电机出力越大，实物如图 5-1-3 所示。

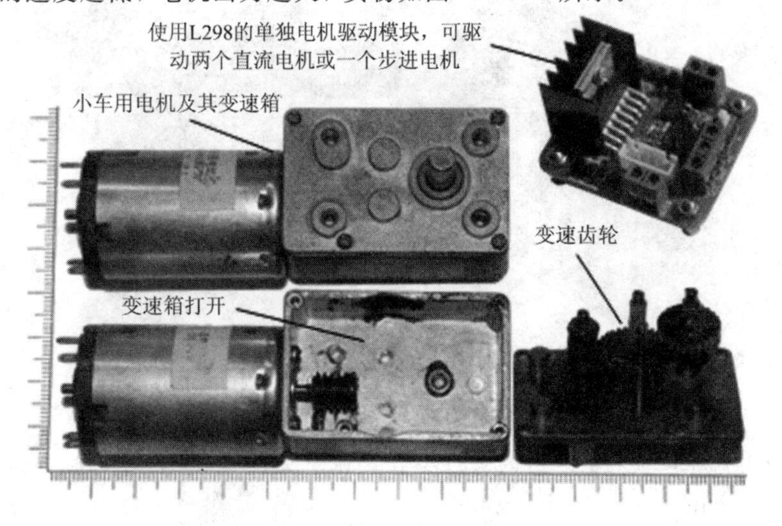

图 5-1-3　直流电机及其内部结构图

对于电机的驱动，除了采用集成元件 L298 外，还可使用简单的三极管驱动，如图 5-1-4 所示，利用 PNP 三极管 ZN3906 作为上桥连接电源 U_{CC} 与直流电机，目的是减少三极管导通的电压降；利用 NPN 三极管 ZN3904 作为下桥连接直流电机到地。当控制 VT_1 与 VT_4 导通时，电机向一个方向旋转；当控制 VT_2 与 VT_3 导通时，电机向另一个方向旋转；通过控制 VT_3、VT_4 的导通脉冲宽度即可控制电机转速。

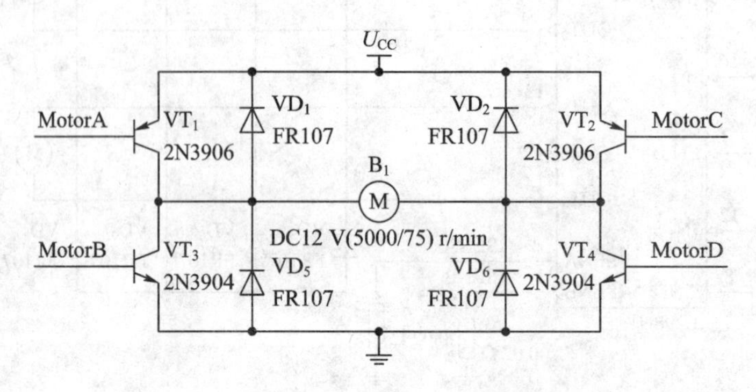

图 5-1-4 直流电机简单驱动电路

5.2 步进电机驱动

步进电机是纯粹的数字控制电机。它将电脉冲信号转变成角位移，即给一个脉冲信号，步进电机就转动一个角度，如图 5-2-1 所示为步进电机及其控制器。

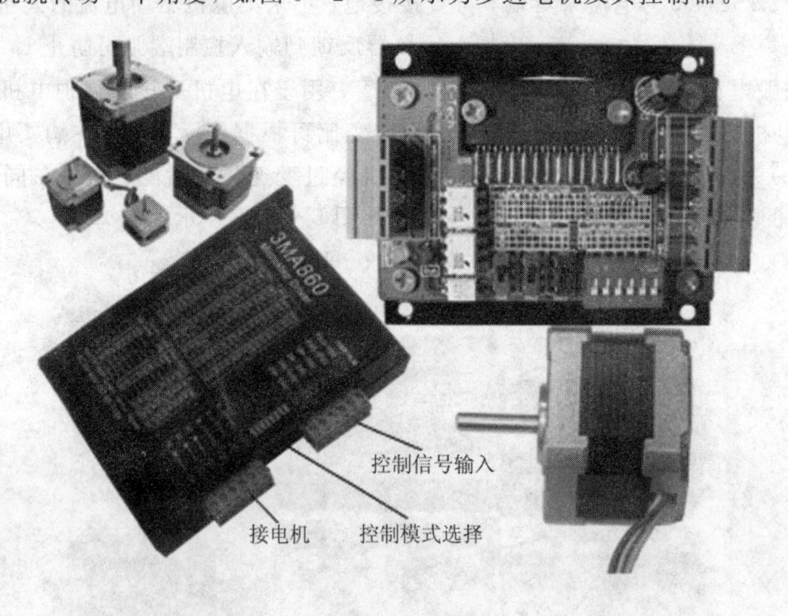

图 5-2-1 步进电机及其控制器

对于步进电机驱动而言，一般需要按步分配脉冲使其运转，常用的脉冲分配方法有软件分配法和硬件分配法。

1. 软件分配法

软件分配法是完全用软件的方式，按照给定的通电换相顺序，通过 MCU 的 PWM 输出口向驱动电路发出控制脉冲。如图 5-2-2 所示就是用这种方法控制四相步进电机的硬件接口示例。该例利用 MCU 的 I/O 口，向四相步进电机各相传送控制信号。

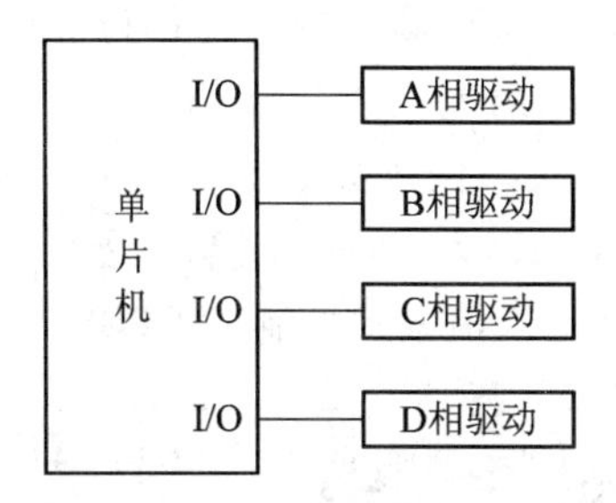

图 5-2-2　用软件实现脉冲分配的接口示意图

下面以四相步进电机工作在八拍方式为例，来说明如何设计软件。四相八拍工作方式通电换相的正序为 AB—ABC—BC—BCD—CD—CDA—DA—DAB，共有 8 个通电状态。

如图 5-2-3 所示为用软件法实现步进电机驱动的电路图，由图可以看出，需要使用单片机 MSP430F149 编程控制 L298N 来驱动步进电机 B_1，单片机的内部程序主要用于实现通电换相顺序，换相的快慢决定步进电机的运转速度。U_1 用于放大采集到的电机电流信号，送入 MCU 进行 A/D 转换，实时计算电机驱动电流，监测电机故障。

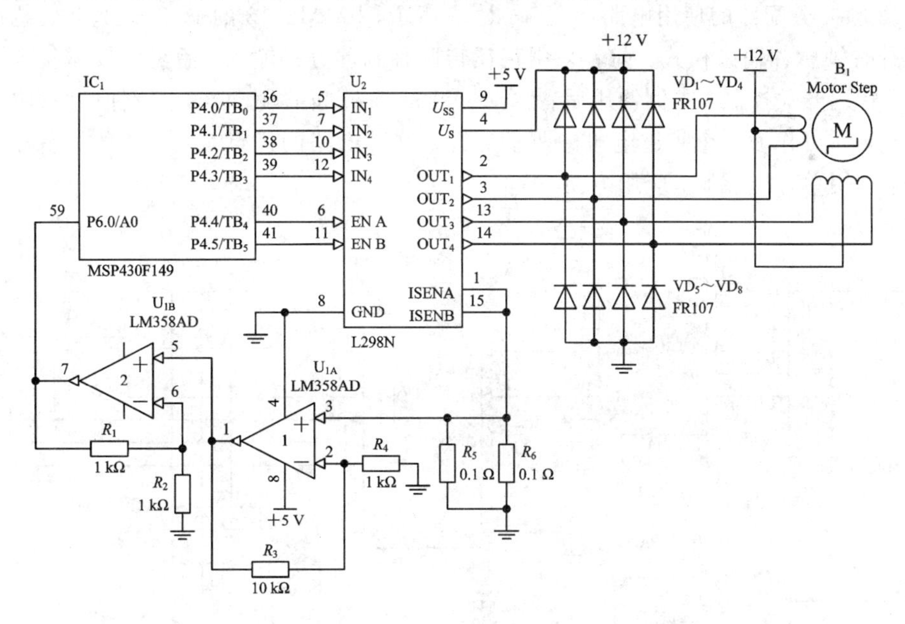

图 5-2-3　软件分配法实现步进电机驱动的电路图

2. 硬件分配法

所谓硬件分配法，实际上是使用脉冲分配器芯片来进行通电换相控制。脉冲分配器有很多种，如 CH250、CH224、PMM8713、PMM8714、PMM8723 等。这里介绍一种 8713 集成电路芯片，8713 有几种型号，如三洋公司生产的 PMM8713、富士通公司生产的 MB8713、国产的 5G8713 等，它们的功能一样，可以互换。

8713是属于单极性控制，用于控制三相和四相步进电机，可以选择以下不同的工作方式：

三相步进电机：单三拍、双三拍、六拍；

四相步进电机：单四拍、双四拍、八拍。

8713可以选择单时钟输入或双时钟输入。8713具有正反转控制、初始化复位、工作方式和输入脉冲状态监视等功能。它所有输入端内部都设有施密特整形电路，提高抗干扰能力。8713用4～18 V直流电源，输出电流为20 mA。

8713脉冲分配器与MCU的接口例子如图5-2-4所示。本例选用单时钟输入方式，8713的3脚为步进脉冲输入端，4脚为转向控制端，这两个输入引脚均可由MCU的I/O口控制。选用对四相步进电机进行八拍方式控制，所以5、6、7脚均接高电平。

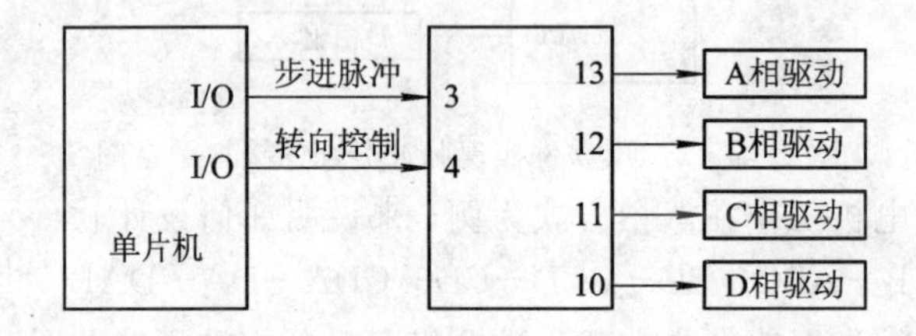

图5-2-4　8713脉冲分配器与MCU接口示意图

硬件分配法节约了MCU的时间和资源，因此利用单片机可以实现多台步进电机的多轴联动控制，其中对转向控制可利用单片机的I/O口输出高电平实现正转和输出低电平实现反转。

8713脉冲分配器的使用电路如图5-2-5所示，PMM8713的1、2与3、4脚构成本电路的两种时钟脉冲输入模式，前者采用正反转两种脉冲分别输入，后者则仅需一个脉冲输入，正反转用开关控制，本例使用后者。L298N是双H桥式驱动器，它不但可以驱动两个直流电机，亦可作为一个步进电机的驱动芯片。这种电路的优点是，需要的原件很少，可靠性高，利用单片机控制，应用方便。

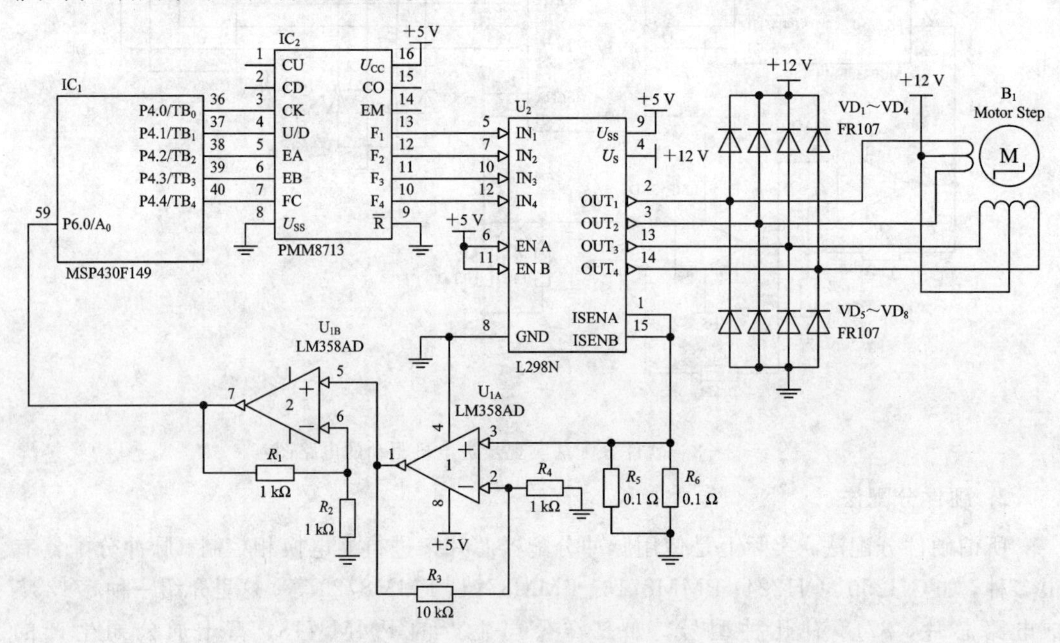

图5-2-5　硬件分配法步进电机驱动电路

5.3　无刷直流电机驱动

无刷直流电机是永磁式同步电机的一种，而并不是真正的直流电机，英文简称BLDC。无刷直流电机区别于有刷直流电机的地方是它不使用机械的电刷装置，采用方波自控式永磁同步电机，以霍尔传感器取代碳刷换向器，以钕铁硼作为转子的永磁材料，性能上较传统直流电机有很大优势，是当今最理想的调速电机。

无刷直流电机有专用的电机驱动芯片，如图5-3-1所示给出了自己设计的一款无刷直流电机驱动器，它就是使用电机驱动芯片驱动，只需调节电位器旋钮即可调节速度，电路简单，如图5-3-2所示。

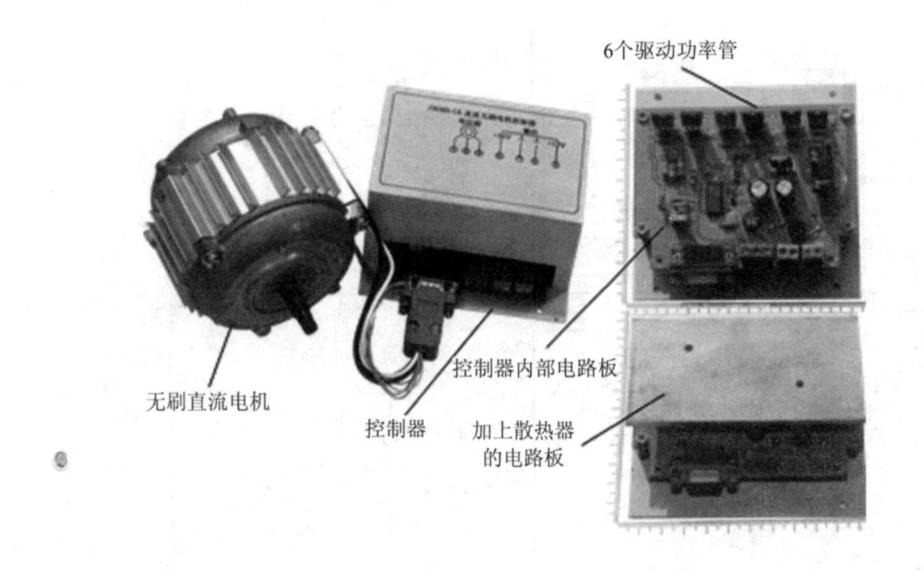

图5-3-1　自己设计的一款无刷直流电机驱动器

图5-3-2给出的电路适合初学者制作，它无需编写控制程序，只需调节J_3端口上的电位器旋钮即可调节电机速度，制作时需注意使用低压电源，U_{DD}不要超过36 V，确保人身安全。6个功率管($VT_1 \sim VT_6$)需安装散热器，防止过热损毁。

对于无刷直流电机驱动而言，采用专用驱动芯片存在一个缺点，就是即使使用了速度闭环芯片，也无法很好地实现速度闭环，所以为了得到更好的驱动效果，一般通过MCU或DSP控制无刷直流电机。采用MCU(或DSP)控制除了可以得到较好的闭环控制效果外，它还可以根据产品的自身需要，编写一些辅助功能。如电动自行车用无刷直流电机，就是采用MCU控制，它不仅可以控制电机，还可以实现刹车、照明、定速等功能。图5-3-3给出了笔者设计的一款电动自行车的驱动电路板。

该电路比较复杂，适合于具有较高理论和动手操作基础的设计人员在设计该类电路时参考使用(见图5-3-4)。该电路采用EM78P458单片机，需要学习该种单片机的编程；该单片机成本较低，适合于对成本要求较敏感的场合使用。

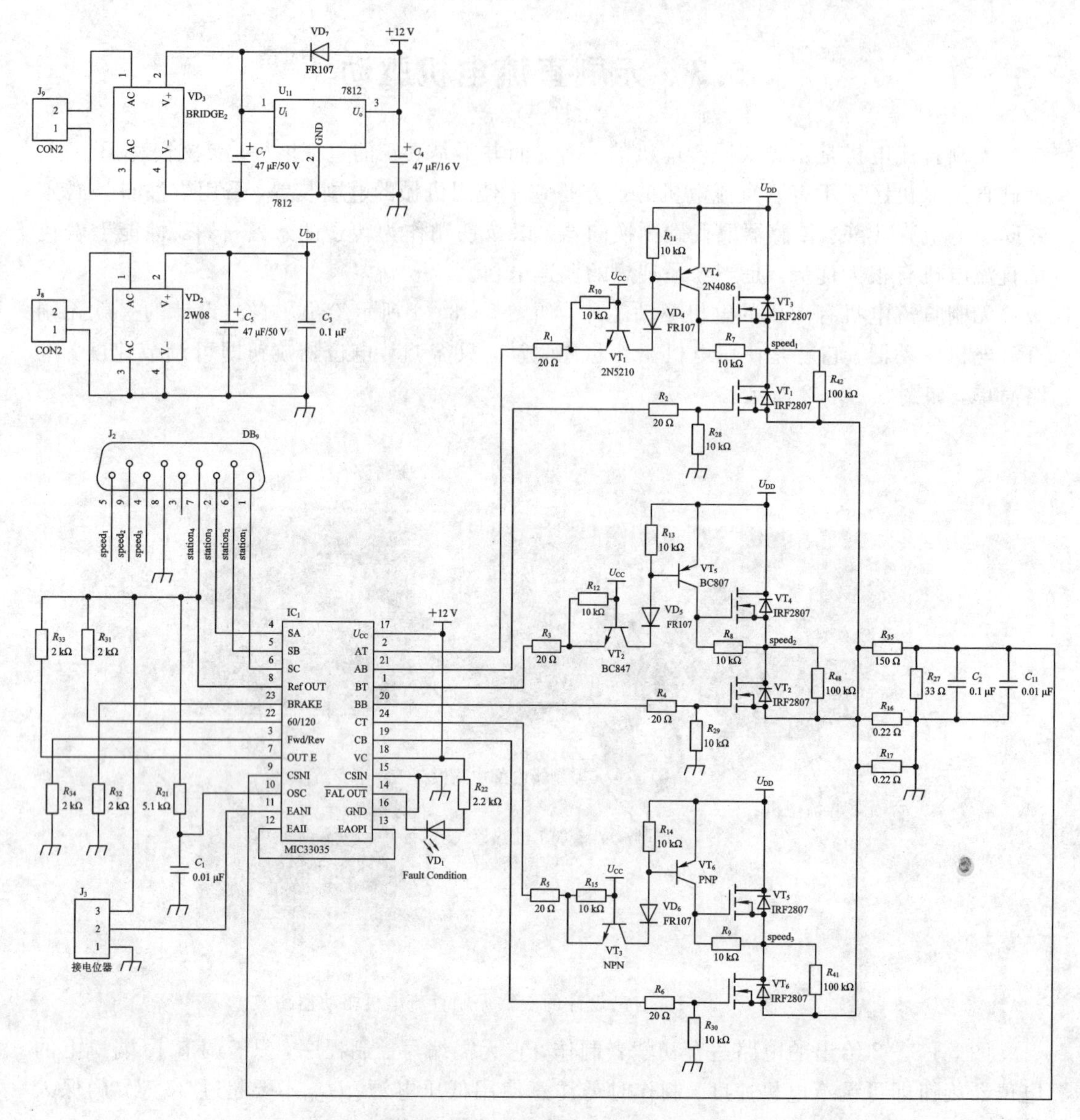

图 5－3－2　专用电机驱动芯片驱动的无刷直流电机电路

图 5－3－3　电动自行车驱动电路板

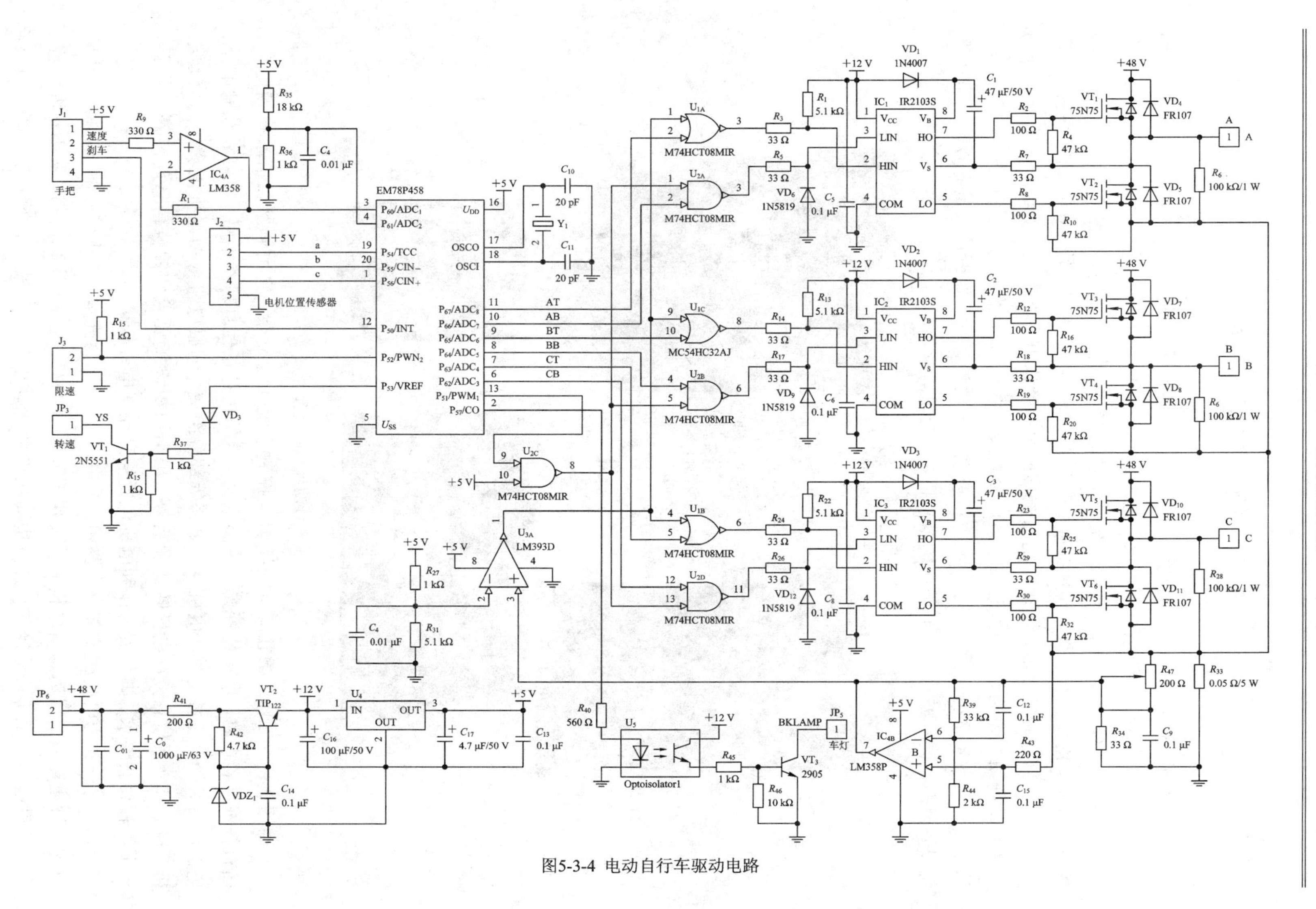

图5-3-4　电动自行车驱动电路

5.4 伺服电机驱动

伺服电机(Servo Motor)是指在伺服系统中控制机械元件运转的发动机，是一种辅助马达间接变速装置。伺服电机可使控制速度，位置精度非常准确，可以将电压信号转化为转矩和转速以驱动控制对象。伺服电机转子转速受输入信号控制，并能快速反应，在自动控制系统中，用作执行元件，且具有机电时间常数小、线性度高、始动电压低等特性，可把所收到的电信号转换成电动机轴上的角位移或角速度输出。图 5-4-1 给出了笔者设计的一款自动缝纫机控制系统。由于该电路比较复杂，图 5-4-2 给出了系统框图，图 5-4-3 给出了电机驱动部分电路。对于伺服电机驱动系统的设计，需要设计人员有较高的电子系统设计经验。读者如对该类电子系统感兴趣，可与笔者交流学习。

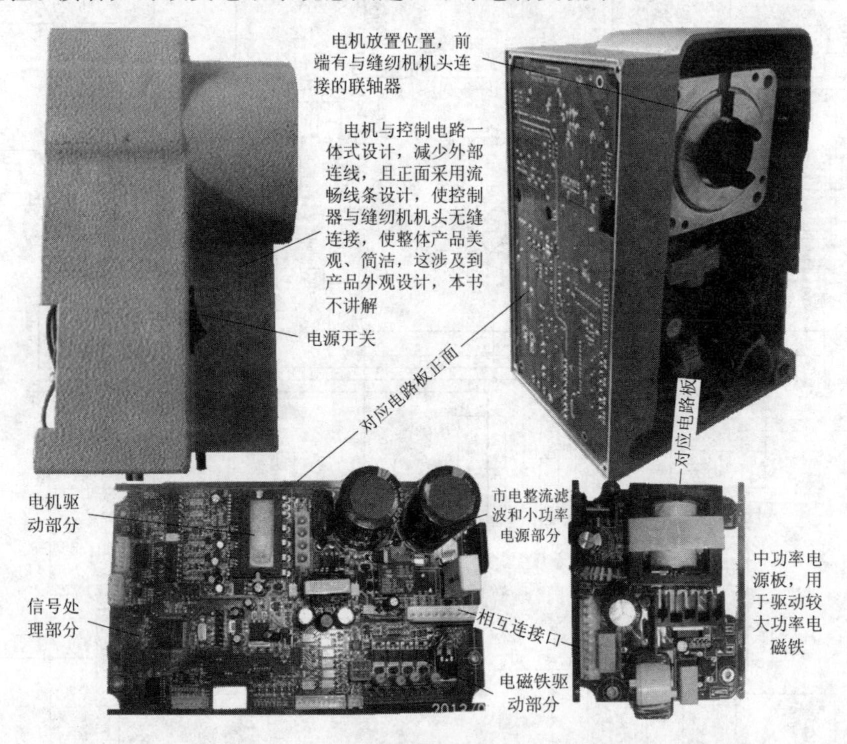

图 5-4-1 自动缝纫机控制系统实物图

由图 5-4-2 可以看出，自动缝纫机控制系统比较复杂，它由脚踏板信号检测电路、面板按键设置电路、电机位置光电编码电路、缝纫机针位信息检测电路、电磁铁控制电路、电源电路、DSP 主控电路、电机驱动电路等部分组成。伺服电机根据电机位置信息驱动电机，根据脚踏板信息控制电机转速和启停，根据面板设置要求和针位信息确定停止位置，根据面板设置要求、脚踏板动作和电机位置信息控制电磁铁运动。

图 5-4-3 为电机驱动部分电路图，图中，$U_1 \sim U_7$ 为光耦，实现信号隔离，将 DSP 输出的电机驱动波形隔离送给电机驱动模块 FSBB15CH60，由 FSBB15CH60 驱动电机运转。由于该设备由人工不停地操作，且使用高压电源驱动中功率电机，故必须进行信号隔离，不能为了节省成本而去除高速光耦，带来安全隐患。

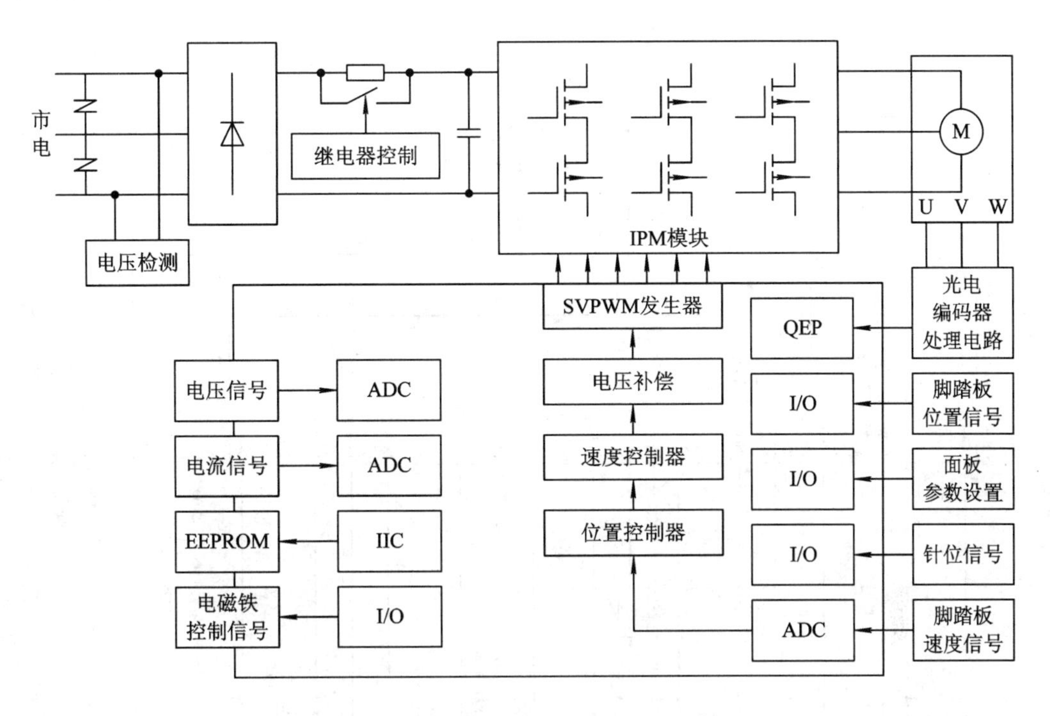

图 5-4-2　自动缝纫机控制系统的系统框图

5.5 舵机驱动

舵机广泛应用于飞机、车、船等设备中，此处所讲的舵机是指航模、小型玩具机器人使用的舵机，舵机是由外壳、电路板、无核心马达、齿轮与位置检测器组成的一套机电部件。其工作原理是由接收机发出信号给舵机，经由电路板上的 IC 判断转动方向，再驱动电机开始转动，通过齿轮减速机构将动力传至摆臂，同时由位置检测器送回信号，判断是否已经到达指定位置，其实物如图 5-5-1 所示。图 5-5-2 给出了舵机内部驱动电路图，该电路集成在舵机内部，无需使用者关心，笔者给出内部电路的目的是使读者对电机的驱动有一深入的了解，图中驱动的电机即为一普通直流电机，其驱动电路与图 5-1-4 的类似。该图适用于设计舵机的人员，图中 MSP430F1122 单片机需要读者自己编写程序。

图 5-5-2 中，BatteryV 为舵机输入电压，该电压用于驱动电机，可经电阻分压后得到 Voltage 电压，送入单片机即可测量出 BatteryV 的值。R_5 用于送入位置信息(Position)，用于调试时设置舵机初始位置。ZXCT1009 用于检测电机电流，防止堵转损毁，该电流检测分辨率由 R_2 和 R_3 决定。PWM_A、PWM_B、EN_A、EN_B 用于驱动电机，实现舵机所需位置。

对于舵机的驱动则要比舵机内部驱动简单许多，标准的舵机有三条线，分别为：电源线、地线及控制信号线。电源线与地线用于提供内部的直流电机及控制线路所需的能源，电压通常在 4～6 V 之间，该电源应尽可能与处理系统的电源隔离(因为舵机内部使用的直流电机会产生噪声)。甚至小的直流电机在重负载时也会拉低放大器的电压，因此整个系统的电源供应的比例必须合理分配。

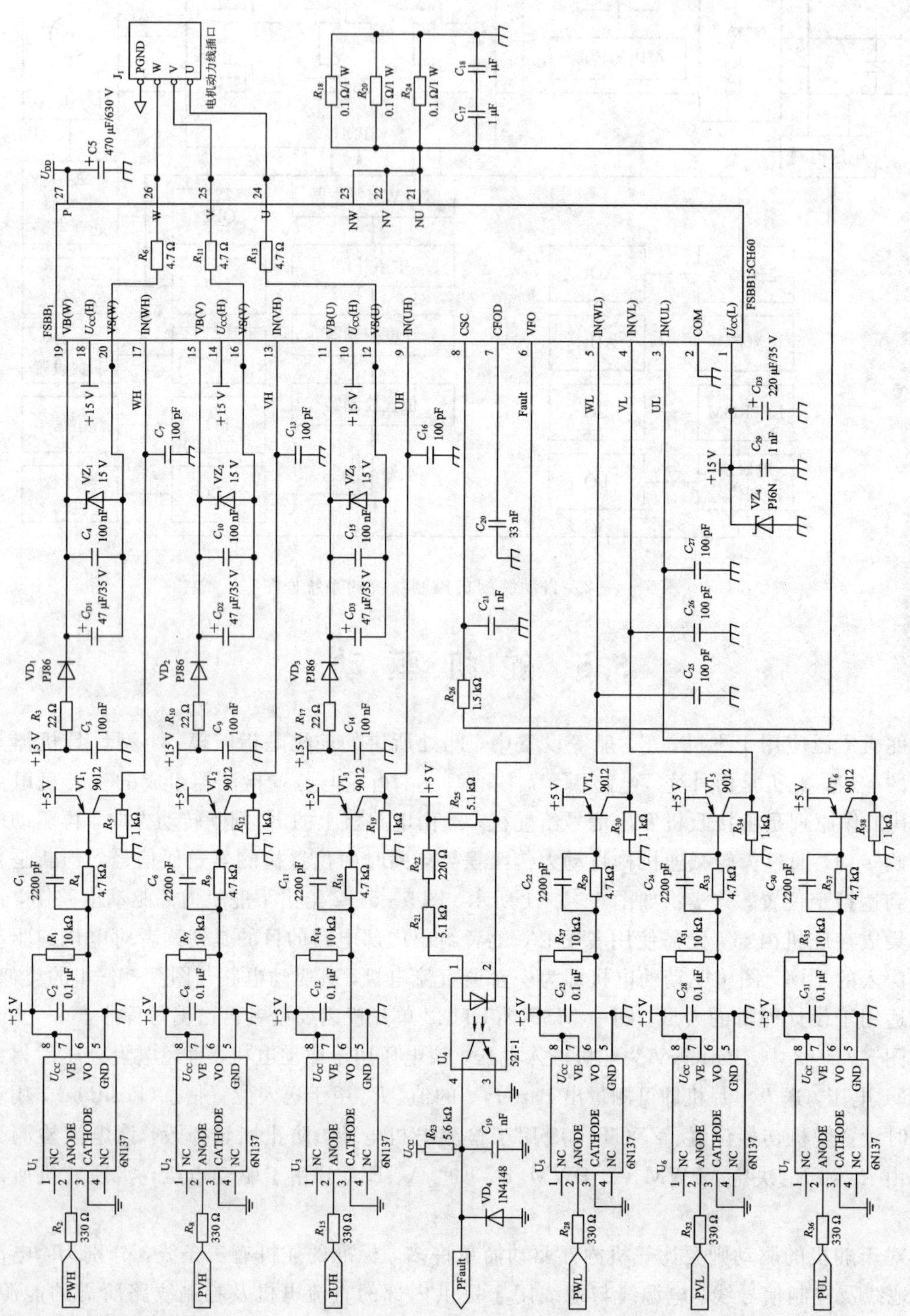

图5-4-3 自动缝纫机控制系统电机驱动部分电路图

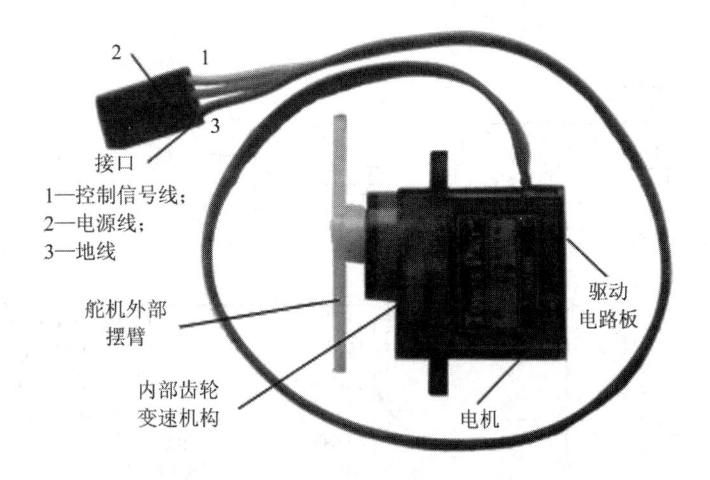

图 5-5-1　舵机实物图

在驱动舵机时，需给控制信号线送入一个周期性的正向脉冲信号，这个周期性脉冲信号的高电平时间通常在 1～2 ms 之间，而低电平时间应在 5～20 ms 之间，并不很严格，表 5-5-1 表示出一个典型的 20 ms 周期性脉冲的正脉冲宽度与舵机的输出臂位置的关系。

表 5-5-1　周期性脉冲的正脉冲宽度与舵机的输出臂位置的关系

输入正脉冲宽度(周期为20 ms)	舵机输出臂位置
0.5 ms	≈−90°
1 ms	≈−45°
1.5 ms	≈0°
2 ms	≈45°
2.5 ms	≈90°

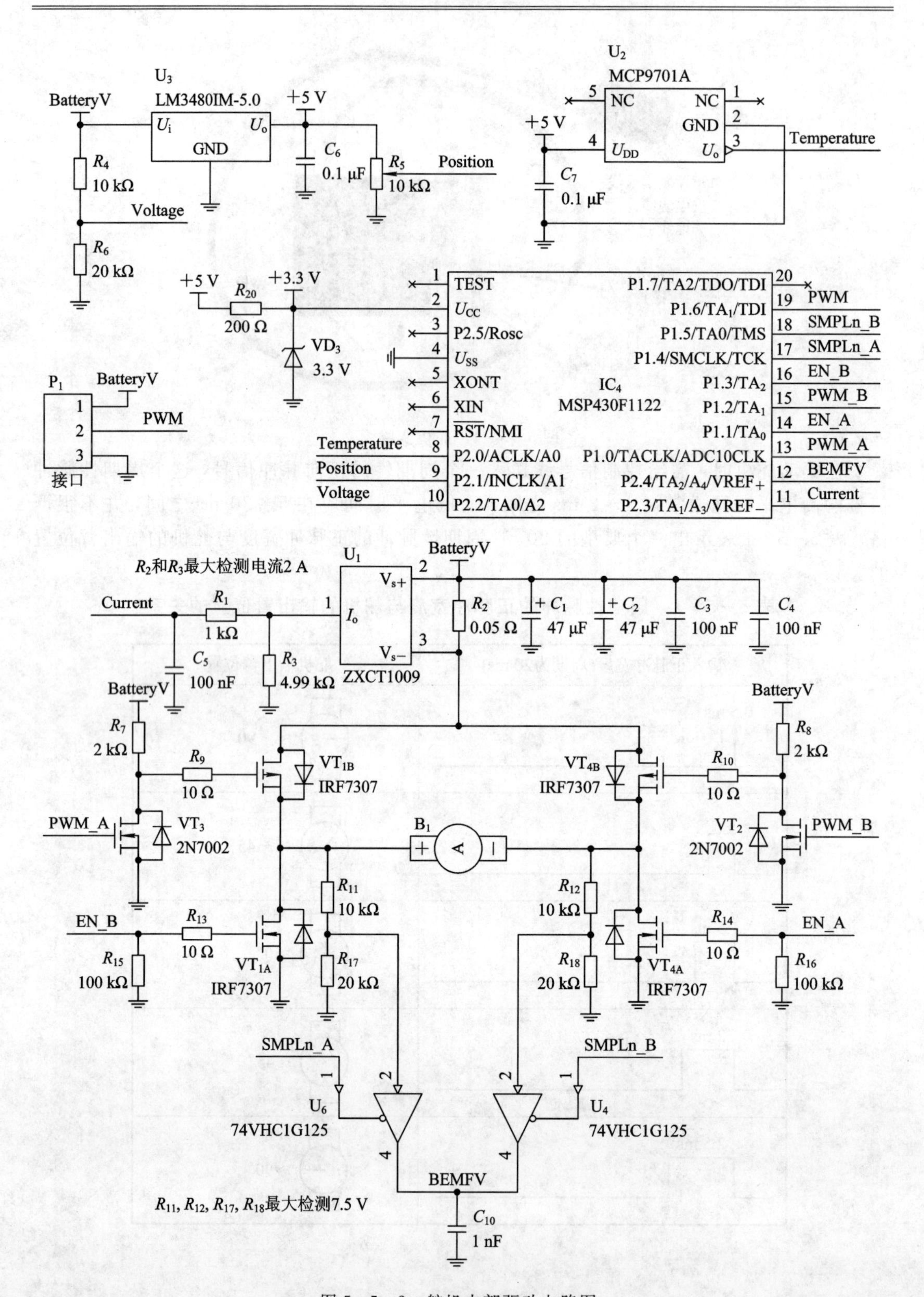

图 5-5-2　舵机内部驱动电路图

第 6 章　电 源 电 路

电源电路是每个电子设备中的必用电路，因此，掌握简单的电源电路设计是每个电子设计人员所必须具备的技能。本章讲解了几种常见的电源电路，便于读者在以后的设计中以此为参考，设计出需要的电源电路。

6.1　线性电源电路

线性电源电路是电源电路中最常用、最简单的一种电路，它常用具有电压转换功能的 IC 器件实现，根据输出方式的不同可分为固定式线性电源电路、可调式线性电源电路和可关断式线性电源电路。

6.1.1　固定式线性电源电路

1. 78L××和 79L××系列电源电路

78L××和 79L××系列电源电路是最常用的线性稳压电路，如图 6-1-1 所示。在这些电路中，三端稳压器作固定式电压稳压器用。在该电路中，旁路电容器经常可以省去。因此，三端稳压器的特点是非常明显的，只需用少量外加元件，就能实现稳压功能。78L××系列为输出正电压，如 78L05 为输出 5 V 电压；而 79L××系列输出负电压，如 79L05 为输出－5 V 电压。常见输出电压有±5 V、±6 V、±9 V、±12 V、±15 V、±24 V 等。

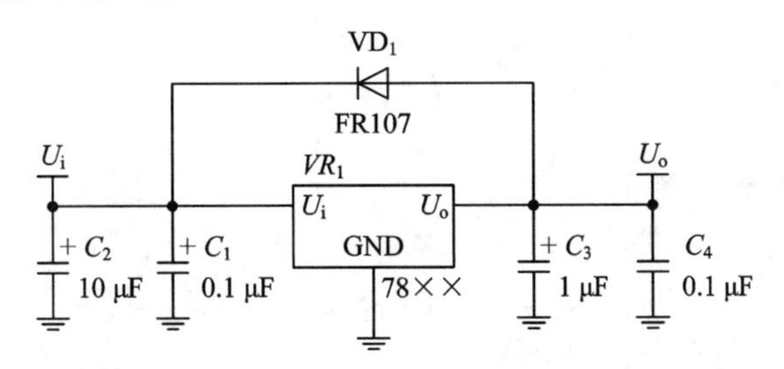

图 6-1-1　集成三端稳压器电路图

2. LC1117 系列电源电路

LC1117 系列电源电路亦是一种常见的低压差线性稳压电路，其输出电流为 1 A 时，压差小于 1.5 V。LC1117 采用了双极型制造工艺，确保其工作电压达 12 V。该系列的输出电压分为固定输出电压版本(有 1.2 V、1.8 V、3.3 V、5 V 和 12 V)和可编程输出电压版本。通过内部精密电阻网络的修正，实现输出电压的精度±1.5%。LC1117 内部有过热保护功能，以确保其本身和所带负载的安全。LC1117 采用 SOT223 和 TO252 两种封装形式，客户可根据使用功率和散热要求来选择合适的封装形式。该电路常用于 PC 主板、显卡、

LCD 显示器、LCDTV、数码相框、通信系统、无绳电话、ADSL 适配盒、DVD 播放器、机顶盒、硬盘盒、读卡器等系统中。其连接电路图与图 6-1-1 一样。

6.1.2　可调式线性电源电路

由于在某些场合需要特定的电源电压，这时就需要专门为这种用途而设计可调式线性电源，通过调节可调电阻得到所需电压。

1. LM317 和 LM337 电源电路

LM317 是一种具有广泛用途的三端可调式正电压调节器，具有较高的输入电压，较大的输出电流以及较高的性能参数，广泛地应用于各种直流稳压电源、开关电源、可编程电源及高精度恒流源等电子设备中，其实物电路如图 6-1-2 所示。

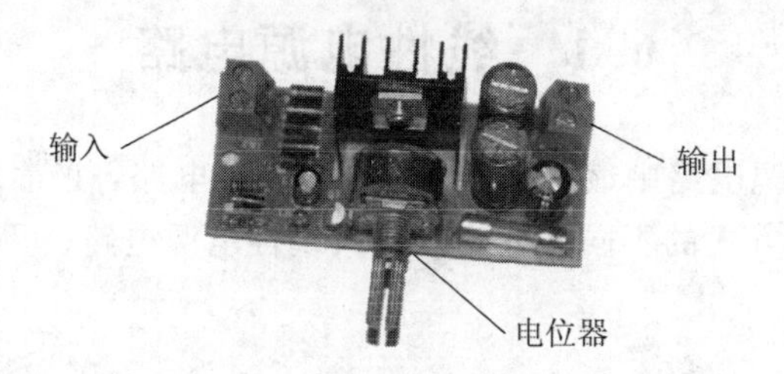

图 6-1-2　LM317 电源实物图

LM317 为输出正电压；而 LM337 为输出负电压。其常见应用电路如图 6-1-3 所示。

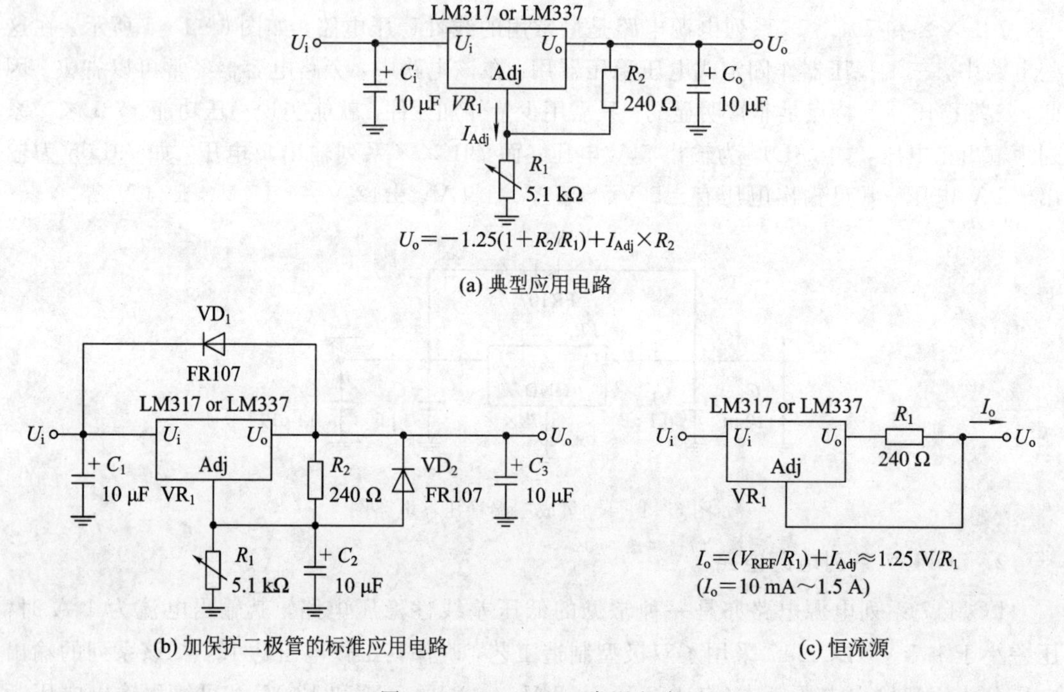

图 6-1-3　LM317 常用电路

由于 LM317 在要求电压可调的应用中具有极好的性能，而且它的输出电流又可达 1.5 A，输出电压在 1.2～37 V 之间连续可调，所以就不需要贮备许多固定电压稳压器。当它用作整个系统的主要稳压器时，不仅能简化系统，而且还具有很大的设计灵活性，该器件内部含有限流、过热关机和安全工作区保护等电路。即使调整端 Adj 没有与外电路连接，这些保护功能仍能正常工作。

2. LC1117Adj

上海岭芯电子生产的 LC1117、LC1085、LC1084 都有可调电压输出版本，该系列元器件使用方法与 LM317 一样。

6.1.3　可关断式线性电源电路

在某些场合为了降低系统功耗，则需要关断部分不用的电路，这时就需要使用可关断式线性电源。如图 6-1-4 所示为采用上海岭芯电子生产的 LC1458 设计的一款可关断式线性电源电路。

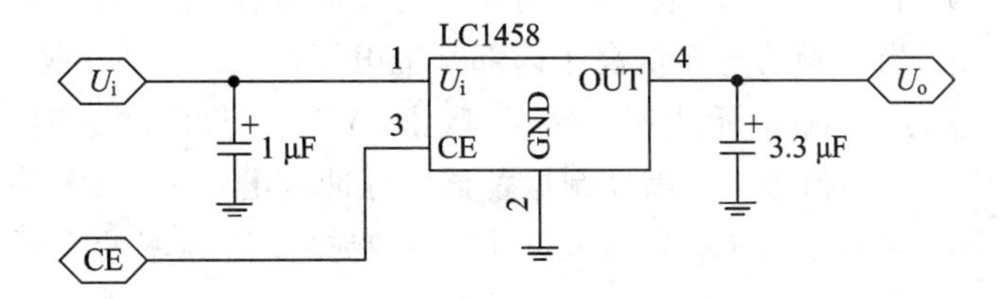

图 6-1-4　LC1458 典型应用电路

图中，LC1458 是一款 500 mA、噪声小于 50 μV RMS 的低压差线性稳压器(在无需 bypass 电容的情况下，PSRR 在 100 Hz 处实现 70 dB)。LC1458 提供了一个使能端，可用于对负载供电的开关。其内部包含了一个高精度的电压基准、误差放大器、限流和反折式的短路保护、功率驱动晶体管和输出放电管，同时内部的高精度电阻网络确保输出电压在 ±2%以内。

该电路可广泛应用于各种需要低压差、负载电流小于 500 mA 并需要关断和极低待机功耗的电子系统中。常见的有手机、数字无绳电话、数码相机、无线网卡等电池供电或 USB 供电的可移动的手持电子设备或其他如数码相框等的家用电器。

6.2　DC-DC 电源电路

线性电源电路设计较简单，使用元件少，但是它存在当输入输出电压压差较大时，器件发热较大、转换效率低的缺点，且输出电压要低于输入电压(以正电压输出为例)，为了在较大压差情况下实现较大电流输出且器件发热较小，或实现输出电压大于输入电压的功能，这时就需使用 DC-DC 电源电路。

6.2.1　非隔离式电路

非隔离式 DC-DC 电源电路是一种常用的电压变换电路，特别适用于无需电压隔离且需要电压变换的场合，如电子玩具、MP3、无线鼠标、应急充电器等。

1. MC34063 电路

MC34063 芯片是电源电路中应用较广的一种元件，多数元件厂商都有生产。利用该元件可设计各种需要的电源电路。该器件本身包含了 DC-DC 变换器所需要的主要功能(单片控制电路)且价格便宜。它由具有温度自动补偿功能的基准电压发生器、比较器、占空比可控的振荡器、R－S触发器和大电流输出开关电路等组成。该器件可用于升压变换器、降压变换器和反向器的控制核心，由它构成的DC－DC变换器仅用少量的外部元器件。主要应用于以微处理器(MPU)或单片机(MCU)为基础的系统。

MC34063组成的降压电路原理如图6－2－1所示。比较器的反相输入端(脚5)通过外接分压电阻R_1、R_2监视输出电压。其中，输出电压$U_o = 1.25(1 + R_2/R_1)$。由公式可知，输出电压仅与R_1、R_2数值有关，因1.25 V为基准电压，恒定不变。若R_1、R_2阻值稳定，U_o亦稳定。引脚5的电压与内部基准电压1.25 V同时送入内部比较器进行电压比较。当5脚的电压值低于内部基准电压(1.25 V)时，比较器输出为跳变电压，开启R－S触发器的S脚控制门，R－S触发器在内部振荡器的驱动下，Q端为“1”状态(高电平)，驱动管VT_2导通，开关管VT_1亦导通，使输入电压U_i向输出滤波器电容C_2充电以提高U_o，达到自动控制U_o稳定的作用。当5脚的电压值高于内部基准电压(1.25 V)时，R－S触发器的S脚控制门被封锁，Q端为“0”状态(低电平)，VT_2截止，VT_1亦截止。振荡器的I_{pk}输入(7脚)用于监视开关管VT_1的峰值电流，以控制振荡器的脉冲输出到R－S触发器的Q端。3脚外接振荡器所需要的定时电容C_2电容值的大小决定振荡器频率的高低，亦决定开关管VT_1的通断时间。

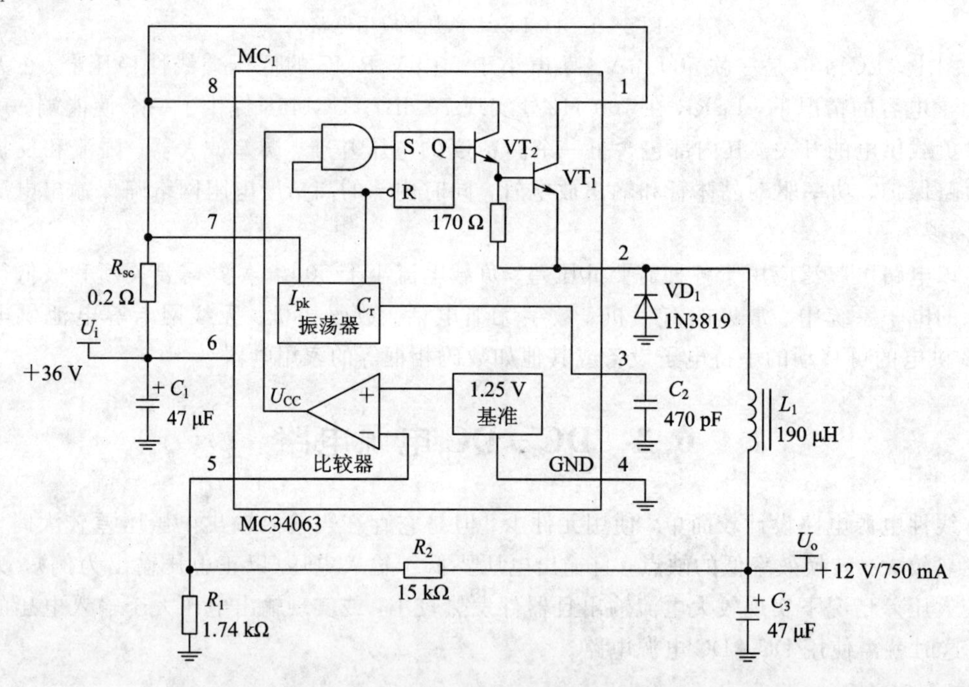

图6－2－1　应用34063设计的降压型电路

MC34063组成的降压电路原理如图6－2－2所示，当芯片内开关管(VT_1)导通时，电源经取样电阻R_{sc}、电感L_1、MC34063的1脚和2脚接地，此时电感L_1开始存储能量，而由C_2对负载提供能量。当VT_1断开时，电源和电感同时给负载和电容C_2提供能量。电感在释放能量期间，由于其两端的电动势极性与电源极性相同，相当于两个电源串联，因而负载上得到的电压高于电源电压。开关管导通与关断的频率称为芯片的工作频率。只要此频率相对负载的时间常数足够高，负载上便可获得连续的直流电压。

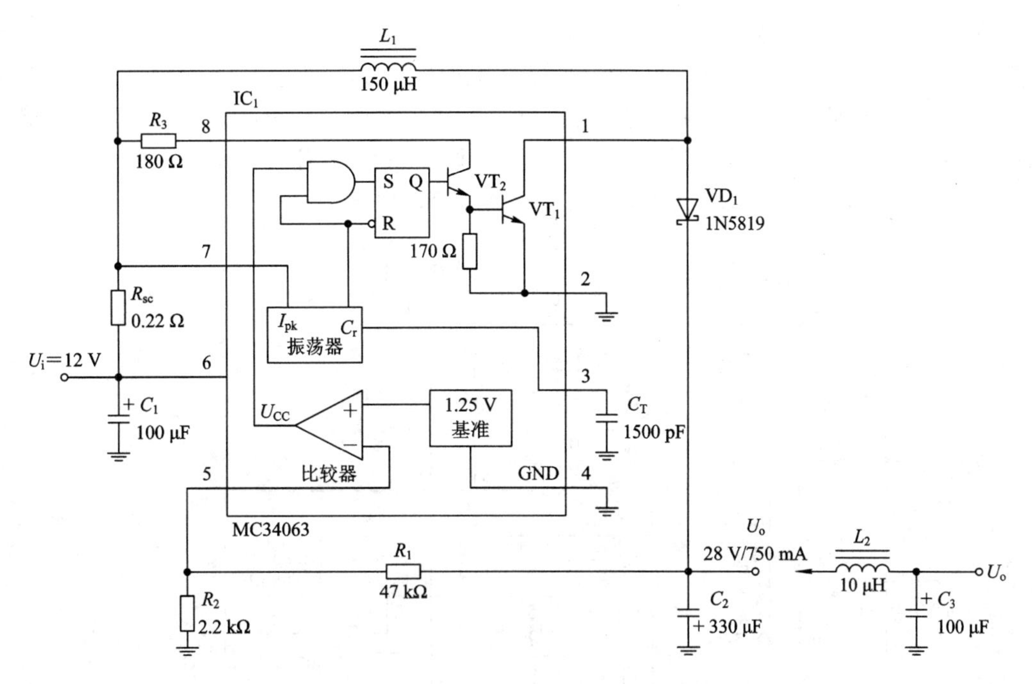

图 6-2-2　应用 MC34063 设计的升压型电路

MC34063 组成的稳压电路如图 6-2-3 所示，它由升压电路和降压电路组成，在一定输入电压范围内，可将输出电压稳定在所需电压值，具体分析可参考升压电路和降压电路分析过程。

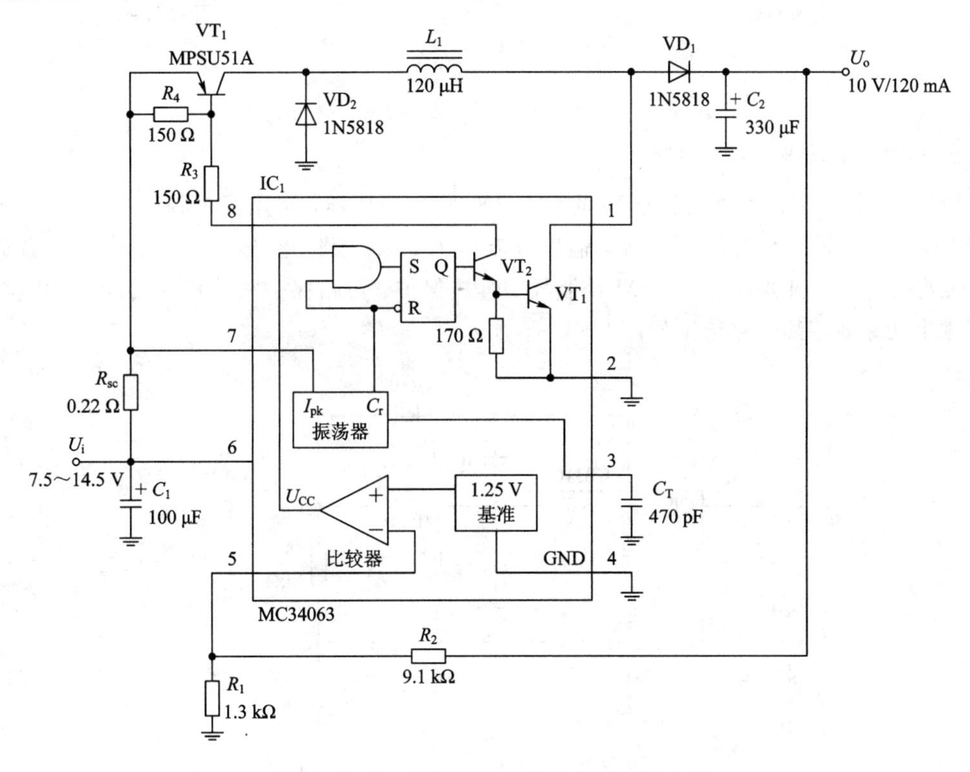

图 6-2-3　应用 34063 设计的稳压型电路

如图 6-2-4 所示为采用 MC34063 芯片构成的开关反压电路。当芯片内部开关管 VT_1 导通时，电流经 MC34063 的 1 脚、2 脚和电感 L_1 流到地，电感 L_1 存储能量。此时由 C_3 向负载提供能量。当 VT_1 断开时，由于流经电感的电流不能突变，因此，续流二极管 VD_1 导通。此时，L_1 经 VD_1 向负载和 C_3 供电，输出负电压。这样，只要芯片的工作频率相对负载的时间常数足够高，负载上便可获得连续直流电压。

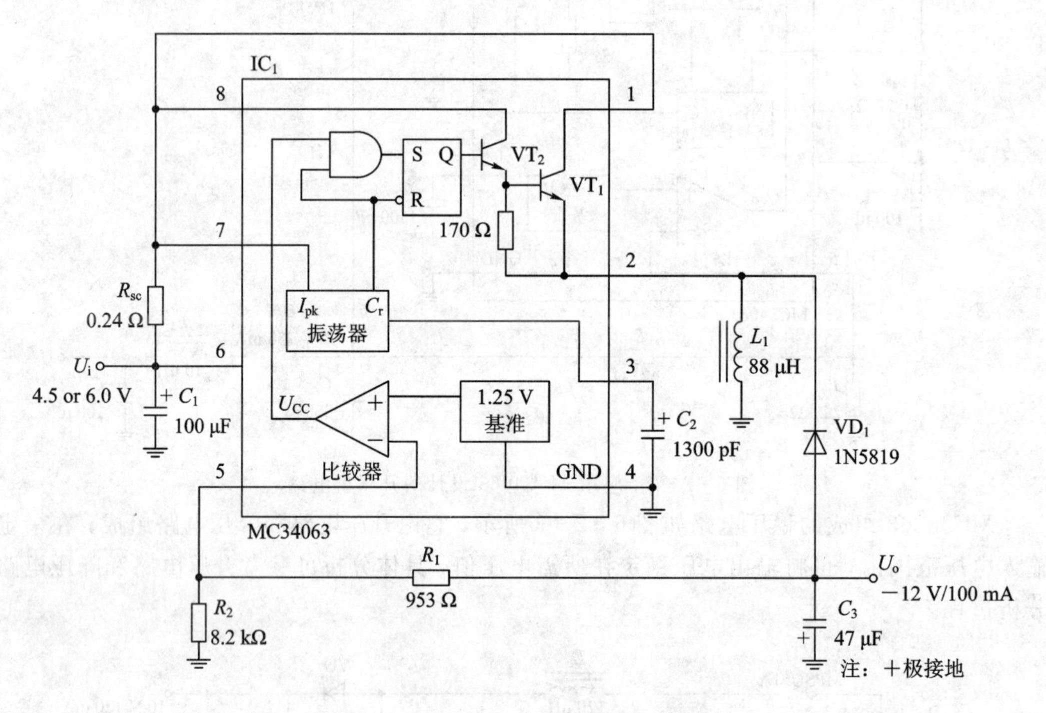

图 6-2-4　应用 MC34063 设计的电压反向电路

2. LC2316 电路

LC2316 是一款极具性价比的高压 DC-DC 降压稳压器，采用开关频率为 1.2 MHz 的 PWM 控制方式，其耐压大于 20 V，输出电流为 1.2 A，反馈电压 1.25 V。内部包含振荡器、误差放大器、斜坡补偿、PWM 控制器、过热保护、短路保护和开机软启动等功能模块以及输出功率管。其电路结构如图 6-2-5 所示。

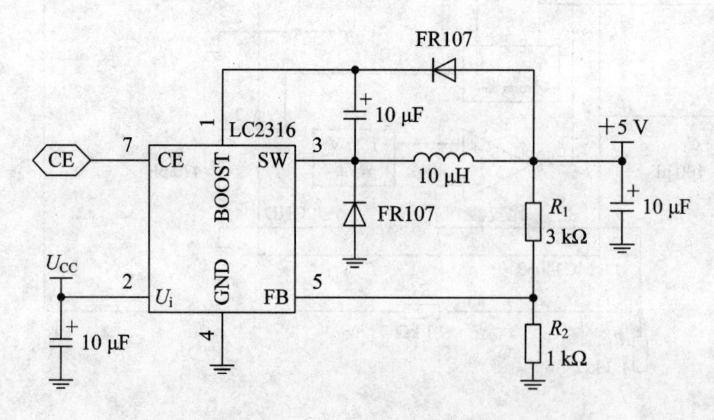

图 6-2-5　LC2316 应用电路图

3. LC3030 电路

LC3030 是一款 DC－DC 升压控制芯片，采用开关频率为 350 kHz 的 PFM 控制方式，最低 0.8 V 的启动电压，输出电压覆盖范围为 2.5～6 V。LC3030 内置功率 MOSFET，可用最少 3 个外围器件构成一个完整的升压电路，且有着极低的空载消耗电流(＜20 μA)。其典型应用电路如图 6－2－6 所示。

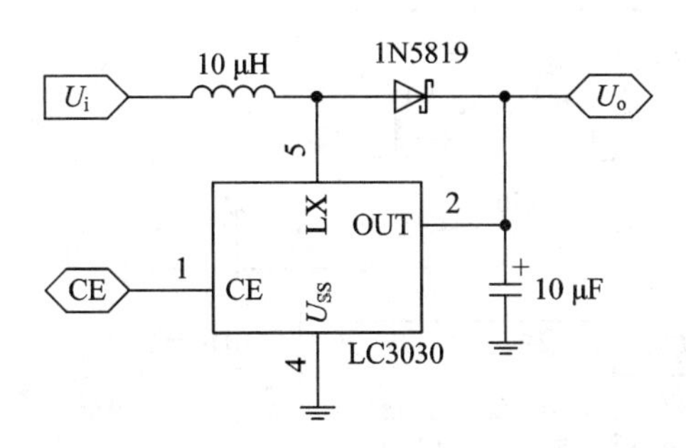

图 6－2－6　LC3030 应用电路图

4. LTC3548 电路

图 6－2－7 是用 LTC3548 设计的一款 2.5 V 转 1.8 V 的降压型稳压电路，LTC3548 是一款双通道、恒定频率、同步降压型 DC/DC 转换器。这款面向低功率应用的器件可在 2.5～5.5 V 的输入电压范围内运作，并具有一个 2.25 MHz 的恒定开关频率，因而允许采用纤巧、低成本的电容器和电感器，高度≤1.2 mm。每个输出电压均可在 0.6～5 V 的范围内调节。内部同步 0.35 Ω、0.7 A/1.2 A 功率开关能够在无需采用外部肖特基二极管的情况下实现高效率。

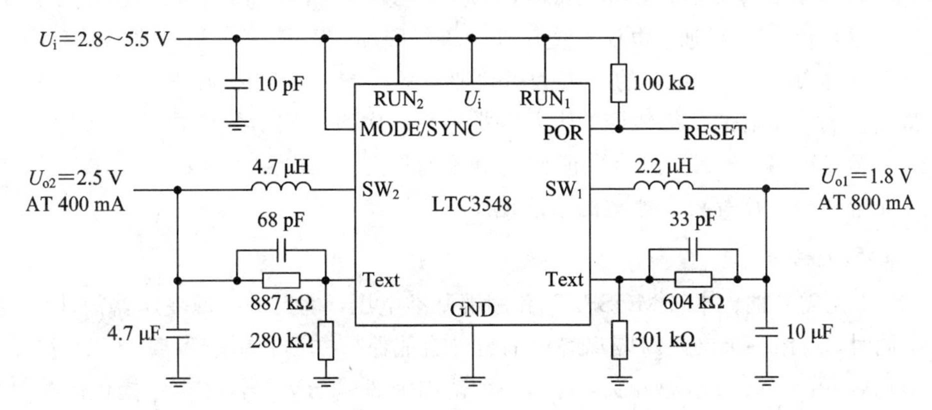

图 6－2－7　400 mA/800 mA 条件下的 2.5 V/1.8 V 降压型稳压器

LTC3548 提供了一个用户可选模式输入，以便用户在噪声纹波和功率利用系数两者之间进行权衡折中。突发模式(Burst Mode)操作可在轻负载条件下提供高效率，而脉冲跳跃模式则可在轻负载条件下实现低噪声纹波。

6.2.2 隔离式电路

1. MC34063 电路

MC34063 芯片不但可以构成非隔离式电源电路，还可以利用变压器构成隔离式电源电路，如图 6-2-8 所示。

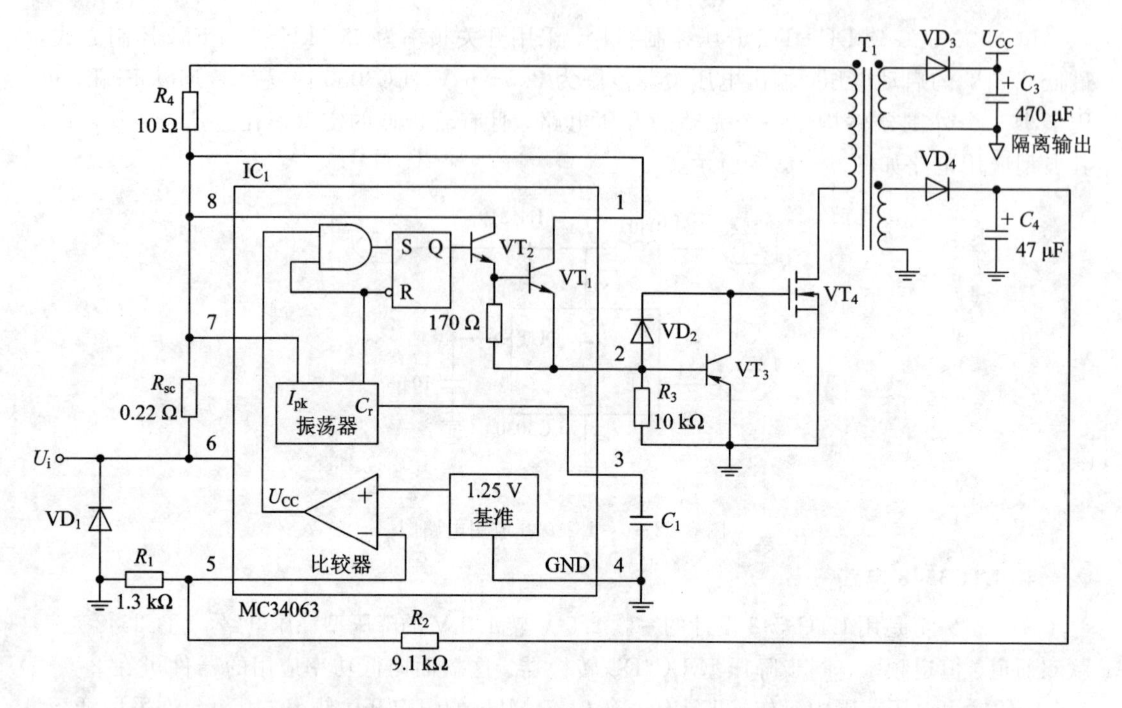

图 6-2-8　隔离高压大电流变压器初级线圈驱动电路

图 6-2-8 为采用 MC34063 芯片构成的隔离高压大电流变压器初级线圈驱动电路。当芯片内部的开关管导通时，MC34063 的 2 脚将呈现高电平，外部 P 型三极管 VT_3 截止，N 型 MOSFET 管 VT_4 导通。电流经变压器初级线圈和 VT_4 到地，初级线圈储存能量。当内部开关管关断时，MC34063 的 2 脚为低电平，VT_3 导通，VT_4 截止，初级线圈回路断开，能量耦合到变压器的次级线圈。从变压器的另一次级线圈对输出电压进行取样，然后经分压后送到 MC34063 的 5 脚可保证输出电压的稳定。该电路中次级主输出端为浮地电源输出，非常适合医疗等要求浮地的系统使用。

2. LT3574 电路

LT3574 无需光耦、外部 MOSFET 和副端基准电压，也无需电源变压器额外提供第三个绕组，同时，仅用一个必须跨隔离势垒的组件就能保持主端和副端隔离。LT3574 有一个内置 0.65 A、60 V NPN 电源开关，可从一个范围为 3～40 V 的输入电压提供高达 3 W 的输出功率，并采用了一个能通过主端反激开关节点、波形检测输出电压的主端检测电路。在开关关断时，输出二极管向输出提供电流，输出电压反射到反激式变压器的主端。开关节点电压的幅度是输入电压和反射的输出电压之和，LT3574 能重建该开关节点电压。在整个线电压输入范围、整个温度范围以及 2%～100%的负载范围内，这种输出电压反馈方法可产生小于±5%的总调节误差。图 6-2-9 显示了一个利用 LT3574 实现反激式转换器的原理图。

LT3574 运用边界模式工作进一步简化了系统设计，减小了转换器尺寸并改进了负载调节。LT3574 反激式转换器在副端电流降至零时，立即接通内部开关，而当开关电流达到预定义的电流限制时，则断开。因此，该器件工作时，总是处于连续传导模式(CCM)和断续传导模式(DCM)的转换之中，这种工作方式常称为边界模式或关键传导模式。其他特点包括可编程软启动、可调电流限制、欠压闭锁和温度补偿。变压器匝数比和两个连接到RFB及RREF引脚的外部电阻器设定输出电压。

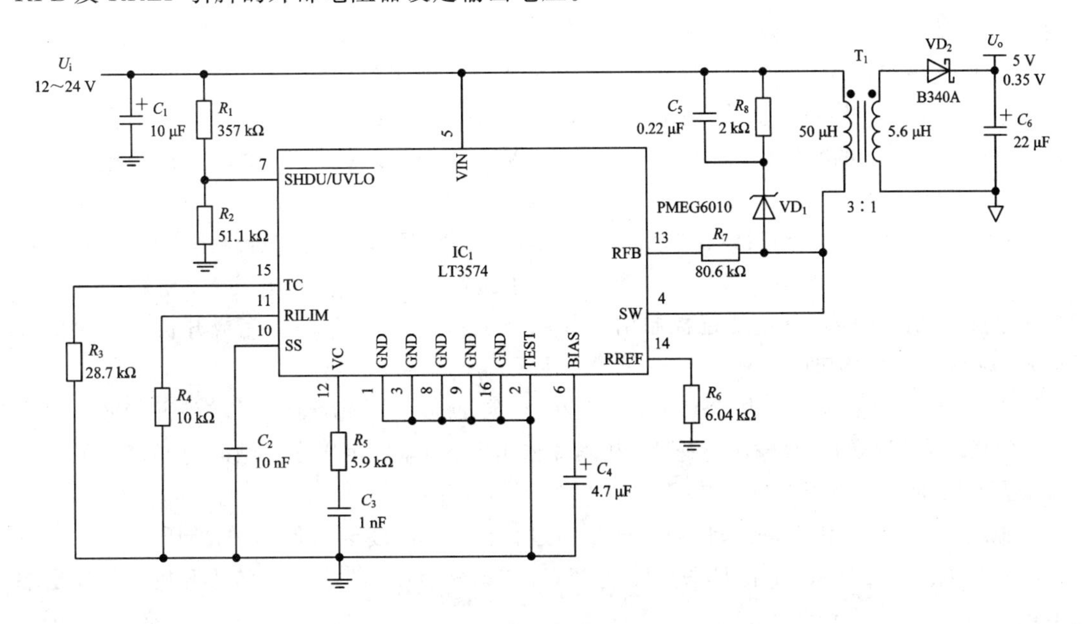

图 6-2-9　采用主端输出电压检测的反激式转换器

3. DPA423 电路

采用DPA-Switch的反激式电源给高功率密度的PoE及VoIP DC-DC应用提供了高效低成本的解决方案。

如图 6-2-10 所示的电路为使用DPA423G的单路输出反激式转换器原理图。对于输入输出要求隔离的应用，此设计简单、元件数目少。在 36～75 V 的直流输入电压范围内，此设计可输出 3.3 V、6.6 W 的功率，在 48 V 输入时的效率为 80%。

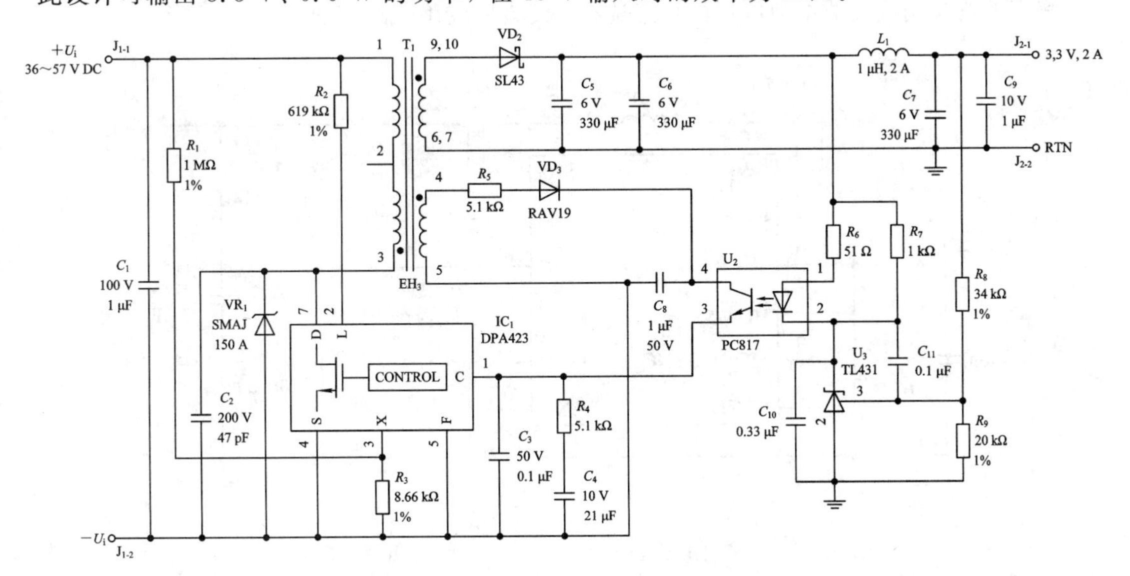

图 6-2-10　高效低成本的 6.6 W、3.3 V 输出的反激 DC-DC 转换器

电阻 R_2 确定了输入欠压及过压的保护阈值，分别为 33 V 和 86 V。电阻 R_1 和 R_3 对器件内部的限流点加以设定。外加的线电压检测电阻 R_1 用于在输入电压增加时降低限流点，从而避免过高的过载输出电流。在此设计当中，在整个输入电压范围内其过载输出电流的变化范围都在±2.5%之内。对限流点的控制同时也减轻了次级元件的应力及漏感尖峰，VD_2 可以使用更低 V_{RRM}(30 V 而不是 40 V)的肖特基输出二极管。

初级侧的稳压钳位二极管 VR_1 可以确保在输入浪涌及过压情况下 IC_1 峰值漏极电压低于 220 V(BV_{DSS}的额定值)。在正常工作时，VR_1 不导通，C_2 足以对峰值漏极电压加以限制。

初级偏置绕组在启动后给控制引脚提供电流。二极管 VD_3 对偏置绕组电压进行整流，而 R_5 和 C_8 用于降低高频开关噪声的影响，防止偏置电压的峰值充电发生。电容 C_3 给 IC_1 提供去耦，因此要尽可能地靠近控制引脚和源极引脚来放置 C_3。C_4 完成开机时能量的存储及自动重启动的定时。

次级由 VD_2 整流，经低 ESR 的钽电容 C_5～C_7 滤波，从而降低开关纹波并使效率最大化。使用一个很小的次级输出电感 L_1 和陶瓷输出电容 C_9 就足以在满载时将峰峰值的高频噪音及纹波抑制到小于 35 mV 以下。

输出电压由 R_8 和 R_9 构成的电压分压器进行检测，连接至 1.24 V 的低压参考 U_3。反馈补偿由 R_6、R_7、C_{11}、C_4 和 R_4 完成。电容 C_{10} 作为软启动结束电容，防止开机期间输出端出现过冲。

6.2.3　锂电池管理电路

1. LTC3441 实现的锂电池电压转换电路

LTC3441 是一款高效率、固定频率的降压-升压型 DC/DC 转换器，它能在输入电压高于、低于或等于输出电压的条件下进行高效操作。该 IC 所采用的设计拓扑结构可通过所有操作模式提供一个连续转换，从而使得该产品成为输出电压处于电池电压范围内的单节锂离子电池应用或多节电池应用的理想选择，其典型应用电路如图 6-2-11 所示。

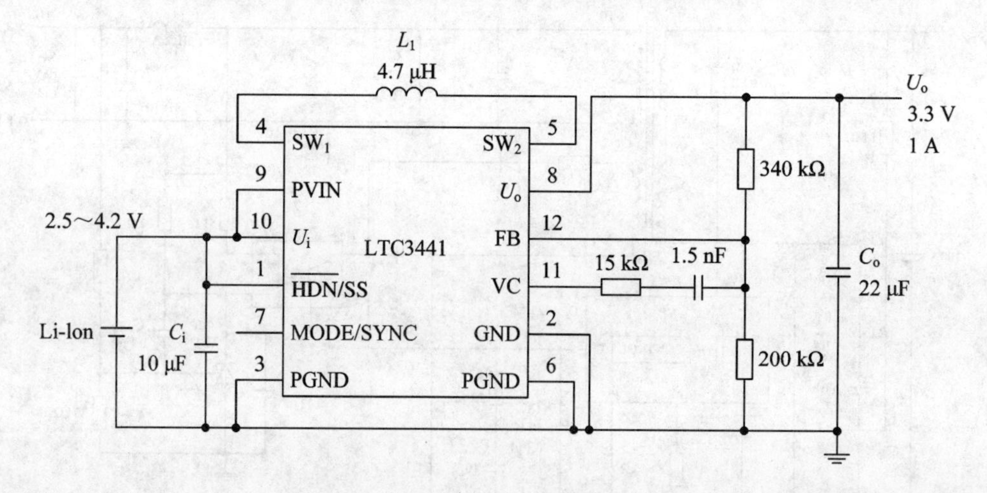

图 6-2-11　锂离子电池至 3.3 V/1 A 降压-升压型转换器

该器件包括两个 0.10 Ω 的 N 沟道 MOSFET 开关和两个 0.11 Ω 的 P 沟道开关。外部肖特基二极管是任选的，可对效率进行适当的改进。工作频率内设为 1 MHz，并可同步高至 1.7 MHz。在突发模式操作状态下，静态电流仅为 25 μA，从而最大限度地延长便携式应用中电池的使用寿命。突发模式操作由用户来控制，并可通过驱动 MODE/SYNC 引脚至高电平来使能。如果 MODE/SYNC 引脚被驱动至低电平或具有一个时钟时，则固定频率开关操作被使能。

其特点包括 1 μA 的停机电流、软启动控制、热停机和电流限制。LTC3441 采用一种耐热增强型 12 引线(4 mm×3 mm) DFN 封装。

2. BQ24025 实现的锂电池充电电路

锂电池对充电器的要求比较高，为了有效地控制锂电池的充电，需要能够对其充电过程进行密切的监控。目前，一般使用单片机配合一定的充电管理芯片来实现锂电池充电的智能管理。

BQ24025 是常用的锂电池充电管理芯片。它采用小体积的 3 mm×3 mm MLP 封装，可以采用 AC 电源适配器或者 USB 电源充电，并能够自主选择。在 USB 电源充电下，可以选择 100 mA、500 mA 两种充电电流。它具有低压差比的特点，在低功耗情况下自动进入睡眠模式。工作时允许结温 −40℃～125℃，存储温度 −60℃～150℃，广泛应用于 PDA、MP3、数码相机、网络产品、智能电话等电子设备中。

BQ24025 应用电路如图 6-2-12 所示，该芯片既可由 AC 适配器供电，又可由 USB 端口供电，当这两者同时接通时，AC 适配器提供的电源优先。

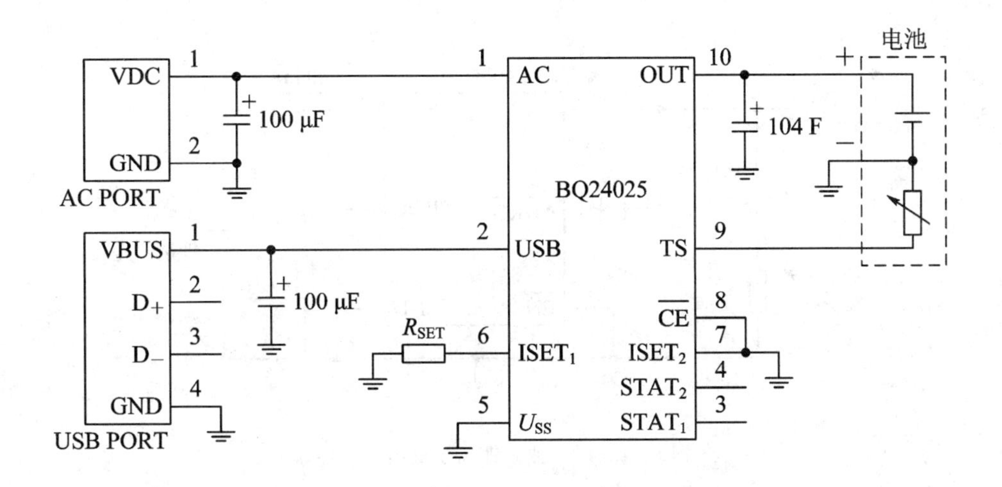

图 6-2-12　BQ24025 应用电路

BQ24025 芯片不但可以独立构成充电系统，而且可以使用单片机更好地实现智能控制，如自动断电、充电完成报警等，如图 6-2-13 所示为单片机控制的 BQ24025 芯片构成的充电系统。

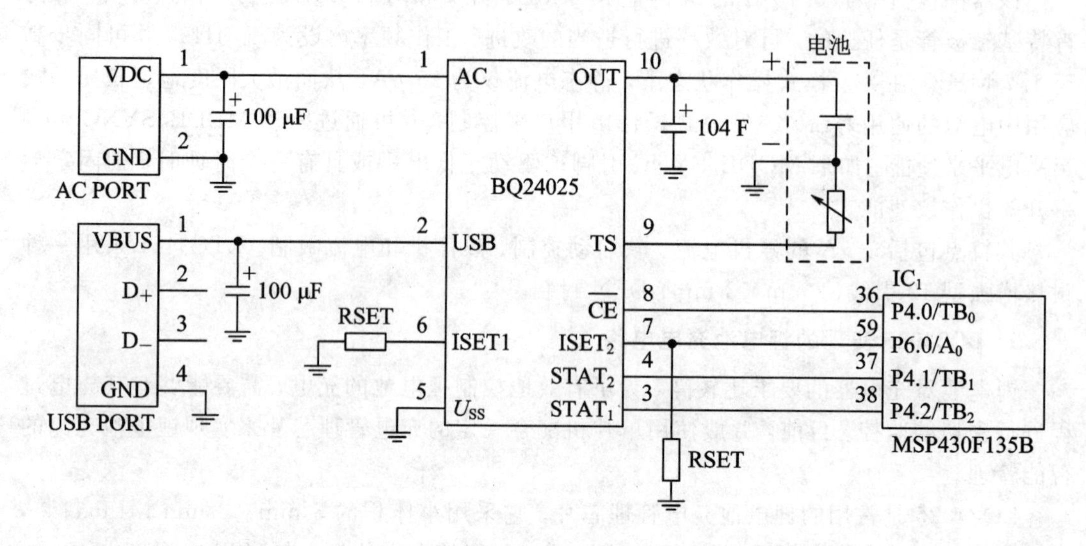

图 6-2-13　单片机控制 BQ24025 芯片电路图

3. LTC4065 实现的锂电池充电电路

LTC4065 是一款用于单节锂离子电池的完整恒定电流/恒定电压线性充电器。其 2 mm×2 mm DFN 封装和很少的外部元件数目使得 LTC4065 尤其适合便携式应用。而且，LTC4065 是专门为在 USB 电源规范内工作而设计的，其典型应用电路如图 6-2-14 所示。

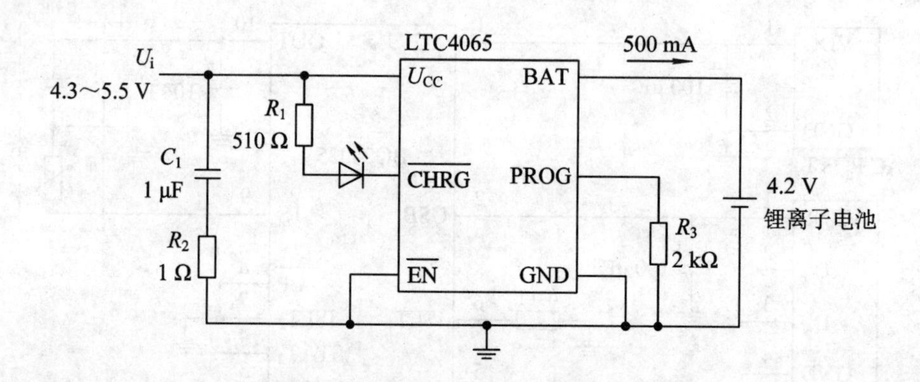

图 6-2-14　独立锂离子电池充电器

当充电电流降至其设定值的 10%(C/10)时，$\overline{\text{CHRG}}$引脚将发出指示信号。一个内部定时器根据电池制造商提供的产品规格来终止充电操作。

由于采用了内部 MOSFET 架构，因此无需使用外部检测电阻器或隔离二极管。热反馈功能可调节充电电流，以便在大功率工作或高环境温度条件下对芯片温度加以限制。

当输入电压(交流适配器或 USB 电源)被拿掉时，LTC4065 自动进入一个低电流状态，并将电池漏电流降至 1 μA 以下。可在施加电源的情况下将 LTC4065 置于停机模式，从而将电源电流降至 20 μA 以下。

功能齐全的LTC4065还包括自动再充电、低电池电量充电调节(涓流充电)、软启动(用于限制涌入电流)和一个用于指示合适输入电压接入的漏极开路状态引脚。

6.3　小功率电源电路

小功率电源电路是电子设计中常用的电路，常见的有线性电源电路和开关电源电路，线性电源在小功率场合(<5 W)，具有成本优势，且线性电源比开关电源的干扰小。开关电源在小功率(>5 W)、中功率和大功率场合，都具有成本优势，且体积小、重量轻，在一些追求体积小、重量轻的应用中还是使用开关电源，如手机充电器。

6.3.1　EMI滤波电路

EMI滤波是任何一个与电网连接的电路必须考虑的问题，为了减小电网对所设计设备的干扰或所设计设备对电网的污染，必须使用EMI滤波电路。图6-3-1给出了常见EMI滤波电路图。图中，C_1、C_2、C_5、C_6为X电容，C_3、C_4为Y电容，L_1为扼流圈。

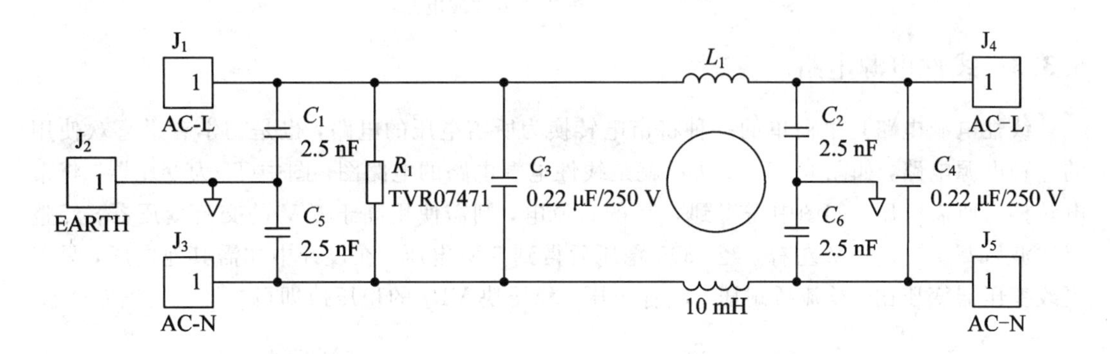

图6-3-1　EMI滤波电路

现已有做成成品的EMI滤波器的元件出售，如图6-3-2所示，在设计时可根据实际情况选择购买或自行设计。

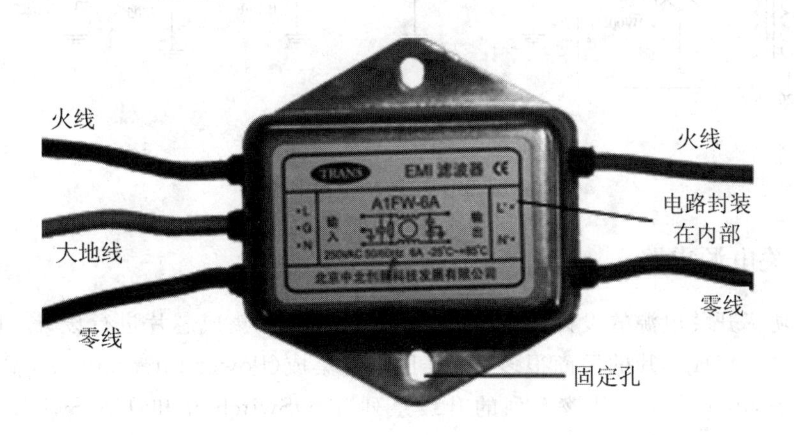

图6-3-2　EMI滤波器

6.3.2　桥式整流滤波电路

图 6-3-3 给出了常见桥式整流滤波电路，图中，VD_1 是由 4 个整流二极管组成的整流桥，该整流桥耐压的高低由输入交流电压决定，最大整流电路的大小由负载决定；R_1 为负温度系数热敏电阻，用于防止开机时(CM_1、CM_2 无电荷)充电电流过大损坏电路；R_2 为假负载，用于关机时及时泄放掉 CM_1、CM_2 中的电荷。

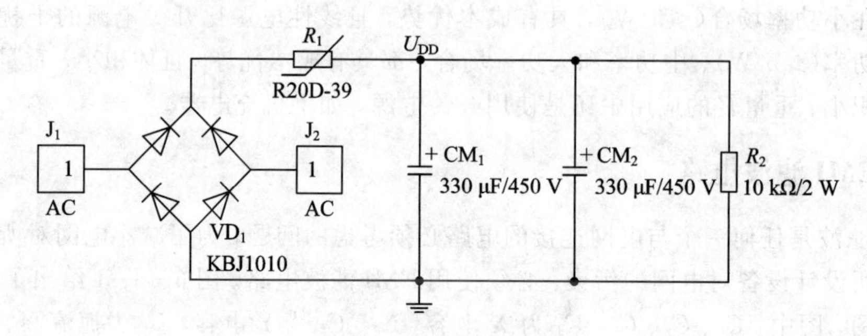

图 6-3-3　桥式整流滤波电路

6.3.3　线性电源电路

线性电源电路是最简单的一种将市电转换为所需电压的电路，也是初学者最喜欢使用的一种电源电路，如图 6-3-4 所示就是线性电源电路的电路图。图中 T_1 为变压器，将市电转换为所需电压，如图中需得到 5 V 的直流电，则需使用高于 6 V 的交流变压器，经整流滤波后 U_{DD} 约为 8 V 左右，经 7805 稳压后得到 5 V 电压。在设计中如需其他电压，只需更改变压器变压比，整流桥耐压、电容耐压、稳压块 VR_1 的稳压值即可。

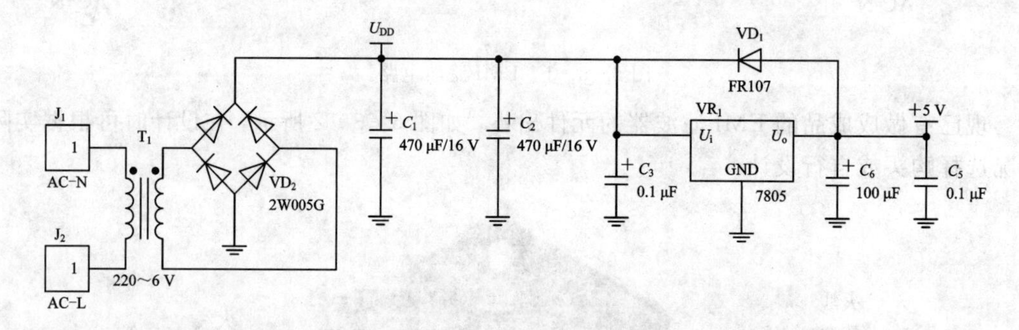

图 6-3-4　线性电源电路

6.3.4　开关电源电路

对于小功率开关电源的设计，通常采用单片开关电源集成芯片进行设计，目前能够提高单片开关电源集成芯片的厂商很多，如美国电源集成(Power Integrations，简称 PI)公司推出的 TinySwitch 系列及其该系列的升级系列 TinySwitch-Ⅱ和 TinySwitch-Ⅲ系列等，意-法半导体有限公司(简称 ST 公司)开发出的 VIPer12A、VIPer22A 等小功率单片开关电源系列产品，荷兰飞利浦(Philips)公司开发 TEA1510、TEA1520、TEA1530、TEA1620

等系列的单片开关电源集成电路。美国安森美半导体(ON Semiconductor)公司开发的NCP1000、NCP1050、NCP1200系列单片开关电源集成电路，中国无锡芯朋(Chipown)公司生产的AP8022系列单片开关电源集成芯片。

图6-3-5是一款采用PI公司的TNY278芯片设计的一款电源电路，该电路输出两组电压：一组为+12 V和+5 V(低压组)，该组电源参考地与高压端的参考地隔离，用于需与高压隔离的电路中；另一组为+15 V(高压组)和+5 V(高压组)，该组电源参考地与高压端的参考地相连，用于高压电路部分的低压供电，该电路中的U_{DD}为市电经整理滤波后得到，约为+360 V左右。该电路低压组功率约为8 W，高压组功率约为5 W。T_1变压器采用EI19骨架，其参数如表6-3-1所示。

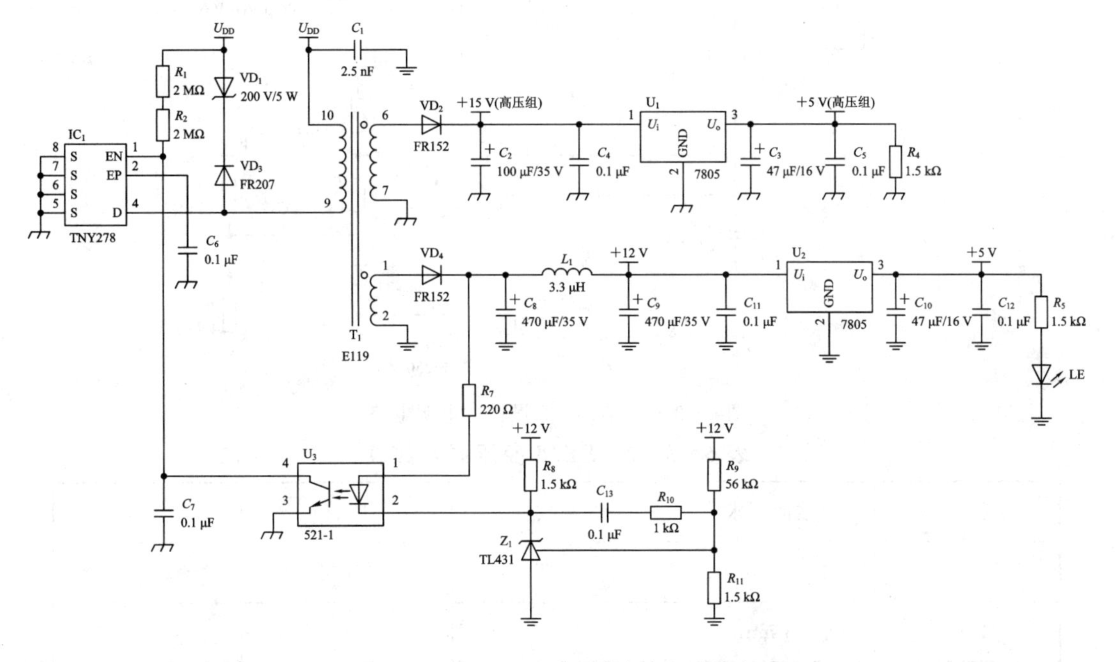

图6-3-5　TNY268设计的电源电路

表6-3-1　EI19变压器参数表

引脚说明	线圈要求	圈数	层数	电感量
9→10	Φ0.25 mm×1	71 T	1(内层)	644 μH
1→2	Φ0.3 mm×2	11 T	2	—
6→7	Φ0.25 mm×2	14 T	3(外层)	—

图6-3-6是一款采用无锡芯朋(Chipown)公司生产的AP8022芯片设计的一款电源电路，该电路通过变压器绕组变压输出3组电压，分别为+5 V、+12 V、+28 V，该电路的工作原理与图6-3-5一致，图中变压器T_1采用EE28立式骨架，其参数如表6-3-2所示。

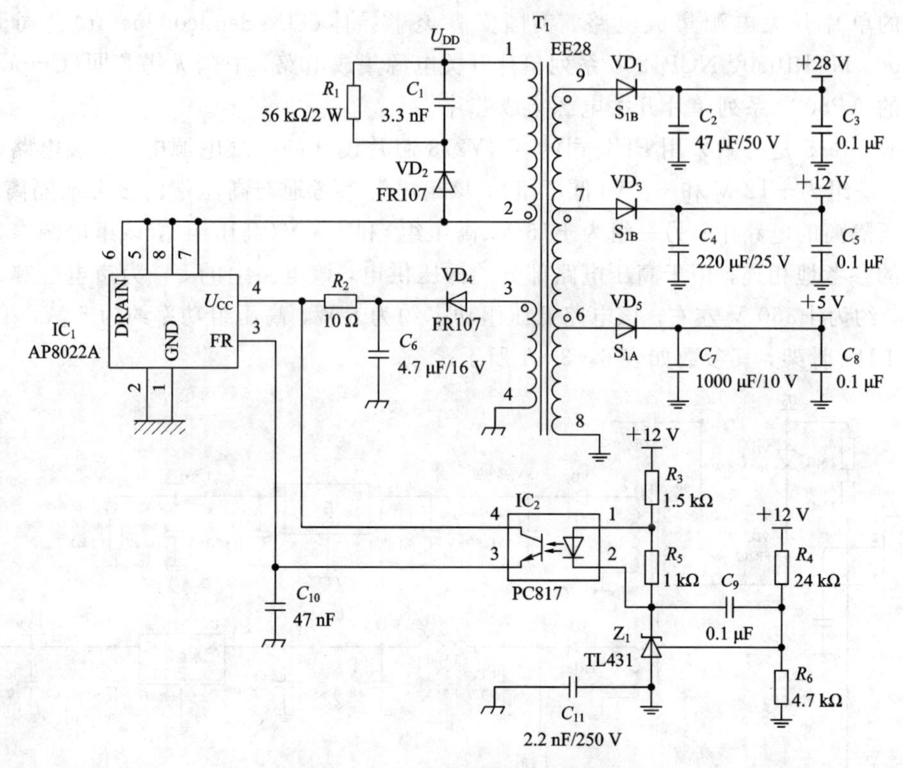

图 6-3-6　AP8022 设计的电源电路

表 6-3-2　EE28 变压器参数表

引脚说明	线圈要求	圈数	层数	电感量
2→1	Φ0.3 mm×1	46 T	1(内层)	866 μH
4→3	Φ0.3 mm×1	14 T	2	—
9→8	Φ0.3 mm×1	20 T	4	—
7→6	Φ0.3 mm×1	8 T	5	—
6→8	Φ0.3 mm×2	3 T	6(外层)	—

6.3.5　脉冲变压电路

脉冲变压电路是电源电路的一种特例，如图 6-3-7 所示，就是笔者设计的一款电针灸治疗仪上使用的高压脉冲产生电路，该电路产生的高压脉冲用于刺激人体穴位，达到治疗的效果。图中 P_{62} 为脉宽调制信号输入端，通过调节脉冲的宽度，调节 VT_1 的导通程度(VT_1 处于放大区)，P_{64} 用于刺激脉冲波形的产生，VT_3 导通，则将 VT_1 的射极电压传到 VT_4 基极端，控制 VT_4 的导通程度(VT_4 处于放大区)，P_{62} 为脉宽调制波形，实际是控制脉冲变压器输出电压幅度的大小的，P_{64} 是控制脉冲变压器输出波形的形状，P_{63} 是快速泄放 C_3 的电荷，以达到快速关断 VT_1 的目的，从而快速关闭脉冲变压器的电压输出。

若 P_{65} 控制可控硅 VT_5 的导通，P_1 的 3、4 引脚接电热丝，则 P_{65} 控制电热丝的发热量，从而达到热敷治疗的效果。

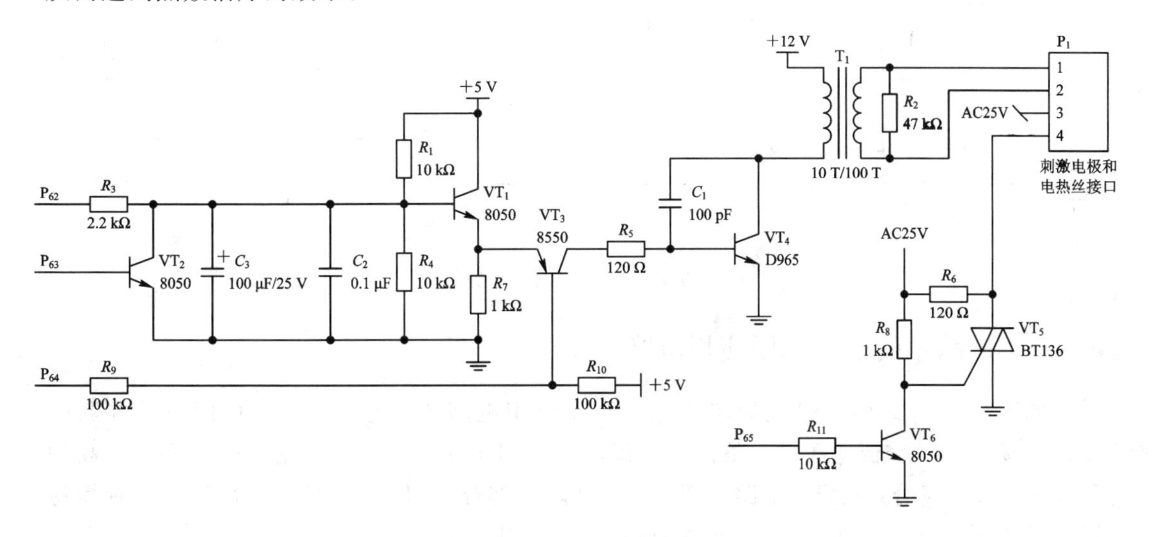

图 6-3-7　脉冲刺激电路

6.3.6　电蚊拍电路

市场上盛行的电蚊拍，以其实用、灭蚊效果好、无化学污染、安全卫生等优点，普遍受到人们的欢迎。其实物电路如图 6-3-8 所示，它主要由高频振荡电路、三倍压整流电路和高压电击网三部分组成。

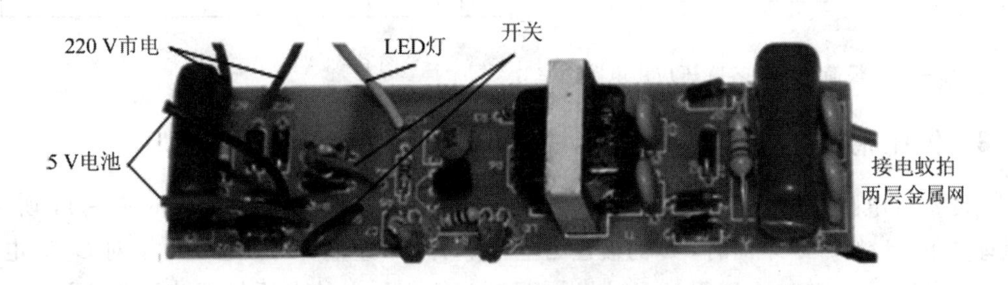

图 6-3-8　电蚊拍电路实物图

电蚊拍电路如图 6-3-9 所示，当按下电源开关 SB 时，由三极管 VT 和变压器 T 构成的高频振荡器通电工作，把 5 V 直流电变成 18 kHz 左右的高频交流电，经 T 升压到约 500 V（L_3 两端实测），再经二极管 VD_5～VD_7、电容器 C_2～C_4 三倍压整流升高到 1500 V 左右，加到蚊拍的金属网 DW 上。当蚊蝇触及金属网丝时，虫体造成电网短路，即会被电流、电弧杀灼或击晕、击毙。电路中，发光二极管 LED_1 指示充电；LED_2 指示电蚊拍工作；LED_3 为大功率 LED，用于照明。高频变压器 T 须自制：选用 2E19 型铁氧体磁芯及配套塑料骨架，L_1 用 Φ0.22 mm 漆包线绕 22 匝，L_2 用同号线绕 8 匝，L_3 用 Φ0.08 mm 漆包线绕 1400 匝左右。注意：图中黑点为同名端，头尾顺序绕，绕组间垫一、二层薄绝缘纸。

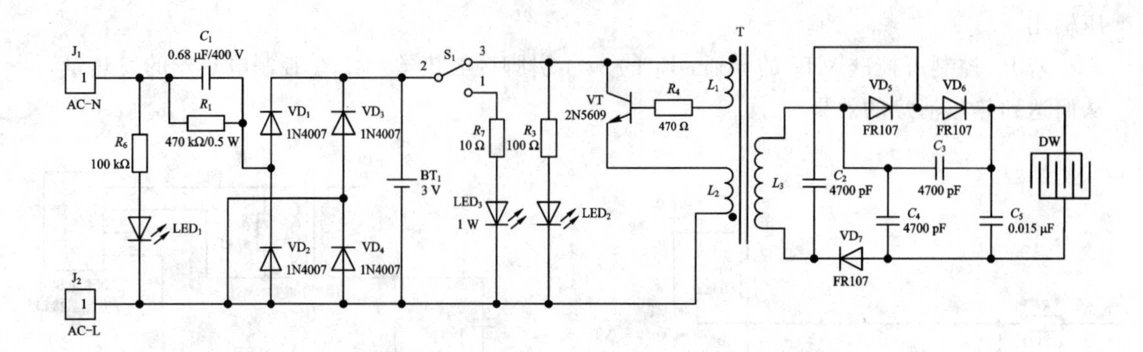

图 6-3-9 电蚊拍电路

6.3.7 最简单的电容降压应用电路

如图 6-3-10 所示是最简单的电容降压应用电路图，电路图中利用两只反并联的 LED 对降压后的交流电压进行整流，可以广泛应用于夜光灯、按钮指示灯，要求不高的位置指示灯等场合。该降压电路与图 6-3-9 降压部分类似，该电路广泛应用于各种简易设备需 220 V 充电或供电场合，如电蚊拍、可充电手电筒等。

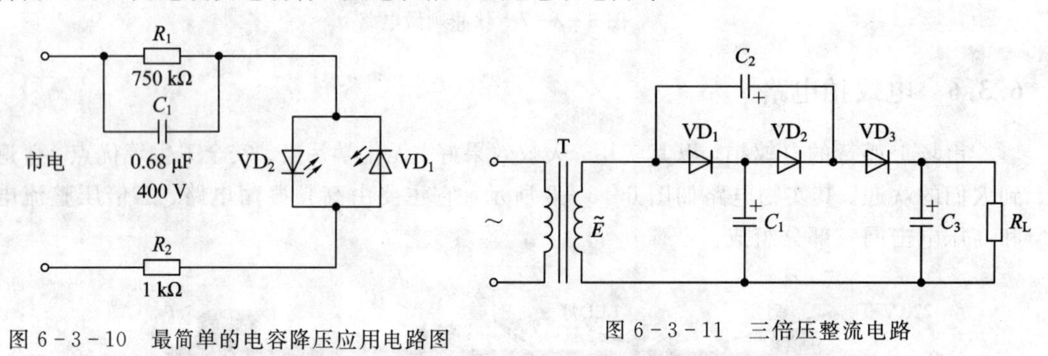

图 6-3-10 最简单的电容降压应用电路图

图 6-3-11 三倍压整流电路

6.3.8 倍压整流电路

倍压整流电路是小功率简单升压中常用的电路，三倍压整流电路如图 6-3-11 所示，其原理如下：设第一个半周时，$\tilde{E}$ 的极性为上正下负，$\tilde{E}$ 经整流二极管 VD_1，对 C_1 充电至 $\tilde{E}$ 的峰值电压 $\tilde{E}_M$；第二个半周时 $\tilde{E}$ 的极性下正上负，C_1 上的电压与 $\tilde{E}$ 串联经 VD_2 对 C_2 充电至 $2\tilde{E}_M$；第三个半周时 $\tilde{E}$ 的极性又变为上正下负，此时 C_2 上的电压与 $\tilde{E}$ 串联经 VD_3 对 C_3 充电到 $3\tilde{E}_M$。在开始的几个周期内，电容器上的电压并不能真正充至 $3\tilde{E}_M$，但经过不太长的时间后 C_3 上的电压便稳定在 $3\tilde{E}_M$ 左右，在负载 R_L 两端便可得到三倍压的整流电压。

在三倍压整流电路中，每个整流元件所承受的最大反向电压为 $2\tilde{E}_M$，充电电容器 C_1、C_2、C_3 上承受的电压分别为 $\tilde{E}_M$、$2\tilde{E}_M$ 和 $3\tilde{E}_M$。

为了得到更高的电压，可再增加二极管、电容元件，进一步进行倍压，得到所需高压，如图 6-3-12 所示为 1100 V 直流高压发生器电路，它由 220 V 市电经五次倍压后，可将 220 V 交流电压升至约为 1100 V 的直流高压。该直流高压发生器可用于电视机行输出管、电源调整管、阻尼二极管等元件的耐压试验。

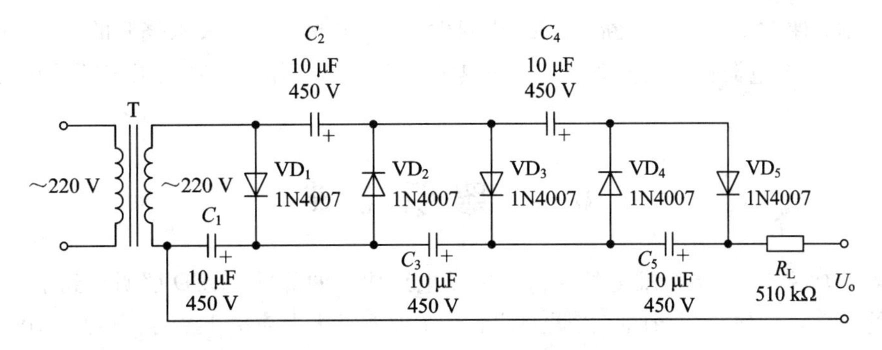

图 6-3-12　1100V 直流高压发生器电路

6.3.9　恒流源电路

恒流源电路如图 6-3-13 所示，三端稳压器 2、3 端的输出 $U=5$ V，则输出电流为 $I_o=U/R+5$ mA。

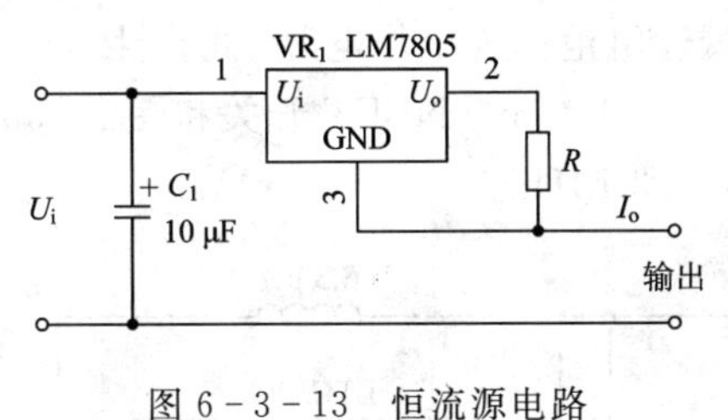

图 6-3-13　恒流源电路

6.3.10　“热得快”自动断电电路

“热得快”自动断电电路如图 6-3-14 所示，图中，S_1 为启动按钮，使用时，水位检测电极 M、N 与加热管一起放在注满水的水瓶中，按一下“S_1”按键，变压器 T 初级有交流电通过，次级交流电经 VD_1、VD_2 整流及水位检测电极 M、N 之间的水电阻，在 C 上形成 12 V 左右的平滑的直流电压，驱动继电器 K_1，当继电器吸合时，LED 亮，同时触点 K_1 闭合，电热管 EH 得电加热。当 S_1 松开后，K_1 继电器处于自锁状态，K_1 的常开触点一直处于闭合状态，EH 保持加温加热。当水瓶中的水开时，由于剧烈的空化作用形成许多循环

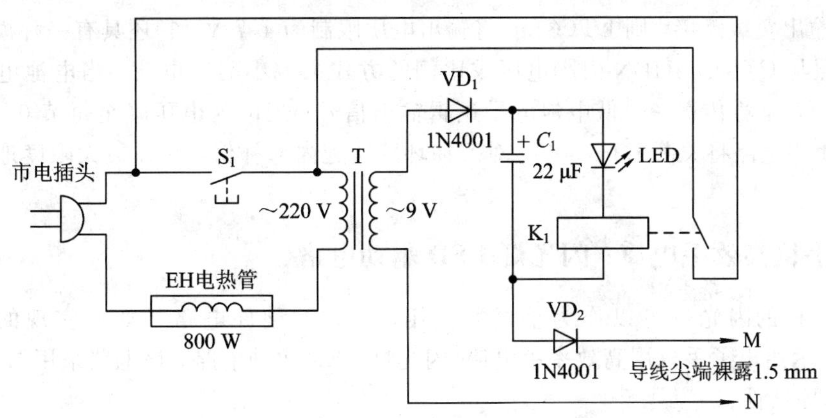

图 6-3-14　“热得快”自动断电电路

的工作气泡，使 M、N 间瞬时断开，K_1 线圈失电，触点断开，完成水烧开的任务。此后，因水温下降，K_1 继电器也不会动作，EH 加热管也不会再工作，非要人工按"S_1"按钮方可通电加热。

6.4 照明电路

随着大功率 LED 制造难度的降低和驱动电路成本的降低，LED 照明得到了广泛应用，从手电筒、应急灯到家用照明、夜景照明、汽车照明，从小功率 1 W 到中功率 100 W 都有其应用。下面就一些常见的 LED 照明电路给出参考设计，便于读者学习制作。

6.4.1 单节电池 LED 手电筒电路

手电筒 LED 照明，需要将一节电池或两节电池转换为恒流输出，如图 6-4-1 所示就是采用 LTC3490 设计的一款 1 W LED 恒定电流驱动电路。它是一款高效升压型转换器，采用单节或两节 NiMH 或碱性电池作为工作电源，可产生 350 mA 的恒定电流，并符合高达 4 V 的电压规格。它包含一个 100 mΩ NFET 开关和一个 130 mΩ PFET 同步整流器。在内部将固定开关频率设定为 1.3 MHz。

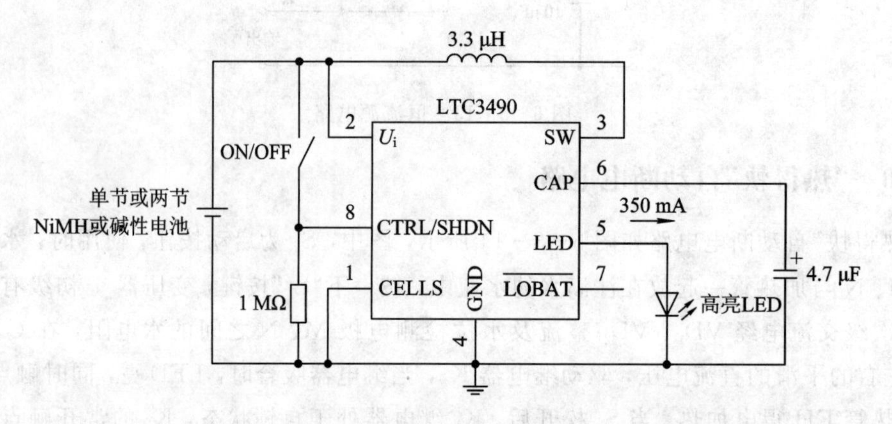

图 6-4-1 采用单节电池且元件数目极少的 LED 驱动器

如果输出负载断接，则 LTC3490 将输出电压限制为 4.7 V。它还具有一种模拟调光能力，可按照与 CTRL/SHDN 引脚电压成比例的方式来减小驱动电流。当电池电压降至每节 1 V 以下时，将传送一个低电池电量逻辑输出信号。当电池电压降至每节 0.85 V 以下时，欠压闭锁电路将关断 LTC3490。对反馈环路实施内部补偿，旨在最大限度地减少元件数目。

6.4.2 手机高效手电筒、闪光灯 LED 驱动电路

智能手机的闪光灯可以作为手电筒使用，那它的硬件电路是如何实现的呢？如图 6-4-2 所示给出了手机用高效率手电筒/闪光灯 LED 驱动电路。该电路采用 LTC3454 作为 LED 主控器件。

LTC3454 是一款同步降压-升压型 DC/DC 转换器，专为从单节锂离子电池输入以高达 1 A 的电流来驱动单个高功率 LED 而优化。根据输入电压和 LED 正向电压的不同，该

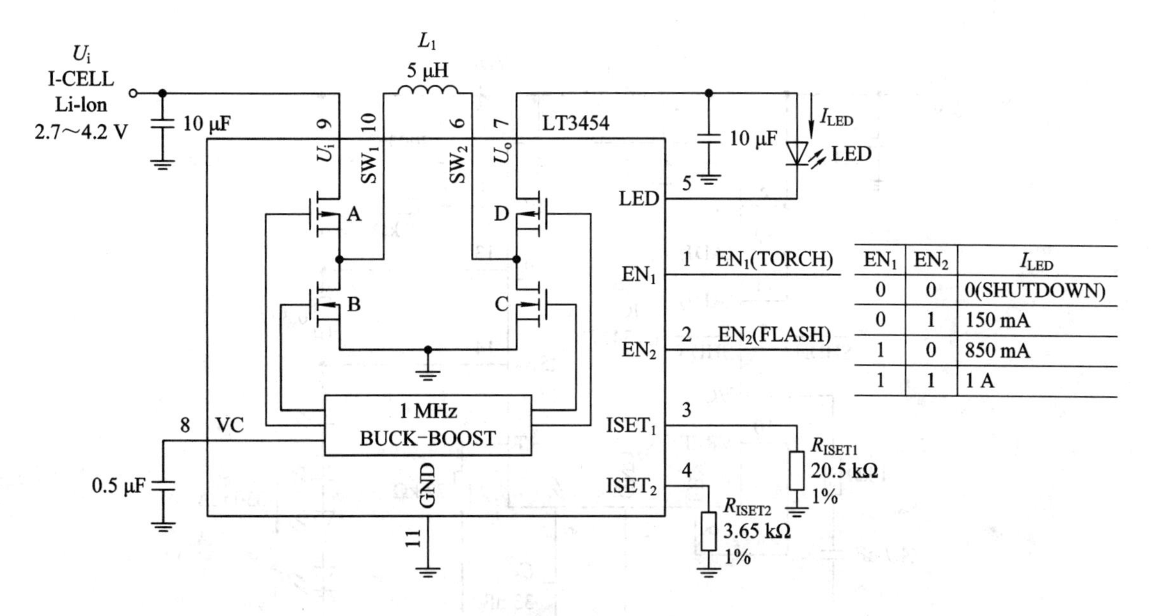

图 6-4-2 高效率手电筒/闪光灯 LED 驱动器

稳压器可工作于同步降压、同步升压或降压-升压模式。能在单节锂离子电池的整个可用电压范围内(2.7～4.2 V)实现高于 90%的 P_{LED}/P_i 效率。

可利用两个外部电阻器和两个使能输入来把 LED 电流设置为 4 个数值(包括停机)中的一个。在停机模式中，不消耗任何电源电流。

6.4.3 低压直流 LED 照明电路 1

如图 6-4-3 所示是一款 5 V 升压驱动 3 个 1 W LED 照明电路，通过 TPS61165 将 5 V 电压升压后驱动 3 个串联 LED，使流过 LED 的电流维持在 350 mA。通过 CTRL 引脚可以控制 LED 的亮灭。

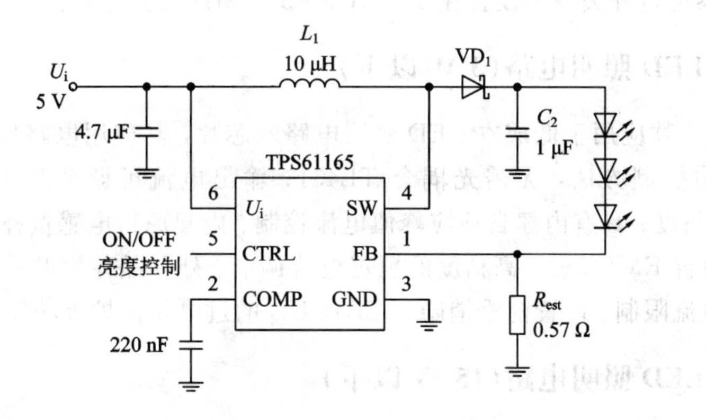

图 6-4-3 3 个 1 W LED 驱动电路

6.4.4 低压直流 LED 照明电路 2

图 6-4-4 是一款多 LED 驱动电路，能够以降压、降压-升压或升压模式来驱动 LED，效率高达 91%，可用于应急灯 LED 驱动电路中。

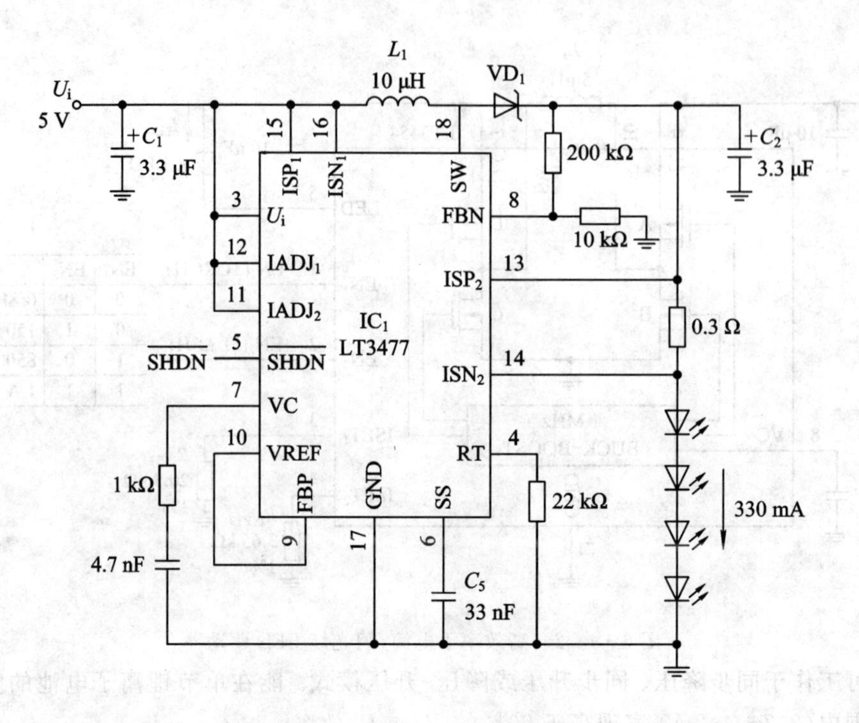

图 6-4-4　具有开路 LED 保护功能的 330 mA LED 驱动器

LT3477 是一款具有双通道轨至轨电流检测放大器和一个内部 3 A、42 V 开关的电流模式、3 A DC/DC 升压型转换器。它集成了一个传统的电压反馈环路和两个独特的电流反馈环路，旨在起一个恒定电流、恒定电压源的作用。两个电流检测电压均被设定为 100 mV，并可采用 I_{Adj1} 和 I_{Adj2} 引脚进行独立调节。可在典型应用中实现高达 91%的效率。LT3477 具有一种可编程软启动功能，用于限制启动期间的电感器电流。误差放大器的正负输入均可从外部获得，从而提供了正和负输出电压(升压、负输出、SEPIC、反激)。利用一个外部电阻器可将开关频率设置在 200 kHz～3.5 MHz 的范围内。

6.4.5　市电 LED 照明电路(3 W 以下)

OB3390 是一款应用于低成本 LED 照明电路的芯片，其应用电路如图 6-4-5 所示，该电路使用原边控制方法，无需光耦合 TL431；输出电流可调节且全电压范围内可达 ±5%输出电流精度；具有内建自适应峰值电流控制、内建原边电感量补偿、内建软启动功能、频率抖动改善 EMI 特性、高精度的恒定电流调节、外驱晶体管开关、短路保护、开环保护、逐周期电流限制、内置前沿消隐(LEB)、U_{DD}的过电压保护等功能特点。

6.4.6　市电 LED 照明电路(15 W 以下)

OB253X 系列广泛应用于 15 W 市电 LED 照明电路中，其中，OB2535 为 SOP 封装，最大输出功率 5 W；OB2536 为 DIP 封装，最大输出功率 9 W；OB2538 为 DIP 封装，最大输出功率 12 W；OB2532 为 SOT23-6 封装，外接功率驱动管，可实现不同功率输出。图 6-4-6 为OB2532 方案实现的 10 W 功率输出电路，实物如图 6-4-7 所示。

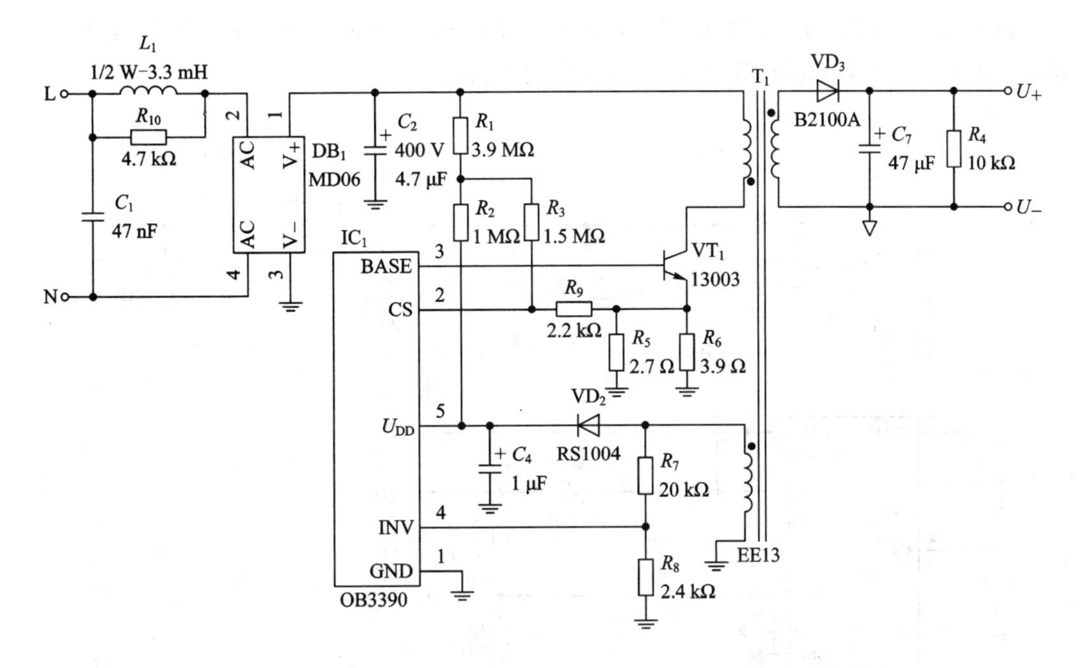

图 6-4-5 3 W 低成本 LED 照明电路

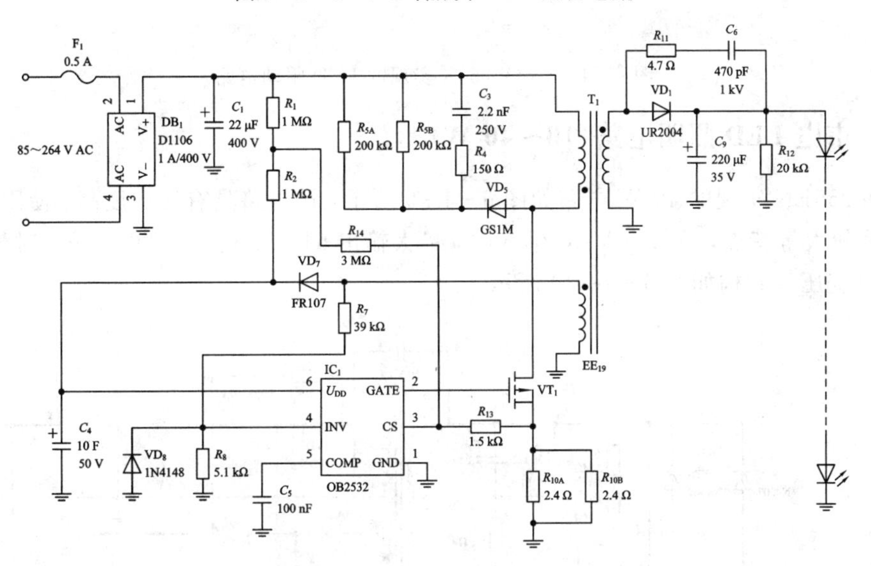

图 6-4-6 OB2532 实现的 10 W LED 驱动方案

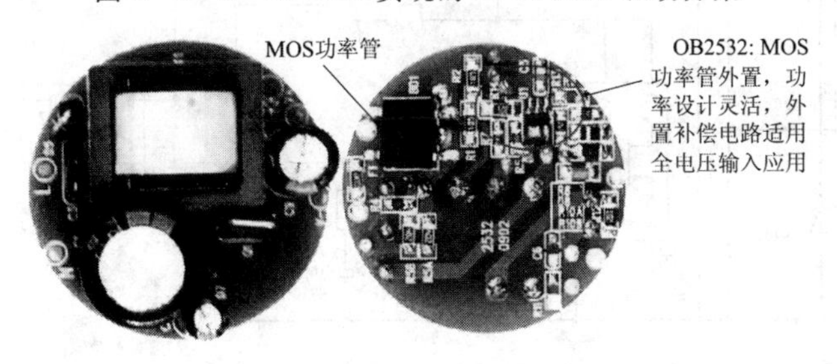

图 6-4-7 OB2532 应用电路实物图

OB2535/6/8 芯片内值 MOS 开关，紧凑空间设计，无外置补偿线路，适用单电压输入系统。图 6-4-8 为 OB253X 实现的 LED 驱动电路。

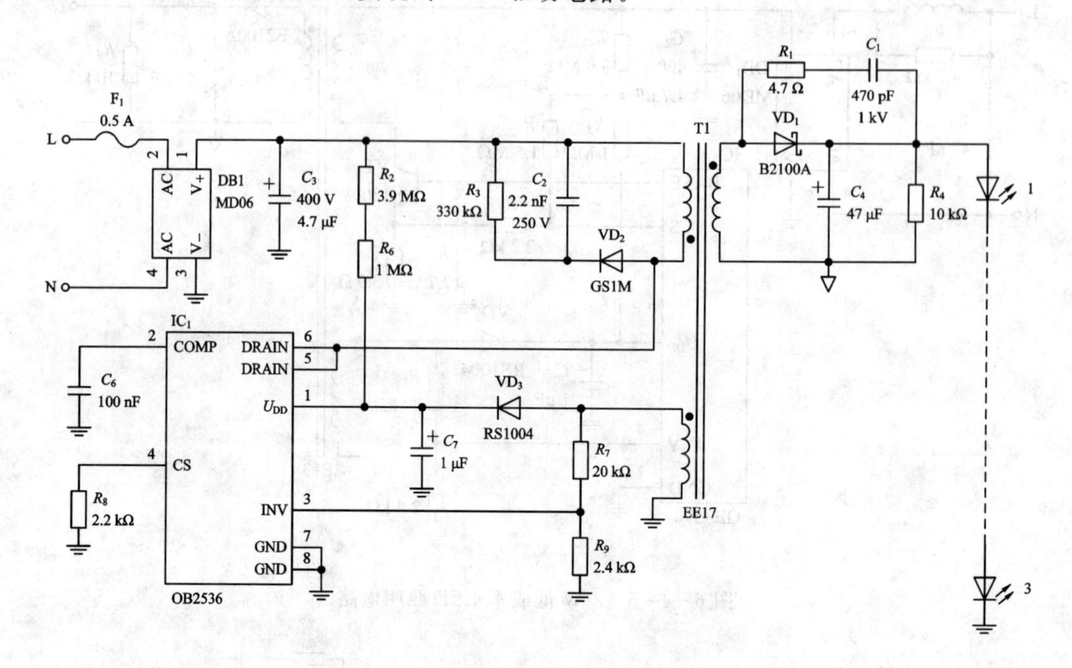

图 6-4-8　OB253X 实现的 LED 驱动电路

6.4.7　市电 LED 照明电路(10～40 W)

TOP255EN 实现的 40 W 电路如图 6-4-9 所示，该电路具有集成度高、使用元件少、输出功率较大等特点，在 220 VAC 输入时，最大输出 54 W，在 85～265 VAC 时最大输出 35 W。其变压器结构如图 6-4-10 所示。

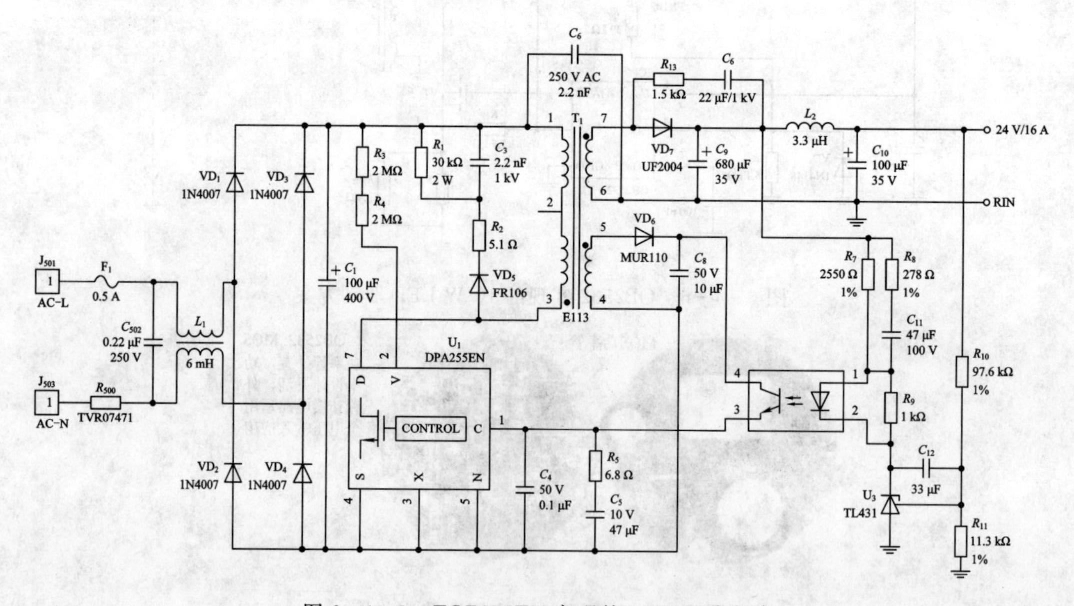

图 6-4-9　TOP255EN 实现的 LED 驱动电路

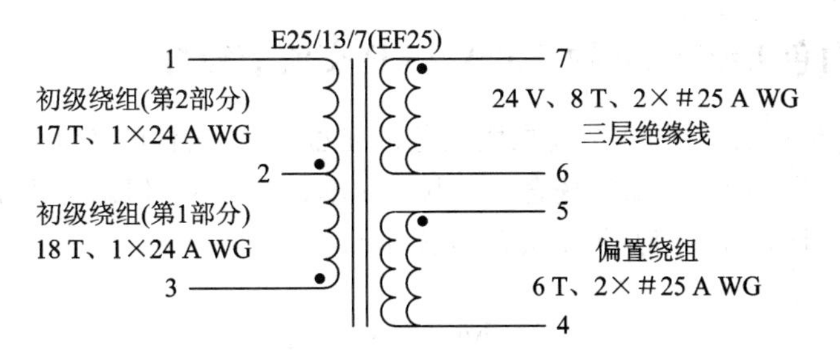

图 6-4-10　变压器结构图

6.4.8　LED 汽车前照灯驱动器电路

如图 6-4-11 所示为一款 LED 汽车前照灯驱动器电路，输入电压范围为 15～58 V，具有输出 33.3 V、3 A 的驱动能力，其效率高达 98.5%。四开关同步拓扑结构能驱动高功率 LED，并产生极少的开关功率损耗，电路温升极小。该电路可应用于采用 24 V 电池的飞机和大型载重卡车等需要强力、高效和坚固的前照灯和反光灯的驱动中。

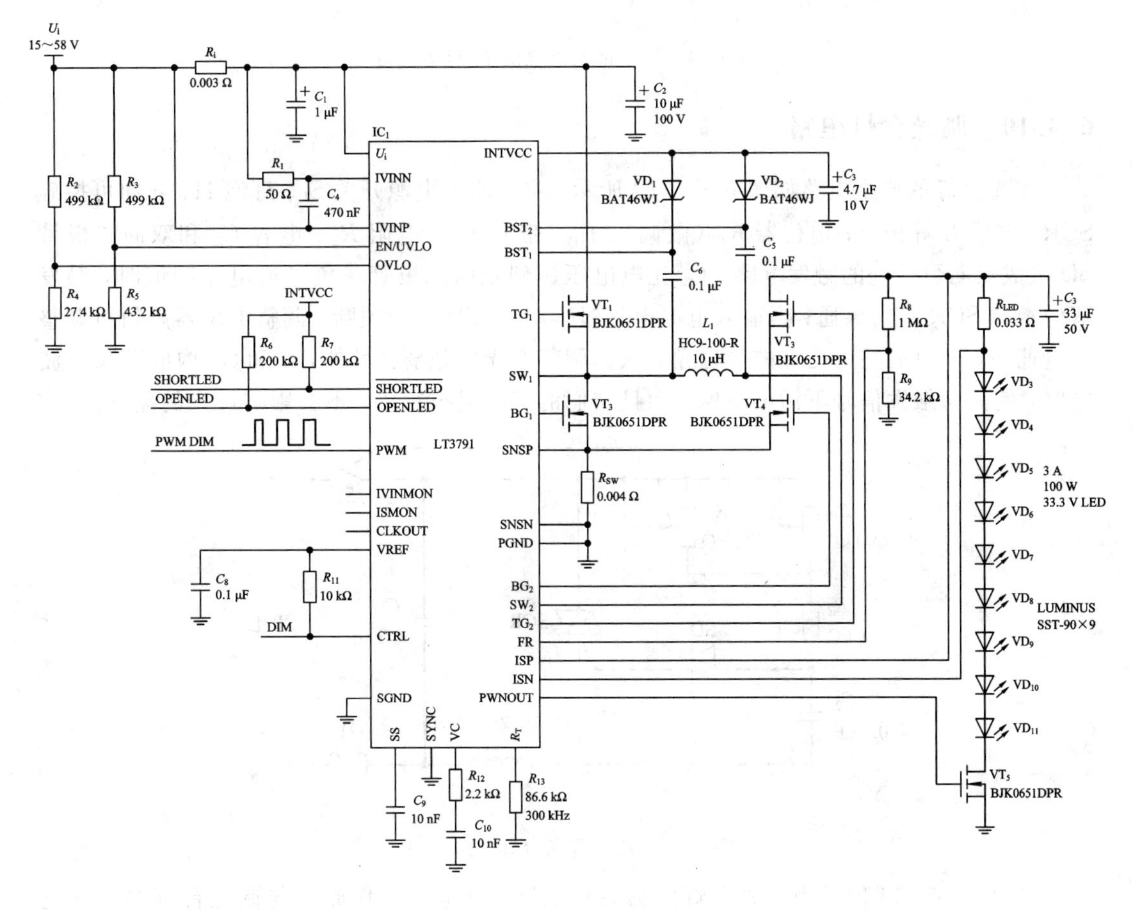

图 6-4-11　LED 汽车前照灯驱动器电路

6.4.9 60颗白色LED制成的220 V LED交流节能灯

图6-4-12是一款采用60个高亮度白色散光型LED制作的220 V交流节能灯，可用于卫生间、车库、储藏室、走廊等场合。该电路简单、易实现，但未与市电隔离，安全性较低。如需提高安全性，需采用开关电源的方式驱动。

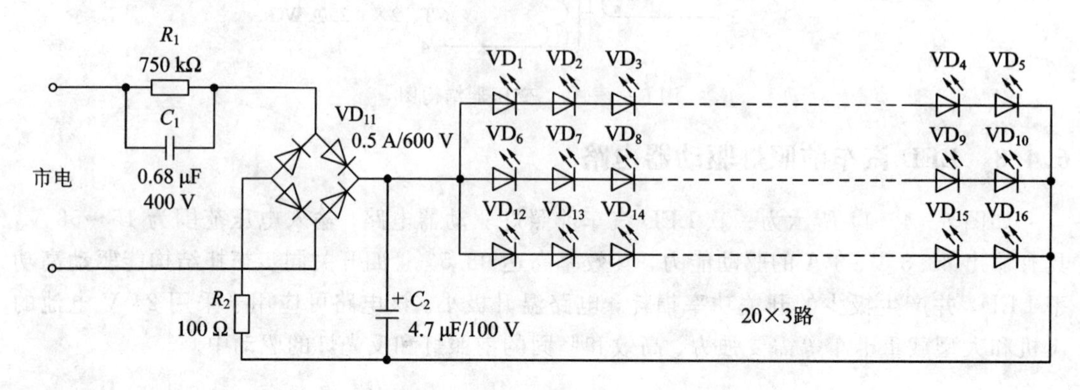

图6-4-12　市电供电的LED节能灯

6.4.10 调光台灯电路

调光台灯的典型电路如图6-4-13所示。主电路由电源开关S_1、灯泡H、双向可控硅SCR、电感L等构成；电位器R_{P1}（微调）、R_{P2}（带开关）、电阻R_2、电容C_2和双向二极管SD组成双向可控硅的触发电路。C_2充电电压达到双向二极管正负导通电压阈值时，触发双向控硅SCR双向导通；当输入电源电压过零时，SCR自动关断。调整电位器阻值可调整充电速率，即可调整可控硅的导通角，从而调节灯光的强弱。另外，L和C_1构成高频滤波电路，使高频触发信号不污染电网。而且它们的工频阻抗很小，不会影响灯光的亮度。

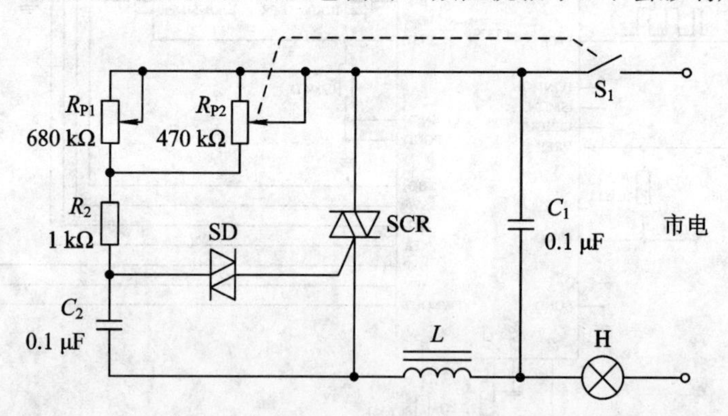

图6-4-13　调光台灯电路(一)

如图6-4-14所示为调光台灯的另一种电路，该电路工作原理与调光台灯的典型电路类似，在此不再复述。

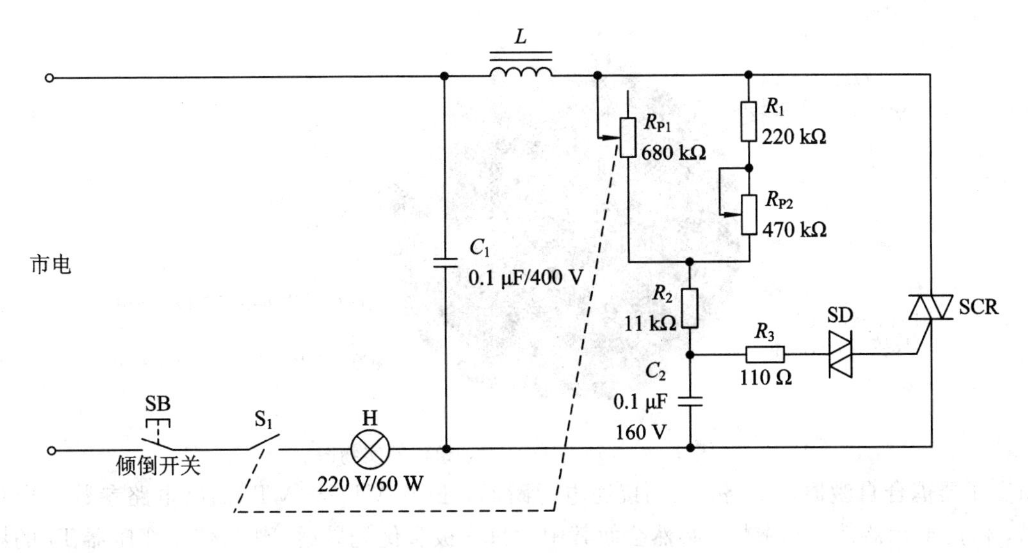

图 6－4－14　调光台灯电路(二)

6.4.11　节能灯电子镇流器

节能灯已成为人们日常生活中常见的灯具，本节介绍一款电子节能灯使用的电子镇流器，它不但价廉，而且制作容易，性能良好，其电路原理如图 6－4－15 所示。

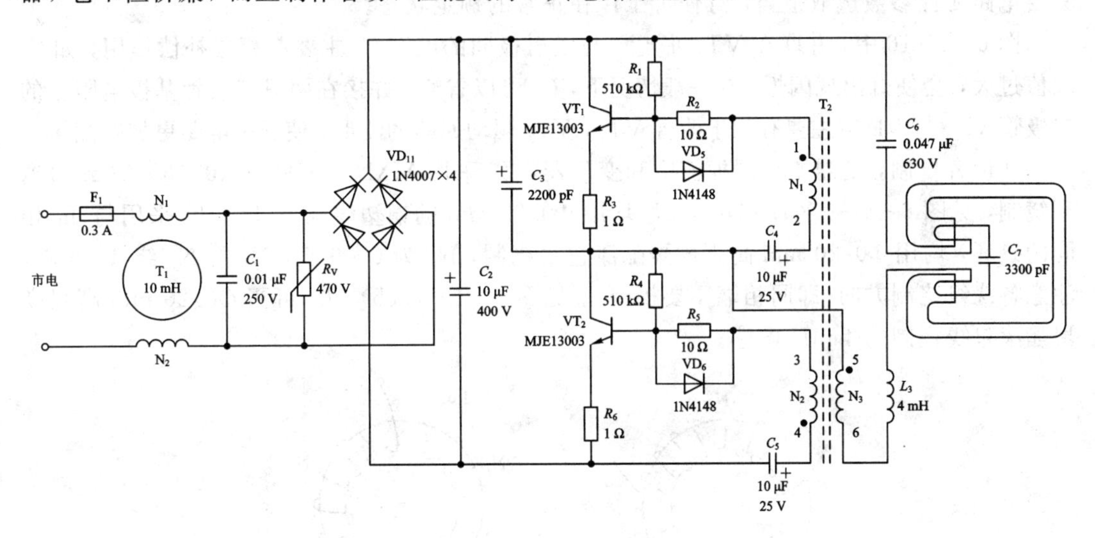

图 6－4－15　节能灯电子镇流器

电路由射频干扰滤波器、氧化锌压敏电阻保护器、桥式整流器、高频振荡器、*LC* 串联输出级等部分组成。

射频干扰滤波器由扼流圈 T_1 和电容 C_1 组成，同时电容 C_1 对电路的功率因素也有一定的校正作用。R_V 为氧化锌压敏电阻器，当电网错相或意外电压增高时，可迅速导通，使快速熔断保险丝 F_1 熔断，从而保护电子镇流器与灯管不受损坏。部分厂商为了节省成本，常将该部分电路省去，导致节能灯使用寿命缩短，如图 6－4－16 所示。

桥式整流电路 VD_{11} 由 4 只 1N4007 二极管组成，然后经 C_2 电容滤波。高频振荡器采

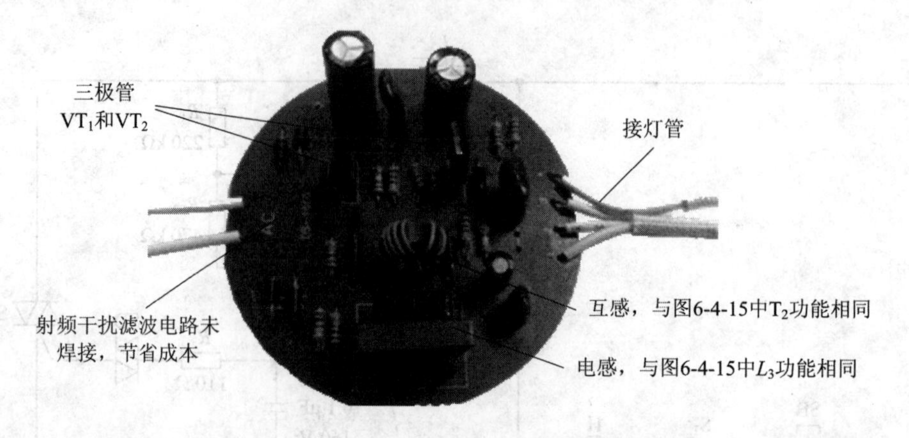

图 6-4-16　节能灯电子镇流器实物图

用变压器耦合自激振荡电路，在刚接通电源瞬间，虽然 VT_1 与 VT_2 回路电路参数完全相同，但由于元器件的离散性，必然会使其中一只三极管优先导通，然后依靠变压器 T_2 的耦合作用，使另一只三极管导通，而先导通的一只三极管则由导通态跃变为截止态。通过 T_2 磁通的正反周期性变化，使 VT_1、VT_2 轮流饱和导通与截止，很快建立振荡。振荡电路一旦被激发，高频信号则经过电感 L_3 和电容 C_7 等组成的串联电路，引起串联谐振，于是在 C_7 两端产生很高的谐振电压，将灯 H 一次性启动点亮。灯一旦被点亮，LC 串联电路失谐，只要电路元件参数选取适当，灯便可工作在正常的额定状态。

图 6-4-16 中，并联在 VT_1 集电极与发射极间的电容 C_3 主要起相位补偿作用，如 C_3 取值过大，会使灯出现闪烁。在一般情况下，C_3 可以省略。并接在两只三极管基极电阻上的二极管 VD_5 与 VD_6，主要有利于改善 VT_1，VT_2 驱动回路的波形，使开关电路更加匹配。

如读者自制，则需要自制扼流圈和变压器：T_1 采用 MXD-2000、Φ10×6×5(mm)磁环绕制，见图 6-4-17(a)，N_1 与 N_2 均用 Φ0.20 mm 的铜塑线绕 10 匝。T_2 采用与 T_1 相同的磁环，均用 Φ0.20 mm 高强度聚酯漆包线绕制，N_3 为 6～9 匝，N_1 与 N_2 绕 3～5 匝，注意各绕组绕制方向(即同相端不要搞错)，见图 6-4-17(b)。L_3 可买 Φ0.20 mm 高强度聚酯漆包线绕制的 4 mH 电感。

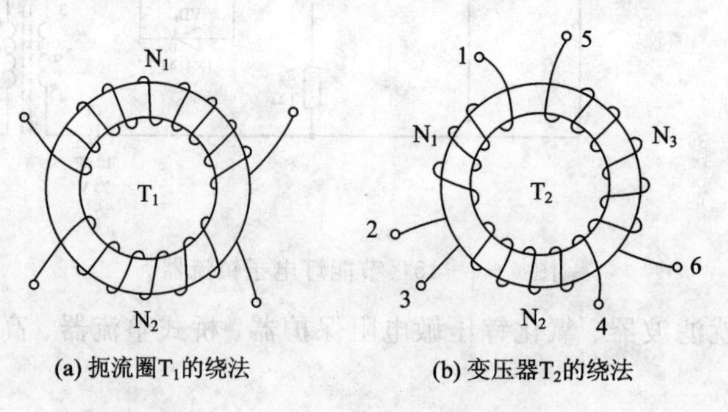

图 6-4-17　扼流圈和变压器的制作

6.4.12　自行车转弯方向灯

自行车转弯方向灯电路如图 6-4-18 所示，图中 NE555 和阻容元件实现振荡电路，S_1、S_2 为左右方向开关，当按下 S_1 时(S_{1A} 和 S_{1B} 两部分同时动作)相应的左转向灯闪烁，扬声器发声提醒，当按下 S_2 时相应的右转向灯闪烁，扬声器同样发声提醒。

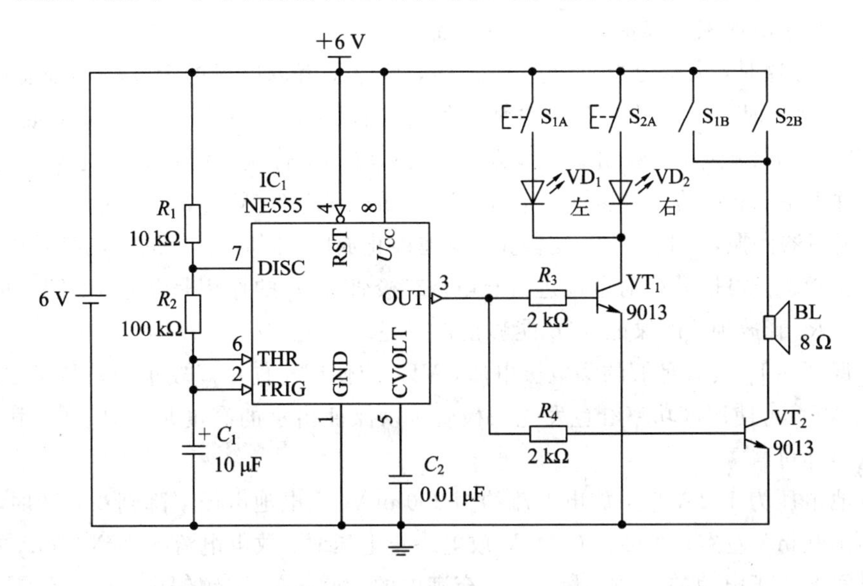

图 6-4-18　自行车转弯方向灯电路

6.5　充 电 电 路

6.5.1　镍镉电池放电器

镍镉电池的最大缺点是存在“记忆效应”。消除“记忆效应”的一种有效方法是：每到第三次或第四次充电之前先对电池进行一次完全放电，直到单节电池电压下降至 0.65 V 再给电池充电。这种方法可以使镍镉电池及时恢复容量以保证正常使用，但每节电池完全放电的终止电压不得低于 0.65 V，否则会因过度放电而出现极性反转而损坏电池。读者可按如图 6-5-1 所示的电路自制镍镉电池放电器，它既简单易制，又能保证电池完全放电。

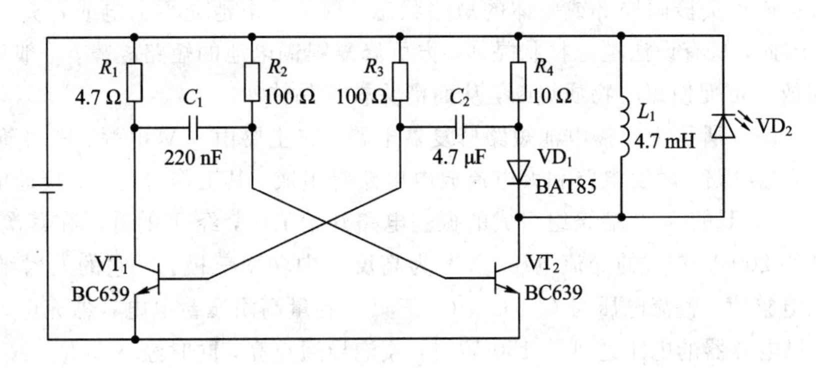

图 6-5-1　镍镉电池放电器电路图

如图 6-5-1 所示，晶体三极管 VT_1、VT_2 与 C_1、C_2、R_1～R_4 组成无稳态多谐振荡器，其振荡频率约为 25 kHz。在 1.2 V 单节镍镉电池供电的情况下，VT_1 与 VT_2 以 25 kHz 的频率交替导通，使该电池进行放电。由于 VT_2 集电极电路中接有电感 L_1，故

VT_1 导通时的放电电流大于 VT_2 导通时的放电电流，整个放电电流不是恒定的，而是脉冲的，这有利于电池恢复容量和延长使用寿命。

当 VT_2 导通时，大部分放电电流流过 L_1，该电感就以磁场的形式将部分能量储存起来。当 VT_2 截止时，L_1 产生的感应电势使发光二极管 VD_2 点亮，于是，在电池放电过程中 VD_2 以 25 kHz 频率闪亮(由于频率太高，实际看起来像是持续点亮)，表示电池正在放电。在此过程中，电池的端电压逐渐下降，当它下降到 0.65 V 时，不能再维持两管交替导通，于是振荡器停振，VT_1、VT_2 均截止。电池停止放电。同时 VD_2 也转入熄灭状态，表示电池已完全放电，可以开始对电池进行充电。二极管 VD_1 的作用是防止 L_1 储存的能量通过 R_4、C_2、R_3 释放掉，以保证 VD_2 能够正常点亮。

为了保证 VT_2 具有足够的集电极电压，VD_1 应使用正向压降较小的肖特基二极管(如 BAT85)。VD_2 可使用高功率红色发光二极管，以保证指示的亮度足够亮。L_1 用 4.7 mH 的普通电感即可。

当电池电压为 1.2 V 时，放电电流约为 200 mA；当电池电压下降到 0.8 V 时，放电电流下降到 100 mA 左右；在接近 0.65 V 放电终止电压时，放电电流减小到 5 mA 左右。所需放电时间取决于电池的剩余容量。对于充满电的 600 mA·h 镍镉电池一般约需 3～4 h。

6.5.2 镍镉电池修复器

随着无线电电子设备的大量使用，可充电镍镉电池得到了广泛的应用。但镍镉电池都有一定的使用要求，容易人为地造成电池过充电和静放电现象，加上许多使用镍镉电池的电子设备常处于野外作业，使用无规律，这就更容易导致镍镉电池内部短路故障的产生。一般来讲，产生这种故障的镍镉电池不应丢弃，因为其中大部分的故障电池按本节介绍的电路是可以恢复其使用功能的。

镍镉电池一般由氢氧化镍作为电池正极，形如海绵状的金属镉作为负极，正负极内有一层有机纤维作绝缘隔膜，这种隔膜既有绝缘作用，又有吸附电解质的能力。但若长期使用电池，特别是不规范地使用后，镍镉电池的负极镉上的海绵状物质极易形成细小的枝状晶体，从而造成正负极间局部或整体的短路状态，现象为电池充不上电或者充电电压达不到标准值。因此，只有设法消除枝状晶体，方可修复镍镉电池的短路故障。一般地讲，利用大电流瞬间放电可促使短路物质烧断，从而消除枝状晶体。

如图 6-5-2 所示为镍镉电池短路修复器电路，它主要由 6 V 电源、三极管振荡升压电路、整流蓄电电路、触发电路和大电流放电电路等组成。其工作过程是：接通电源开关 S 后，由 VT、R_1、T 的 1、2 端绕组组成的振荡电路开始工作，经 T 的升压在其次级 3、4 端绕组间得到约 200 V 左右的交流电压。VT 为高反压中功率三极管，它的发射结与 VD 将升压的交流电整流，整流电压对 C_3、C_4、C_5 三只高容量高耐压蓄电电容器充电，经过一定时间，当三只电容器的电压达到约 150 V 时，氖泡导通点亮，同时经 Ne、R_3、R_2 分压触发单向晶闸管 VS 的控制极，VS 瞬间导通，C_3～C_5 对故障镍镉电池或电池组大电流放电，放电完毕，VS 过零阻断，氖泡熄灭，此后 C_3～C_5 又重复上述充放电过程。这里使用并联电容器 C_3～C_5 是为了增大电荷泵的负载能力，以使放电电流达到 10 A 以上，这时方能将故障镍镉电池内存在的短路物质烧断。

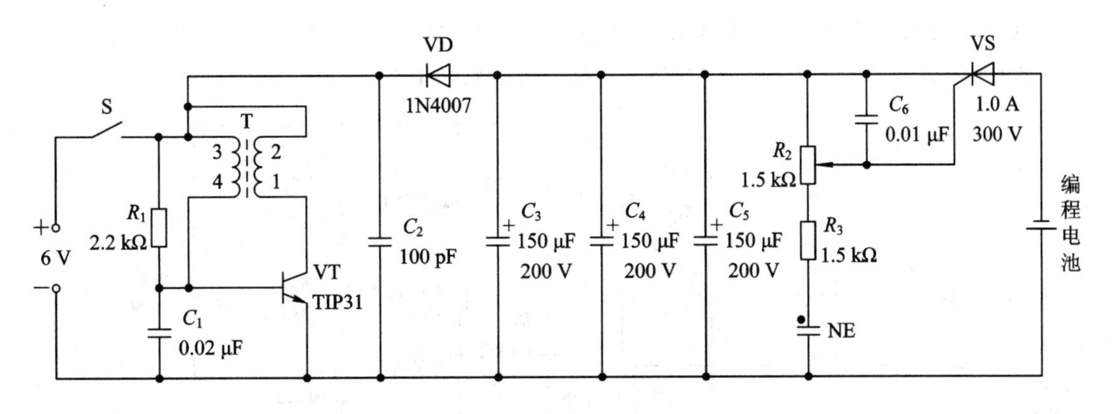

图 6-5-2　镍镉电池短路修复器电路

6.5.3　自动断电的镍镉电池充电器

自动断电的镍镉电池充电器电路如图 6-5-3 所示，该电路采用简单的定时器，充电时采用四只容量各为 500 mA 的镍镉电池接成串联形式。电池以 50 mA 的恒定电流充电 15 h 后，电路自动切断，充电停止。电路采用 NE555 作为时钟电路，它产生 6 s 周期的方波用来触发 IC_2，IC_2 接成 8192∶1 的分频器。充电时，晶体管 VT_1 导通，使继电器 K_1 吸合。LED 发光表示充电正在进行。在 555 送入 IC_2 到 8192 个时钟脉冲后，IC_2 的 3 脚变为高电位，VT_1 截止，K_1 释放，电路停止充电。开始充电时按下开关 S_1，使继电器自保吸合，充电直到预定时间为止。

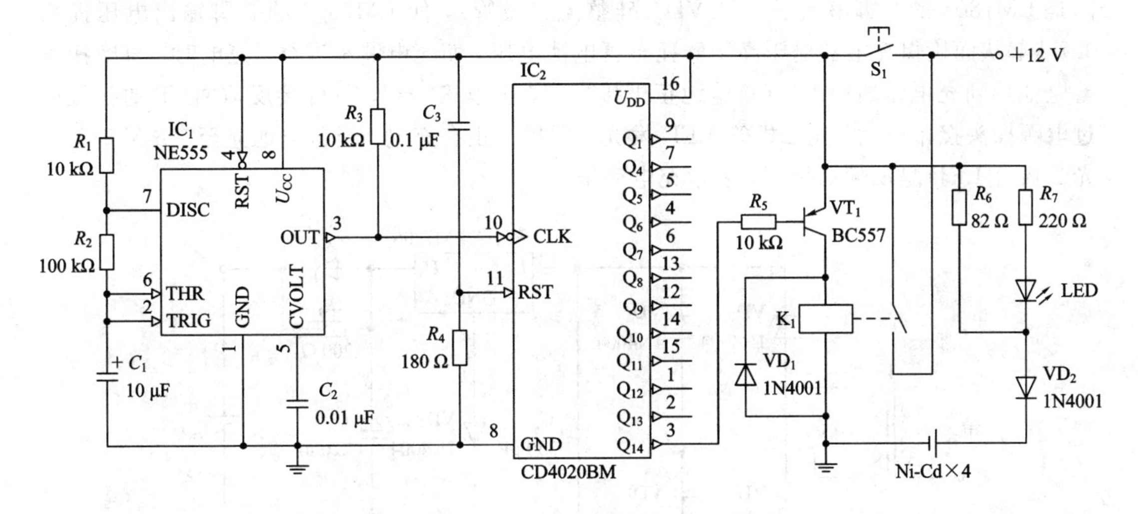

图 6-5-3　自动断电的镍镉电池充电器

6.5.4　电动自行车快速充电电路

电动自行车快速充电电路如图 6-5-4 所示，图中，市电经变压器 T 降压，经 VD_{11} 全波整流后，供给充电电路工作。当输出端按正确极性接入设定的待充电瓶后，若整流输出脉动电压的每个半波峰值超过电瓶的输出电压，则晶闸管 VS 经 VT_1 的集电极电流触发导通，电流经晶闸管给电瓶充电。当脉动电压接近电瓶电压时，VS 关断，停止充电。调节

R_P，可调节晶体管 VT_1 的导通电压，一般将 R_P 由大到小调整到 VT_1 导通，能触发 VS(导通)即可。发光管 VD_5 用作电源指示，而 VD_6 用作充电指示。

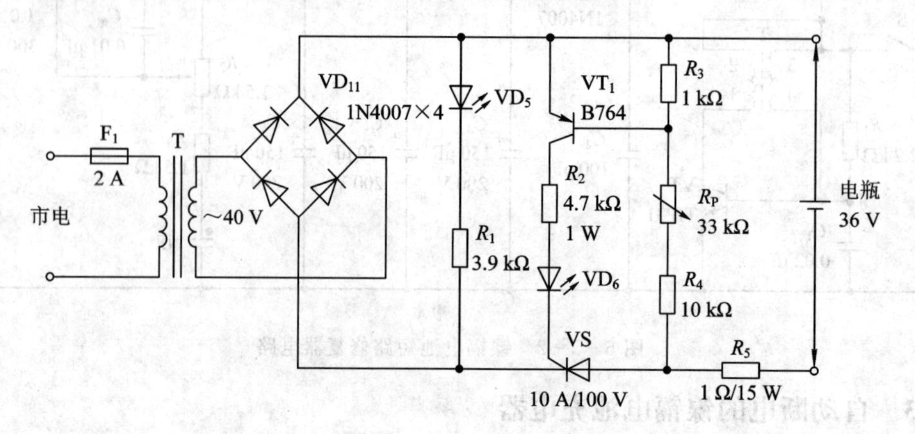

图 6-5-4　电动自行车快速充电电路

6.5.5　摩托车蓄电池 6 V 充电器电路

摩托车蓄电池 6 V 充电器电路如图 6-5-5 所示，图中 T 为一只小型电源变压器，将市电 220 V 降压为 9 V 交流电压。VD_1～VD_4 为桥式整流电路，将 9 V 交流电压整流为脉动直流电压，再经 C_1 滤波、LM7806 稳压，输出 6.7 V 左右的稳定直流电压，再经 C_2 作进一步滤波。LM7806 为三端稳压器，它稳压输出为 6 V，但为什么这里能输出 6.7 V 呢？原因是 LM7806 的 2 脚串入了一只 VD_5(硅整流二极管)，使 LM7806 的 3 脚输出电压提高 0.7 V，从而确保充电器电压高于摩托车蓄电池电压，使充电顺利进行。充电时，将摩托车蓄电池接到充电器的输出端(蓄电池正极接"＋"，负极接"－"，不可接反)，把 T 的初级通过电源插头接市电，发光二极管 LED 发光，即指示正在充电。当蓄电池充至≥6 V 时，发光二极管 LED 呈反偏而熄灭，表示充电完毕。

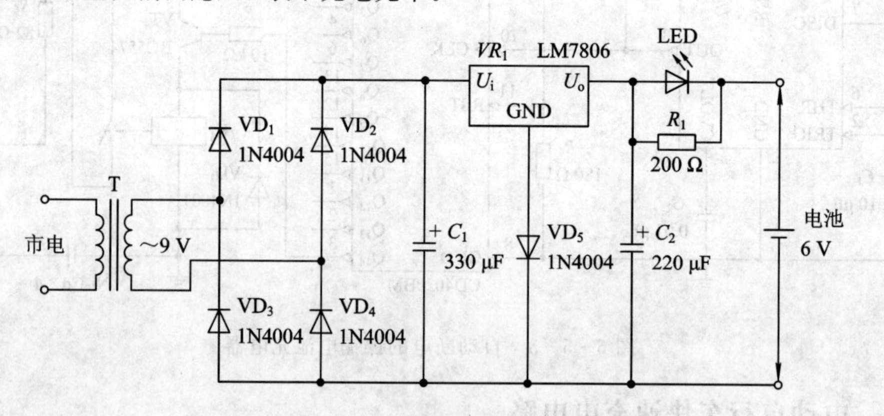

图 6-5-5　摩托车蓄电池 6 V 充电器电路

6.5.6　自动恒流充电器

自动恒流充电器电路如图 6-5-6 所示，充电开始时，电池电压较低，VT_1 基极电位较高，致使恒流二极管 VD_3 导通，由 VT_1 产生一个恒定的集电极电流 IC_1 流过 LED，使

LED 发光，其正向压降约 1.5 V，为 VT_2 提供一个稳定的基极电位，于是 VT_2 产生一个恒定的集电极电流 IC_2，此时 IC_1、IC_2 共同组成充电电流对电池充电。当电池电压升高到预定值时，VT_1、VD_3 截止，电路停止对电池充电。

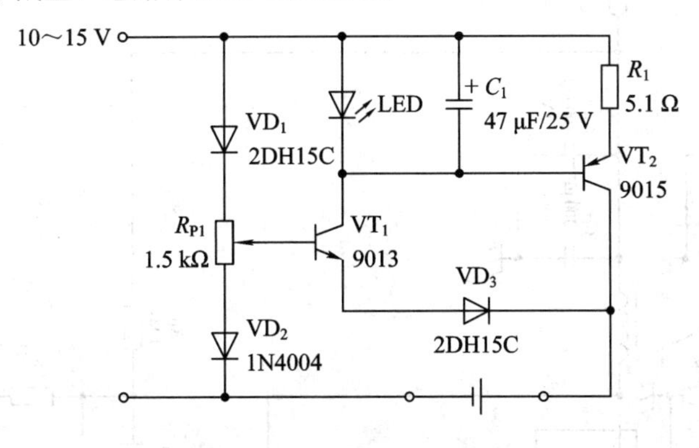

图 6－5－6　自动恒流充电器电路

6.5.7　车载式手机充电器

车载式手机充电器是有车一族必备的充电设备，其电路如图 6－5－7 所示，它将车载 12 V 电池电压转换为手机所需的 5 V 电压，其工作原理与常见小功率开关电源类似。

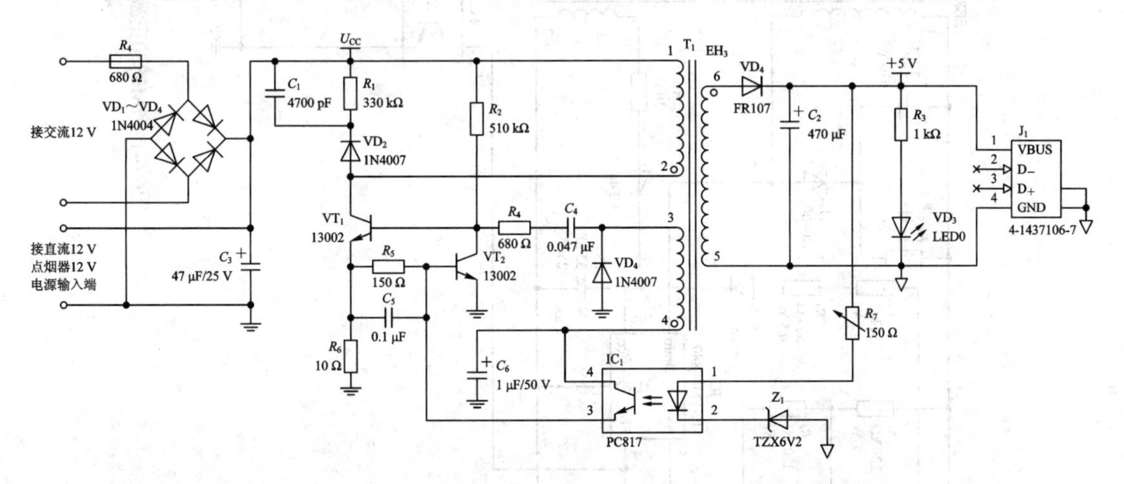

图 6－5－7　车载式手机充电器电路

6.6　中功率开关电源电路

如图 6－6－1 所示为一输入为市电(AC220 V/50 Hz)，输出为 DC5 V/26 A、DC12 V/10 A 的电源，它采用 7M0880 正激设计。

变压器采用 EER3542 骨架，其各引脚缠绕线圈参数如表 6－6－1 所示。

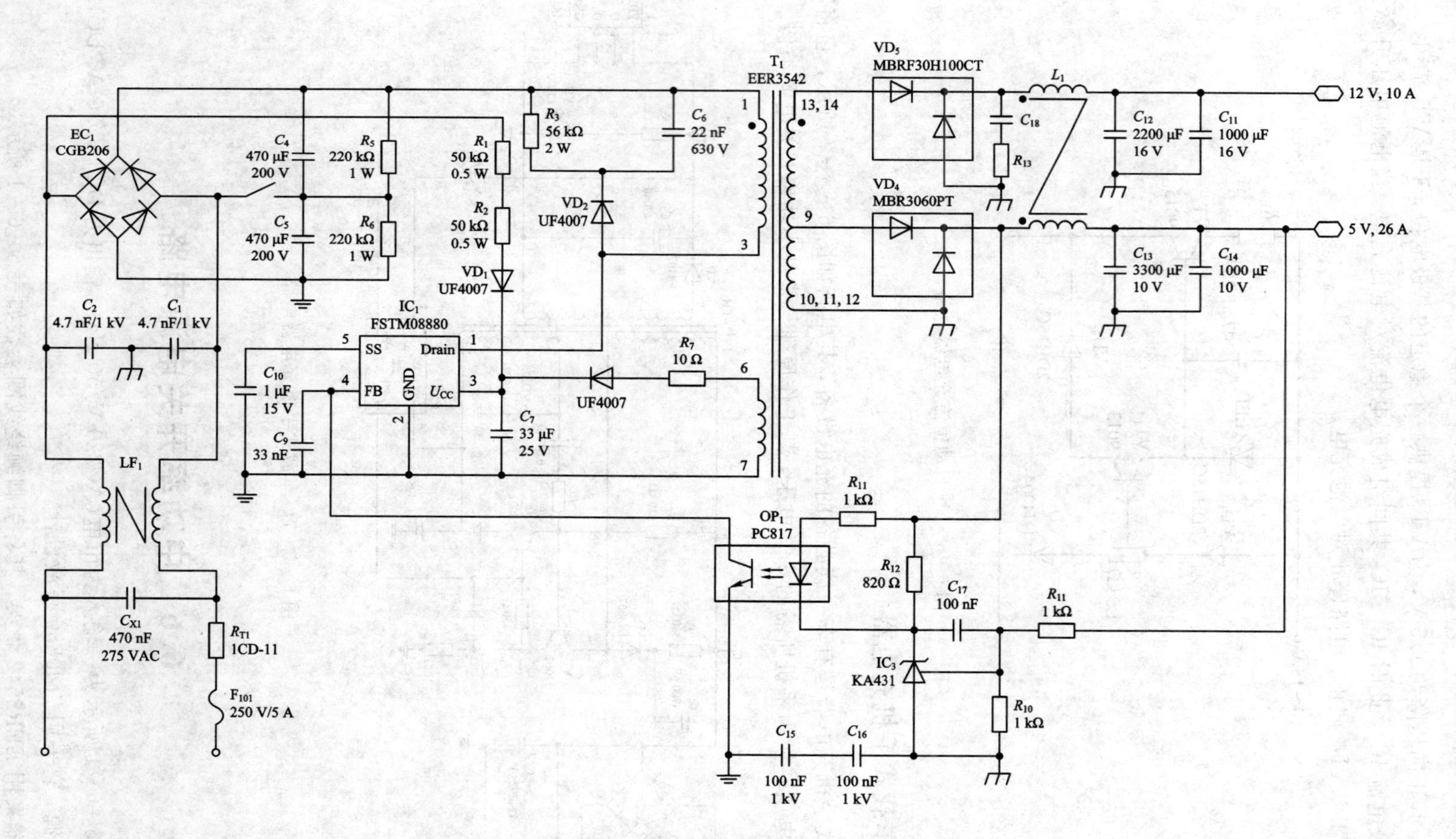

图6-6-1 7M0880正激式电源设计

表 6-6-1　EER3542 引脚缠绕参数

	引脚(起始→结束)	线规格	匝数	缠绕方式
*N*p/2	1→2	0.65Φ×1	50 T	线圈缠绕
N+5 V	8, 9→10, 11, 12	15 mm×0.15 mm×1	4 T	扁平线缠绕
N+12 V	13, 14→9	0.65Φ×3	5 T	线圈缠绕
*N*p/2	2→3	0.65Φ×1	50 T	线圈缠绕
*NV*cc	7→6	0.6Φ×1	6 T	线圈缠绕

1 脚→3 脚应缠绕 100 匝，分两次缠绕，50 匝缠绕在内层，50 匝缠绕在外层，目的是减小电磁干扰。

变压器电气特性如表 6-6-2 所示。

表 6-6-2　EER3542 变压器电气特性

	引脚	规格	备注
电感量	1→3	6 mH±5%	@70 kHz, 1 V
漏感	1→3	最大 15 μH	

输出端滤波电感参数为：骨架 27Φ16，5 V 端 12 匝(线径 1Φ×2 股)，10 V 端(线径 1.2Φ×1 股)。

如图 6-6-2 所示为一输入为市电(AC220 V/50 Hz)，输出为 DC12 V/9 A 的电源。采用 7M0880 反激设计。7M0880 亦可设计成反激方式，一般情况下反激的功率要小于正激设计，反激设计方法与正激几乎一致，Fairchild 公司给的设计软件亦可用于反激设计。

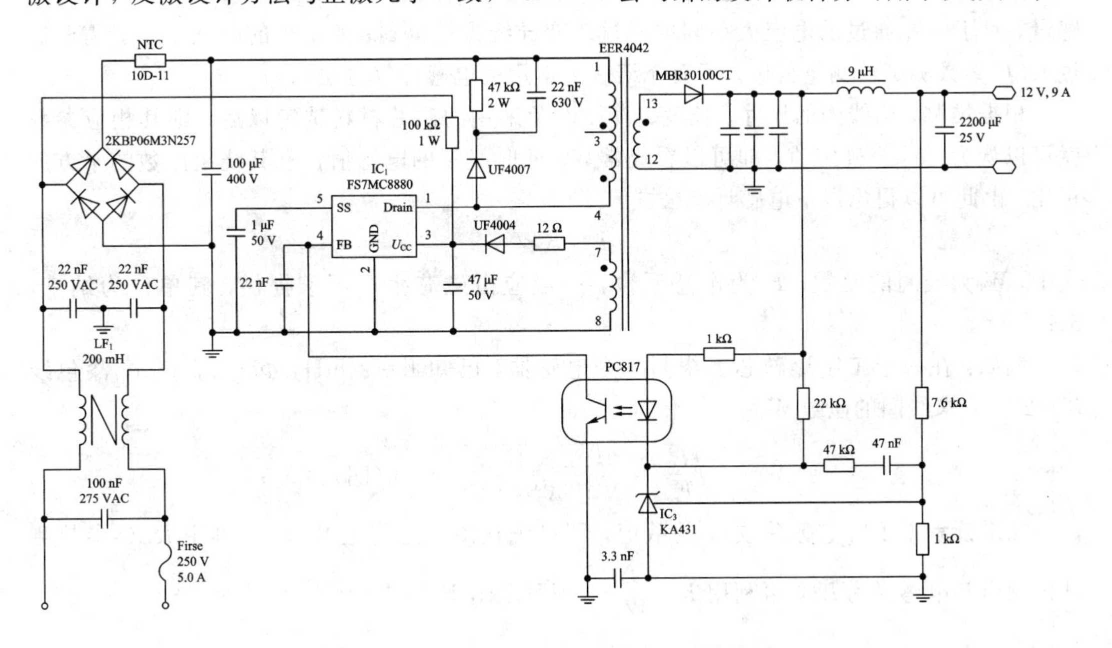

图 6-6-2　7M0880 反激式电源设计

变压器采用 EER4042 骨架，各引脚缠绕线圈参数如表 6-6-3 所示。

表 6-6-3 EER4042 引脚缠绕参数

	引脚(起始→结束)	线规格	匝数	缠绕方式
Np/2	1→3	0.4Φ×1	42 T	线圈缠绕
N+12 V	12→13	14 mm×0.15 mm×1	8 T	扁平线缠绕
N_B	8→7	0.3Φ×1	9 T	线圈缠绕
Np/2	3→4	0.4Φ×1	42 T	线圈缠绕

变压器电气特性如表 6-6-4 所示。

表 6-6-4 EER4042 变压器电气特性

	引脚	规格	备注
电感量	1→4	700 μH±10%	@1 kHz, 1 V
漏感	1→4	最大 10 μH	

6.7 电感线圈的制作

在电子设计中，对于手头没有的电阻电容一般采用串并联的方法得到所需的参数，而对于电感器一般采用自制的方法得到。对于带磁芯的线圈，其电感量与磁芯的磁导率及尺寸有关。对于固定的磁芯，其电感量与所绕匝数相关，通过改变线圈匝数即可得到所需电感量，对于所能通过的电流大小则可通过改变导线直径得到，所绕得的电感量一般需要通过 *RLC* 参数测试仪测量得出。下面介绍一种常用的电感计算方法。

根据推测，当线圈的尺寸、长度、直径以及采用的磁芯材料选定以后，则其相应参数就可以认为是一个确定值，即可以看成常数。此时线圈的电感值仅和其绕组匝数的平方成正比。由此可以得出以下电感计算公式：

$$L=KW^2$$

式中，W 为线圈的匝数；K 为电感系数，一般应由磁芯生产厂家提供，其单位为纳亨，nH。

例如：在一个工字形磁芯上绕制一个电感器，已知 $L=2$ mH，$\Phi=0.2$ mm，漆包线 $K=2200$，求线圈的匝数 W。

$$W=\sqrt{\frac{L}{K}}=\sqrt{\frac{2\times 10^{-3}}{2200\times 10^{-9}}}\approx 30(\text{圈})$$

如果读者不了解电感系数 K 的数值，则可先在磁芯上绕上 W_1 圈，再用 *RLC* 参数测试仪测出其电感量为 L_1，再利用 $K=\frac{L_1}{{W_1}^2}$，即可求出 K 的值。

6.8 变压器的制作

在开关电源设计过程中，电路的参数大部分都可以通过设计软件计算得出，通过计算出的参数直接与电子元件厂商购买即可，只有变压器需要设计人员自己试制，成功后由变压器生产厂家根据设计人员给的参数进行生产。虽然开关电源设计软件都给出了变压器设计参考参数，但是这些参数必须经过具体实验才可确定其实用性。因此，在此介绍变压器设计有关内容。

6.8.1 变压器结构

对于反激变压器的结构有两种主要的设计方法，一是边沿空隙法(Margin Wound)，二是3层绝缘法(Triple Insulated)。

1. 边沿空隙法

边沿空隙法就是在骨架边沿留有空余以提供所需的漏电和安全要求。对于安全要求、漏电和电气强度要求，一般以适当的标准列出，例如对于ITE，在美国包含于UL1950中，在欧洲包含于EN60950(IEC950)。5～6 mm的漏电距离通常就足够了，因此在边沿的应用中初、次级间通常留有2.5～3 mm的空间。图6-8-1给出了边沿空隙法结构，边沿空隙法结构由于材料成本低、具有很高的性价比，故属于最常用的类型。

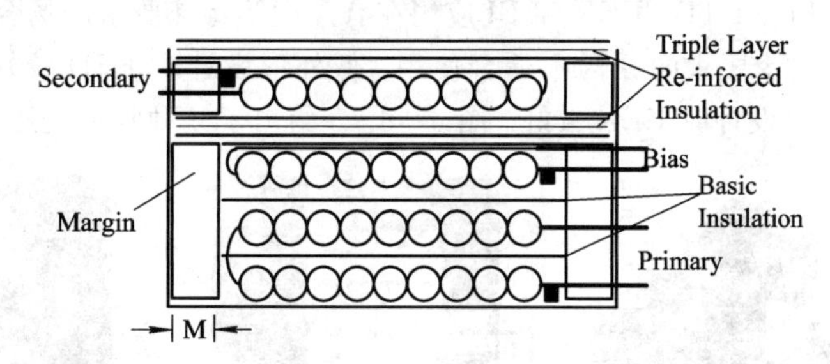

图6-8-1 边沿空隙法结构

图6-8-1中边沿空间由被切割成所想要边沿宽度的带子实现，这种带子通常需要1/2爬电距离(如6 mm爬电距离时为3 mm)。边沿带子绕的层数与绕组高度相匹配。磁芯的选择应是可利用的绕组宽度至少是所需爬电距离的2倍，以维持良好的耦合和使漏感减到最小。初级绕组是骨架中的第一个绕组，绕组的起始端(和初级紧密相连)是和功率管的漏极引脚相连的末端。这就使通过其他绕组使最大电压摆动点得到保护，进而使能耦合到印制板上其他元件的EMI最小。如果初级绕组多于一层，在两绕组层之间应放置一个基本的绝缘层(切割成充满两边余留之间宽度)，能减小两层之间可能出现的击穿现象，也能减小两层之间的电容。另一绝缘层放在初级绕组上面，辅助绕组在此绝缘层之上。在辅助绕组上放置3层胶带(切割成充满整个骨架的宽度)以满足初、次级之间的绝缘要求。在此层之上放置另一边沿空隙，次级绕在它们之间，所以在初、次级之间就有6 mm的有效爬电距离和完全电压绝缘。最后在次级绕组上缠3层胶带(整个骨架的宽度)以紧固次级绕组和保证绝缘。

2. 3 层绝缘法

3 层绝缘法就是次级绕组的导线被做成 3 层绝缘以便任意两层结合都满足电气强度要求。3 层绝缘法结构变压器体积可以做的很小，因为绕组可以利用骨架的全部宽度，边沿不需要留空隙，但是材料成本和绕组成本比较高，结构如图 6－8－2 所示。

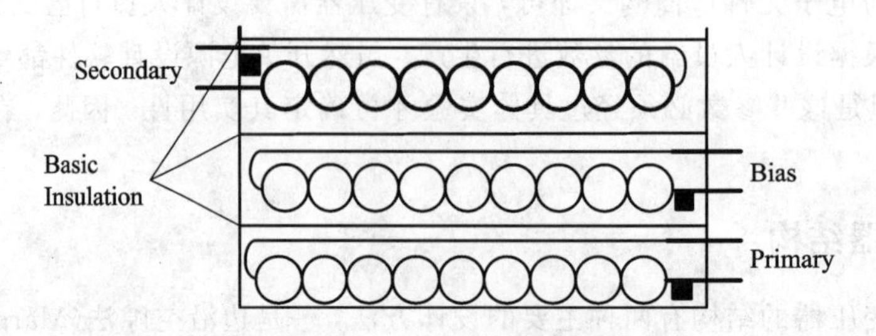

图 6－8－2　3 层绝缘法结构

由图 6－8－2 可以看出，初级充满整个骨架宽度，和辅助绕组之间仅有一层胶带，在辅助绕组上缠一层胶带以防止损坏次级绕组导线的 3 倍绝缘层。次级绕组缠在其上，最后缠一单层胶带进行保护。注意绕线和焊接时绝缘不被损坏。

6.8.2　选择磁芯、骨架

有许多形状的磁芯可用，但变压器一般用 E 形磁芯，原因是它成本低、易使用。其他类型磁芯如 EF、EFD、ETD、EER 和 EI 应用在有高度等特殊要求的场合。RM、toroid 和罐形磁芯由于安全绝缘要求的原因不适合使用。低外形设计时 EFD 较好，大功率设计时 ETD 较好，多路输出设计时 EER 较好。图 6－8－3 给出了几种常见变压器磁芯实物。

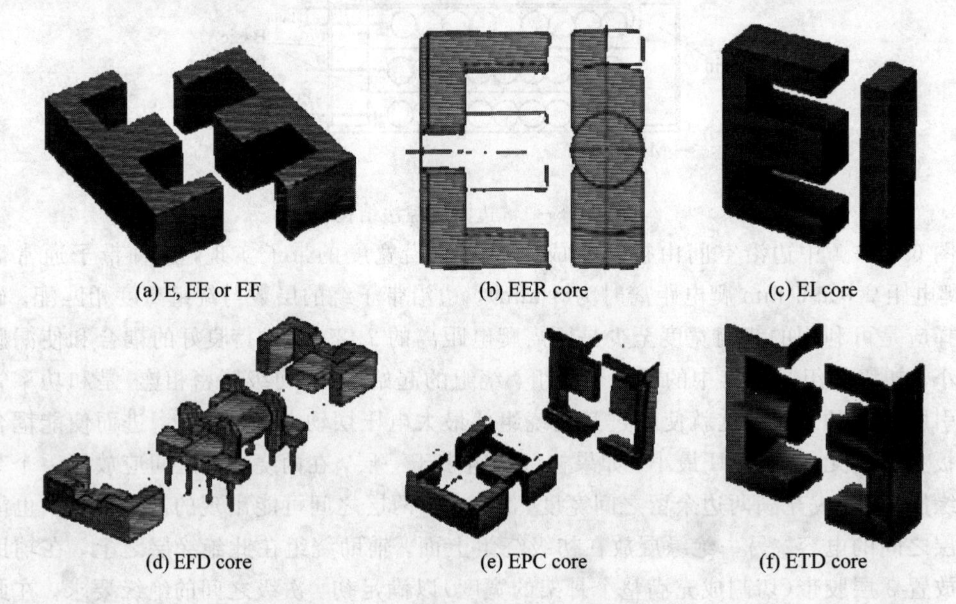

图 6－8－3　反激电源变压器磁芯类型

谨记边沿空隙类型的变压器比 3 层绝缘类型的变压器需要较大的磁芯，以便留出边沿空间。磁芯表 6－8－1 有助于工程人员更好地选择合适的磁芯尺寸和类型。

表 6-8-1　变压器磁芯表

输出功率	推荐磁芯型号			
0～10 W	EFD15	SEF16	EF16	EPC17
	EE19	EF(D)20	EPC25	EF(D)25
10～20 W	EE19	EPC19	EF(D)20	EE，EI22
	EF(D)25	EPC25		
20～30 W	EI25	EF(D)25	EPC25	EPC30
	EF(D)30	ETD29	EER28(L)	
30～50 W	EI28	EER28(L)	ETD29	EF(D)30
	EER35			
50～70 W	EER28L	ETD34	EER35	ETD39
70～100 W	ETD34	EER35	ETD39	EER40

磁芯和骨架是配套使用的，在选择好磁芯后，同型号的磁芯对应的骨架分立式和卧式两种，对骨架的主要要求是确保满足安全爬电距离(初、次级穿过磁芯的引脚距离要求以及初、次级绕组面积距离的要求)。骨架要用能承受焊接温度的材料制作。

6.8.3　选择导线

变压器使用的导线为一般励磁导线，它的线径在计算变压器输出电流时已确定好。对于较粗的线径一般用多股细线代替，因为一是当导线线径大于一定尺寸(一般为 0.5 mm)后，绕制难度增大；二是线径较粗的漆包线的绝缘等级要求较高，需采用瓷釉绝缘，在焊接前要人工剥去绝缘层，而细的漆包线可以通过变压器引脚上锡处理时自动脱落，以减少工作量；三是电流传输具有集肤效应，同样截面积的多股导线比单股导线流过电流大。对于计算好的导线，在绕制变压器时，一般需要将导线线径进行变换，以便于实验制作，因为实验中不可能备有各种型号的导线，一般只有几种，需将导线进行转换，通常只需保证截面积一致即可，如单股 0.6 mm 的线径可以用 4 股 0.3 mm 的线径代替。

3 层绝缘导线和励磁导线相似，主导线是单芯，但是它有 3 个不同绝缘层，即使 3 层中任意两层接触都满足绝缘要求。

市场上卖的导线和常见的变压器计算软件所给出的都是导线规格，而不说线径。对于导线的线径，需查线规表得出，但是要从生产商处查出由于不同绝缘厚度所用导线的实际外径。表 6-8-2 包含标准单层绝缘励磁导线外径，不包括 3 层绝缘导线，详细资料请与导线供应商联系。

表 6-8-2 线 规 表

AWG线径	类似的SWG线径	类似的公制线径/mm	Bare 导通面积		外尺寸	
			$cm^2 \times 10^{-3}$	cir-mil	cm	inch
14	16	1.6	20.82	4109	0.171	0.0675
15	17	1.4	16.51	3260	0.153	0.0602
16		1.32	13.07	2581	0.137	0.0539
17	18	1.12	13.39	2052	0.122	0.0482
18	19	1.00	8.228	1624	0.109	0.0431
19	20	0.9	6.531	1289	0.098	0.0386
20	21	0.8	5.188	1024	0.0879	0.0346
21	22	0.71	4.116	812.3	0.0785	0.0309
22		0.63	3.243	640.1	0.0701	0.0276
23	24	0.56	2.588	510.8	0.0632	0.0249
24	25	0.5	2.047	404.0	0.0566	0.0223
25	26	0.45	1.623	320.4	0.0505	0.0199
26		0.4	1.280	252.8	0.0452	0.0178
27	29	0.355	1.021	201.6	0.0409	0.0161
28	30	0.315	0.8046	158.8	0.0366	0.0144
29	31	0.3	0.647	127.7	0.033	0.013
30	33	0.25	0.5067	100.0	0.0294	0.0116
31	34	0.236	0.4013	79.21	0.0267	0.0105
32		0.2	0.3242	64.00	0.0241	0.0095
33		0.18	0.2554	50.41	0.0216	0.0085
34		0.16	0.2011	39.69	0.0191	0.0075
35		0.14	0.1589	31.36	0.017	0.0067
36	39	0.132	0.1266	25.00	0.0152	0.006
37	41	0.112	0.1026	20.25	0.014	0.0055
38	42	0.100	0.08107	16.00	0.0124	0.0049
39	43	0.090	0.06207	12.25	0.0109	0.0043
40	44	0.08	0.04869	9.61	0.0096	0.0038
41	45	0.071	0.03972	7.84	0.00863	0.0034
42	46	0.060	0.03166	6.25	0.00762	0.003
43	47	0.05	0.02452	4.84	0.00685	0.0027
44			0.0202	4.00	0.00635	0.0025

6.8.4 绕制变压器

1. 绕制变压器设备

现代变压器绕制设备为全自动绕制仪器，将导线缠绕在骨架引脚上，设置好需绕匝数，按下启动按钮即可自动绕制。本节给出笔者实验时所用的手工绕制设备，该设备非常简单，便于实验试制变压器时随时修改设计，实物如图6-8-4所示。

图6-8-4 变压器绕制设备

2. 准备材料

在准备好磁芯、骨架和导线后，再准备一些绝缘胶带和护套即可开始绕制变压器。

绝缘胶带最常用的由聚酯和聚酯薄膜制成，它能定做成所需的基本绝缘宽度或初、次级全绝缘宽度(例如3M＃1296或1P801)，一般需要购买与骨架槽宽度相等的绝缘胶带。边沿胶带通常用较厚少数几层就能达到要求，它通常是聚酯胶带如3M＃44或1H860。

护套常用于导线相连保护，因为导线通常有绝缘漆绝缘，当两导线相连时，破坏了绝缘，必须使用护套加以绝缘。护套必须经相关安全机构认证，至少有0.41 mm壁厚以满足绝缘要求，热阻要求通常使用热缩管，要确保在焊接温度下不被熔化。

3. 选择绕线方式

C型绕线：这是最常用的绕线方式。如图6-8-5所示为有2层初级绕组的C型绕线。C型绕线容易实现且成本低，但是会导致初级绕组间电容增加。可以看出初级绕组从骨架的一边绕到另一边再绕回到起始边，这是一个简单的绕线方法。

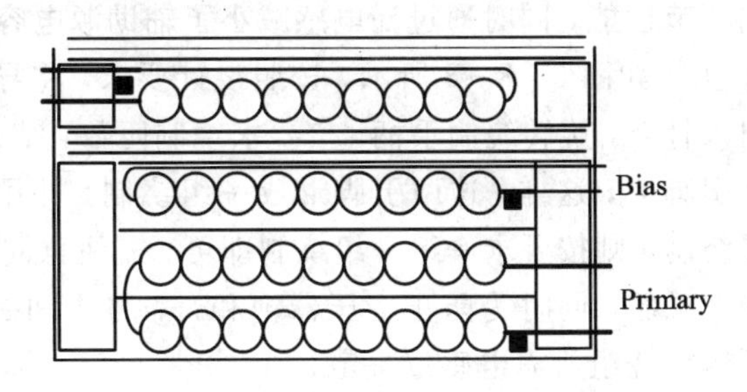

图6-8-5 初级C型绕线

Z 型绕线：如图 6－8－6 所示为有 2 层初级绕组的 Z 型绕线方式。可以看出这种方法比 C 型绕线复杂、制造价格较贵，但是减小了绕组间的电容。

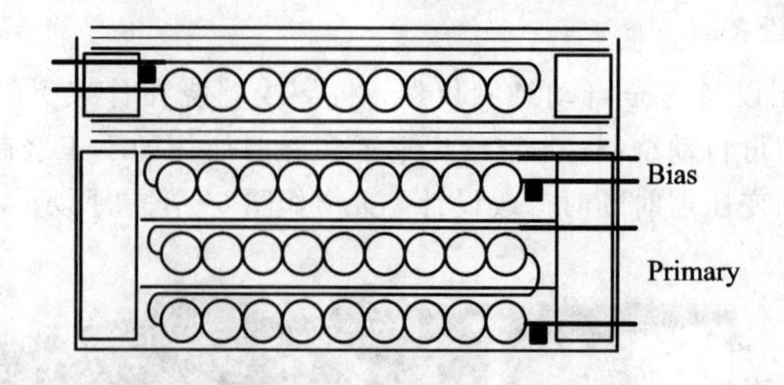

图 6－8－6 初级 Z 型绕线

4. 绕组顺序

初级绕组一般绕在最里层，这样能使每匝长度最小，并能减小初级电容。如前面讨论的把初级绕组放在最里层的方式可以使它受到其他绕组的保护，减小耦合到印制板上其他元件的噪音。

另一种初级绕组的绕制方式是把初级绕组分开绕制，分开的初级绕组是最里边第一层绕组，第二层初级绕在外边。这需要骨架有空余引脚，让初级绕组的中心点连接其上，对改善耦合有意义，且可以减小漏电感。绕制示意图如图 6－8－7 所示。

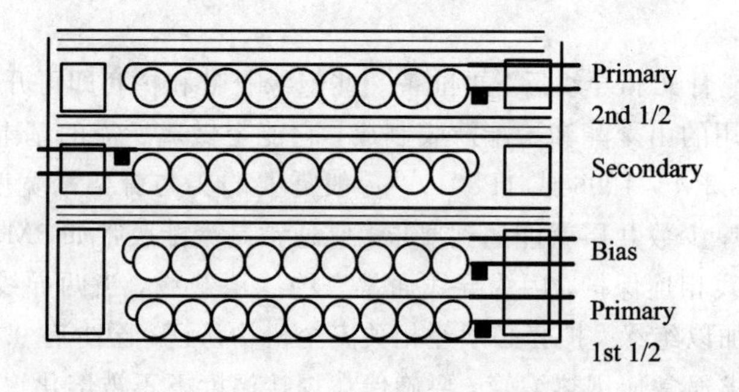

图 6－8－7 变压器初级分开绕制

辅助绕组和次级绕组的放置依赖于所用的调节方式。如果是次边调节则次级绕组在最外层，相反辅助绕组调节则它在最外层。边沿空隙设计时为了减小所需边沿和绝缘层数，把次级绕组作为最外层。如果辅助绕组作为最外层绕组对初级的耦合将减弱，对次级的耦合将增强，改善了输出调节性能，同时通过漏电感减小了辅助源电容的峰值充电电流。

变压器绕制过程中实物如图 6－8－8 所示，按照设计要求，将导线先缠绕在一个引脚上，从引脚边缺口处引入骨架，旋转绕制手柄，按要求绕制匝数，结束后，将导线从另一缺口处引出，缠绕在另一引脚上。这样，这两引脚形成一组绕制，并用绝缘胶带缠绕变压器骨架。如有多绕组需要绕制，则按要求一组一组绕制即可，需注意同名端问题，不能弄反。所有绕组完成后，再加上磁芯，同时为防止变压器饱和，需将中间磁柱用砂纸打磨，具体打磨多少，需根据变压器主绕组所需电感量决定。

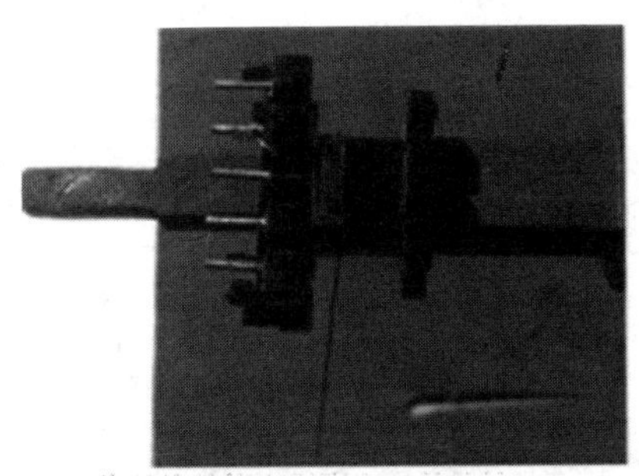

将导线缠绕在引脚上，并从缺口处引入骨架，按要求绕制匝数

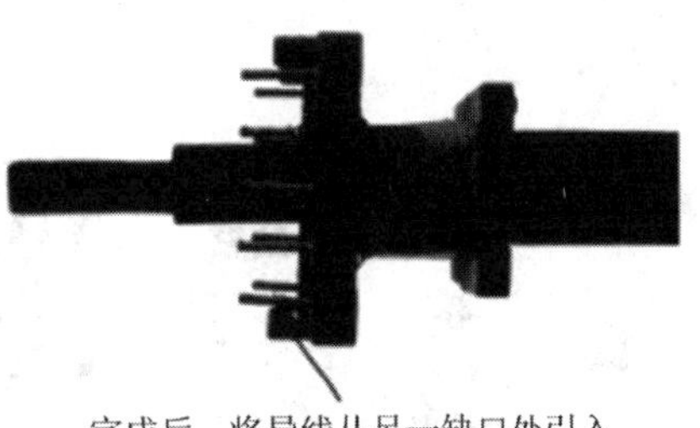

完成后，将导线从另一缺口处引入另一引脚并缠绕，形成一组绕阻，用胶带在骨架上缠绕几圈，用于绝缘

图 6-8-8 变压器绕组过程实物图

5. 多路输出

高功率的多路输出设计相对初级绕组来说次级应当是闭合的，能够减小漏电感和确保最佳耦合。次级应尽可能的充满可绕线的宽度，这样如前面所讨论的使多路次级制作较容易，它也改善了高频时导线使用率。

使用次级叠加技术能够改善辅助输出的负载调节性能，减小次级总匝数和骨架引脚数。

6. 漏电感

变压器结构对初级绕组的漏电感有很大影响。漏电感会导致 MOSFET 关断时产生感应电压，使漏电感最小能够降低感应电压和降低甚至不需要初级缓冲电路。

变压器绕组的顶部互相之间应同轴以便使耦合最强，减小漏电感。因此不使用平板和分段骨架。

7. 浸漆

通常使用浸漆锁定绕组和磁芯间的空间，可以防止噪声和湿气进入变压器。它有助于提高耐压能力和热传导性能。然而这是一个很慢的步骤，且油漆对人体具有危害，因此在人工浸漆时需加保护措施。

第7章 MCU外围电路

MCU(微控制器)外围电路的设计，是设计具有MCU系统电路的基础，只有合理、正确地设计出MCU外围电路的各个部分，才能保证MCU正常工作。本章内容涉及MCU芯片，对于初学者而言，可能感觉学习掌握该类电路比学习简单傻瓜式电路(无智能器件)更难。但是难的不是具体电路，而是涉及具体MCU的编程。但当读者掌握MCU编程后，本章内容将变得非常实用，对初学者的知识面也是很好的拓展，而且这些知识是电子设计人员进阶的必备知识。

7.1 振荡电路

7.1.1 外部时钟

对于微控制器而言，可以直接用外部时钟进行驱动，如图7-1-1所示，对于具体的外部时钟电路，可以参考第2章和第3章中的振荡电路。

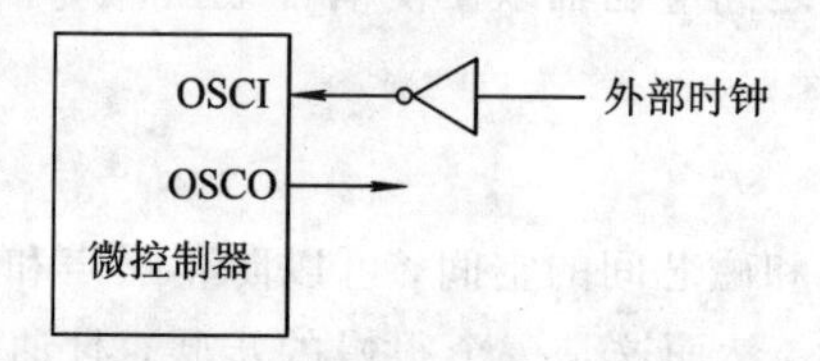

图7-1-1 外部时钟输入电路

7.1.2 晶体振荡器/陶瓷振荡器

晶体/陶瓷振荡电路如图7-1-2所示，该电路非常简单，但在电路板布置时，为了避免布线电容等的影响，在对图中的虚线部分进行布线时应注意以下几点(对于电路板的布线，笔者将在《基于Altium Designer的电路板设计》一书中讲解)：

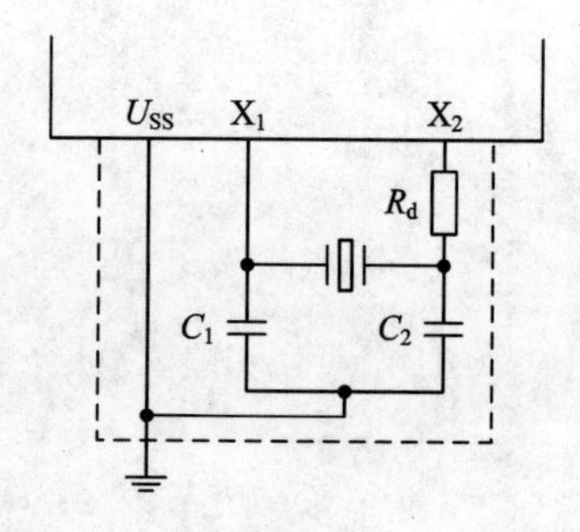

图7-1-2 晶体/陶瓷振荡电路

(1) 尽量缩短布线。

(2) 不和其他信号线交叉。

(3) 不接近有变化的大电流流过的布线。

(4) 振荡电路的电容器接地点总是和U_{SS}同电位。

(5) 不接入有大电流流过的接地点。

(6) 不从振荡电路取出信号。

振荡电路在启动时有一子过程，系统解除复位后，要保证振荡电路已经起振，使 MCU 工作在正常频率。

为了实现低功耗，部分 MCU 中的振荡电路是低增幅电路。和正常振荡电路相比，噪声容易引起误动作，因此在使用低增幅振荡电路的情况下，尤其需要注意布线的方法。

7.1.3 *RC* 振荡器

在一些不需要精确计时的应用中，使用 *RC* 振荡器可以节省部分费用，电路如图 7-1-3 所示。尽管如此，还是应该注意到，*RC* 振荡器的频率与电压、电阻值、电容值、甚至工作温度都有关，并且各芯片之间由于生产工艺的差别，频率也会发生细微的变化。

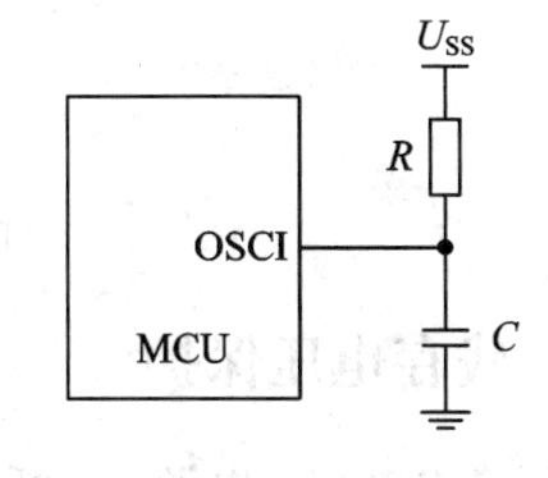

图 7-1-3　外部振荡器模式下的电路

为了获得稳定的系统频率，电容值不能小于 20 pF，电阻值不能大于 1 MΩ。如果它们不在该范围内，频率将很容易受噪声、湿度、漏电的影响。

RC 振荡器的电阻值越小频率越高。对于很小的电阻值，如 1 kΩ，由于 MCU 内部 NMOS 不能正确将电容放电，振荡器将变得不稳定。

基于上述原因，必须牢记电源电压、工作温度、*RC* 振荡器部件、封装形式及 PCB 布线方式都会影响系统频率。

7.2 上电复位电路

7.2.1 外部上电复位电路

如图 7-2-1 所示的电路使用了外部 *RC* 产生复位脉冲。脉冲宽度应足够长，直至 U_{CC} 达到最低工作电压。当电源电压上升慢时，可使用该电路。由于 $\overline{\text{RESET}}$ 引脚的漏电流约为 ±5 μA，建议 *R* 不应大于 40 kΩ，这样，$\overline{\text{RESET}}$ 引脚电压将保持在 0.2 V 以下。二极管 VD 的作用是在省电时充当短路回路。电容 *C* 将快速充分放电。限流电阻 R_i 用来避免过大的放电电流或静电放电 ESD 流入引脚 $\overline{\text{RESET}}$。

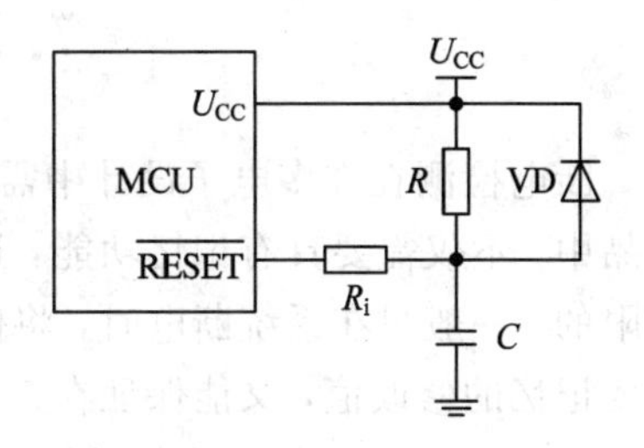

图 7-2-1　外部上电复位电路

7.2.2 看门狗电路

在系统上电时或由于电源短时间断电导致系统电源波动时，可能会导致微控制器件程序跑飞或系统死机。为了保证系统正常可靠运行，必须对系统电源进行实时监控，在监测到可能会导致系统不能正常运行的情况时对系统进行复位。其典型应用电路如图 7-2-2 所示，当电源电压 U_{CC} 从低于 SP809 的监控复位电压到高于 SP809 的监控复位电压时，

SP809 的$\overline{\text{RESET}}$端口输出低电平信号并维持 230 ms，该信号输出到微控制器的复位引脚，从而使微控制器重新复位，以保证微控制器系统上电时可靠复位。

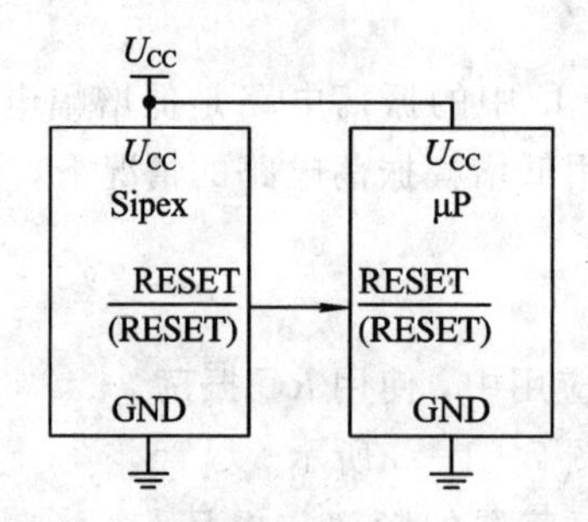

图 7-2-2 SP809 典型应用电路

7.2.3 残存电压保护

在更换电池时，电源 U_{CC} 断开后仍有一个小于 U_{CC} 最小值但又不为 0 的残存电压，这样将引起不正常复位。图 7-2-3、7-2-4 为残存电压保护电路。

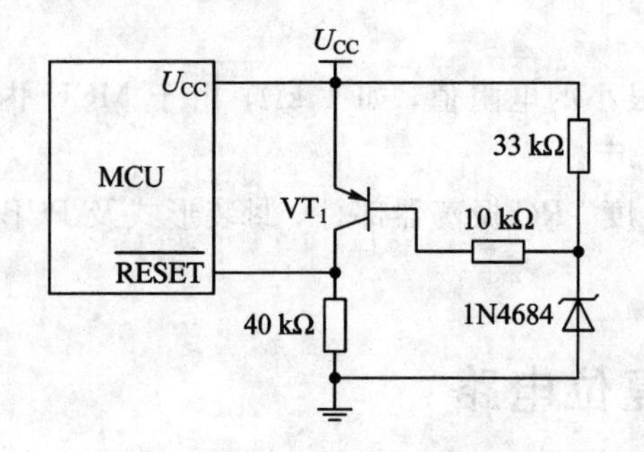

图 7-2-3 残存电压保护电路 1

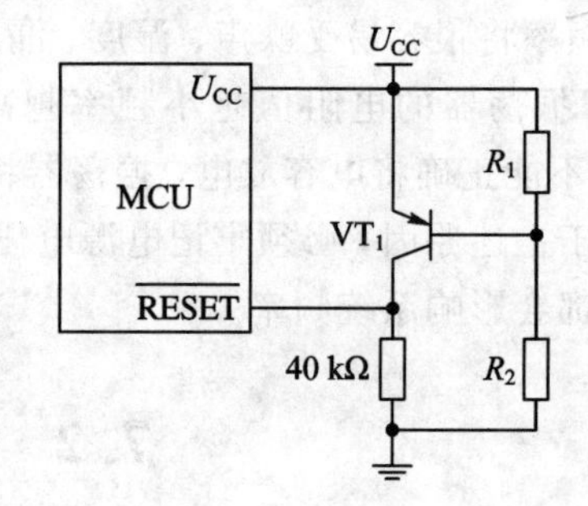

图 7-2-4 残存电压保护电路 2

7.3 断电检测电路

断电检测在许多电子设计中需要用到该功能，如在具有设置参数自动记忆功能的电子产品中，不仅需要具有记忆功能，还需要具有掉电检测功能，因为存储芯片的擦写次数是有限的，一般只在系统断电时，将修改的参数存入存储芯片(擦写一次)，以保证既能记下需要记忆的修改值，又能保证在产品生命周期内不会擦坏存储芯片。

断电检测的场合一般有两种：一种是检测市电断电，常用于市电供电的产品中，如工业自动缝纫机、电表、洗衣机等具有设置参数记忆功能的设备；一种是电池断电，常用于电池供电的产品中，如燃气表、电子水表、热能表等电池供电又要防止盗用的设备中。

如图 7-3-1 所示为一种市电断电检测电路，该电路在市电存在时，市电经 VD_1 半波整流，C_2、C_{D_1} 滤波后驱动光耦 U_1 发光，POFF 输出低电平。当市电断电时，U_1 不发光，POFF 经 R_1 上拉输出高电平，通过 MCU 检测该电平的高低即可检测出系统市电输入状态。需注意的是，+3.3 V 电压是由市电经开关电源变压后输出，当市电断电时，必须保证+3.3 V 电压存在一段时间，以便于MCU 存储数据。故+3.3 V 电源端需加入较大的储能元件，一般为大于 2000 μF 的电容。

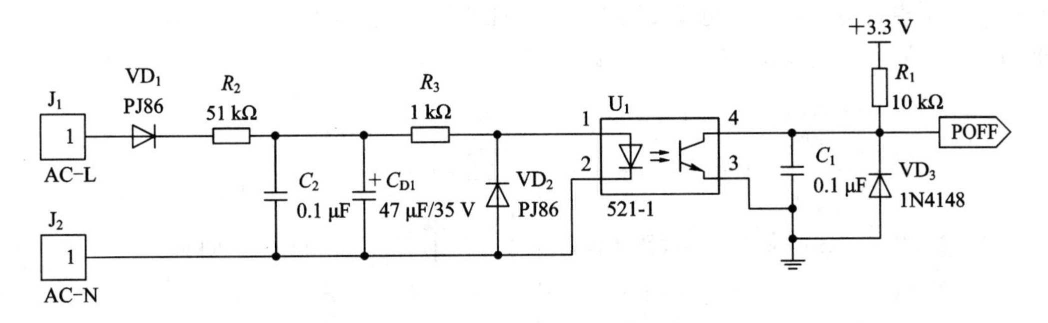

图 7－3－1　市电断电检测电路 1

如图 7－3－2 所示为另一种市电断电检测电路，该电路在市电存在时，市电经 VD_1 半波整流，R_2、R_3 分压后驱动光耦 U_1 发光，该光耦发光频率与市电一样为 50 Hz 的频率，POFF 输出方波脉冲，亦为 50 Hz。当市电断电时，POFF 端 50 Hz 频率丢失，通过 MCU 检测该频率则可检测出系统断电，该电路比图 7－3－1 所示电路简单，但 MCU 编程比图 7－3－1 所示电路复杂。同样需注意的是，＋3.3 V 电源端需加入较大的储能电容。

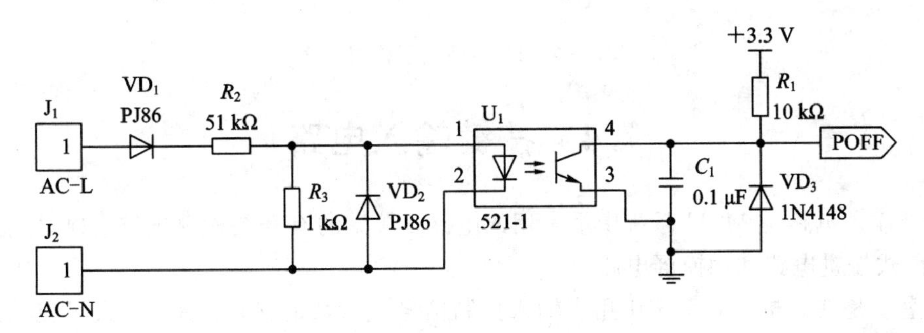

图 7－3－2　市电断电检测电路 2

如图 7－3－3 所示为一燃气表断电检测电路，该电路当拔下电池时，由于电容 C_1、C_2 的储能作用，U_{CC} 电压还存在，当检测到 BOFF 为低电平时，认为电池拔下，需启动电机关闭燃气表管路，防止用户盗用。加 VD_1 的目的一是将电池电压与 MCU 供电电压隔开，利于检测到电池断开时 BOFF 电平的变化；二是防止用户拔下电池时，故意短路电池极两端，放掉 C_1、C_2 的储能，使电机无法工作，无法关闭燃气表管路。

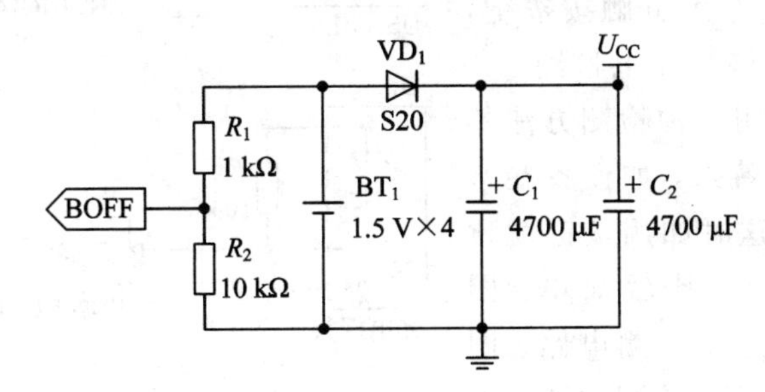

图 7－3－3　电池断电检测电路

当电池电压低于一定值时(一般认为碱性电池满电量时为 1.5 V，没电时为 1.2 V)，就需要提醒用户更换电池。图 7-3-4 为一电池电压检测电路，当 4 节电池电压低于 4.75 V 时，电池电压端由高电平变为低电平，提醒用户更换电池。图中 TL431 用于产生标准的 2.495 V 参考电压源，用于与电池电压分压后比较。

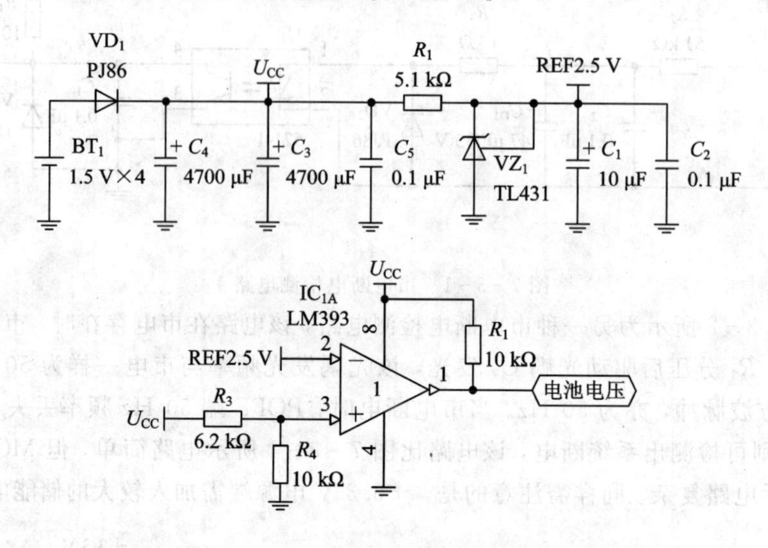

图 7-3-4　电池电压检测电路

7.4　按键输入电路

按键输入电路是 MCU 系统中最常用的电路，常见的有开关检测电路、独立式按键电路、矩阵式按键电路和触摸屏电路。

键盘就是在人机交互系统中用来输入控制信号或参数的接口。其中，人机交互系统是一个完整的电子系统的组成部分，用来识别不同的输入信号，并做出不同的响应。

对于一个优秀的人机键盘接口设计，需要占用合理的单片机资源，并能够及时、准确地响应用户的输入信息。

7.4.1　开关检测电路

开关检测电路是一种特殊的按键电路，按键电路需要操作人员触按按键，而开关检测元件有可能是光电检测、亦有可能是磁检测。使用这种检测方法的设备，一般应用场合特殊，如设备在水下，需要输入信号，这时如用按键就比较麻烦，而用磁检测就比较简单。图 7-4-1 给出了常见开关检测电路。图中，IC_2 为霍尔元件，用来检测磁场；U_1 为光电元件，用来检测反光。

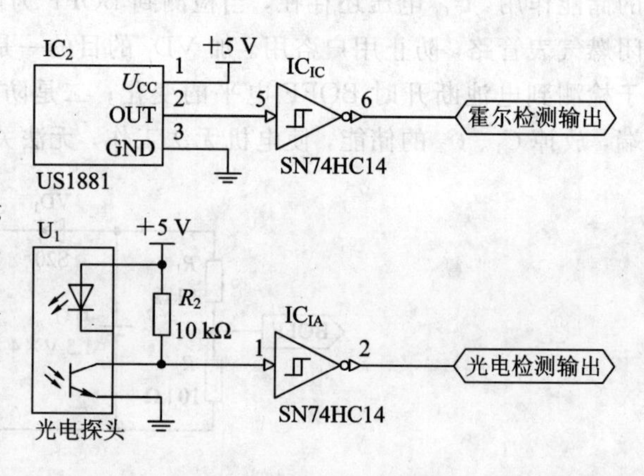

图 7-4-1　开关检测电路

7.4.2　独立式按键电路

独立式按键采用每个按键单独占有一个 I/O 口的结构，这是最简单的键盘输入设计。当按下和释放按键时，输入到 I/O 端口的电平是不一样的，MCU 程序根据不同端口电平的变化判断是否有按键按下并及时响应按键操作程序。

MCU 外接独立式按键的电路结构，如图 7－4－2 所示。其中按键和 MCU 引脚相连端直接使用上拉电阻上拉，当没有按键按下的时候，I/O 端口输入的是高电平，当按键按下的时候，I/O 端口输入的是低电平，从而实现端口电平的变化来达到按键输入的目的。某些系列 MCU 的 I/O 端口内部附有上拉电阻，无需外接上拉电阻，简化了外部电路，该图中，按键被 MCU 检测后通过 UART 端口发送按键信号。

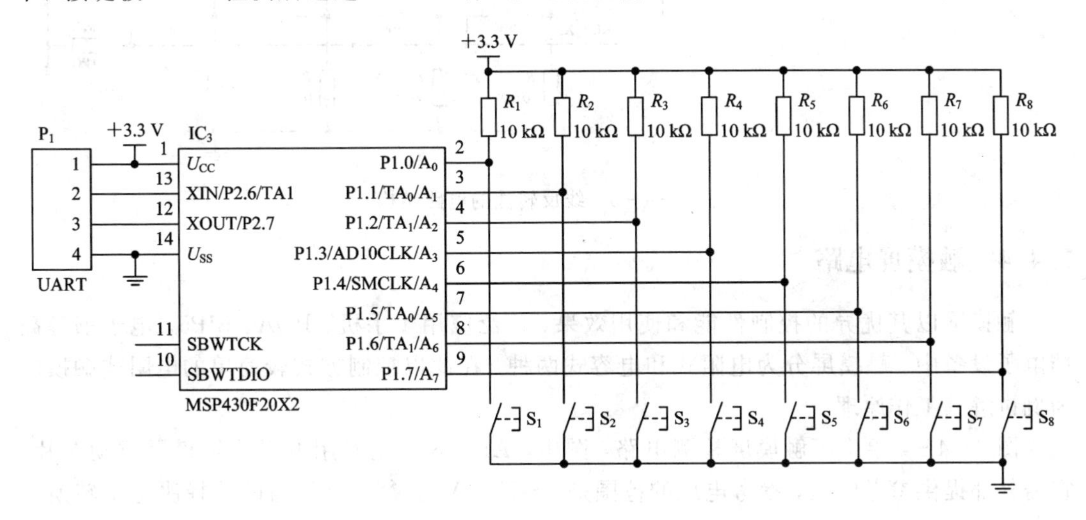

图 7－4－2　独立式按键的电路结构

这种独立式按键电路简单，方便程序处理。但是，由于每个按键都要单独占用一个 MCU 的 I/O 引脚，因此不适用于按键输入较多的场合，这样会占用很多 MCU 的 I/O 端口资源。

7.4.3　键盘矩阵电路

为了使用较少的 I/O 端口检测较多的按键信号，通常使用键盘矩阵。键盘矩阵接口是由行线、列线和按键组成的，按键位于行、列线的交叉点上。按键的连线引到行、列线的交叉点处，行、列线分别连接到按键开关的两端，行、列线通过下拉电阻接到地上。在此以 4×4 矩阵式键盘为例讲解其检测原理。

4×4 矩阵式键盘的检测方法有扫描法、线反转法和中断法。在此以线反转法为例讲解其工作原理，电路如图 7－4－3 所示。在检测按键时，将 Y_1～Y_4 都设置为输出高电平，读取 X_1～X_4 的值，如不为 0，则将 X_1～X_4 设置为输出高电平，读取 Y_1～Y_4 的值，记下 X_1～X_4 的值和 Y_1～Y_4 的值即为按键位置。

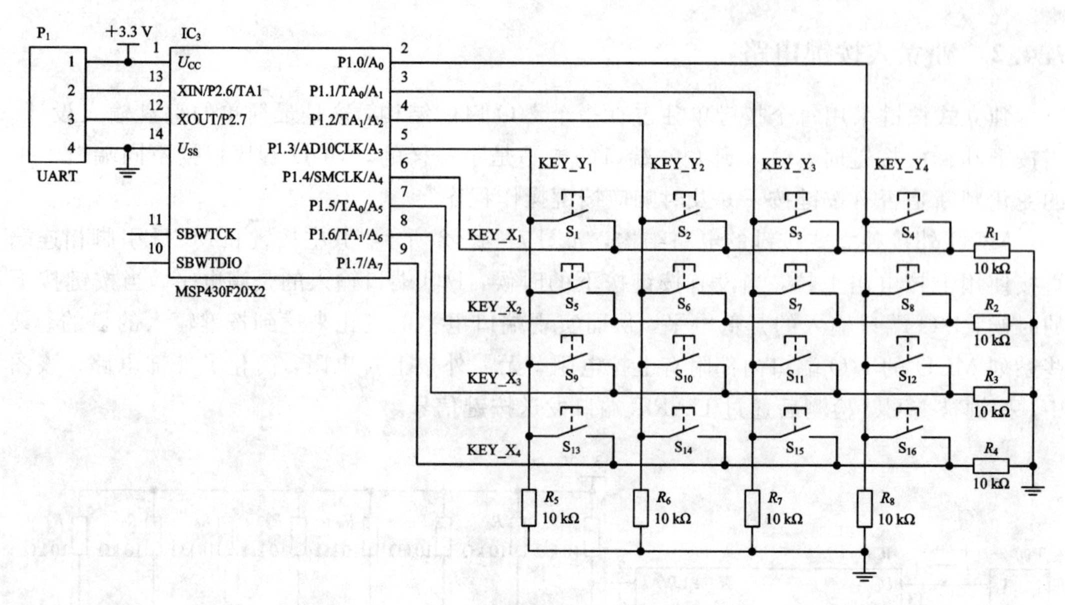

图 7-4-3　线反转法的电路结构

7.4.4　触摸屏电路

触摸屏以其优异的控制性能和使用效果，广泛应用于手机、PDA、MP5、电子书等高档电子设备中。触摸屏分为电阻式和电容式两种，在此以控制方式较简单的电阻式触摸屏为例讲解其工作原理。

图 7-4-4 给出了触摸屏检测电路，图中，ADS7843 是专用电阻式触摸屏驱动芯片。它需外部提供参考电压，参考电压的范围是 $1 \sim U_{CC}$(V)，参考电压值的选择决定了转换电压的范围。ADS7843 输出 12 位的 ADC 转换数据，因此具有 4096 个电压等级。如果使用的参考电压是 U_{CC}(5.0 V)，数字量 1 对应的电压值为 $5\times1/4096=0.001\ 221$ V。如果参考电压减小，这个值也会相应减小。因此，1.221 mV 的干扰就可以导致数字量 1 的偏差，如果取参考电压为 2.5 V，相同的干扰将导致数字量 2 的偏差。ADS7843 有 4 根线接到触摸屏，它们传来屏上感知的触摸信息，这些信息是与触摸位置唯一对应的电信号。

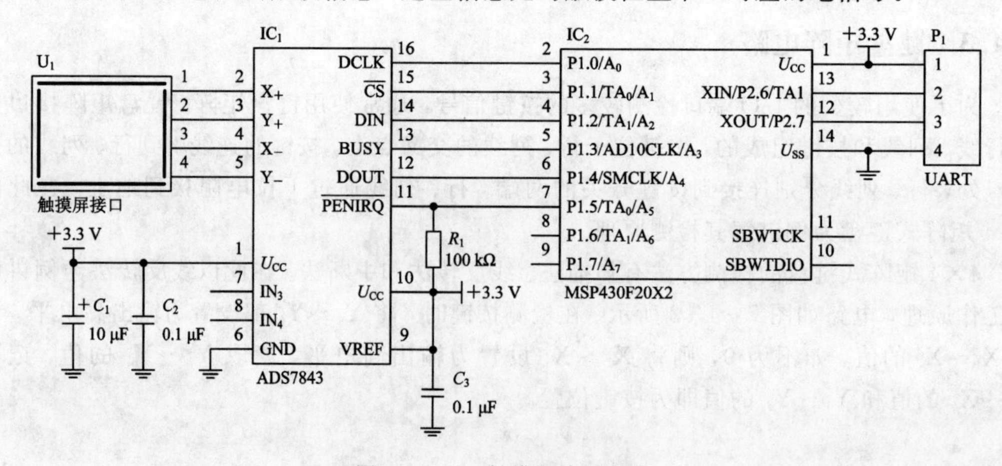

图 7-4-4　触摸屏检测电路

在该电路中如不用考虑低功耗问题，则$\overline{\text{PENIRQ}}$引脚可以不接，通信时适当在 BUSY 信号返回时，加入程序延时。亦可考虑不使用 BUSY 引脚，U_{CC}电压用单片机供电电压 3.3 V，有利于 I/O 口电平匹配。单片机与 ADS7843 通信协议请参考芯片手册。

7.5　显　　示

显示是人们了解电子系统内部信息的重要途径，常见的显示部件有发光二极管、数码管、液晶显示器等。

7.5.1　数码管驱动电路

数码管驱动分为动态驱动和静态驱动。动态驱动硬件成本较低，但程序编写较复杂；静态驱动需较多元器件，成本较高，程序编写较简单。

1. MCU 驱动单个数码管

MCU 驱动单个数码管电路如图 7-5-1 所示，图中数码管显示的数字需要 MCU 内部译码，R_1 为限流电阻。

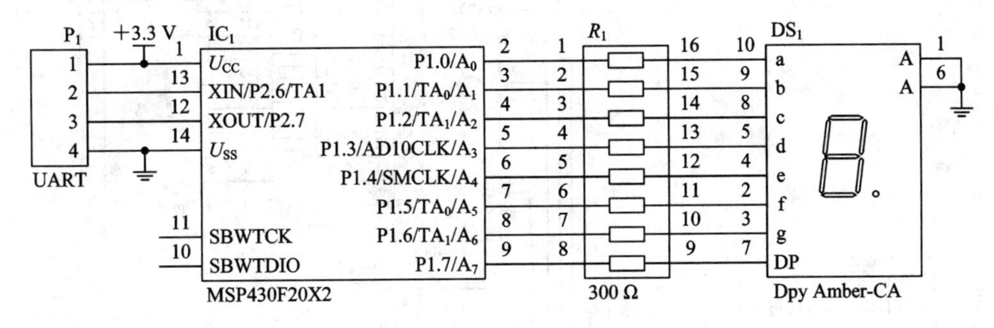

图 7-5-1　MCU 驱动单个数码管电路

2. MCU 通过 4 线 7 段译码器驱动单个数码管

MCU 通过 4 线 7 段译码器驱动单个数码管如图 7-5-2 所示，图中数码管显示的数字由 4 线 7 段译码器 74LS47 译码输出，与图 7-5-1 相比，无需 MCU 译码，使用 MCU 的 I/O 口较少，但多使用一个 IC 元件。

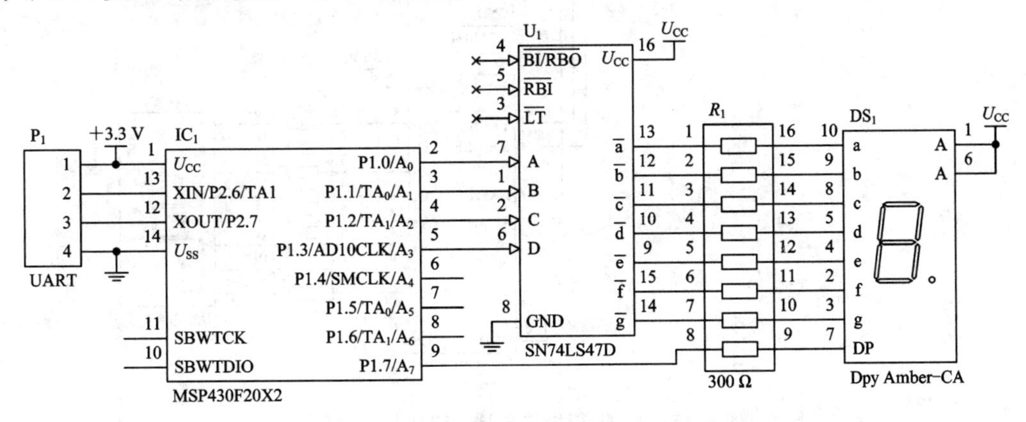

图 7-5-2　MCU 通过 4 线 7 段译码器驱动单个数码管电路

3. 通过移位寄存器扩展 LED 显示

通过外接串入/并出的移位寄存器，可以扩展出多个 8 位并行 I/O 接口，如图 7-5-3 所示。其中使用了 4 个串入/并出移位寄存器 MC14094，STROBE 为数据输出允许控制端，当 STROBE=1 时，将接收到的串行数据转换成并行数据输出；当 STROBE=0 时，MC14094 输出保持不变，对接收到的数据不处理。

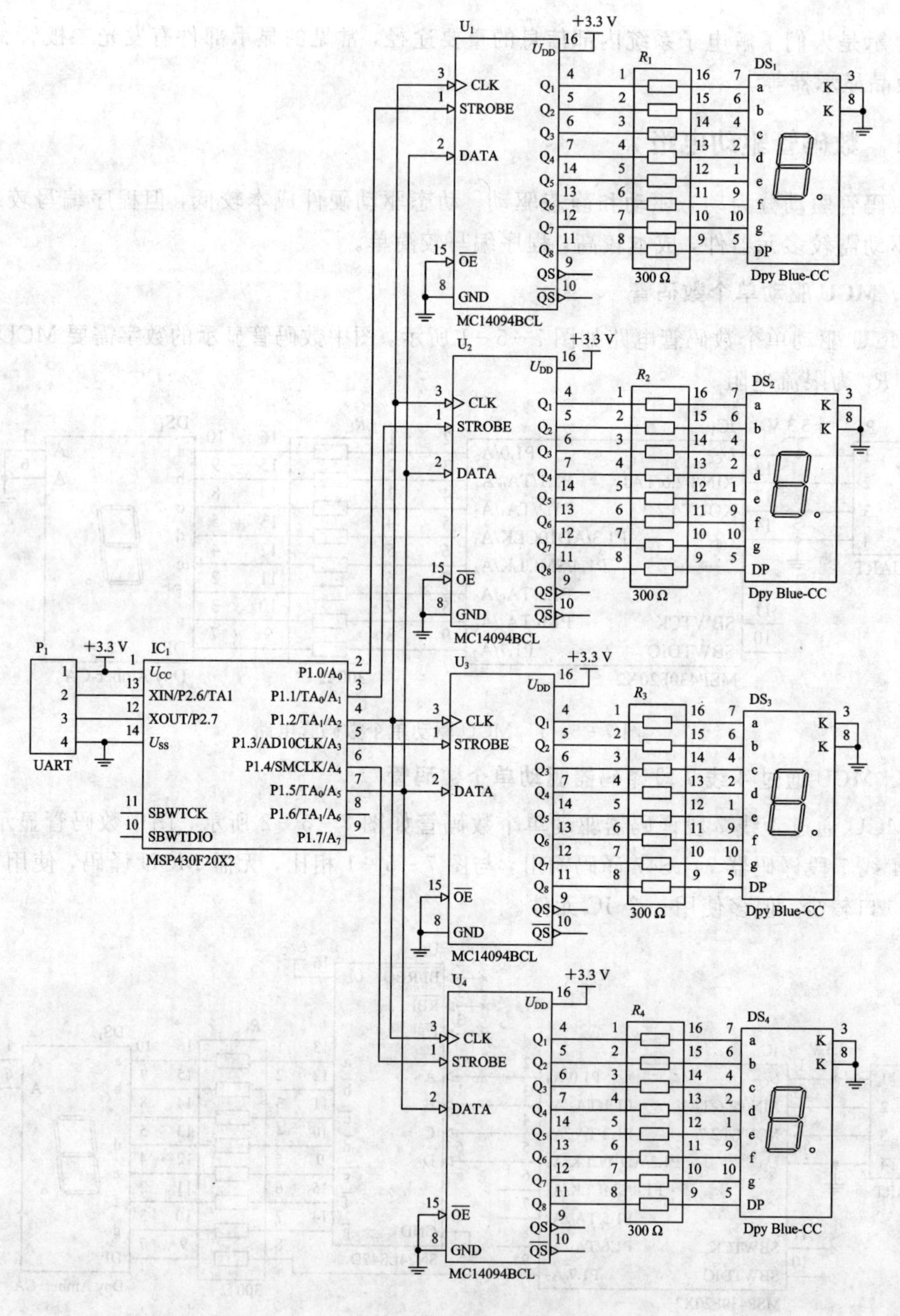

图 7-5-3　串行接口扩展 LED 显示原理图

4. 通过缓存器扩展 LED 显示

通过外部缓存器扩展 LED 显示的原理是使用片外缓存器作为扩展并行 I/O 输出接口，用来控制显示 LED 数码管。原理如图 7-5-4 所示。单片机将数据送入 74F273 并将数据锁存，则数码管将显示锁存数据直至数据再次修改。

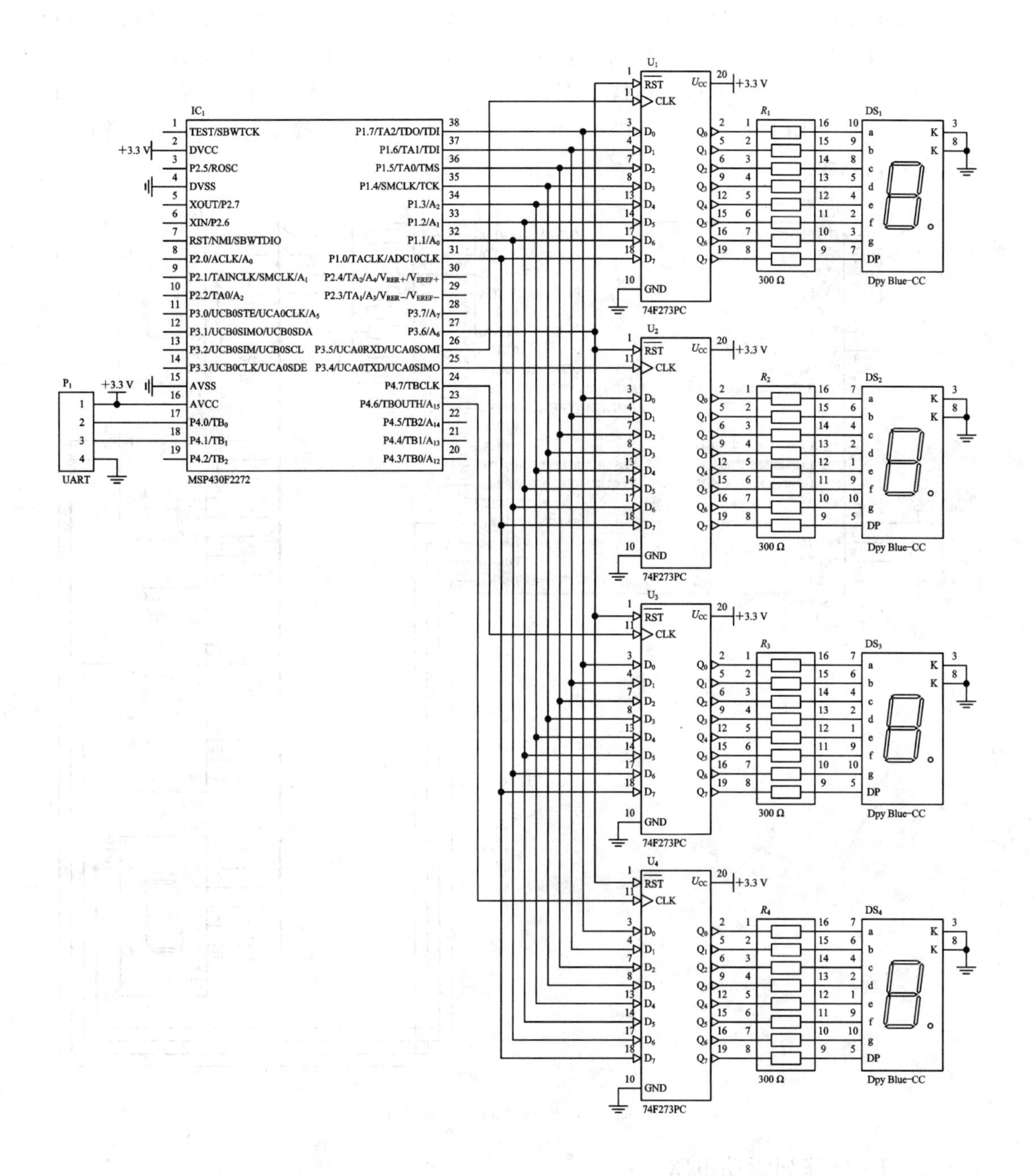

图 7-5-4　利用缓存器扩展 LED 显示原理图

5. 数码管的动态驱动电路

动态显示是指每隔一段时间循环点亮每个 LED 数码管，每次只有一个 LED 数码管发光。根据人的视觉暂留效应，当循环点亮的速度很快的时候，可以认为各个 LED 是稳定显示的。

动态显示的硬件连接比较简单，如图 7-5-5 所示。这里使用了 4 个 LED 数码管，将所有的 8 段引脚并联在一起，连接到 8 位的 I/O 数据总线上。而各个 LED 的共阴极引脚或共阳引脚分别由另一组 I/O 口控制，从图 7-5-5 中可以看出，使用两个 4 位的 I/O 端口便可以驱动 4 个 LED 数码管。其中一个并口作为 LED 数码管的控制引脚，另一个并口作为公共数据总线。

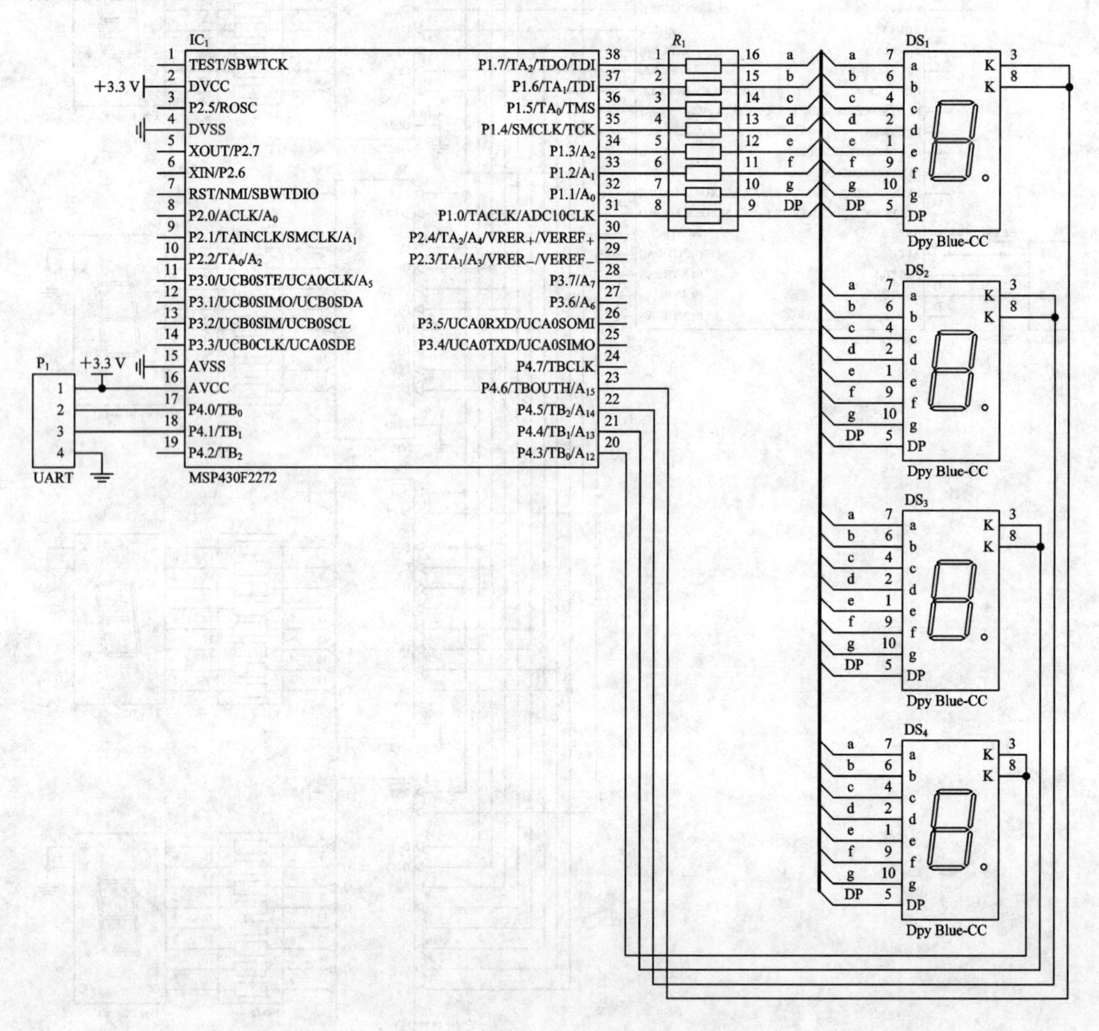

图 7-5-5　数码管的动态驱动电路

7.5.2　LED 阵列驱动电路

点阵型 LED 显示器不仅可以显示字符，还可以显示汉字，只需要在汉字对应笔画上点亮 LED 即可。点阵型 LED 驱动与 LED 数码管类似，在此不再复述。只是点阵型 LED 引脚较多，驱动时通常需扩展，如需显示汉字，则需要存储字库，对 FLASH 存储器空间要求过大。下面以图 7-5-6 为例，简单介绍 LED 大屏幕显示器的工作原理。

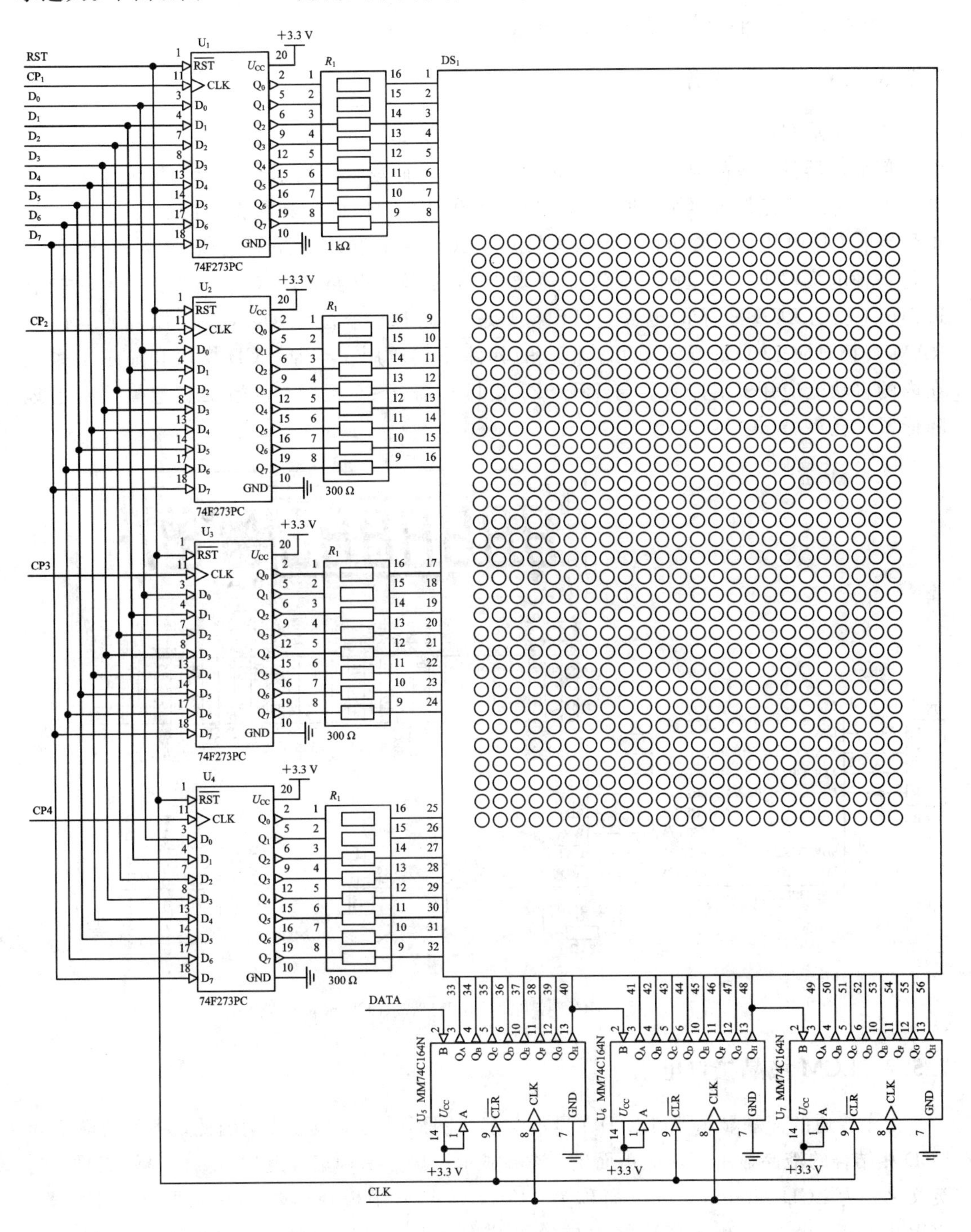

图 7-5-6　点阵 LED 大屏幕显示器

图中，LED 显示器为 32×24 点阵，行驱动分 4 组，由 4 个数据缓存器驱动，列驱动分 3 组，由 3 个移位寄存器驱动。实际的大屏幕显示器比这要复杂得多，要考虑很多问题，如采用多少路复用为好、选择什么样的驱动器，当显示像素很多时，是否要采用 DMA 传输等。但不论 LED 大屏幕显示器的实际电路如何复杂，其显示原理是相同的，即用动态扫描显示。对更具体的内容感兴趣的读者，可参考相关资料。

7.5.3 LCD 驱动电路

液晶显示器(Liquid Crystal Display，简称 LCD)是一种利用液晶材料的电光效应制成的新型显示器件。液晶显示器本身并不主动发光，而是通过反射或吸收环境光来显示信息。液晶周围的光强度越强，所显示的字符也越清晰，因此功耗很低。它还具有体积小、重量轻、工作电压低、微功耗、价廉等特点。LCD 主要利用液晶的扭曲-向列效应制成，这是一种电场效应。驱动 LCD 液晶需要专用的驱动电路，图 7－5－7 为 MCU 控制 HT1621 驱动 LCD 液晶的电路，HT1621 是一款 128 个位元的 LCD 控制器件，内部 RAM 直接对应 LCD 的显示单元。相应的软件使它适用于包括 LCD 模块和显示子系统在内的多功能应用。主控制器与 HT1621 接口只需 4～5 根线。内置的省电模式极大地降低了功耗。

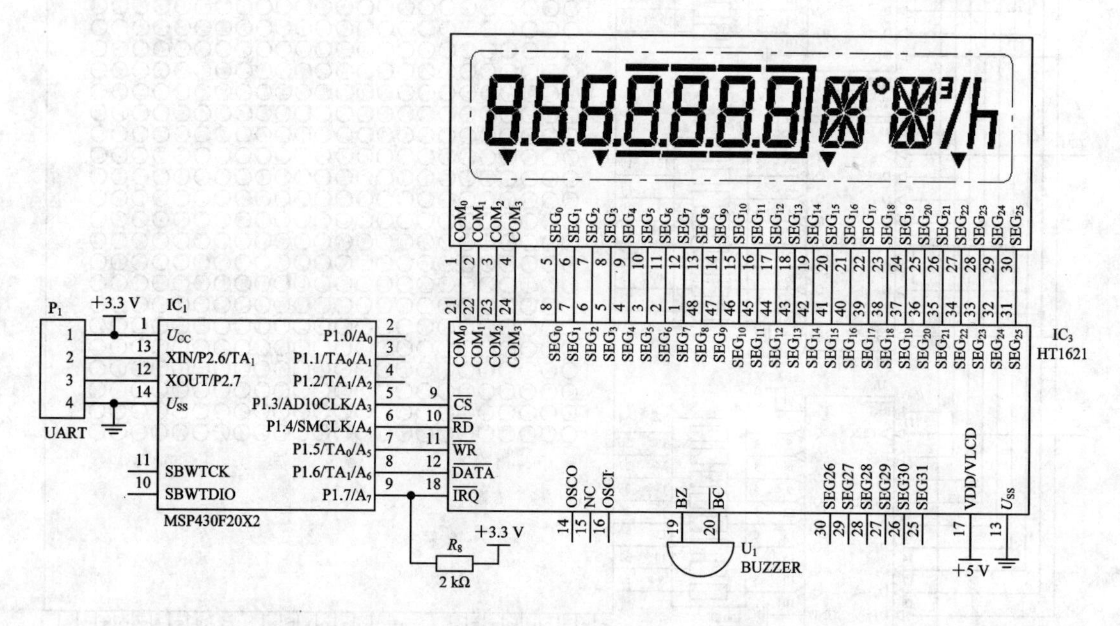

图 7－5－7 MCU 控制 HT1621 驱动 LCD 液晶电路

7.5.4 LCM 液晶接口电路

由于普通的液晶显示器(LCD)在显示汉字或图形时驱动较复杂，因此，将驱动模块和 LCD 相结合的液晶显示模块应运而生。液晶显示模块是一种集成度比较高的显示组件，其英文名称为 LCD Module，可以简称为 LCM。液晶显示模块将液晶显示器件、控制器、PCB 电路板、背光源和外部连接端口等组装在一起，可以方便地用于需要液晶显示的场合。

点阵式 LCD 液晶显示模块(LCM)一般都内置 LCD 驱动器，其采用控制指令集来进行显示控制。这类 LCM 和单片机的接口比较简单，控制比较容易，因此得到了广泛的应用。

一般来说，掌握一种液晶显示模块，便可以熟悉采用同类型驱动器的其他液晶显示模块的使用。下面以 KYDZ320240D 图形液晶显示器为例，重点介绍点阵图形液晶模块的使用，其可以显示数字、字符、汉字和图形等，功能比较全面。

利用 MCU 驱动 KYDZ320240D 的电路如图 7－5－8 所示，在该电路中，LCM 显示器的 BUSY、INT、RD 引脚未使用，BUSY 引脚用于 LCM 忙碌时不可接收单片机信号标志位，如不使用 BUSY 端口，则在单片机发送数据时保持适当间隔即可。RD 引脚为读 LCM 数据控制端口，在不需要读 LCM 数据时，可不使用该端口。

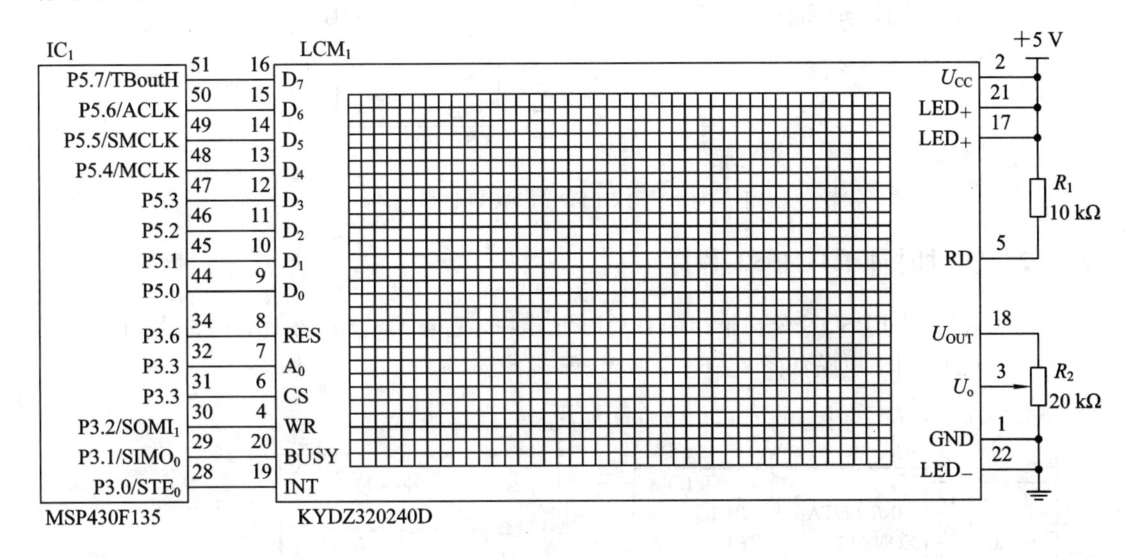

图 7－5－8　KYDZ320240D 驱动电路

7.6　日历时钟电路

日历时钟电路是一种常用的电路，常见于需要显示及设定时间的设备中。市场上有多种实时时钟芯片提供了这类功能。这种可编程的实时时钟芯片内置了可编程的日历时钟及一定的 RAM 存储器，用于设定及保存时间。另外，实时时钟芯片一般内置闰年补偿系统，计时很准确。其采用备份电池供电，在系统断电时仍可以工作。

7.6.1　实时时钟 DS1302 芯片

DS1302 是 DALLAS 公司推出的涓流充电时钟芯片，内含有一个实时时钟/日历和 31 字节静态 RAM，通过简单的串行接口与单片机进行通信。实时时钟/日历电路提供秒、分、时、日、日期、月、年的信息，每月的天数和闰年的天数可自动调整，时钟操作可通过 AM/PM 指示决定采用 24 小时或 12 小时格式。DS1302 与单片机之间能简单地采用同步串行的方式进行通信，电路如图 7－6－1 所示。图中，U_{CC}电压存在时，它给 DS1302 供电，电池 BT_1 不工作；当外部 U_{CC}断电时，BT_1 给 DS1302 供电。

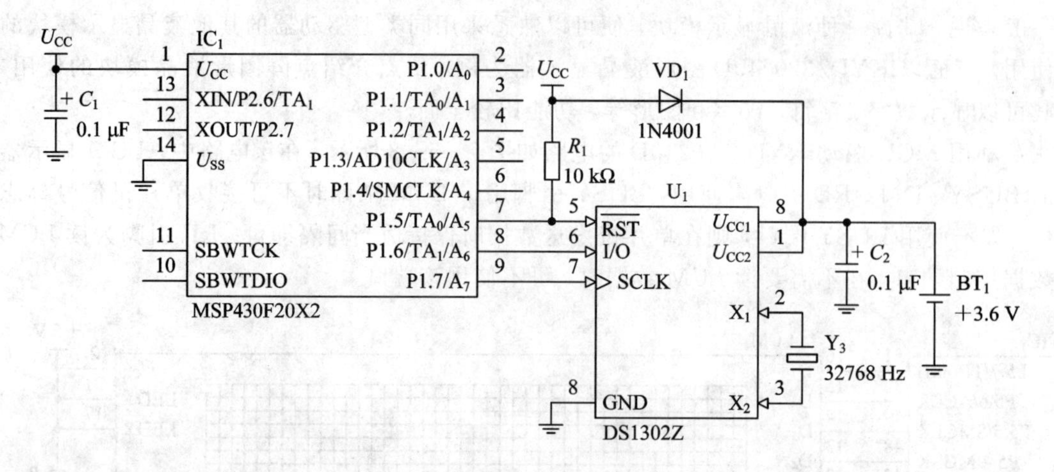

图 7-6-1　DS1302 与 MCU 接口电路

7.6.2　实时时钟 RTC4553 芯片

RTC4553 是 EPSON 公司推出的日历时钟芯片，它与 DS1302 相比，内部多加了一个 32 768 Hz 的晶体，电路如图 7-6-2 所示。

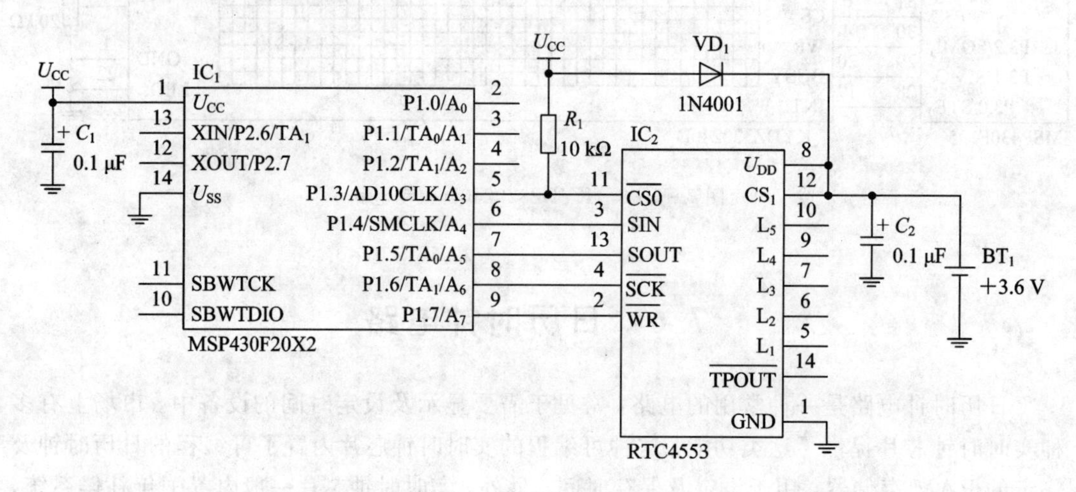

图 7-6-2　RTC4553 与 MCU 接口电路

7.7　存　　储

存储是电子设计中常遇到的问题，常见的有随机存储和只读存储等，下面简要介绍几种常用的存储电路，便于读者学习参考。

7.7.1　EEPROM 存储电路

近年来，非易失性存储器技术发展很快，EEPROM 就是其中的一种，和 RAM 相比，EEPROM 的缺点是不能够多次地擦除和写入(一般可以做到 100 万次，也有可以做到 1000

万次的)，但其优点是断电之后不需要特殊的断电保护措施，即断电后也能够保存数据长达100年。

1. 93C46存储电路

93C46/56/57/66芯片是一款三线制Microware串行总线的EEPROM。SK为时钟信号输入端，DI为数据输入端，DO为数据输出端。其接口电路如图7-7-1所示。

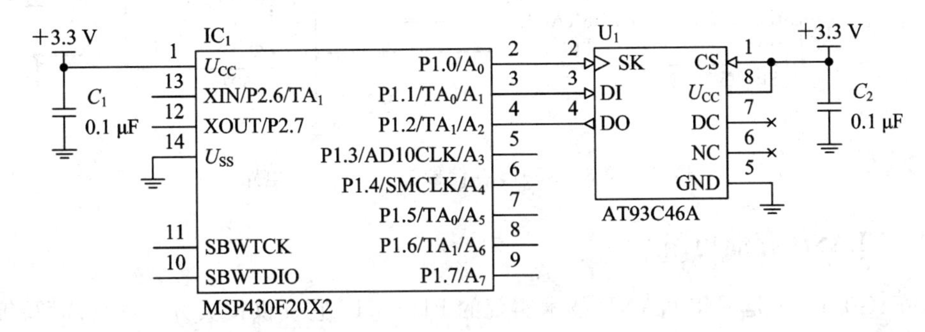

图7-7-1　93C46存储器与MCU接口电路

2. 24C02存储电路

24C01/02/32/64/128/256芯片是一款I^{2}C总线结构的EEPROM，它满足标准I^{2}C总线协议，只要掌握该协议通信方式，即可对24C02进行读写操作，其与MCU接口电路如图7-7-2所示。

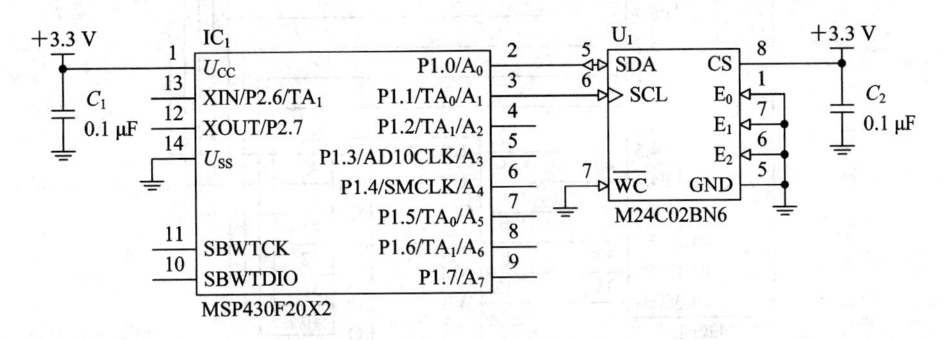

图7-7-2　24C02存储器与MCU接口电路

3. X5045存储电路

X5045是一种集看门狗、电压监控和串行EEPROM三种功能于一身的可编程控制电路，特别适合应用在需要少量存储器，并对电路板空间需求较高的场合。X5045具有电压监控功能，可以保护系统免受低电压的影响，当电源电压降到允许范围(4.2 V)以下时，系统将复位，直到电源电压返回到稳定值为止。X5045的存储器与CPU通过串行通信方式接口(SPI)，可以存放512个字节数据。可擦写100万次，数据可保存100年。如图7-7-3所示为X5045存储器与MCU接口电路，由于MSP430F20X2没有外部复位引脚，故X5045复位功能未使用上，该引脚RESET信号可输出给其他芯片复位用。

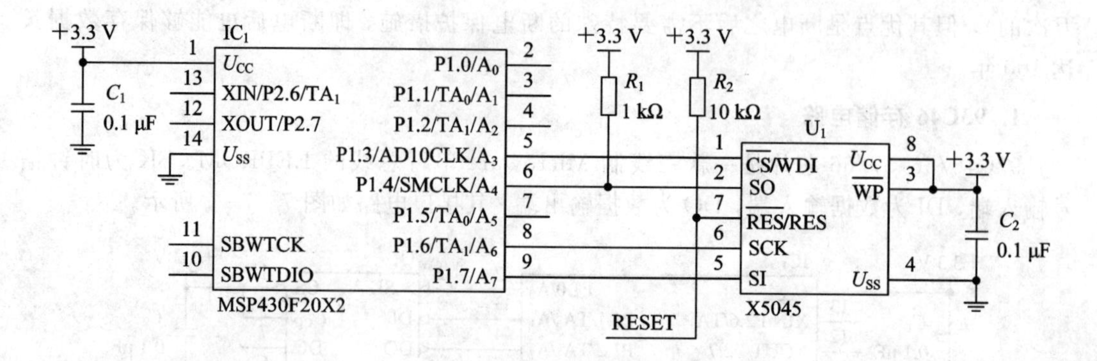

图 7-7-3　X5045 存储器与 MCU 接口电路

7.7.2　FLASH 存储电路

K9F1G08U0A 是采用 NAND 技术实现的 FLASH，它提供按页方式进行读/写等多种数据访问方法。它只有 8 根数据线，没有专门的地址线，主要通过不同的控制线和发送不同的命令来实现不同的操作。MCU 与 K9F1G08U0A 芯片的接口电路如图 7-7-4 所示。

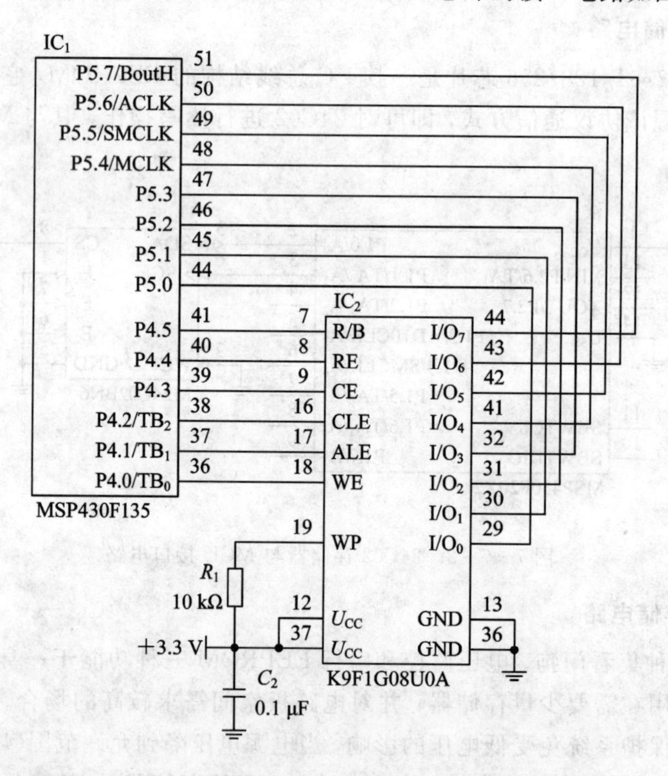

图 7-7-4　MCU 与 K9F1G08U0A 芯片的接口电路

7.7.3　RAM 电路

存储器的扩展是实际设计中经常遇到的问题，图 7-7-5 是 RAM 存储器 62256 的位扩展电路图，它将 2 片 32k×8 位的芯片扩展成 32k×16 位的电路。图中，将所有地址线并

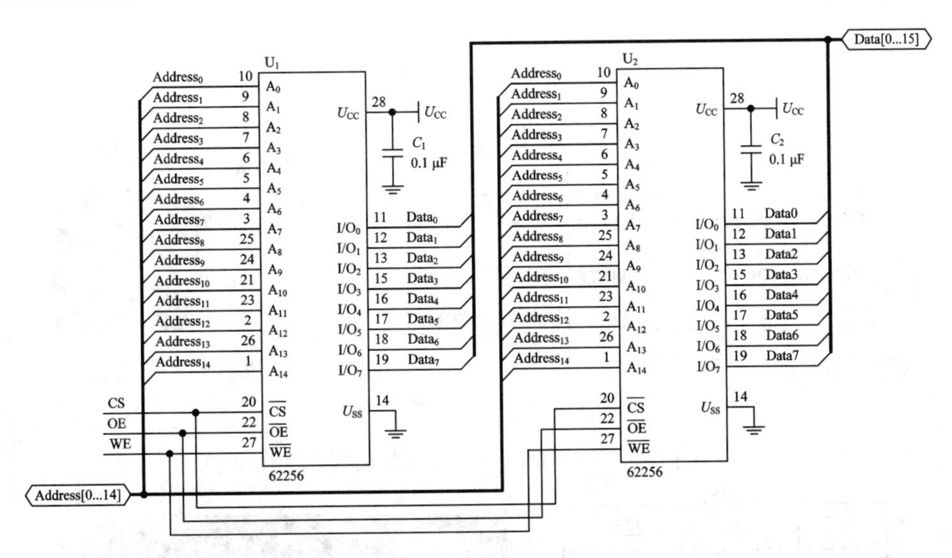

图 7-7-5　62256 芯片位扩展的接口电路

联作为公共地址线，一片芯片的数据线作为低 8 位数据线，另一片的数据线作为高 8 位数据线，共同组成 16 位数据线。

图 7-7-6 是 RAM 存储器 62256 的字扩展电路图，它将 2 片 32 k×8 位的芯片扩展成 64 k×8 位的电路。图中，将所有数据线并联作为公共数据线，一片芯片的地址线作为 0～32 k 地址，另一片作为 32～64 k 地址，共同组成 64 k 地址。

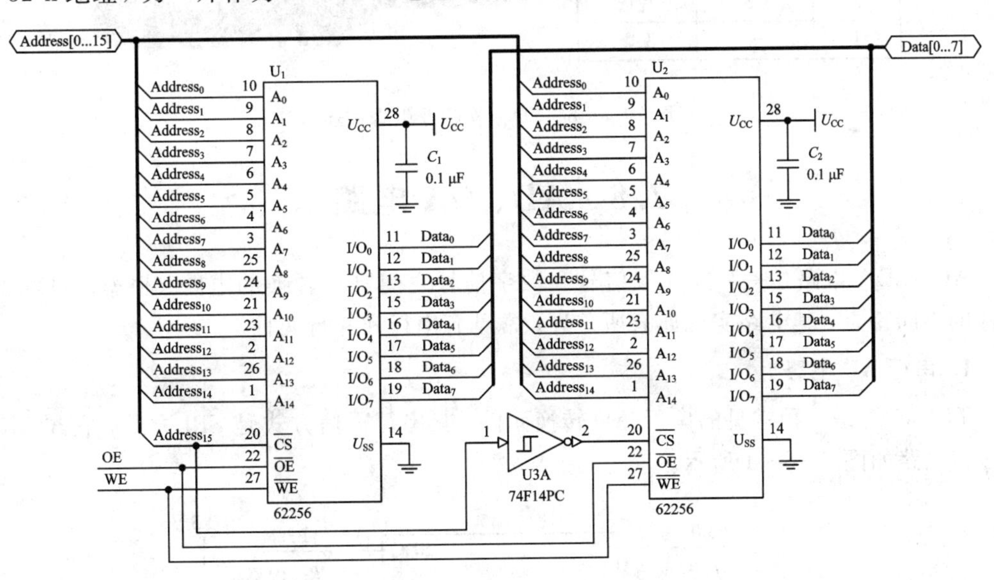

图 7-7-6　62256 芯片字扩展的接口电路

7.7.4　SD 卡接口电路

如图 7-7-7 为 SD 卡接口电路，该电路采用 SPI 通信模式实现 SD 卡与单片机之间的数据通信，其引脚连接如下：SD_CS（P4.0）、SIMO（P4.1/PM_UCB1SIMO）、SCLK（P4.3/PM_UCB1CLK）、SOMI（P4.2/PM_UCB1SOMI）。图 7-7-8 为 SD 卡实物及引脚描述。

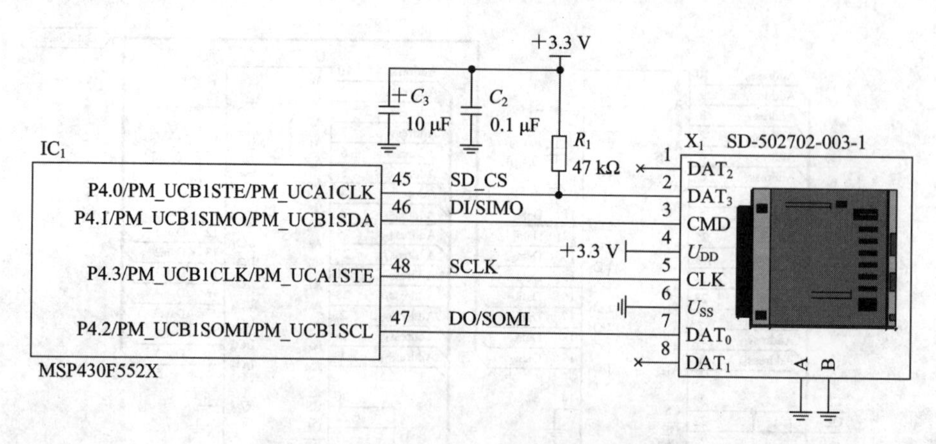

图 7-7-7　MCU 与 SD 卡的接口电路

编号	名称	描述
8	—	保留
7	DO	数据输出
6	U_{SS}	电源地
5	SCLK	时钟
4	U_{CC}	电源
3	DI	数据输入
2	CS	片选
1	—	保留

图 7-7-8　SD 卡实物及引脚描述

7.8　AD、DA 电路

AD 和 DA 电路是一种在模拟信号和数字信号之间进行转换的电路。根据 AD 和 DA 元件的不同特点，其电路实现亦有所差异，常见有串行和并行两种。

1. 串行 AD 电路

TLV2541 是一种常见的串行 AD 转换元件，其串行通信方式是 SPI 方式，它与 MCU 的接口电路如图 7-8-1 所示。

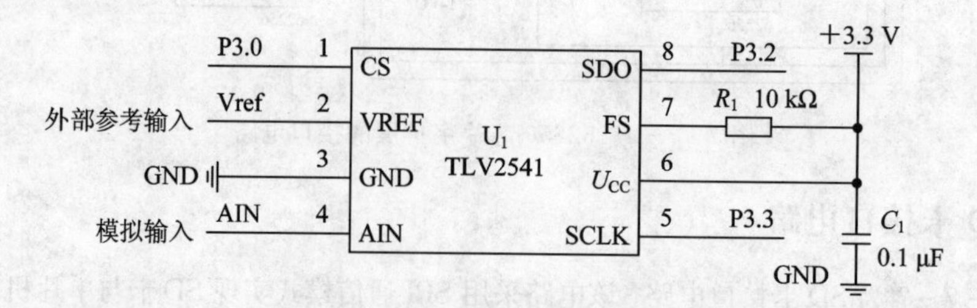

图 7-8-1　单片机与 TLV2541 的接口电路

由图 7-8-1 可以看出，整个接口电路很简单。单片机的 P3.0 管脚与 TLV2541 的 CS

管脚连接，实现片选控制。单片接的 P3.2 管脚和 P3.3 管脚分别于 TLV2541 的 SDO 管脚和 SCLK 管脚进行连接，实现 SPI 口的数据通信功能。TLV2541 的 Vref 管脚外接参考源，TLV2541 的 AIN 管脚接模拟输入信号。

由于该应用中 TLV2541 的 FS 管脚不使用，因此需要通过一个 10 kΩ 的电阻将该管脚拉高。另外，为了减小干扰，需要在电源管脚处外加一个 0.1 μF 的滤波器电容来进行滤波处理。

2. 并行 AD 电路

ADS8412 是 TI 公司生产的 16 位的具有内部 4.096 V 电压参考源的 2 MHz 转换速率的 A/D 转换器。该器件常用 DSP 或 FPGA 进行控制，DSP 控制 ADS8412 电路如图 7-8-2 所示。在该示例中为了节省 I/O 口采用 8 位数据总线传输转换结果。

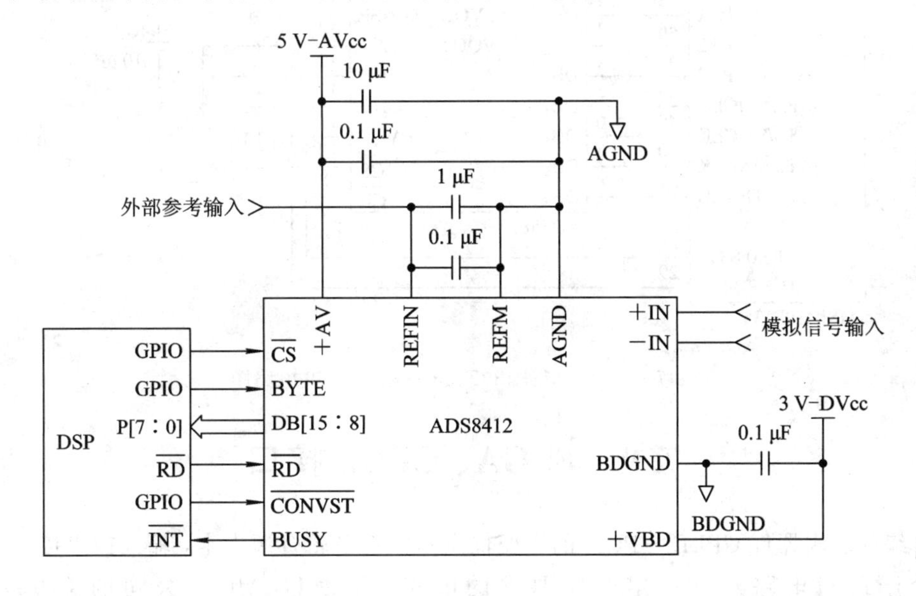

图 7-8-2　DSP 控制 ADS8412 电路

3. 串行 DA 电路

DAC8532 是一款双通道 16 位低功耗串行 D/A 转换器，每一通道都可以实现轨至轨的输出，工作电压 2.7～5 V，在 5 V 时，3 线串行数据输入时钟可达 30 MHz。它与单片机的接口电路如图 7-8-3 所示。

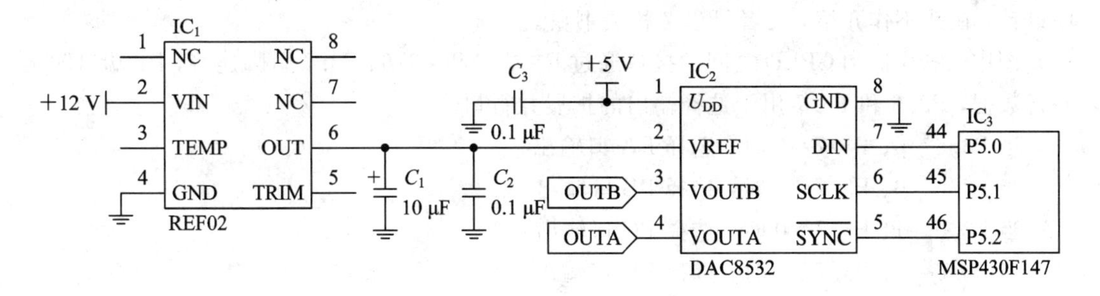

图 7-8-3　MSP430F147 单片机驱动 DAC8532 的硬件电路

4. 并行 DA 电路

数模转换芯片 AD558 是一款内部集成数据输入锁存器的转换器，在数字量/模拟量转换时可以将输入数据锁存，以减少干扰，使用十分简单方便，覆盖了常用的电压输出范围，而且精度及可靠性很高，转换速度也很快。更为重要的是，AD558 无需外接复杂的基准电压源，无需调试，直接便可以获得所需的模拟输出电压，能够适用于一般的控制系统的要求，性价比很高。使用 AD558 可以节约很多的电路设计调试时间，降低电路的复杂性，从而加快设计周期并减轻电子设计工程师的工作量。其与单片机接口电路如图 7－8－4 所示。

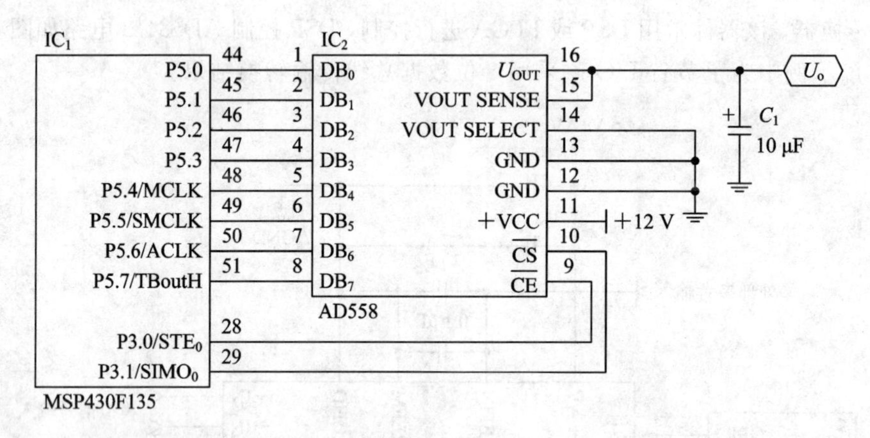

图 7－8－4　MSP430F135 驱动 AD558 电路图

7.9　FPGA、CPLD 接口

可编程逻辑器件 CPLD/FPGA 的主要优点是内部逻辑资源丰富，输入输出接口多，非常适合于逻辑电路及有一定时序要求的电路。下面以 Altera 公司的 CPLD 芯片 EPM570GT144 为例，讲解如何利用 CPLD 扩展单片机的接口。

MCU 的 I/O 端口一般比较少，当系统外扩存储器，或者使用串口及外部中断资源后，剩余可用的 I/O 端口便更少。为此，经常需要进行单片机 I/O 接口的扩展。

使用 CPLD 扩展单片机 I/O 接口的电路如图 7－9－1 所示，其中扩展了 4 个输出接口。也可以采用同样的方法扩展输入接口。整个系统涉及单片机的程序设计、CPLD 的程序设计，在此不作介绍，读者可参考相关书籍。

图中，单片机和 CPLD 之间的接口通过 P1 端口和 P3.6、P3.7 引脚连接，P1 端口输出并行数据，P3.6 和 P3.7 用于选择输出的扩展并行口。

当 P3.6＝0、P3.7＝0 时，选择 PA 口输出；

当 P3.6＝0、P3.7＝1 时，选择 PB 口输出；

当 P3.6＝1、P3.7＝0 时，选择 PC 口输出；

当 P3.6＝1、P3.7＝1 时，选择 PD 口输出。

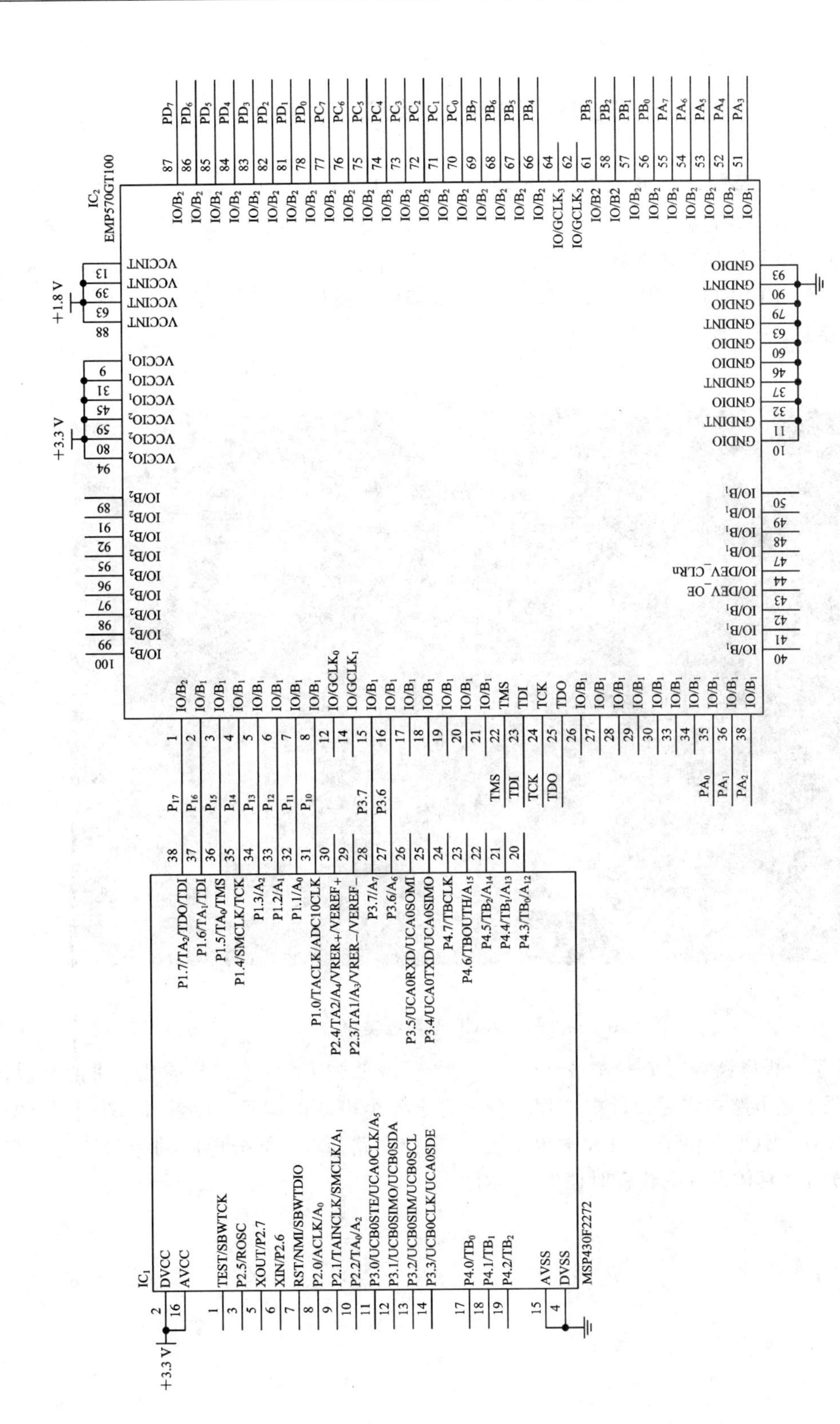

图7-9-1 CPLD扩展单片机I/O接口电路

7.10　MCU 学习板

MCU 学习板是学习使用 MCU 编程控制常见模块的一种非常好的方法。它一般将常见的模块设计在一块电路板中，如图 7－10－1 所示，该电路板包含电源模块、实时时钟、继电器控制、电平转换、电机驱动、无线通信、数码管显示、LED 显示、LCD 显示、DA 转换、AD 转换、EEPROM、串口、键盘检测、红外通信等模块。方便初学者快速学会各个模块的编程控制。

图 7－10－1　MCU 学习板实物图

MCU 学习板电路如图 7－10－2 和 7－10－3 所示，图中部分电路与前几节讲的类似，进一步说明上述电路在实际设计中应用广泛。对于各个模块的编程，读者可参考笔者《电子系统设计》一书(西安电子科技大学出版社)。为使电路简洁，部分电路的旁路滤波电容未画出，读者在具体设计电路板时请注意加上。

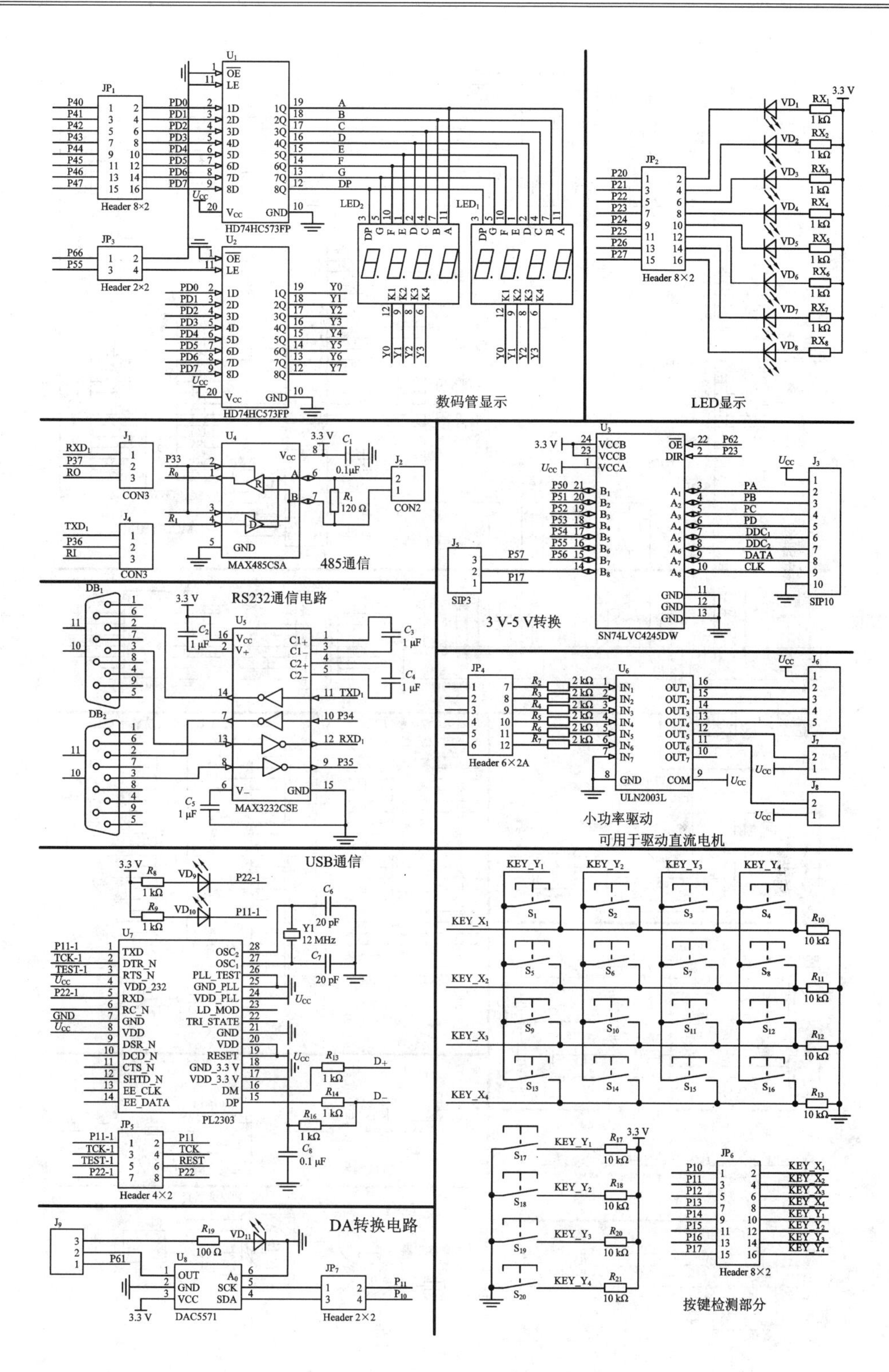

图 7-10-2　MCU 学习板电路图 1

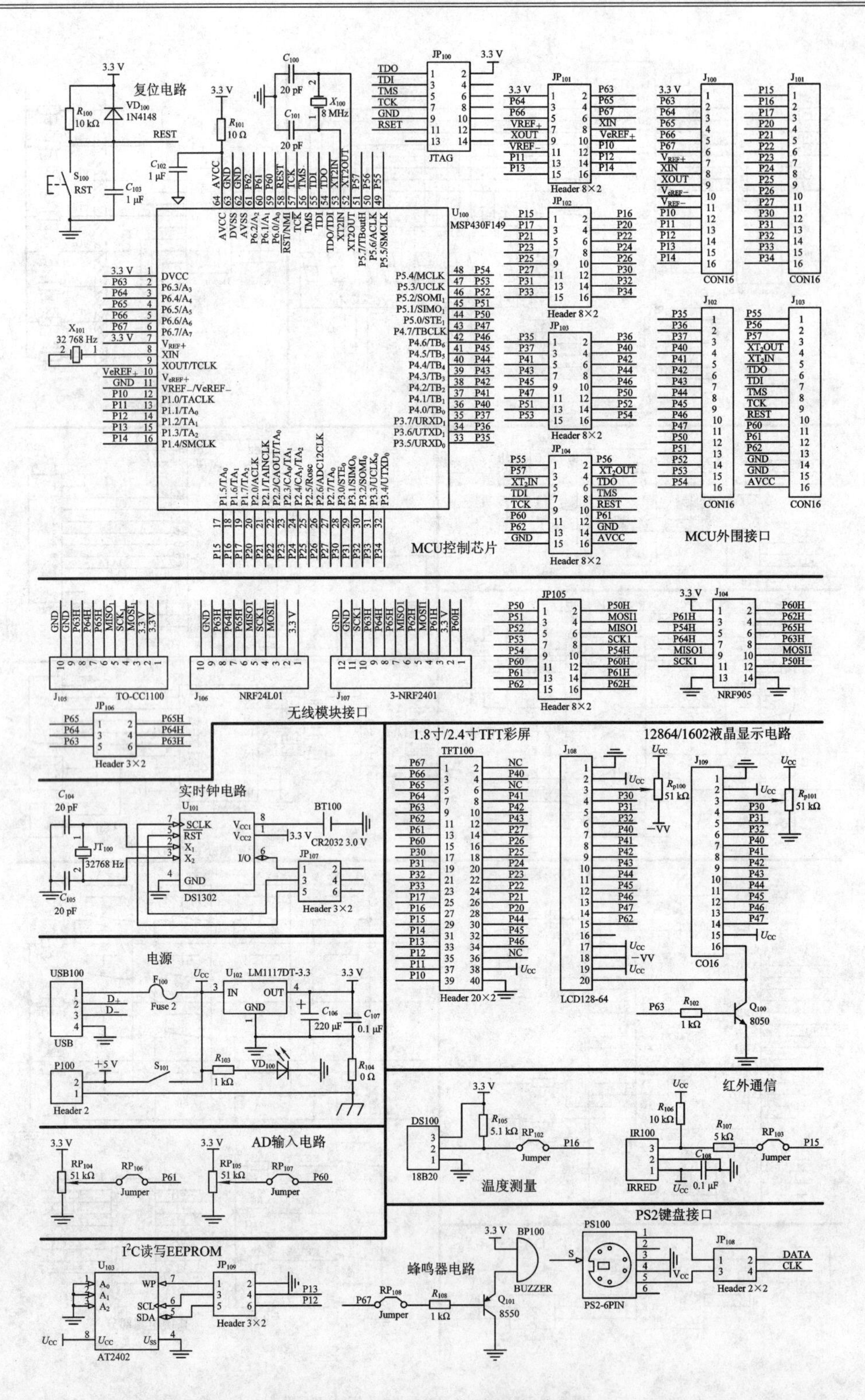

图 7-10-3　MCU 学习板电路图 2

第8章 通信电路

设备之间的数据通信是产品设计中常见的设计要求，数据通信的实现方法较多，总体归纳为无线和有线两种，无线通信主要有红外、蓝牙、ZigBee等，有线通信主要有RS-232、USB、M_BUS、CAN等。

8.1 有线通信

8.1.1 RS-232通信

计算机与计算机或计算机与终端之间的数据传送可以采用串行通信和并行通信两种方式。由于串行通信方式具有使用线路少、成本低，特别是在远程传输时，避免了多条线路特性的不一致而被广泛采用。在串行通信时，要求通信双方都采用一个标准接口，使不同的设备可以方便地连接起来进行通信。RS-232-C接口(又称EIA RS-232-C)是目前最常用的一种串行通信接口。

图8-1-1为采用RS-232专用通信芯片SP3232实现的RS-232通信电路，图中，MSP430F133为单片机，故通信电路需使用单片机(或其他智能处理芯片)实现数据通信处理，具体编程方法可参考笔者《电子系统设计》一书(西安电子科技大学出版社)。通信时，只需将SP3232的TTL/CMOS接收、发送端与单片机的UTXD、URXD相连，即可通过单片机内部UART通信模块将需要传输的数据通过RS-232通信方式传输给另一端的设备，需注意的是发送线与接收线需交叉互联，如8-1-1图中J_1、J_2所示。

图8-1-1中，假如A端单片机需向B端单片机发送数据，则单片机(IC_3)通过UART端口向SP3232芯片(IC_1)写入需发送的数据，SP3232(IC_1)将信号转换为RS-232格式，以适合长线传输。经长距离传输后，在接收端接收到信号，送入SP3232芯片(IC_2)转换为UART格式，送给接收端单片机(IC_4)。

8.1.2 RS-485

RS-485标准是一种平衡传输方式的串行接口标准，其电路结构如图8-1-2所示，在一对平衡传输的两端都配置终端电阻，其发送器、接收器及组合收发器都可以挂接在平衡传输线的任意位置，从而实现了数据传输中多个驱动器和接收器共用一条传输线的多点应用。

虽然RS-485标准允许电路中出现多个发送器，但RS-485仅能工作于半双工方式，即任一时刻只允许一个发送器发送数据，而其他组件只能处于接收状态。

RS-485标准的特点是抗干扰能力强，传输距离远，速率高。如果采用双绞线传输信

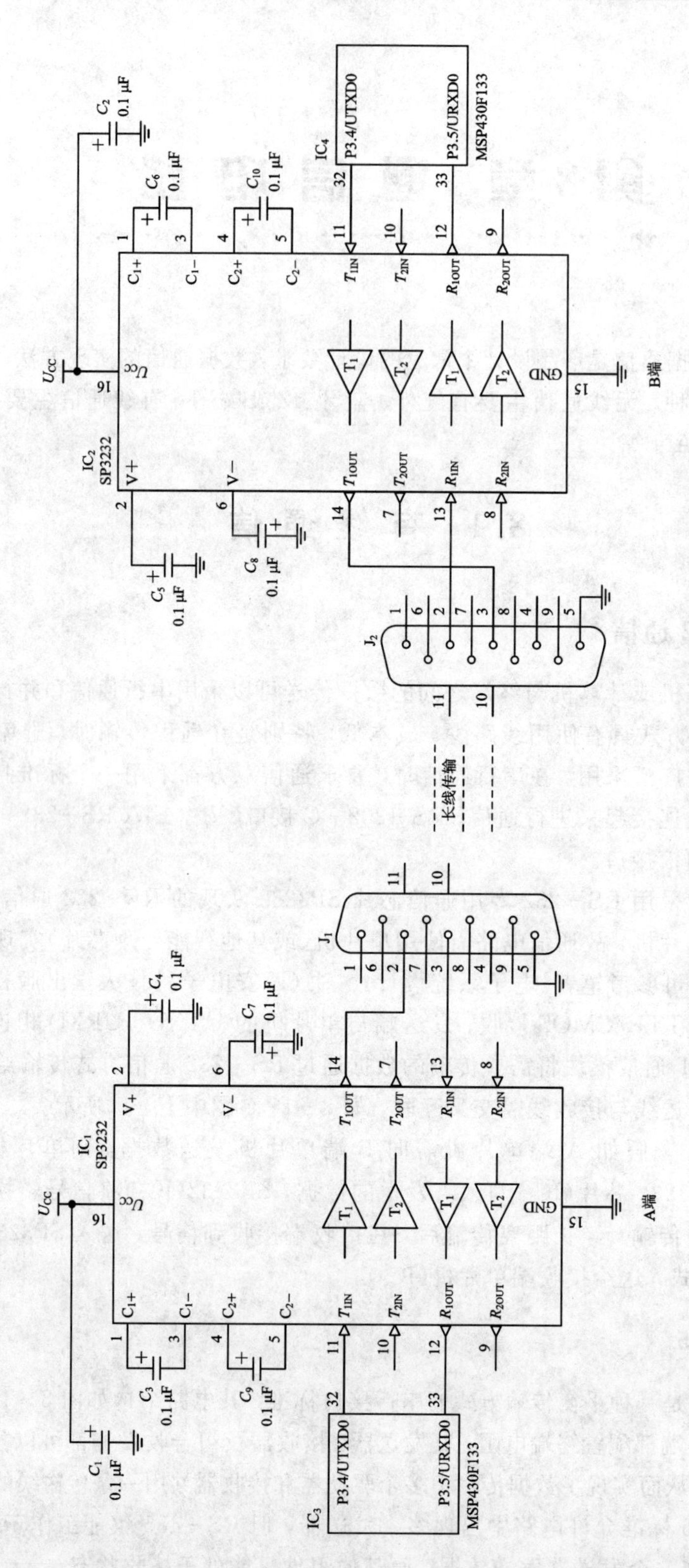

图8-1-1　采用RS-232专用通信芯片SP3232实现的RS-232通信电路

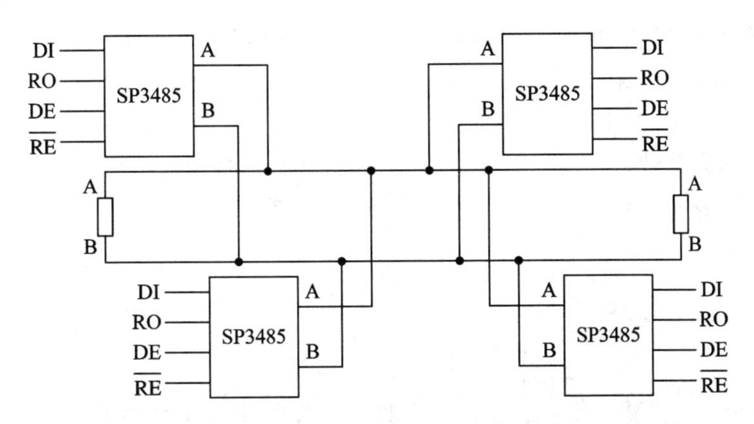

图 8-1-2　RS-485 接口标准网络的典型应用

号，最大传输速率为 10 Mb/s，传输距离为 15 m；在最大 100 kb/s 的传输速率下，可以传输 1200 m；如果最大传输速率为 9600 b/s，则传输距离可达 1500 m。

RS-485 标准最多允许在平衡电缆上连接 32 个发送器/接收器，特别适用于工业控制领域进行分布管理、联网检测控制等，目前得到了广泛的应用。

RS-485 通信电路一般在工业环境下，特别是噪声干扰比较大的环境下工作，所以外界对系统的影响比较大。为了防止外界环境的突变产生瞬间较大电流烧毁 MCU 芯片，在电气平台设计时，一般采用光耦隔离的方式，将系统与外界环境隔离，从而很好地保护系统硬件。具体的电路原理图如图 8-1-3 所示，该电路的光耦只适合应用于低速场合，如通信速率较高，建议使用高速光耦。

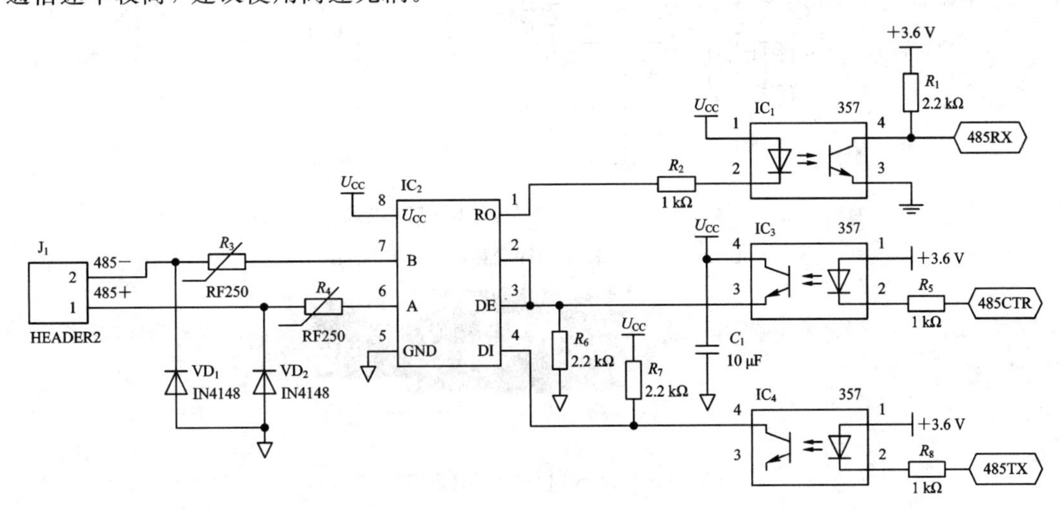

图 8-1-3　采用 RS-485 专用通信芯片 SP3485 实现的 RS-485 隔离通信电路

8.1.3　USB 转 UART 电路

USB 接口以其速度快、即插即用、多设备支持等优点，已得到广泛应用，大有取代其他通信接口的趋势，如现在的笔记本电脑上已经很少看见并口和串口，几乎只有 USB 接口。对于 USB 接口的通信协议比较复杂，现在很多元器件生产企业的 MCU 都有一款内部带有 USB 模块，用于与外部 USB 接口通信，程序编写比较复杂。对于一般的应用，则可将

USB 协议转换为 UART 协议，通过串口通信的方式进行，与串口一样，该通信方式的速度较慢，没有 USB 快，在通信数据量不大的前提下可以应用。图 8-1-4 为 USB 口转 UART 接口电路，图中，PL2303 是一款专用 USB 转 UART 通信芯片，只需几个简单的阻容元件即可实现完整转换功能。实物如图 8-1-4 所示，将该设备插入计算机 USB 口，计算机自动识别安装驱动程序，即可在计算机设备管理器中出现新的 COM 端口。

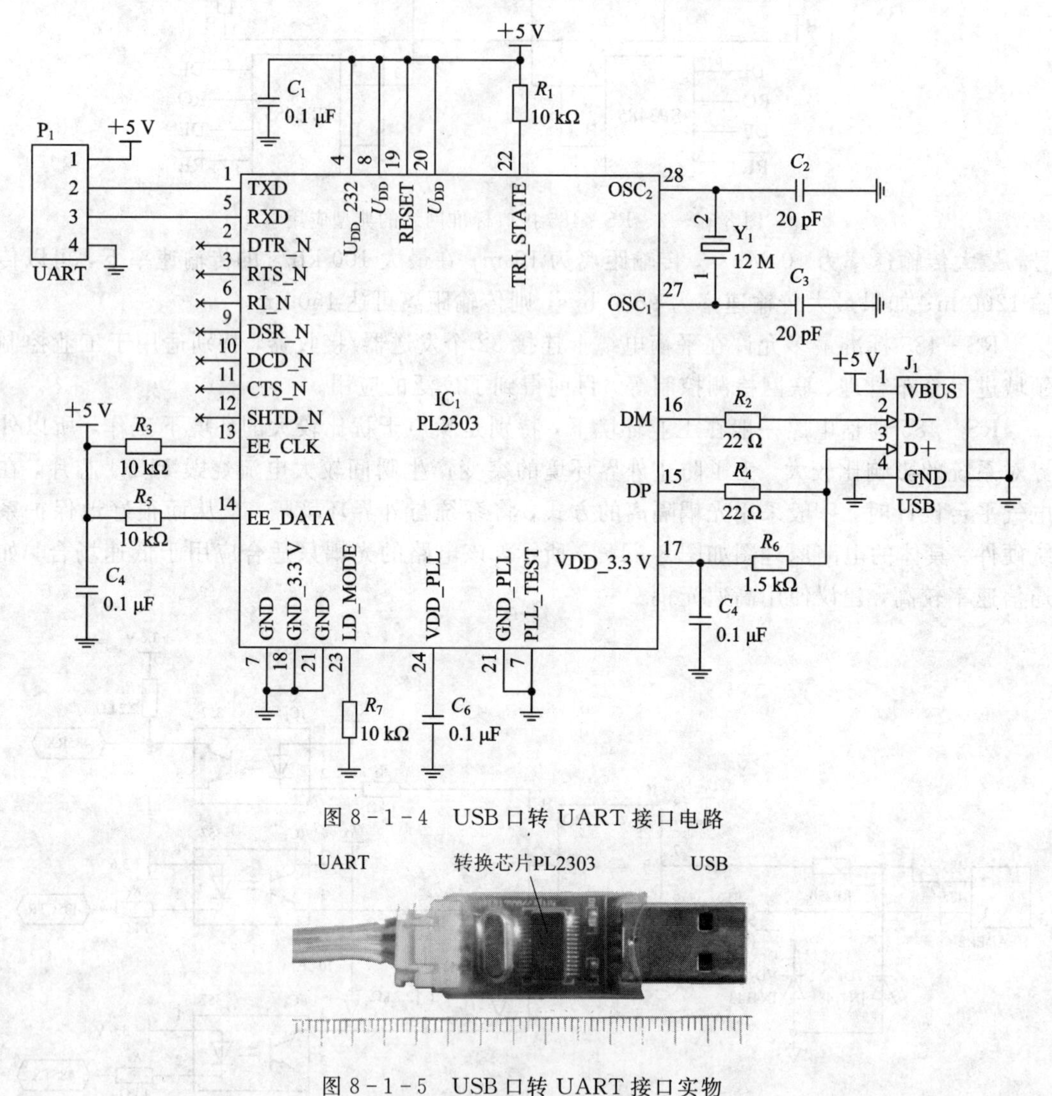

图 8-1-4　USB 口转 UART 接口电路

图 8-1-5　USB 口转 UART 接口实物

8.2　无线通信

8.2.1　蓝牙

对于未仔细分析研究过蓝牙协议的设计者而言，设计编写蓝牙通信程序比较复杂，一般购买蓝牙通信模块，该模块由 MCU 和 BC417 蓝牙芯片加上必要的电路组合而成，模块内的 MCU 控制蓝牙芯片，与外部通过 UART 通信，设计者只需懂得 UART 通信即可，通过 UART 与模块内部的 MCU 通信，由 MCU 控制蓝牙芯片发送所需发送的数据。UART 转蓝牙电路实物如图 8-2-1 所示。

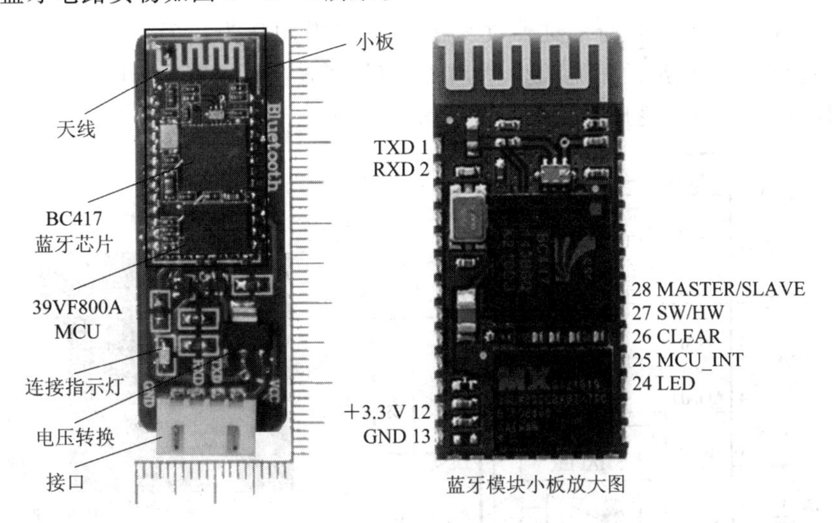

图 8-2-1　UART 转蓝牙电路实物

8.2.2　红外通信

随着移动计算设备和移动通信设备的日益普及，红外数据通信应用越来越多。红外通信技术由于成本低廉和广泛的兼容性等优点，已在近距离的无线数据传输领域占有重要地位。

图 8-2-2 就是一款红外通信典型电路，它是将单片机串口发送的数据由 HDSL-7001 芯片按照红外传输的格式进行编码，将编码后的数据经 HDSL-3201 模块进行发送。HDSL-3201 模块接收另一个红外设备发送的数据，将接收到的红外数据交给 HDSL-7001 芯片进行解码处理，解码后的数据再传给单片机。

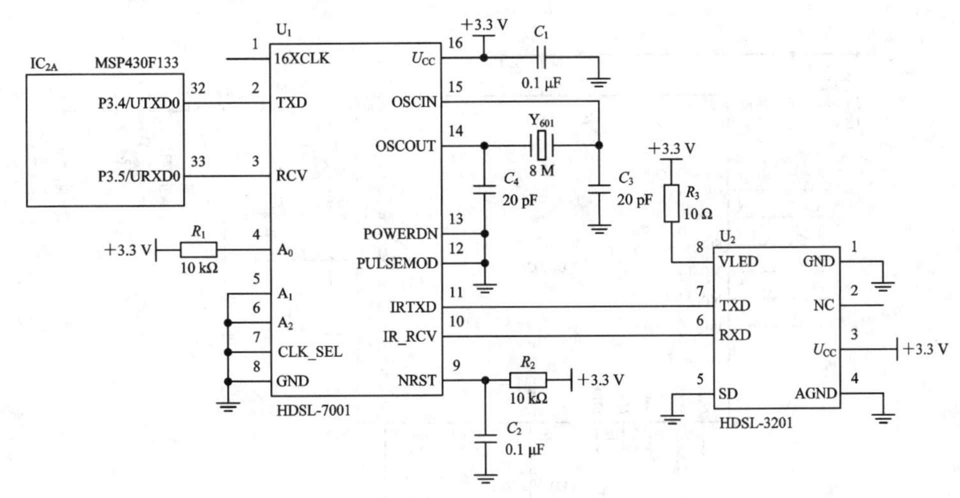

图 8-2-2　红外通讯电路

图中使用的 HDSL-7001 芯片是由 Agilent 公司生产的，它具有适应 IrDA1.0 物理层规范、接口与 SIR 收发器相兼容、可与标准的 16550UART 连接使用、可发送/接收

1.63 μs或3/16脉冲形式、内部或外部时钟模式、波特率可编程和宽工作电压范围(2.7～5.5 V)等特点。

HSDL－3201是一种廉价的红外收发器模块，工作电压为2.7～3.6 V。由于发光二极管的驱动电流是内部供给的恒流32 mA，因此确保了连接距离符合IrDA1.2(低功耗)物理层规范。其引脚功能和实物如图8－2－3所示。

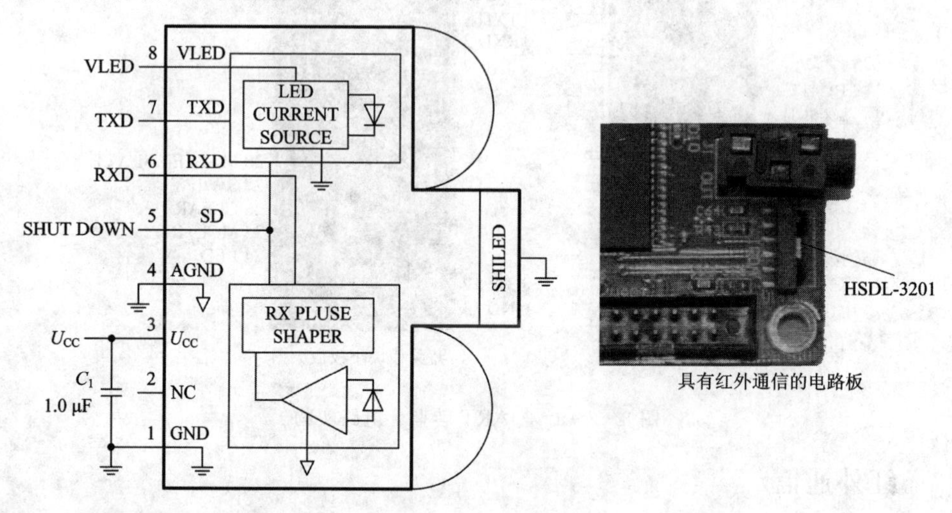

图8－2－3 HSDL－3201的引脚功能和实物图

8.2.3 基于BK2421的无线数字收发电路

BK2421是一款2.4 GHz频带的无线通信芯片，可双向收发数据，具有低功耗、可编程发射功率、最大8 MHz速率SPI数据传输等特点，常用于无线钥匙、无线键鼠、无线游戏机、无线音乐播放器等。典型应用电路如图8－2－4所示。

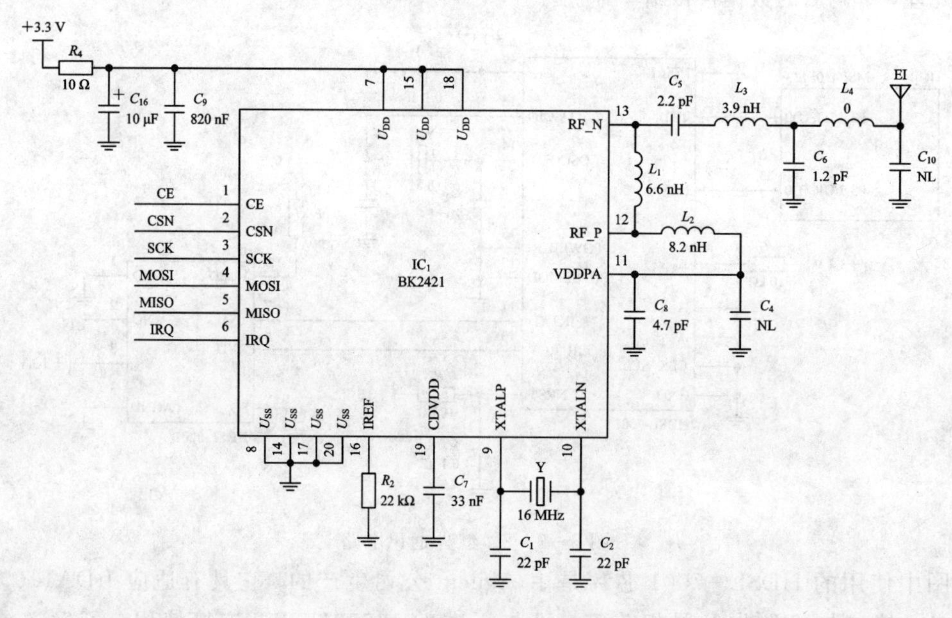

图8－2－4 BK2421电路

8.2.4　基于 CC1100 的无线数字收发电路

CC1100 是一种低成本真正单片的 UHF 收发器，为低功耗无线应用而设计。电路主要设定为在 315 MHz、433 MHz、868 MHz 和 915 MHz 的 ISM(工业、科学和医学)和 SRD(短距离设备)频率波段，也可以容易地设置为 300～348 MHz、400～464 MHz 和 800～928 MHz 的其他频率。RF 收发器集成了一个高度可配置的调制解调器。这个调制解调器支持不同的调制格式，其数据传输率可达 500 kb/s。通过开启集成在调制解调器上的前向误差校正选项，能使性能得到提升。CC1100 为数据包处理、数据缓冲、突发数据传输、清晰信道评估、连接质量指示和电磁波激发提供广泛的硬件支持。CC1100 的主要操作参数和 64 位传输/接收 FIFO 可通过 SPI 接口控制。在一个典型系统里，CC1100 和一个微控制器及若干被动元件一起使用。

1. CC1100 模块电路

CC1100 工作在 868 MHz/915 MHz 的电路图如图 8-2-5 所示，该电路在设计电路板和使用元器件材料上有一定的要求，在电路板设计时，需要注意引线不可过长，以保证引线电感和电容很小，因为电路中使用的电容有的仅有 1.5 pF。在元器件材料上 C_{51} 使用 X5R 材质，其他电容需使用 NP0 材质。电路如需工作在其他频率需更改元件参数值，具体请参考相关数据手册。

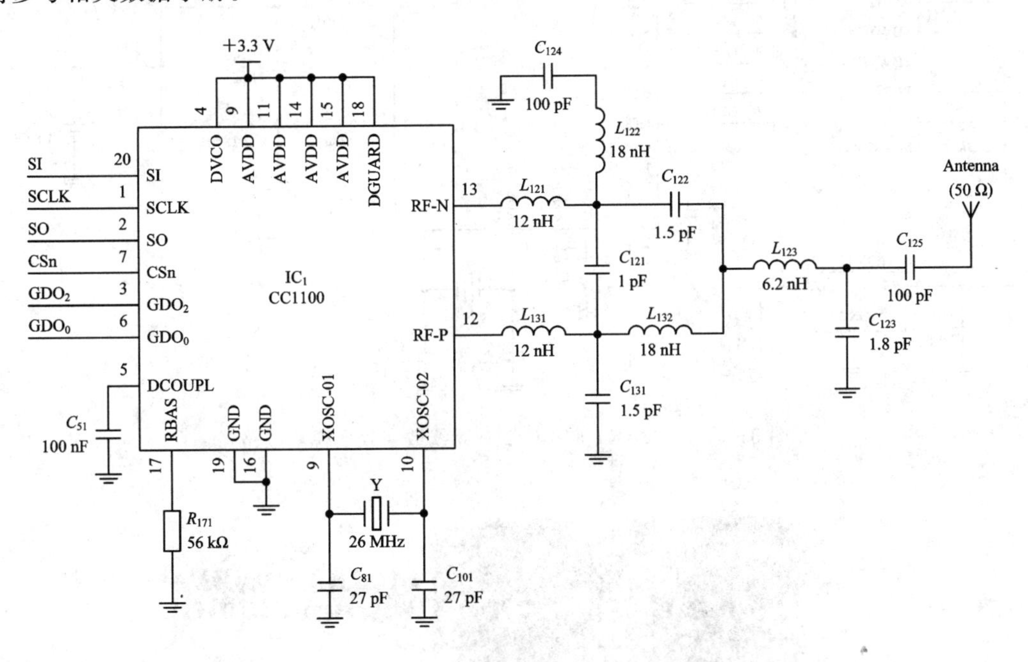

图 8-2-5　CC1100 典型应用电路(该参数工作在 868 MHz/915 MHz)

CC1100 无线数字收发电路板实物如图 8-2-6 所示，由图可以看出，在电路板元器件布局时，射频部分需布置妥当，既要考虑让射频信号以最大幅度通过天线发射出去，又要考虑使射频信号对其他电路干扰小。

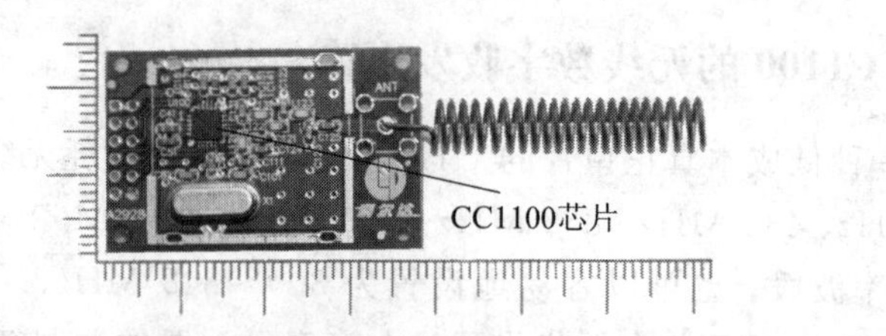

图 8-2-6　CC1100 无线数字收发电路板实物图

2. UART 转 CC1100 无线数字收发电路

CC1100 芯片需要数字控制器件进行控制，才能进行通信，故需要详细了解掌握 CC1100 器件的各项参数，这对一般设计人员而言比较麻烦，如设计的产品生产量小，则可以使用带单片机的 CC1100 模块，这样就无需懂得 CC1100 的各项参数，只需与模块上的单片机进行 UART 通信则可，而控制 CC1100 进行无线通信的任务交给该模块上的单片机处理。其电路如图 8-2-7 所示，实物如图 8-2-8 所示。

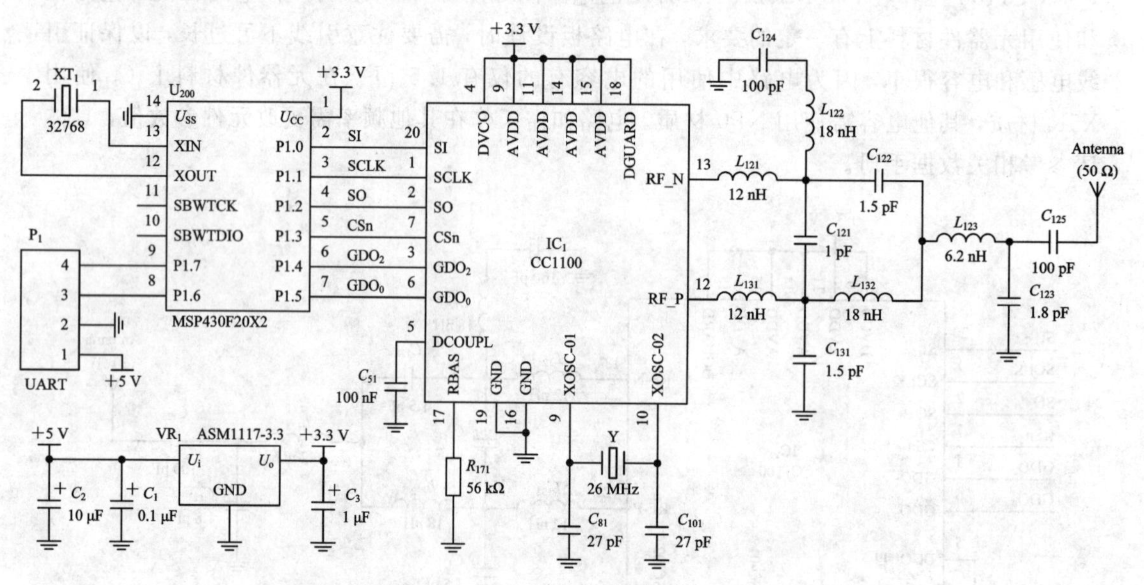

图 8-2-7　UART 转 CC1100 无线数字收发模块电路

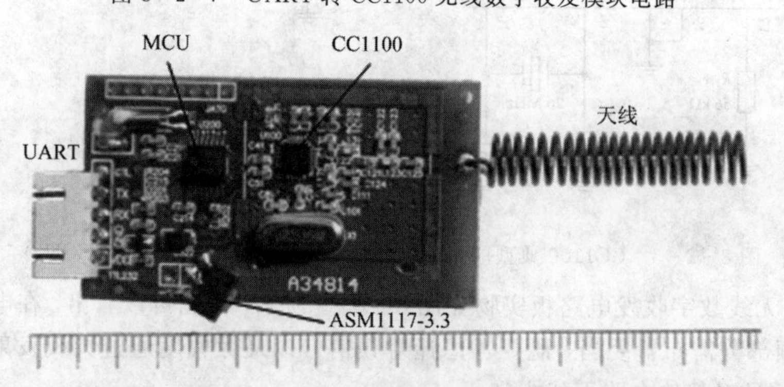

图 8-2-8　UART 转 CC1100 无线数字收发模块实物图

8.2.5　语音无线发射电路

1. LM386构成的无线发射电路

如图 8－2－9 所示是由功率放大电路 LM386 构成的无线发射电路，适用于作无线话筒，室内户外传递信息等场合，例如楼群保安之间的联系等。该电路是由功率放大集成元件 LM386、三端固定稳压块 78L06 等组成的。L_1、L_2 是内径为 Φ4 mm 的电感线圈，是用 Φ0.51 mm 高强度漆包线绕制而成的，L_1 绕 4 圈、L_2 绕 10 圈，电池是用干电池组(也可用市电降压整流为 9 V 后使用)；VT_1 是一种射频 D－40 型三极管(可用 8050，9014 等代换)；MIC 为驻极体话筒。

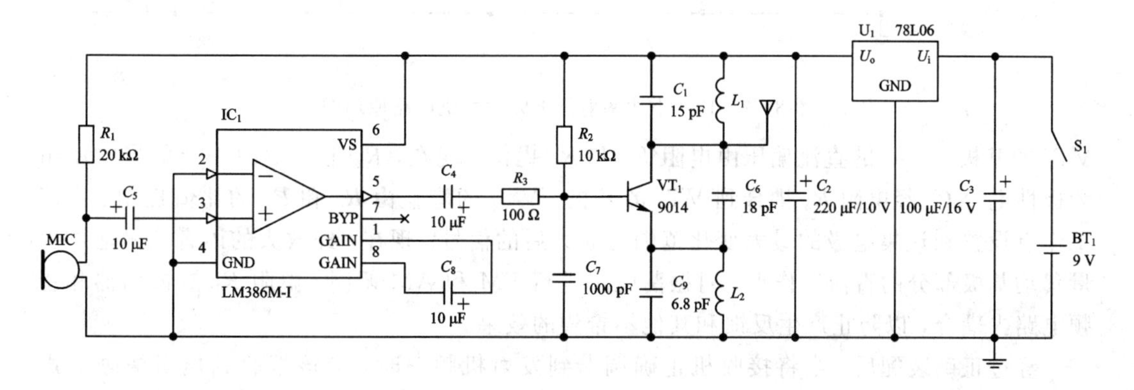

图 8－2－9　LM386 构成的无线发射电路

当要发送呼叫信息时，打开 S_1 电源开关，驻极体话筒拾取的语音经转换为电信号并由 C_5 电容器耦合加到 IC_1 的 3 脚，经对信号进行功率放大以后，从 5 脚输出去后级电路。高频振荡电路由 VT_1、L_1、L_2、C_1、C_7、C_9、R_2 等组成。从 IC_1 的 5 脚输出的音频信号，经 C_4、R_3 耦合，加到 VT_1 管基极，该话音信号对高频振荡电路产生的振荡信号进行调制，调频后得到的射频信号由天线发射出去。为了保证电路频率的稳定性和工作的可靠性，电路的供电是经 U_1 稳压后提供的。接收电路可使用普通的调频收音机代替。

2. 简易无线发射电路

对图 8－2－9 电路进行简化，去除 LM386，降低硬件成本，如图 8－2－10 所示，它是一个高灵敏度的小功率射频 FM 发射机，由射频(RF)振荡器、宽频带音频放大器和容性麦克风组成(麦克风内部有一个场效应晶体管)。

晶体管 VT_1 构成一个比较稳定的 RF 振荡器，其频率由线圈 L_1 和调谐电容 C_1 确定。通过设置 C_1 确定期望的工作频率，在标准的 FM 广播频段，将调谐电路设计为最高产生 110 MHz 的频率。电容 C_4 通过 VT_1 发射极电路中的电阻 R_8 提供必要的反馈电压，以维持振荡条件。电阻 R_4 和 R_7 提供正确工作所需要的发射结偏置电压，而电容 C_6 则将加到基极的所有射频信号旁路到地。电容 C_3 为 L_1 和 C_1 构成的储能电路提供射频通路，同时阻断加到 VT_1 的集电极的电源电压。

音频部分用了一个高灵敏度容性麦克风(MIC)和内建场效应晶体管，并将清楚地拾取音频范围内的低频声音。MIC 在 R_3 上产生的语音电压经电容 C_5 耦合到音频放大器晶体管

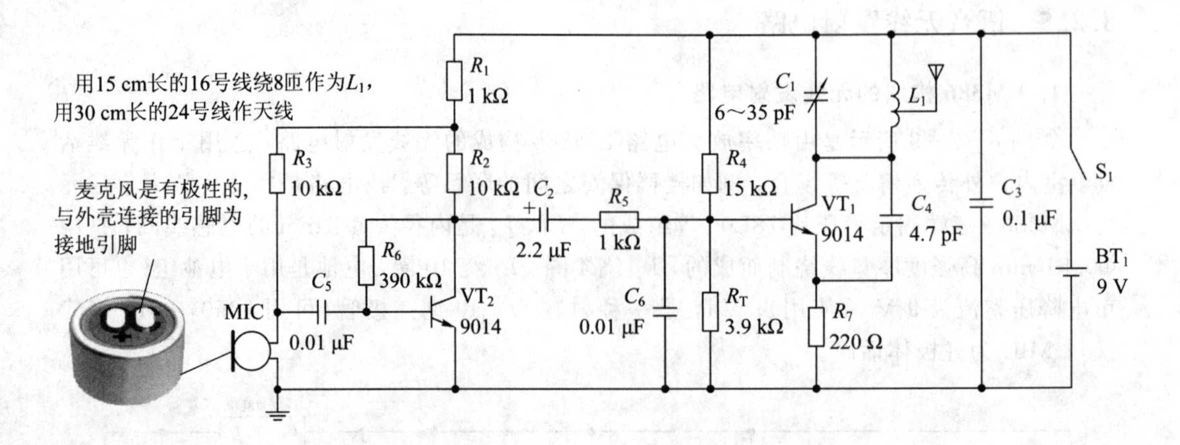

图 8-2-10　小功率射频 FM 发射机电路原理图

VT_2 的基极。VT_1 的直流偏压由电阻 R_4 和 R_7 提供。现在，R_2 上产生的一个信号电压由无极性电容 C_2 经电阻 R_5 耦合到 VT_1 的基极。VT_2 的增益由 R_6 和 R_2 的比值控制。直流工作点设置到让集电极的最大变化范围为放大后的信号。现在，经放大的语音信号通过少量移动基极部分的直流工作点，对振荡电路进行 FM 和 AM 调制。电阻 R_1 对振荡器和音频电路去耦合，以防止产生反馈和其他不希望的效果。

经过正确装配后，当将接收机正确调谐到发射机频率时，应该接收到质量清晰的声音。请注意，可以在晶体管 VT_1 的基极管脚上接一个电容，以降低灵敏度。利用所列元件制成的电路在 FM 频带的高端工作得最好，这是一个不受 FM 广播电台干扰的清晰的点。然而，满意的性能是在 110 MHz 以上的使用受限频率范围内获得的。由于这是航空通信频段，所以一定要小心使用。不应使用在飞机场附近。

使用这类装置需要的注意的事情之一就是调谐的正确性。可调节电容 C_1 非常灵敏，改变频率时只需要轻轻地动一点点，因此总是要使用一根调谐棒。如果不熟悉该装置，非常容易调谐到一个错误的信号上。当该装置靠近监控接收机时，该现象很容易发生。如果是已调信号的话，错误信号将会微弱、有失真而且不稳定(它经常被误认为主信号，并归罪于装置性能不好)，而主信号将会强、稳定而不失真。在将装置用于期望的应用之前，应该做几次调谐实验。

8.2.6　遥控发射和接收电路

无线遥控电路是日常生活中常用的一种控制电路，本节所设计的无线遥控开关工作在 315 MHz UHF 频段。开关地址和数据可编码，采用 ASK 调制和解调，抗干扰能力强，可在强电磁干扰环境中使用，适合工业控制和家庭应用。发射和接收电路采用晶体振荡器和 PLL 频率合成技术，频率稳定性好；接收灵敏度高达 −96 dBm，最大发射功率达 −2.5 dBm。开关工作电压为 4.75～5.5 V。接收时电流 3 mA，发射时电流 7.75 mA，发射待机状态仅为 1.0 μA。可方便地构成一个点对点、一点对多点的无线遥控开关，在遥测遥控系统中应用。

1. 无线遥控发射电路

无线遥控发射电路如图 8-2-11 所示，电路以 PT2262 和 MICRF102 为核心。PT2262 是一个具有 6 根地址线和 6 根数据线的编码器芯片，芯片内包含有：基准振荡器、系统定时发生器、地址编码器、数据编码器、控制逻辑等电路，能将地址编码状态和控制信号数据编码成串行脉冲输出。

图中，$S_1 \sim S_6$、$R_1 \sim R_7$、VT_1、$VD_1 \sim VD_6$ 构成按键开关电路；S_7 DIP 开关用于地址编码，$VD_1 \sim VD_6$ 控制 MICRF102 发射模式或低功耗模式；R_8 是 PT2262 的基准振荡电阻；Y_1 是 MICRF102 基准振荡器的晶振；R_9 和 R_{10}为发射功率控制；$C_2 \sim C_4$ 为发射电路电源去耦电容，发射天线制作在印制电路板上。当 $S_1 \sim S_6$ 任一按键开关按下时，晶体管 VT_1 和与按键开关($S_1 \sim S_6$)所对应的二极管($VD_1 \sim VD_6$ 中的任一个)导通，编码芯片 PT2262 和发射芯片 MICRF102 工作。PT2262 将 $A_0 \sim A_5$ 六根地址线的编码状态和 $S_1 \sim S_6$ 六个按键开关状态相对应的 $D_0 \sim D_5$ 数据线状态，转换成串行数字编码脉冲信号，送入 MICRF102 无线发射电路，经 MICRF102 调制，产生 ASK 射频无线电信号，并发射出去。

2. 无线遥控接收电路

无线遥控接收电路如图 8-2-12 所示，电路以 PT2272 和 MICRF007 为核心。PT2272 是与 PT2262 配套的解码器芯片，芯片内包含有：基准振荡器、系统定时发生器、地址解码器、数据解码器、控制逻辑等电路，能将所接收到的串行数字编码脉冲信号转换成并行信号($D_0 \sim D_5$)输出，输出信号 $D_0 \sim D_5$ 的状态与无线遥控发射电路中的 $D_0 \sim D_5$ 相同，作为开关控制信号控制开关电路动作。

图中 C_1 是电源去耦电容；C_2 是外接的数据限幅阈值电容器；C_3 是外接的自动增益控制电容；Y_1 是 MICRF007 的基准振荡器晶振；R_1 是 PT2272 的基准振荡电阻；S_1 DIP 开关用做地址编码；PT2272 的 $A_0 \sim A_5$ 的编码状态必须与发射电路中的 PT2262 的 $A_0 \sim A_5$ 的编码状态相同。遥控发射电路发射的 ASK 射频无线电信号经 MICRF007 接收解调，变换成串行数字编码脉冲信号，经 PT2272 解码后输出，作为开关控制信号控制开关电路动作，输出信号 $D_0 \sim D_5$ 状态与无线遥控发射电路中的 $D_0 \sim D_5$ 相同。

图 8-2-12 中的开关控制电路如图 8-2-13 所示。由 D 触发器 CD4013、晶体管、继电器等组成。D 触发器受开关控制信号 $D_0 \sim D_5$ 控制。当遥控发射电路中任一按键($S_1 \sim S_6$)按下时，与其所对应的无线遥控接收电路输出的控制信号 $D_0 \sim D_5$ 中的一位产生一个从低电平到高电平的变化，触发 CD4013 D 触发器翻转，输出高电平或低电平，控制晶体管导通或截止，使继电器触点断开或者闭合，实现遥控开关的目的。由于开关控制信号 $D_0 \sim D_5$ 是一个从低电平到高电平的变化状态，开关控制电路也可根据不同的需要，采用不同的电路。

MICRF102/007 所设计的无线电路还可以与单片机连接，实现单片机与单片机之间的串行数据无线传输，其电路如图 8-2-14 所示。

MICRF102/007 所设计的无线电路还可以通过 MAX232 接口芯片与计算机串口连接，实现计算机测控系统之间的串行数据无线传输，其连接电路如图 8-2-15 所示。

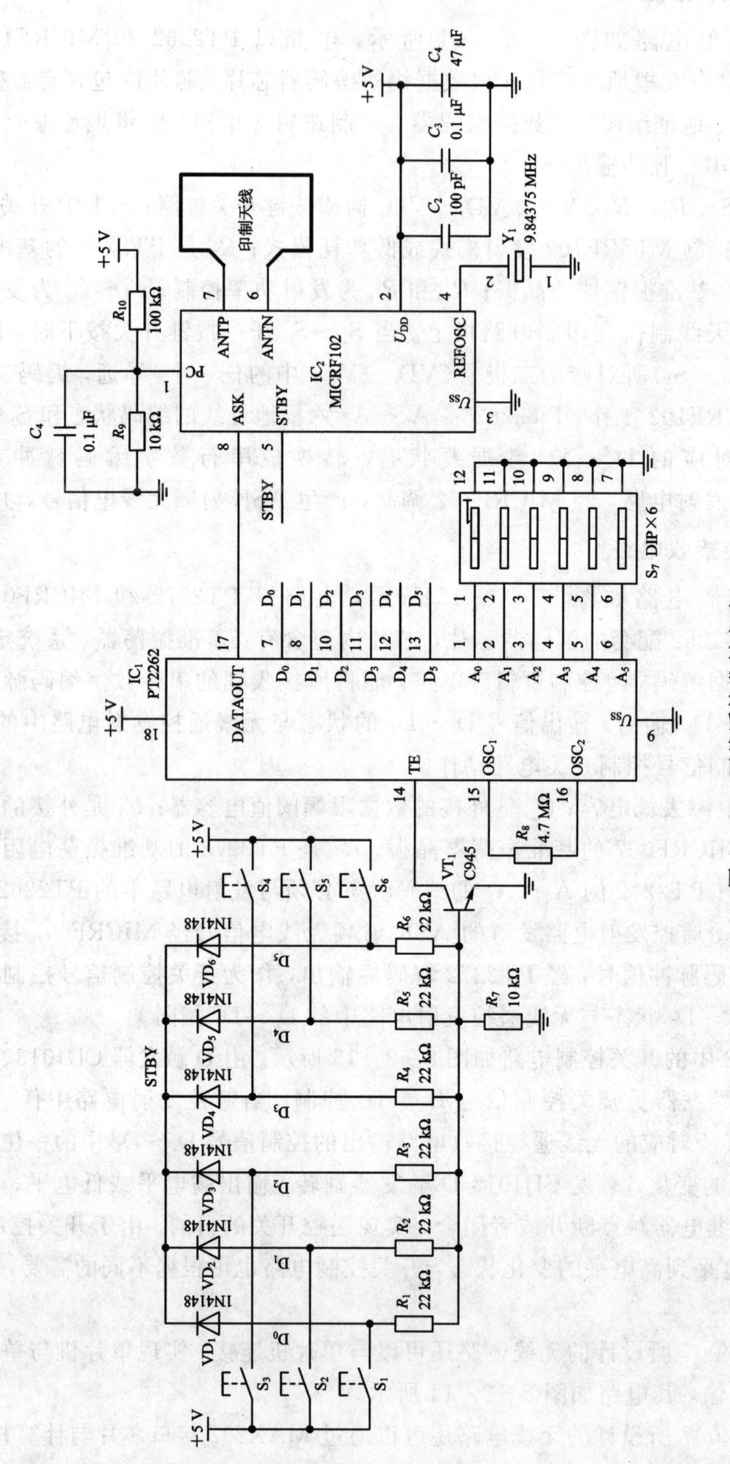

图8-2-11 无线遥控发射电路

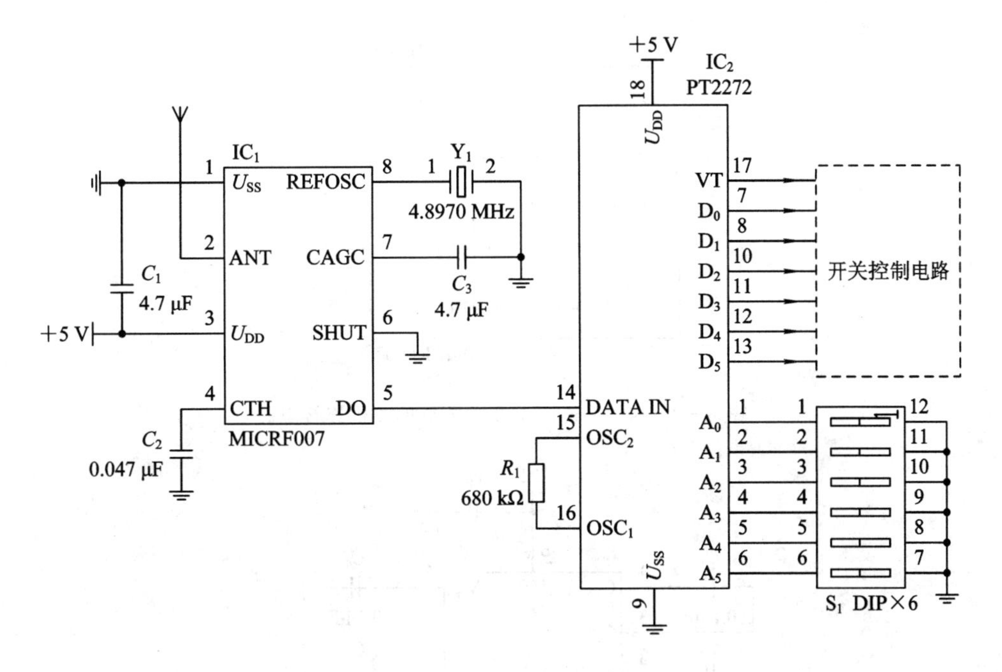

图 8-2-12　无线遥控接收电路

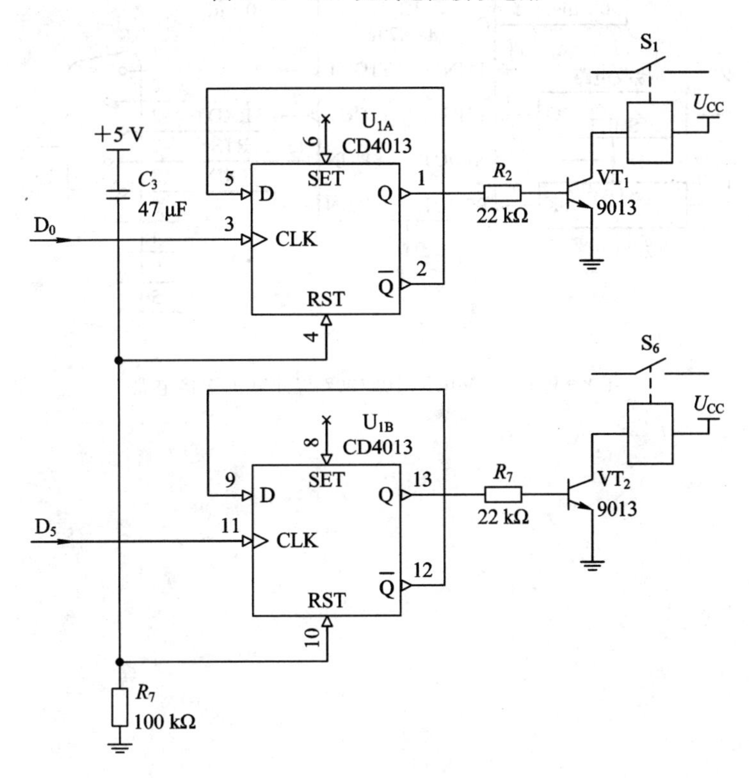

图 8-2-13　开关控制电路

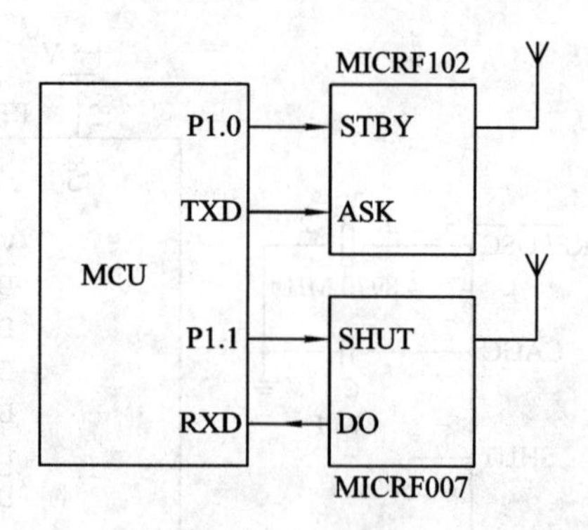

图 8-2-14　MICRF102/007 与单片机连接电路

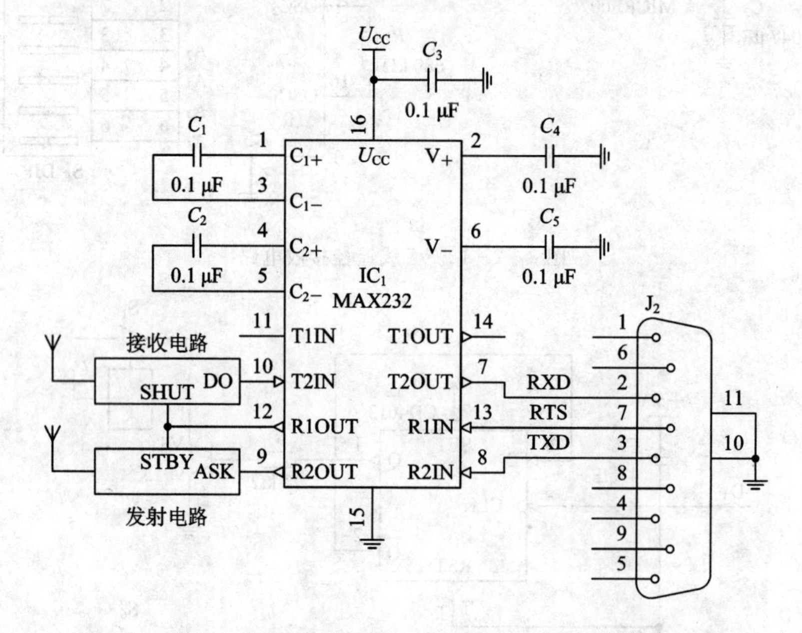

图 8-2-15　MICRF102/007 与计算机连接电路

参考文献

[1] 王加祥，雷洪利，曹闹昌，等．电子系统设计．西安：西安电子科技大学出版社，2012.

[2] [日]福田·务．电子电路入门．牛连强，张胜男，译．北京：科学出版社，2003.

[3] [日]内山明治，村野·靖．图解运算放大器电路．陈镜超，译．北京：科学出版社，2000.

[4] [美] Wolfgang L D．从零起步学电子．王龙，傅道坤，译．北京：人民邮电出版社，2009.

[5] 梁源，贯灵，郝强．大学生嵌入式学习实践：基于 MSP430 系列．北京：北京航空航天大学出版社，2010.

[6] 曹白杨，王晓．电子产品设计原理与应用．北京：电子工业出版社．2010.

[7] 那彦，李白萍，程光伟，等．电子及通信专业毕业设计宝典．西安：西安电子科技大学出版社，2008.

[8] 高吉祥，唐朝京，刘安芝，等．全国大学生电子设计竞赛培训系列教程：电子仪器仪表设计．北京：电子工业出版社，2007.

[9] 傅劲松．电子制作实例集锦．福州：福建科学技术出版社，2006.

[10] 王昊，李昕．集成运放应用电路设计 360 例．北京：电子工业出版社，2007.

[11] [加]Cutcher D．科学鬼才：电子电路设计 64 讲．孙象然，译．北京：人民邮电出版社，2012.

[12] 门宏．门老师教你快速看懂电子电路图．北京：人民邮电出版社，2011.

[13] [加]Cutcher D．电子电路制作 DIY．张宝玲，董启雄，费玮，译．北京：科学出版社，2007.

[14] [巴西]Braga C．仿生电子制作 DIY．毕树生，译．北京：科学出版社，2007.

[15] [美]Iannini B．玩转电子制作 DIY．樊桂花，译．北京：科学出版社，2007.

[16] [加]Predko M．智能电子制作 DIY．王巍，崔维娜，译．北京：科学出版社，2007.

[17] [日]远坂俊昭．测量电子电路设计：滤波器篇．彭军，译．北京：科学出版社，2006.

[18] [日]稻叶 保．模拟技术应用技巧 101 例．关静，胡圣尧，译．北京：科学出版社，2006.

[19] 黄根春，周立青，张望先．全国大学生电子设计竞赛教程：基于 TI 器件设计方法．北京：电子工业出版社，2011.

[20] 黄智伟．无线数字收发电路设计：电路原理与应用实例．北京：电子工业出版社，2003.